W0404444

LS
LAMBACHER SCHWEIZER

Kursstufe

Lösungsheft

Mathematisches Unterrichtswerk
für das Gymnasium
Ausgabe Baden-Württemberg

erarbeitet von
Gerhard Bitsch
Hans Freudigmann
Günther Reinelt
Jörg Stark
Ingo Weidig
Manfred Zinser

Ernst Klett Verlag
Stuttgart Düsseldorf Leipzig

1. Auflage 1 10 9 8 7 | 2012 2011 2010 2009

Alle Drucke dieser Auflage sind unverändert und können im Unterricht nebeneinander verwendet werden. Die letzten Zahlen bezeichnen jeweils die Auflage und das Jahr des Druckes.

Internetadresse: http://www.klett.de

Entstanden in Zusammenarbeit mit dem Projektteam des Verlags.

Reproduktion: Meyle + Müller, Medien-Management, Pforzheim
Umschlaggestaltung: Alfred Marzell, Schwäbisch Gmünd
DTP-Satz: topset Computersatz, Nürtingen.
Druck: Medien Druck Unterland, Flein

Printed in Germany.

ISBN 3-12-732113-9

9 783127 321135

I Folgen und Grenzwerte

1 Folgen; arithmetische und geometrische Folgen

S. 10 **1** a) Mögliche Antworten:
- Es werden Streifen- und Liniendiagramm nebeneinander verwendet und in das gleiche Koordinatensystem eingetragen.
- Es werden Messpunkte geradlinig miteinander verbunden.
- Das Diagramm gibt nur in groben Zügen den Temperaturverlauf wieder. In der Realität verläuft er nicht knickförmig.

b) Es handelt sich jeweils um eine Funktion, da die Zuordnung einer Zahl aus $\{1; 2; \dots; 31\}$ zu der zugehörigen Tageshöchsttemperatur (Regenmenge) eindeutig ist.
c) Es ist insofern falsch, da es z. B. bei der Zuordnung Tagesnummer $\mapsto$ Höchsttemperatur nicht möglich ist, der Zahl 2,35 oder auch π eine Zahl zuzuordnen.

2 2-maliges Falten ergibt die Blattgröße $\frac{1}{2^2}\,dm^2 = \frac{1}{4}\,dm^2$;
4-maliges Falten ergibt die Blattgröße $\frac{1}{2^4}\,dm^2 = \frac{1}{16}\,dm^2 \approx 6{,}25\,cm^2$;
10-maliges Falten ergibt die Blattgröße $\frac{1}{2^{10}}\,dm^2 = \frac{1}{1024}\,dm^2 \approx 9{,}77\,mm^2$.
Es liegen dann jeweils 4, 16 bzw. 1024 Blätter aufeinander.

S. 12 **3**

a) $\frac{2}{5}; \frac{4}{5}; \frac{6}{5}; \frac{8}{5}; 2; \frac{12}{5}; \frac{14}{5}; \frac{16}{5}; \frac{18}{5}; 4;$	wächst über alle Grenzen
b) $1; \frac{1}{2}; \frac{1}{3}; \frac{1}{4}; \frac{1}{5}; \frac{1}{6}; \frac{1}{7}; \frac{1}{8}; \frac{1}{9}; \frac{1}{10};$	Folgenglieder gehen gegen null
c) $-1; 1; -1; 1; -1; 1; -1; 1; -1; 1;$	alterniert zwischen –1 und 1
d) $\frac{1}{2}; \frac{1}{4}; \frac{1}{8}; \frac{1}{16}; \frac{1}{32}; \frac{1}{64}; \frac{1}{128}; \frac{1}{256}; \frac{1}{512}; \frac{1}{1024};$	Folgenglieder streben stark gegen null
e) $1; 0; -1; 0; 1; 0; -1; 0; 1; 0;$	nimmt nur vier Werte abwechselnd an

4

a) 1; 3; 5; 7; 9; 11; 13; 15; 17; 19	$a_n = 2n - 1$
b) 1; 2; 4; 8; 16; 32; 64; 128; 256; 512	$a_n = 2^{n-1}$
c) 0,5; 2; 0,5; 2; 0,5; 2; 0,5; 2; 0,5; 2	$a_n = \begin{cases} 0{,}5 & \text{für n ungerade} \\ 2 & \text{für n gerade} \end{cases}$
d) 2; 7; 14; 23; 34; 47; 62; 79; 98; 119	$a_n = (n+1)^2 - 2$
e) 5; –5; 5; –5; 5; –5; 5; –5; 5; –5	$a_n = (-1)^{n+1} \cdot 5$
f) 0; 6; 14; 24; 36; 50; 66; 84; 104; 126	$a_n = (n-1)^2 + 5(n-1) = n^2 + 3n - 4$

5 a)

n	1	2	3	4	5	6	7	8	9	10
a_n	1	0,75	0,6160	0,5349	0,4814	0,4438	0,4162	0,3951	0,3786	0,3653

n	50	100	150	200	250
a_n	0,2713	0,2604	0,2569	0,2551	0,2541

S. 12 **5** b) Für große Werte von n scheint sich die Folge einem Wert in der Nähe von 0,25 zu nähern.

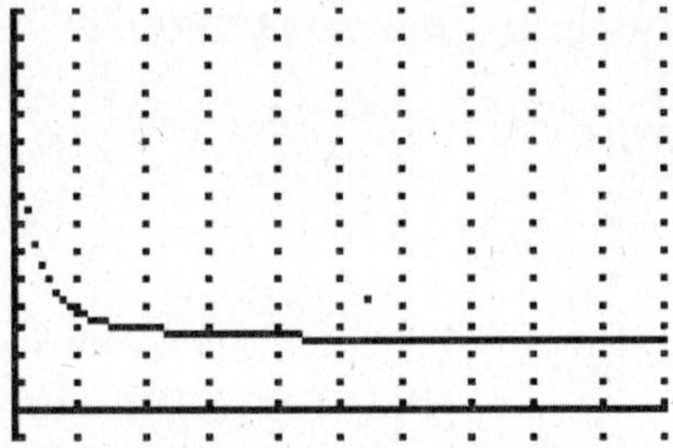

$0 \leqq X \leqq 100$; Xscl = 10
$-0{,}1 \leqq Y \leqq 1{,}5$; Yscl = 0,1

6 a) $a_n = (-1)^{n-1} \cdot n$; $a_{10} = -10$; $a_{20} = -20$. Die Folgenglieder werden für gerades n laufend kleiner, für ungerades laufend größer.

b) $a_n = \frac{n-1}{n}$; $a_{10} = \frac{9}{10}$; $a_{20} = \frac{19}{20}$. Die Folgenglieder nähern sich mit zunehmendem n der Zahl 1.

c) $a_n = 16 \cdot \left(-\frac{1}{2}\right)^{n-1}$; $a_{10} = -\frac{1}{32}$; $a_{20} = -\frac{1}{32768}$. Die Folgenglieder kommen der Zahl 0 laufend näher.

d) $a_n = -4 + 3 \cdot (n-1)$; $a_{10} = 23$; $a_{20} = 53$. Die Folgenglieder werden laufend größer.

e) $a_n = 4 + (-1)^n \cdot \frac{1}{n}$; $a_{10} = 4\frac{1}{10}$; $a_{20} = 4\frac{1}{20}$. Es erfolgt eine Annäherung an die Zahl 4.

7 a) (a_n) mit $a_n = \frac{1}{2}n + 4$. Die Folgenglieder werden zunehmend größer. Sie übersteigen jede vorgegebene Zahl, z. B. 1000. Dazu braucht man nur $n = 1994$ zu wählen: $a_{1994} = 1001$.

b) (a_n) mit $a_n = -\frac{1}{n-4{,}5}$. Es ist $a_1 = \frac{2}{7}$; $a_2 = \frac{2}{5}$; $a_3 = \frac{2}{3}$; $a_4 = 2$; $a_5 = -2$; $a_6 = -\frac{2}{3}$; $a_7 = -\frac{2}{5}$; ... Die Folgenglieder sind ab $n = 5$ negativ und streben gegen 0.

c) (a_n) mit $a_n = n + \frac{5n}{3n+6}$. Es ist $a_1 = 1\frac{5}{9}$; $a_2 = 2\frac{5}{6}$; $a_3 = 4$; $a_4 = 5\frac{1}{9}$; $a_5 = 6\frac{4}{21}$; $a_6 = 7\frac{1}{4}$; $a_7 = 8\frac{8}{27}$; ... Die Folgenglieder werden laufend größer. Sie übersteigen offensichtlich jede vorgegebene Zahl.

d) (a_n) mit $a_n = |n - 0{,}5|$. Die Betragsstriche kann man hier weglassen, da $n - 0{,}5$ immer positiv ist. a_n übersteigt offensichtlich jede vorgegebene Zahl.

S. 13 **8** a) $a_n = 2 + (n-1) \cdot 3$; $a_7 = 20$; $a_{10} = 29$
b) $a_n = 3 + (n-1) \cdot 2{,}4$; $a_7 = 17{,}4$; $a_{10} = 24{,}6$
c) $a_n = 8{,}25 - (n-1) \cdot 6{,}25$; $a_7 = -29{,}25$; $a_{10} = -48$
d) $a_n = -12 + (n-1) \cdot 6$; $a_7 = 24$; $a_{10} = 42$
e) $a_n = -\frac{46}{3} + (n+1) \cdot \frac{14}{3}$; $a_7 = 12\frac{2}{3}$; $a_{10} = 26\frac{2}{3}$
f) $a_n = -1 - (n-1) \cdot 2$; $a_7 = -13$; $a_{10} = -19$

S. 13 **9** a) $g_n = 4 \cdot 3^{n-1}$; $g_6 = 972$; $g_8 = 8748$ b) $g_n = 3 \cdot \left(\frac{3}{2}\right)^{n-1}$; $g_6 = \frac{729}{32}$; $g_8 = \frac{6561}{128}$

c) $g_n = 10 \cdot 5^{n-1}$; $g_6 = 31\,250$; $g_8 = 781\,250$ d) $g_n = 0{,}02 \cdot 5^{n-1}$; $g_6 = 62{,}5$; $g_8 = 1562{,}5$

e) $g_n = -\frac{208}{7} \cdot \left(\frac{1}{\sqrt[3]{104}}\right)^{n-1}$; $g_6 \approx -0{,}0129$; $g_8 \approx -0{,}000\,58$

(Druckfehler in der 1. Auflage des Schülerbuches: $g_7 = -\frac{2}{728}$)

f) $g_n = -30 \cdot 0{,}2^{n-1}$; $g_6 = -0{,}0096$; $g_8 = -0{,}000\,384$

10 a) $K_n = K_0 \cdot \left(1 + \frac{p}{100}\right)^n$

b) Für $p = 2{,}5$ hat sich das Kapital nach 29 Jahren ($n \approx 28{,}07$) verdoppelt; für $p = 5$ hat sich das Kapital nach 15 Jahren ($n \approx 14{,}21$) verdoppelt.

11 (p_n) mit $p_n = 1{,}6 + 0{,}23 \cdot n$ ergibt $p_{20} = 6{,}20$, $p_{36} = 9{,}88$ und $p_{72} = 18{,}16$.

12 Die Prognose für den Ölverbrauch v_n im Jahre 1972 + n (in t) war $v_n = 2{,}7 \cdot 10^9 \cdot 1{,}051^n$. Die „Ölkrise" mit dem drastischen Anstieg des Rohölpreises im Jahre 1973 hat den Ölverbrauch stark reduziert.

13 a) Nach n Jahren sind noch $100 \cdot 0{,}997^n$ Prozent der ursprünglichen Masse m_0 vorhanden.

b) Nach etwa 198 Jahren sind noch 1 % der ursprünglichen Masse m_0 vorhanden.

14 a) $l_n = \left(\frac{4}{3}\right)^n$ b) $A_n = \left(\frac{3}{4}\right)^n$

15 a) Volumen des Ausgangswürfels ist 1. V_n soll das Volumen nach der n-ten Teilung sein. Dann ist $V_1 = 1 + \frac{1}{8} = \frac{9}{8}$; $V_2 = \frac{9}{8} + \frac{1}{8^2} = 1 + \frac{1}{8} + \frac{1}{8^2} = \frac{73}{64}$; $V_3 = \frac{73}{64} + \frac{1}{8^3} = 1 + \frac{1}{8} + \frac{1}{8^2} + \frac{1}{8^3}$ $= \frac{585}{512} = 1\frac{73}{512}$.

b) $V_n = 1 + \frac{1}{8} + \frac{1}{8^2} + \ldots + \frac{1}{8^{n-1}} + \frac{1}{8^n} = \frac{8^n + 8^{n-1} + 8^{n-2} + \ldots + 8^1 + 1}{8^n}$.

16 a) (p_n) ist zu berechnen. n Anzahl der Jahre, p_n Preis in Euro.

$p_1 = 1 + \frac{5}{100} = 1{,}05$; $p_2 = 1{,}05 + 1{,}05 \cdot \frac{5}{100} = 1{,}05 \cdot \left(1 + \frac{5}{100}\right) = 1{,}05^2$;

$p_3 = 1{,}05^2 + 1{,}05^2 \cdot \frac{5}{100} = 1{,}05^2 \cdot \left(1 + \frac{5}{100}\right) = 1{,}05^3$;

allgemein: $p_n = 1{,}05^n$.

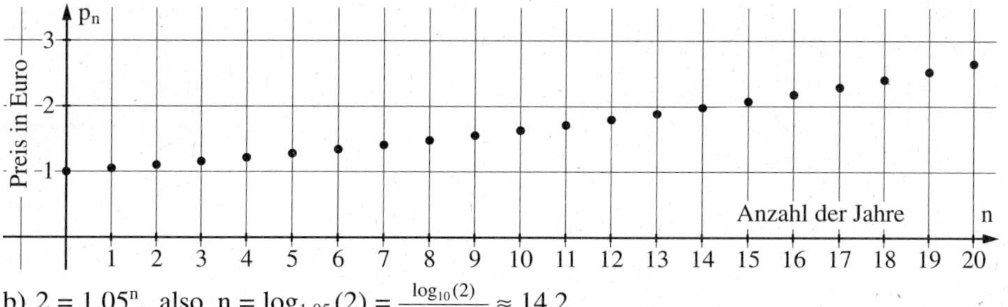

b) $2 = 1{,}05^n$, also $n = \log_{1,05}(2) = \frac{\log_{10}(2)}{\log_{10}(1{,}05)} \approx 14{,}2$.

Damit hat sich nach gut 14 Jahren der Preis einer Ware verdoppelt.

2 *Wachstums- und Zerfallsvorgänge in rekursiver Darstellung*

S. 14 **1** Vorschlag 1: $3000 \cdot 1{,}04^5 \approx 3649{,}96$
Vorschlag 2: $3000 \cdot 1{,}036^5 + 300 \cdot 1{,}036 \approx 3891{,}11$
Frau Maier sollte sich für Vorschlag 2 entscheiden.

S. 15 **2** a) $u(0) = 1000;\ u(n) = u(n-1) \cdot 1{,}03 + 100$
b) $u(5) = 1690{,}19$
c) $u(12) = 2844{,}96;\ u(13) = 3030{,}31.$
Nach 13 Jahren sind mehr als 3000 € auf dem Konto.

3 a) $u(0) = 10000;\ u(n) = u(n-1) \cdot 1{,}025 - 800$
b) $u(8) = 5195{,}14$
c) $u(15) = 137{,}44;\ u(16) = -659{,}12$

4 a)

Restschuld	Zinsen	Tilgung	Annuität
60000	3000	5000	8000
55000	2750	5250	8000
49750	2487,5	5512,5	8000
44237,5	2211,88	5788,12	8000
38449,38	1922,47	6077,53	8000
32371,85	1618,59	6381,41	8000
25990,44	1299,52	6700,48	8000
19289,96	946,50	7035,50	8000
12254,46	612,72	7387,28	8000
4867,18	243,36	7756,64	8000

b) 5110,54
c) $u(n) = 1{,}05 \cdot u(n-1) - 8000$

5 a) rekursive Darstellung: $u(0) = 40000;\ u(n) = 1{,}03 \cdot u(n-1)$
explizite Darstellung: $u(n) = u(0) \cdot 1{,}03^n = 40000 \cdot 1{,}03^n$
b) Aus $55000 = 40000 \cdot 1{,}03^n$ folgt $n \approx 10{,}77$.

6 a) $u(0) = 0{,}5;\ u(n) = 0{,}99 \cdot u(n-1) + 0{,}02$
b) nach ungefähr 40 Tagen
c) beschränktes Wachstum:
$u(n) = u(n-1) + k \cdot [S - u(n-1)];$
$k = 0{,}01;\ S = 2$
d) Graph rechts

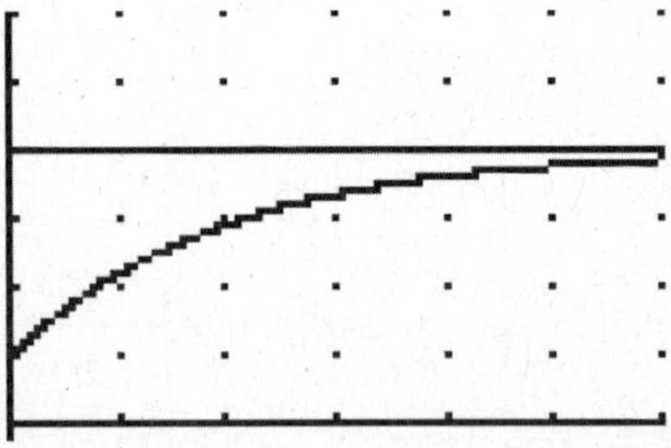

$0 \leqq X \leqq 300;\ \text{Xscl} = 50;\ -0{,}1 \leqq Y \leqq 3;\ \text{Yscl} = 0{,}5$

S. 15 **7** a) $u(0) = 40\,000\,000$
$u(n) = 0{,}995 \cdot u(n-1) + 30\,000$
b) Nach 32 Jahren ist die Einwohnerzahl unter 35 Millionen gesunken.
c) $u(n) = u(n-1) + 0{,}005 \cdot [S - u(n-1)]$
Aus $0{,}005 \cdot S = 30\,000$ folgt
$S = 6\,000\,000$.
Wenn sich die Bedingungen nicht ändern, nähert sich die Zahl der Einwohner langfristig der 6-Millionen-Marke.

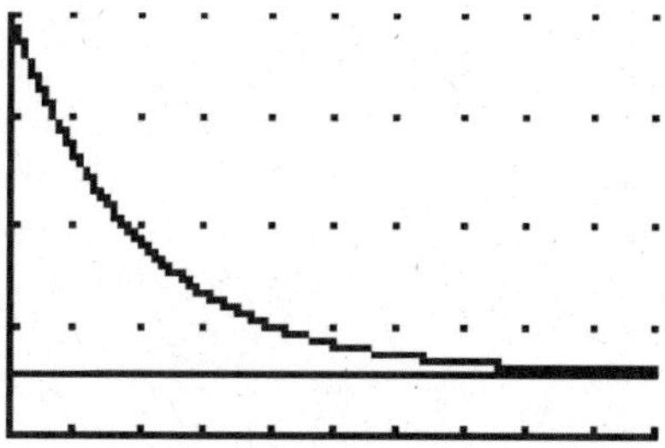

$0 \leqq X \leqq 1000$; Xscl = 100
$0 \leqq Y \leqq 40\,000\,000$; Yscl = 10 000 000

3 *Eigenschaften von Folgen*

S. 16 **1** Mögliche Antworten bei dieser offenen Fragestellung:
- Sortieren nach „monoton steigend“: $\left(-\frac{1}{n}\right)$, (n), $\left(1 - \frac{1}{2n}\right)$, $(1 + n^2)$;
„monoton fallend“: $\left(\frac{1}{n}\right)$, $\left(3 + \frac{1}{n}\right)$ und keines von beiden: $((-1)^n)$.
- Sortieren nach „strebt gegen eine reelle Zahl“: $\left(\frac{1}{n}\right)$, $\left(-\frac{1}{n}\right)$, $\left(3 + \frac{1}{n}\right)$, $\left(1 - \frac{1}{2n}\right)$;
„strebt nicht gegen eine reelle Zahl“: (n), $((-1)^n)$, $(1 + n^2)$.
- Sortieren nach „wächst über alle Grenzen“: (n), $(1 + n^2)$.

S. 17 **2** a) (a_n) ist streng monoton fallend, da $a_{n+1} - a_n = 1 + \frac{1}{n+1} - \left(1 + \frac{1}{n}\right) = \frac{1}{n+1} - \frac{1}{n}$
$= -\frac{1}{n(n+1)} < 0$ ist.
Die Folge ist beschränkt, z.B. durch $S = 2$ und $s = 0$.
b) (a_n) ist streng monoton fallend, da $a_{n+1} - a_n = \left(\frac{3}{4}\right)^{n+1} - \left(\frac{3}{4}\right)^n = \left(\frac{3}{4}\right)^n \cdot \left(\frac{3}{4} - 1\right)$
$= \left(\frac{3}{4}\right)^n \cdot \left(-\frac{1}{4}\right) < 0$ ist.
Die Folge ist beschränkt, z.B. durch $S = 1$ und $s = 0$.
c) (a_n) ist weder monoton fallend noch monoton steigend, da $a_1 - a_2 = -1 - 1 = -2 < 0$,
aber $a_2 - a_3 = 1 - (-1) = 2 > 0$ ist.
Die Folge ist beschränkt, z.B. durch $S = 3$ und $s = -3$.
d) (a_n) ist weder monoton fallend noch monoton steigend, da $a_1 - a_2 = 0 - 1{,}5 < 0$,
aber $a_2 - a_3 = \frac{3}{2} - \frac{2}{3} > 0$ ist.
Die Folge ist beschränkt, z.B. durch $S = 2$ und $s = 0$.
e) (a_n) ist sowohl monoton fallend als auch monoton steigend, da gilt: $a_{n+1} - a_n = 0 \leqq 0$
und gleichzeitig $a_{n+1} - a_n = 0 \geqq 0$.
Die Folge ist beschränkt, z.B. durch $S = 3$ und $s = 1$.

S. 17 **3** a) $\left(\frac{8n}{n^2+1}\right)$ ist streng monoton fallend, da

$a_{n+1} - a_n = \frac{8\cdot(n+1)}{(n+1)^2+1} - \frac{8n}{n^2+1} = \frac{(8n+8)\cdot(n^2+1) - 8n\cdot(n^2+2n+2)}{((n+1)^2+1)\cdot(n^2+1)} = -8\frac{n^2+n-1}{((n+1)^2+1)\cdot(n^2+1)} < 0$ für alle $n \in \mathbb{N}^*$. Die Folge ist beschränkt nach oben, z. B. durch $S = 5$ und nach unten sicher durch $s = 0$.

b) $\left(\frac{n^2}{100} + n\right)$ ist streng monoton steigend, da $a_{n+1} - a_n = \left(\frac{(n+1)^2}{100} + n + 1\right) - \left(\frac{n^2}{100} + n\right)$ $= \frac{2n+1}{100} + 1 > 0$ ist für alle $n \in \mathbb{N}^*$. Die Folge ist nicht nach oben beschränkt, nach unten aber z. B. durch $s = 0$.

c) $\left(\frac{1}{\sqrt{n}}\right)$ ist streng monoton fallend, da $a_{n+1} - a_n = \frac{1}{\sqrt{n+1}} - \frac{1}{\sqrt{n}} = \frac{\sqrt{n} - \sqrt{n+1}}{\sqrt{n\cdot(n+1)}} < 0$ ist für alle $n \in \mathbb{N}^*$. Die Folge ist nach oben beschränkt, z. B. durch $S = 1$, nach unten durch $s = 0$. Damit ist die Folge beschränkt.

d) $\left(\frac{1+5n^2}{n(n+1)}\right)$ ist streng monoton steigend, da

$a_{n+1} - a_n = \frac{1+5(n+1)^2}{(n+1)(n+2)} - \frac{1+5n^2}{n(n+1)} = \frac{5n^3+10n^2+6n-(5n^3+10n^2+n+2)}{n(n+1)(n+2)} = \frac{5n-2}{n(n+1)(n+2)} > 0$ ist für alle $n \in \mathbb{N}^*$. Die Folge ist nach oben beschränkt, z. B. durch $S = 100$, nach unten durch $s = 0$. Damit ist die Folge beschränkt.

e) $(\sin(\pi\cdot n)) = (0)$ ist sowohl monoton steigend als auch monoton fallend, da $a_{n+1} - a_n \geqq 0$ und $a_{n+1} - a_n \leqq 0$ gilt für alle $n \in \mathbb{N}^*$.

Die Folge ist nach oben beschränkt, z. B. durch $S = 1$, nach unten durch $s = -2$. Damit ist die Folge beschränkt.

4

Folge (a_n) mit	$a_n = n$	$a_n = (-1)^n\cdot n$	$a_n = \frac{(-1)^n}{n}$	$a_n = \sqrt{n^2+1}$
nach oben beschränkt	nein	nein	ja	nein
nach unten beschränkt	ja	nein	ja	ja
beschränkt	nein	nein	ja	nein
monoton	ja	nein	nein	ja

Die erste, die zweite und die vierte Folge wachsen über alle Grenzen, Folge 3 strebt gegen 0.

5 a) explizite Darstellung: (f_n) mit $f_n = 0{,}2\cdot 0{,}96^n$
rekursive Darstellung: (f_n) mit $f_0 = 0{,}2$ und $f_{n+1} = 0{,}96\cdot f_n$

b) Wegen $f_{n+1} = 0{,}96\cdot f_n < f_n$ ist (f_n) streng monoton fallend.
Wegen $f_n = 0{,}2\cdot 0{,}96^n > 0$ ist (f_n) nach unten beschränkt.

c) Da $f_{30} = 0{,}2\cdot 0{,}96^{30} \approx 0{,}059 < 0{,}1$ gilt, ist die untersuchte Bauchspeicheldrüse nicht gesund.

6 a) Monoton steigend sind z. B.: $\left(-\frac{1}{n^2}\right)$, $\left(1 - \left(\frac{1}{2}\right)^n\right)$, $(3n)$

b) Monoton fallend sind z. B.: $\left(\frac{1}{n+1}\right)$, $\left(-\sqrt{n}\right)$, $\left(2 + \frac{1}{n}\right)$

c) Nicht monoton sind z. B.: $((-2)^n)$, $\left(\sin\left(\frac{\pi}{2}\cdot n\right)\right)$, $\left(\frac{(-1)^n}{\sqrt{n}}\right)$

d) Nicht nach oben beschränkt sind z. B.: (n^2), (2^n), $((-1)^n\cdot n)$

S. 17 **6** e) Streng monoton fallend und nach unten beschränkt sind z. B.: $\left(\frac{1}{n}\right)$, $\left(\frac{1}{n+1}+1\right)$, $\left(\left(\frac{9}{13}\right)^n\right)$

f) Streng monoton steigend und nicht nach oben beschränkt sind z. B.: (n^3), $(n+1)$, (4^n)

g) Streng monoton steigend und nach oben beschränkt sind z. B.: $\left(1-\frac{1}{n+2}\right)$, $\left(\left(-\frac{2}{3}\right)^n\right)$, $\left(\frac{n-1}{n}\right)$

4 *Grenzwert einer Folge*

S. 18 **1** a)

n	u(n)
1	1
2	1.5
3	1.6667
4	1.75
5	1.8
6	1.8333
7	1.8571

n=1

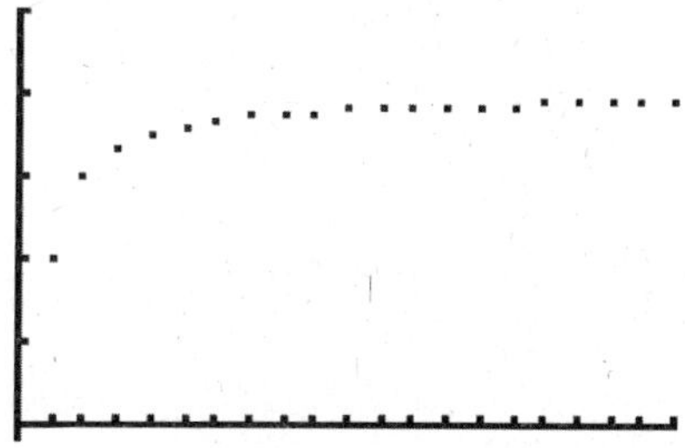

$0 \leqq X \leqq 20$; Xscl = 1
$-0{,}1 \leqq Y \leqq 2{,}5$; Yscl = 0,5

b) $g = 2$

c) $n_0 = 1001$

$$\left|\frac{2n-1}{n}-2\right| < \frac{1}{1000}$$
$$\left|\frac{2n-1-2n}{n}\right| < \frac{1}{1000}$$
$$\frac{1}{n} < \frac{1}{1000}$$
$$n > 1000$$

S. 21 **2** a)

n	u(n)
1	1.3333
2	1.1667
3	1.1111
4	1.0833
5	1.0667
6	1.0556
7	1.0476

n=1

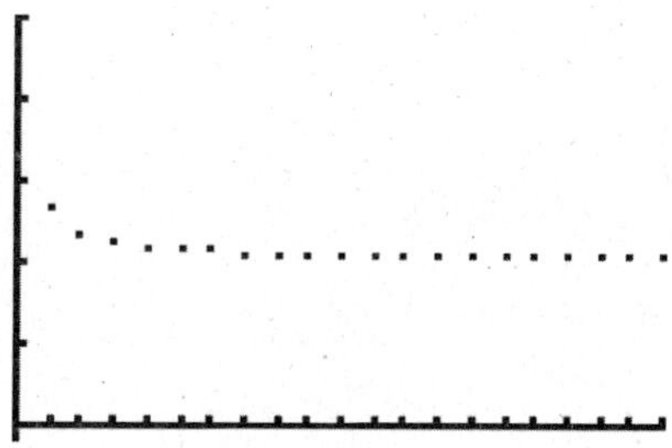

$0 \leqq X \leqq 20$; Xscl = 1
$-0{,}1 \leqq Y \leqq 2{,}5$; Yscl = 0,5

$g = 1$; $n_0 = 4$

$$\left|1+\frac{1}{3n}-1\right| < 0{,}1$$
$$\left|\frac{1}{3n}\right| < \frac{1}{10}$$
$$3n > 10$$
$$n > \frac{10}{3}$$

S. 21 **2** b)

n	u(n)
1	4
2	1.3333
3	.44444
4	.14815
5	.04938
6	.01646
7	.00549

n=1

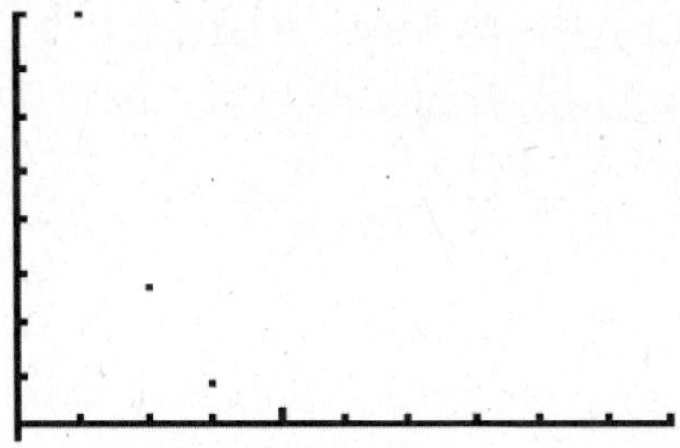

$g = 0;\ n_0 = 5$

$0 \leqq X \leqq 10$; Xscl = 1
$-0{,}1 \leqq Y \leqq 4$; Yscl = 0,5

$$\left|4 \cdot \left(\tfrac{1}{3}\right)^{n-1} - 0\right| < 0{,}1$$
$$\left(\tfrac{1}{3}\right)^{n-1} < 0{,}025$$
$$n > 1 + \frac{\log(0{,}025)}{\log\left(\frac{1}{3}\right)} \approx 4{,}4$$

c)

n	u(n)
1	2.6667
2	2.3333
3	2.2222
4	2.1667
5	2.1333
6	2.1111
7	2.0952

n=1

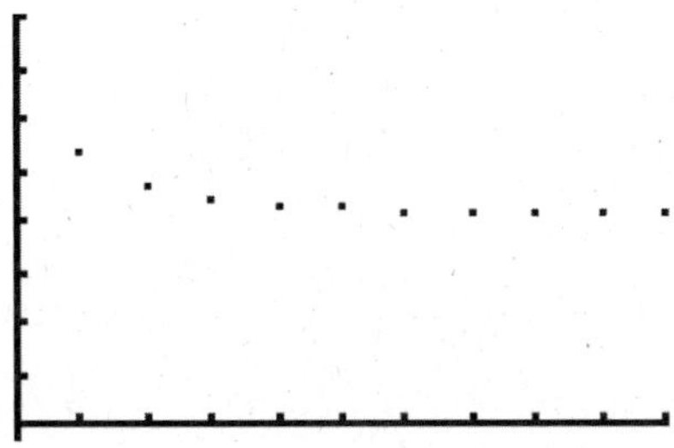

$g = 2;\ n_0 = 7$

$0 \leqq X \leqq 10$; Xscl = 1
$-0{,}1 \leqq Y \leqq 4$; Yscl = 0,5

$$\left|\frac{6n+2}{3n} - 2\right| < 0{,}1$$
$$\frac{2}{3n} < \frac{1}{10}$$
$$n > \frac{20}{3} \approx 6{,}7$$

d)

n	u(n)
1	.5
2	1.3333
3	1.9286
4	2.2857
5	2.5
6	2.6341
7	2.7222

n=1

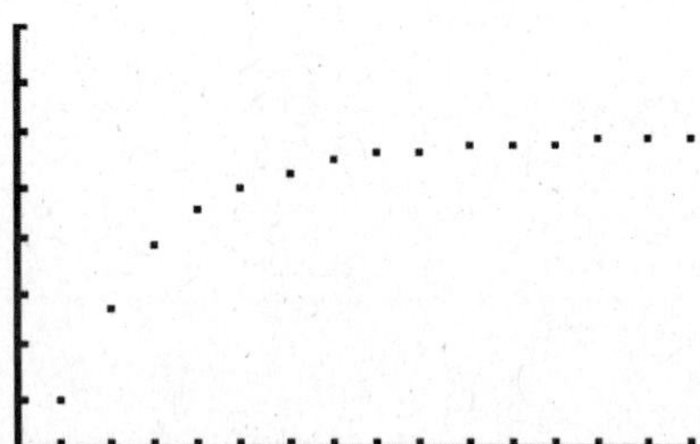

$g = 3;\ n_0 = 13$

$0 \leqq X \leqq 15$; Xscl = 1
$-0{,}1 \leqq Y \leqq 4$; Yscl = 0,5

S. 21 **2** $\left|\frac{3n^2}{n^2+5} - 3\right| < 0{,}1$

$\left|\frac{3n^2 - 3(n^2+5)}{n^2+5}\right| < 0{,}1$

$\left|\frac{-15}{n^2+5}\right| < \frac{1}{10}$

$\frac{n^2+5}{15} > 10$

$n^2 + 5 > 150$

$n^2 > 145$

$n > \sqrt{145} \approx 12{,}04$

e)

n	u(n)
1	.66667
2	.70711
3	.73205
4	.75
5	.76393
6	.77526
7	.78475

n=1

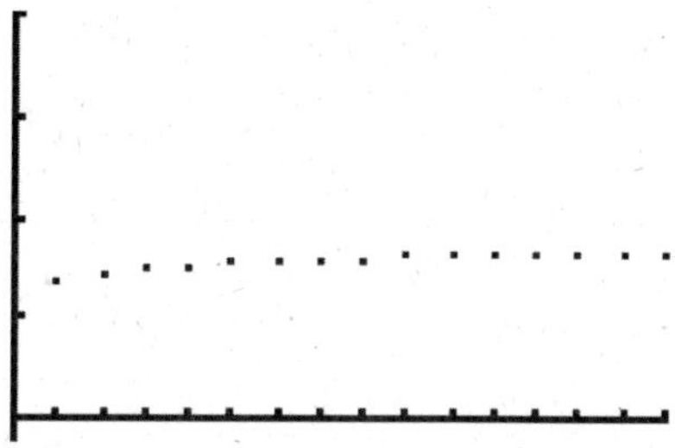

$0 \leqq X \leqq 15$; Xscl = 1
$-0{,}1 \leqq Y \leqq 2$; Yscl = 0,5

$g = 1$; $n_0 = 65$

$\left|\frac{1+\sqrt{n}}{2+\sqrt{n}} - 1\right| < 0{,}1$

$\left|\frac{-1}{2+\sqrt{n}}\right| < \frac{1}{10}$

$2 + \sqrt{n} > 10$

$\sqrt{n} > 8$

$n > 64$

3 a) $|a_n - 1| = \left|\frac{1+n}{n} - 1\right| = \frac{1}{n} < 0{,}1$ für $n > 10$.

b) $|a_n - 1| = \left|\frac{n^2-1}{n^2} - 1\right| = \left|1 - \frac{1}{n^2} - 1\right| = \frac{1}{n^2} < 0{,}1$ für $n > \sqrt{10} \approx 3{,}16$; also ab Nummer 4.

c) $|a_n - 1| = \left|1 - \frac{100}{n} - 1\right| = \frac{100}{n} < 0{,}1$ für $n > 1000$.

d) $|a_n - 1| = \left|\frac{n-1}{n+2} - 1\right| = \left|\frac{-3}{n+2}\right| = \frac{3}{n+2} < \frac{1}{10}$ für $n + 2 > 30$, also $n > 28$.

e) $|a_n - 1| = \left|\frac{2n^2-3}{3n^2} - 1\right| = \left|\frac{-n^2-3}{3n^2}\right| = \frac{n^2+3}{3n^2} = \frac{1}{3} + \frac{1}{n^2} < \frac{1}{10}$ für $\frac{1}{n^2} < -\frac{7}{30}$.

Dies ist für kein $n \in \mathbb{N}^*$ der Fall.

4 Vermuteter Grenzwert ist $g = -\frac{2}{3}$. Damit gilt: $|a_n - g| = \left|\left(\frac{1}{3n} - \frac{2}{3}\right) - \left(-\frac{2}{3}\right)\right| = \frac{1}{3n} < \varepsilon$ für $n > \frac{1}{3\varepsilon}$, d.h., für fast alle Folgenglieder ist der Abstand zu $-\frac{2}{3}$ kleiner als ε.
Ist $\varepsilon = 0{,}01$, so ist für alle Nummern n mit $n > 33$ der Abstand zu $-\frac{2}{3}$ kleiner als 0,01; für $\varepsilon = 10^{-6}$ sind alle Folgenglieder mit $n > 333\,333$ zu wählen.

S. 21 **5** a) $\left(\frac{3n-2}{n+2} - 3\right) = \left(\frac{-8}{n+2}\right)$ ist eine Nullfolge, da $\left|-\frac{8}{n+2} - 0\right| = \frac{8}{n+2} < \varepsilon$ für $n > \frac{8}{\varepsilon} - 2$.

b) $\left(\frac{n^2+n}{5n^2} - \frac{1}{5}\right) = \left(\frac{n}{5n^2}\right) = \left(\frac{1}{5n}\right)$ ist eine Nullfolge, da $\frac{1}{5n} < \varepsilon$ für $n > \frac{1}{5\varepsilon}$.

c) $\left(\frac{2^{n+1}}{2^n+1} - 2\right) = \left(-\frac{2}{2^n+1}\right)$ ist eine Nullfolge, da der Zähler konstant ist, der Nenner aber über alle Grenzen wächst oder da $\left|-\frac{2}{2^n+1}\right| < \varepsilon$ ist für $2 < \varepsilon \cdot 2^n + \varepsilon$ oder $2^n > \frac{2-\varepsilon}{\varepsilon}$, also für $n > \log_2\left(\frac{2-\varepsilon}{\varepsilon}\right)$.

d) $\left(\frac{3 \cdot 2^n + 2}{2^{n+1}} - \frac{3}{2}\right) = \left(\frac{1}{2^n}\right) = (0{,}5^n)$ ist eine Nullfolge (Nachweis in Beispiel 2)).

Randspalte:
Eine nicht beschränkte Folge kann nicht konvergent sein oder anders ausgedrückt:
Jede konvergente Folge ist auch beschränkt.

6

beschränkt, monoton, konvergent:	$\left(\frac{1}{n^2+1}\right)$, $\left(\left(\frac{4}{5}\right)^n\right)$, $\left(\frac{4}{\sqrt{n+1}}\right)$
beschränkt, monoton, nicht konvergent:	keine Folge auffindbar
beschränkt, nicht monoton, konvergent:	$\left(\frac{(-1)^n}{n^2+1}\right)$, $\left(\left(-\frac{4}{5}\right)^n\right)$, $\left(\frac{(-1)^{n+1}}{\sqrt{n+1}}\right)$
beschränkt, nicht monoton, nicht konvergent:	$((-1)^n)$, $\left(\sin\left(\frac{\pi}{4} \cdot n\right)\right)$, $\left((-1)^n \cdot \frac{n+1}{n}\right)$
nicht beschränkt, monoton, konvergent:	keine Folge auffindbar
nicht beschränkt, monoton, nicht konvergent:	$\left(\sqrt{n+1}\right)$, (n^2), (-2^n)
nicht beschränkt, nicht monoton, konvergent:	keine Folge auffindbar
nicht beschränkt, nicht monoton, nicht konvergent:	$\left((-1)^n) \cdot \sqrt{n+1}\right)$, $((-1)^n \cdot n^2)$, $((-2)^n)$

7 a) Da die Zahlenfolge $(1 + n^2)$ nicht beschränkt ist, ist sie auch nicht konvergent.

b) Da die Zahlenfolge $(-1)^n \cdot (n + 2))$ nicht beschränkt ist, ist sie auch nicht konvergent.

c) Da die Zahlenfolge (a_n) mit $a_n = \frac{n^2+1}{n+2} = \frac{n^2+4n+4-3}{n+2} = \frac{(n+2)^2-3}{n+2} = n + 2 - \frac{3}{n+2}$ nicht beschränkt ist, ist sie auch nicht konvergent.

d) $a_n = 2$ für ungerades n, $a_n = 0$ für gerades n. Damit kann es keine Zahl $\varepsilon > 0$ geben weder mit $|a_n - 2| < \varepsilon$ noch mit $|a_n - 0| < \varepsilon$ für fast alle $n \in \mathbb{N}^*$.

8 a) $\left(\frac{n+1}{5n}\right)$ ist monoton fallend, da $a_{n+1} - a_n = \frac{n+2}{5(n+1)} - \frac{n+1}{5n} = -\frac{1}{5n(n+1)} < 0$ ist. $\left(\frac{n+1}{5n}\right)$ ist beschränkt nach oben durch 1 und nach unten durch 0. Damit ist $\left(\frac{n+1}{5n}\right)$ konvergent.
Grenzwert ist $\frac{1}{5}$, da $\left|\frac{n+1}{5n} - \frac{1}{5}\right| = \frac{1}{5n} < \varepsilon$ ist für alle n mit $n > \frac{1}{5\varepsilon}$.

b) (a_n) mit $a_n = \frac{\sqrt{5n}}{\sqrt{n+1}} = \sqrt{\frac{5n}{n+1}} = \sqrt{5 - \frac{5}{n+1}}$ ist streng monoton steigend, da

$\frac{a_{n+1}}{a_n} = \sqrt{\frac{5(n+1)}{n+2} \cdot \frac{n+1}{5n}} = \sqrt{\frac{5n^2+10n+5}{5n^2+10n}} > 1$ ist. (a_n) ist beschränkt nach oben z. B. durch 5 und nach unten durch 0. Damit ist $\left(\frac{\sqrt{5n}}{\sqrt{n+1}}\right)$ konvergent.

Grenzwert ist $\sqrt{5}$, da die Folge $\left(a_n - \sqrt{5}\right)$ eine Nullfolge ist:

$$\sqrt{5 - \frac{5}{n+1}} - \sqrt{5} = \frac{5 - \frac{5}{n+1} - 5}{\sqrt{5 - \frac{5}{n+1}} + \sqrt{5}} = -\frac{5}{(n+1) \cdot \sqrt{5 - \frac{5}{n+1}} + \sqrt{5}}.$$

S. 21 **8** c) (a_n) mit $a_n = \frac{n\sqrt{n} + 10}{n^2} = \frac{1}{\sqrt{n}} + \frac{10}{n^2}$ ist streng monoton fallend, da die Folgen $\left(\frac{1}{\sqrt{n}}\right)$ und $\left(\frac{10}{n^2}\right)$ nur positive Folgenglieder besitzen und jeweils streng monoton fallend sind. Die Folge (a_n) ist beschränkt z. B. durch 11 nach oben und 0 nach unten. Damit ist $\left(\frac{1}{\sqrt{n}} + \frac{10}{n^2}\right)$ konvergent.

Grenzwert ist 0, da $\left|\frac{1}{\sqrt{n}} + \frac{10}{n^2}\right| < \left|\frac{1}{\sqrt{n}} + \frac{10}{\sqrt{n}}\right| < \frac{11}{\sqrt{n}} < \varepsilon$ ist für $n > \frac{121}{\varepsilon^2}$.

d) (a_n) mit $a_n = \frac{n}{n^2 + 1}$ ist streng monoton fallend, da die Folgenglieder alle positiv sind und $\frac{a_{n+1}}{a_n} = \frac{(n+1)\cdot(n^2+1)}{((n+1)^2+1)\cdot n} = \frac{n^3 + n^2 + n + 1}{n^3 + 2(n^2 + n)} < 1$ ist. Die Folge (a_n) ist beschränkt z. B. durch 1 nach oben und 0 nach unten. Damit ist $\left(\frac{n}{n^2+1}\right)$ konvergent.

Grenzwert ist 0, da $\left|\frac{n}{n^2+1}\right| < \left|\frac{n}{n^2}\right| < \left|\frac{1}{n}\right| < \varepsilon$ für $n > \frac{1}{\varepsilon}$.

9 a) (a_n) ist streng monoton steigend, da $a_{n+1} - a_n = \frac{1}{n+1} > 0$ ist.

b) $a_{100} \approx 5{,}187\,377\,517\,633\,144\,268\,0$; $a_{1000} \approx 7{,}485\,470\,860\,514\,847\,197\,0$; $a_{10\,000} \approx 9{,}787\,606\,036\,055\,033\,313\,7$. Es ist nicht möglich, über den Grenzwert eine Aussage zu machen.

c) $\frac{1}{n} + \frac{1}{n+1} + \frac{1}{n+2} + \ldots + \frac{1}{2n} > \frac{1}{2n} + \frac{1}{2n} + \frac{1}{2n} + \ldots + \frac{1}{2n} = n \cdot \frac{1}{2n} = \frac{1}{2}$

d)
$$\begin{aligned} a_{2^n} &= 1 + \tfrac{1}{2} + \left(\tfrac{1}{3} + \tfrac{1}{4}\right) + \left(\tfrac{1}{5} + \tfrac{1}{6} + \tfrac{1}{7} + \tfrac{1}{8}\right) + \left(\tfrac{1}{9} + \tfrac{1}{10} + \ldots + \tfrac{1}{16}\right) + \ldots + \left(\tfrac{1}{2^{n-1}+1} + \tfrac{1}{2^{n-1}+2} + \ldots + \tfrac{1}{2^n}\right) \\ &> 1 + \tfrac{1}{2} + \tfrac{1}{2} + \tfrac{1}{2} + \tfrac{1}{2} + \ldots + \tfrac{1}{2} \\ &= 1 + n \cdot \tfrac{1}{2} > \tfrac{n}{2}. \end{aligned}$$

Damit ist (a_n) nicht beschränkt und kann somit auch nicht konvergent sein.

e) DERIVE zeigt die Divergenz an. Daraus kann man schließen, dass keine Summen gebildet werden.

5 *Grenzwertsätze*

S. 22 **1** a) Die Folge (a_n) mit $a_n = \frac{9n^2 + 4}{3n^2}$ hat den Grenzwert 3, da $|a_n - 3| = \left|\frac{4}{3n^2}\right| = \frac{4}{3n^2} < \varepsilon$ ist für alle n mit $n > \frac{2}{\sqrt{3\varepsilon}}$.

b) $a_n = \frac{9n^2 + 4}{3n^2} = 3 + \frac{4}{3n^2}$. Damit ist $(a_n - 3)$ eine Nullfolge, also ist 3 der Grenzwert von (a_n).

c) $a_n = \frac{9n^2 + 4}{3n^2} = \frac{(9n^2 + 4)\cdot\frac{1}{n^2}}{3n^2 \cdot \frac{1}{n^2}} = \frac{9 + \frac{4}{n^2}}{3}$. Da der Zähler mit wachsendem n gegen 9 strebt, der Nenner aber 3 ist, ist der Grenzwert vermutlich 3.

S. 23 **2** a) $\left(\frac{8+n}{4n}\right) = \left(\frac{2}{n} + \frac{1}{4}\right) = \left(\frac{1}{4}\right) + \left(\frac{2}{n}\right)$; damit ist der Grenzwert $g = \frac{1}{4}$.

b) $\left(\frac{8+\sqrt{n}}{4\sqrt{n}}\right) = \left(\frac{2}{\sqrt{n}} + \frac{1}{4}\right) = \left(\frac{1}{4}\right) + \left(\frac{2}{\sqrt{n}}\right)$; damit ist der Grenzwert $g = \frac{1}{4}$.

c) $\left(\frac{8+2^n}{4\cdot 2^n}\right) = \left(\frac{2}{2^n} + \frac{1}{4}\right) = \left(\frac{1}{4}\right) + \left(\frac{1}{2^{n-1}}\right)$; damit ist der Grenzwert $g = \frac{1}{4}$.

d) $\left(\frac{6+n^4}{\frac{1}{4}n^4}\right) = \left(\frac{24}{n^4} + 4\right) = (4) + \left(\frac{24}{n^4}\right)$; damit ist der Grenzwert $g = 4$.

e) $\left(\frac{4+n^3}{n^3}\right) = \left(\frac{4}{n^3} + 1\right) = (1) + \left(\frac{4}{n^3}\right)$; damit ist der Grenzwert $g = 1$.

3 a) $\lim\limits_{n\to\infty} \frac{1+2n}{1+n} = \lim\limits_{n\to\infty} \frac{(1+2n)\cdot\frac{1}{n}}{(1+n)\cdot\frac{1}{n}} = \lim\limits_{n\to\infty} \frac{\frac{1}{n}+2}{\frac{1}{n}+1} = \frac{\lim\limits_{n\to\infty}\left(\frac{1}{n}+2\right)}{\lim\limits_{n\to\infty}\left(\frac{1}{n}+1\right)} = \frac{\lim\limits_{n\to\infty}\left(\frac{1}{n}\right) + \lim\limits_{n\to\infty} 2}{\lim\limits_{n\to\infty}\left(\frac{1}{n}\right) + \lim\limits_{n\to\infty} 1} = \frac{0+2}{0+1} = 2$

b) $\lim\limits_{n\to\infty} \frac{7n^3+1}{n^3-10} = \lim\limits_{n\to\infty} \frac{(7n^3+1)\cdot\frac{1}{n^3}}{(n^3-10)\cdot\frac{1}{n^3}} = \lim\limits_{n\to\infty} \frac{7+\frac{1}{n^3}}{1-\frac{10}{n^3}} = \frac{\lim\limits_{n\to\infty}\left(7+\frac{1}{n^3}\right)}{\lim\limits_{n\to\infty}\left(1-\frac{10}{n^3}\right)} = \frac{\lim\limits_{n\to\infty} 7 + \lim\limits_{n\to\infty}\frac{1}{n^3}}{\lim\limits_{n\to\infty} 1 - \lim\limits_{n\to\infty}\frac{10}{n^3}} = \frac{7+0}{1-0} = 7$

c) $\lim\limits_{n\to\infty} \frac{n^2+2n+1}{n^2+n+1} = \lim\limits_{n\to\infty} \frac{(n^2+2n+1)\cdot\frac{1}{n^2}}{(n^2+n+1)\cdot\frac{1}{n^2}} = \lim\limits_{n\to\infty} \frac{1+\frac{2}{n}+\frac{1}{n^2}}{1+\frac{1}{n}+\frac{1}{n^2}} = \frac{\lim\limits_{n\to\infty}\left(1+\frac{2}{n}+\frac{1}{n^2}\right)}{\lim\limits_{n\to\infty}\left(1+\frac{1}{n}+\frac{1}{n^2}\right)}$

$= \frac{\lim\limits_{n\to\infty} 1 + \lim\limits_{n\to\infty}\frac{2}{n} + \lim\limits_{n\to\infty}\frac{1}{n^2}}{\lim\limits_{n\to\infty} 1 + \lim\limits_{n\to\infty}\frac{1}{n} + \lim\limits_{n\to\infty}\frac{1}{n^2}} = \frac{1+0+0}{1+0+0} = 1$

d) $\lim\limits_{n\to\infty} \frac{n^2+n+\sqrt{n}}{n^2+\sqrt{2n}} = \lim\limits_{n\to\infty} \frac{\left(n^2+n+\sqrt{n}\right)\cdot\frac{1}{n^2}}{\left(n^2+\sqrt{2n}\right)\cdot\frac{1}{n^2}} = \lim\limits_{n\to\infty} \frac{1+\frac{1}{n}+\frac{1}{n\cdot\sqrt{n}}}{1+\frac{\sqrt{2}}{n\cdot\sqrt{n}}} = \frac{\lim\limits_{n\to\infty}\left(1+\frac{1}{n}+\frac{1}{n\cdot\sqrt{n}}\right)}{\lim\limits_{n\to\infty}\left(1+\frac{\sqrt{2}}{n\cdot\sqrt{n}}\right)}$

$= \frac{\lim\limits_{n\to\infty} 1 + \lim\limits_{n\to\infty}\frac{1}{n} + \lim\limits_{n\to\infty}\frac{1}{n\cdot\sqrt{n}}}{\lim\limits_{n\to\infty} 1 + \lim\limits_{n\to\infty}\frac{\sqrt{2}}{n\cdot\sqrt{n}}} = \frac{1+0+0}{1+0} = 1$

e) $\lim\limits_{n\to\infty} \frac{n^5-n^4}{6n^5-1} = \lim\limits_{n\to\infty} \frac{(n^5-n^4)\cdot\frac{1}{n^5}}{(6n^5-1)\cdot\frac{1}{n^5}} = \lim\limits_{n\to\infty} \frac{1-\frac{1}{n}}{6-\frac{1}{n^5}} = \frac{\lim\limits_{n\to\infty}\left(1-\frac{1}{n}\right)}{\lim\limits_{n\to\infty}\left(6-\frac{1}{n^5}\right)} = \frac{\lim\limits_{n\to\infty} 1 - \lim\limits_{n\to\infty}\frac{1}{n}}{\lim\limits_{n\to\infty} 6 - \lim\limits_{n\to\infty}\frac{1}{n^5}} = \frac{1-0}{6-0} = \frac{1}{6}$

f) $\lim\limits_{n\to\infty} \frac{\sqrt{n+1}}{\sqrt{n+1}+2} = \lim\limits_{n\to\infty} \frac{\sqrt{n+1}\cdot\frac{1}{\sqrt{n+1}}}{\left(\sqrt{n+1}+2\right)\cdot\frac{1}{\sqrt{n+1}}} = \lim\limits_{n\to\infty} \frac{1}{1+\frac{2}{\sqrt{n+1}}} = \frac{\lim\limits_{n\to\infty} 1}{\lim\limits_{n\to\infty}\left(1+\frac{2}{\sqrt{n+1}}\right)} = \frac{1}{\lim\limits_{n\to\infty} 1 + \lim\limits_{n\to\infty}\frac{2}{\sqrt{n+1}}}$

$= \frac{1}{1+0} = 1$

g) $\lim\limits_{n\to\infty} \frac{(5-n)^4}{(5+n)^4} = \lim\limits_{n\to\infty} \frac{(5-n)^4\cdot\frac{1}{n^4}}{(5+n)^4\cdot\frac{1}{n^4}} = \lim\limits_{n\to\infty} \frac{\left((5-n)\cdot\frac{1}{n}\right)^4}{\left((5+n)\cdot\frac{1}{n}\right)^4} = \frac{\lim\limits_{n\to\infty}\left(\frac{5}{n}-1\right)^4}{\lim\limits_{n\to\infty}\left(\frac{5}{n}+1\right)^4} = \frac{(0-1)^4}{(0+1)^4} = 1$

h) $\lim\limits_{n\to\infty} \frac{(2+n)^{10}}{(1+n)^{10}} = \lim\limits_{n\to\infty} \frac{(2+n)^{10}\cdot\frac{1}{n^{10}}}{(1+n)^{10}\cdot\frac{1}{n^{10}}} = \lim\limits_{n\to\infty} \frac{\left((2+n)\cdot\frac{1}{n}\right)^{10}}{\left((1+n)\cdot\frac{1}{n}\right)^{10}} = \frac{\lim\limits_{n\to\infty}\left(\frac{2}{n}+1\right)^{10}}{\lim\limits_{n\to\infty}\left(\frac{1}{n}+1\right)^{10}} = \frac{(0+1)^{10}}{(0+1)^{10}} = 1$

i) $\lim\limits_{n\to\infty} \frac{(1+2n)^{10}}{(1+n)^{10}} = \lim\limits_{n\to\infty} \frac{(1+2n)^{10}\cdot\frac{1}{n^{10}}}{(1+n)^{10}\cdot\frac{1}{n^{10}}} = \lim\limits_{n\to\infty} \frac{\left((1+2n)\cdot\frac{1}{n}\right)^{10}}{\left((1+n)\cdot\frac{1}{n}\right)^{10}} = \frac{\lim\limits_{n\to\infty}\left(\frac{1}{n}+2\right)^{10}}{\lim\limits_{n\to\infty}\left(\frac{1}{n}+1\right)^{10}} = \frac{(0+2)^{10}}{(0+1)^{10}} = 2^{10} = 1024$

j) $\lim\limits_{n\to\infty} \frac{(1+2n)^k}{(1+3n)^k} = \lim\limits_{n\to\infty} \frac{(1+2n)^k\cdot\frac{1}{n^k}}{(1+3n)^k\cdot\frac{1}{n^k}} = \lim\limits_{n\to\infty} \frac{\left((1+2n)\cdot\frac{1}{n}\right)^k}{\left((1+3n)\cdot\frac{1}{n}\right)^k} = \frac{\lim\limits_{n\to\infty}\left(\frac{1}{n}+2\right)^k}{\lim\limits_{n\to\infty}\left(\frac{1}{n}+3\right)^k} = \frac{(0+2)^k}{(0+3)^k} = \frac{2^k}{3^k} = \left(\frac{2}{3}\right)^k$

S. 23 **4** a) $\lim\limits_{n\to\infty} \frac{2^n-1}{2^n} = \lim\limits_{n\to\infty} \frac{(2^n-1)\cdot\frac{1}{2^n}}{2^n\cdot\frac{1}{2^n}} = \lim\limits_{n\to\infty} \frac{1-\frac{1}{2^n}}{1} = \frac{1-0}{1} = 1$

b) $\lim\limits_{n\to\infty} \frac{2^n-1}{2^{n-1}} = \lim\limits_{n\to\infty} \frac{(2^n-1)\cdot\frac{1}{2^{n-1}}}{2^{n-1}\cdot\frac{1}{2^{n-1}}} = \lim\limits_{n\to\infty} \frac{2-\frac{1}{2^{n-1}}}{1} = \frac{2-0}{1} = 2$

c) $\lim\limits_{n\to\infty} \frac{2^n}{1+(2^2)^n} = \lim\limits_{n\to\infty} \frac{2^n}{1+2^{2n}} = \lim\limits_{n\to\infty} \frac{2^n\cdot\frac{1}{2^{2n}}}{(1+2^{2n})\cdot\frac{1}{2^{2n}}} = \lim\limits_{n\to\infty} \frac{\frac{1}{2^n}}{\frac{1}{2^{2n}}+1} = \frac{0}{0+1} = 0$

d) $\lim\limits_{n\to\infty} \frac{2^n-3^n}{2^n+3^n} = \lim\limits_{n\to\infty} \frac{(2^n-3^n)\cdot\frac{1}{3^n}}{(2^n+3^n)\cdot\frac{1}{3^n}} = \lim\limits_{n\to\infty} \frac{\left(\frac{2}{3}\right)^n-1}{\left(\frac{2}{3}\right)^n+1} = \frac{0-1}{1} = -1$

e) $\lim\limits_{n\to\infty} \frac{2^n+3^{n+1}}{2\cdot 3^n} = \lim\limits_{n\to\infty} \frac{(2^n+3^{n+1})\cdot\frac{1}{3^{n+1}}}{(2\cdot 3^n)\cdot\frac{1}{3^{n+1}}} = \lim\limits_{n\to\infty} \frac{\frac{1}{3}\left(\frac{2}{3}\right)^n+1}{\frac{2}{3}} = \frac{0+1}{\frac{2}{3}} = \frac{3}{2}$

5 a) Aus $g = \frac{2}{5}g - 2$ folgt $g = -\frac{10}{3}$.
b) Aus $g = -\frac{2}{3}g + 4$ folgt $g = \frac{12}{5}$.
c) Aus $g = \frac{1-g}{2+g}$ folgt $g^2 + 3g - 1 = 0$ und hieraus $g = \frac{1}{2}\left(\sqrt{13} - 3\right) \approx 0{,}3028$.
d) Aus $g = \frac{2-g^2}{3+g}$ folgt $2g^2 + 3g - 2 = 0$ und hieraus $g = \frac{1}{2}$.
e) Aus $g = \sqrt{g+4}$ folgt $g^2 - g - 4 = 0$ und hieraus $g = \frac{1}{2}\left(\sqrt{17} + 1\right) \approx 2{,}5616$.
f) Aus $g = \sqrt{\frac{8}{g}}$ folgt $g^3 = 8$ und hieraus $g = 2$.

6 a) Für $0 \leqq a_1 < 1$ ist die Folge konvergent mit dem Grenzwert $g = 0$;
für $a_1 = 1$ ist die Folge konvergent mit dem Grenzwert $g = 1$;
für $a_1 > 1$ ist die Folge divergent.
b) Für $a_1 = 1$ ist die Folge konvergent mit dem Grenzwert $g = 1$;
für $a_1 = -1$ ist die Folge konvergent mit dem Grenzwert $g = -1$;
für $a_1 = q$ mit $q \in \mathbb{R} \setminus \{-1; 1\}$ ist die Folge divergent.
c) Für $a_1 = 1$: $g = \sqrt{2}$; für $a_1 = -1$: $g = -\sqrt{2}$.

7 a) $\lim\limits_{n\to\infty} \left(\sqrt{n+1} - \sqrt{n}\right) = \lim\limits_{n\to\infty} \frac{\left(\sqrt{n+1}-\sqrt{n}\right)\cdot\left(\sqrt{n+1}+\sqrt{n}\right)}{\sqrt{n+1}+\sqrt{n}} = \lim\limits_{n\to\infty} \frac{n+1-n}{\sqrt{n+1}+\sqrt{n}} = \lim\limits_{n\to\infty} \frac{1}{\sqrt{n+1}+\sqrt{n}} = 0$

b) $\lim\limits_{n\to\infty} \left(\sqrt{n}\cdot\left(\sqrt{n+1} - \sqrt{n}\right)\right) = \lim\limits_{n\to\infty} \frac{\sqrt{n}\cdot\left(\sqrt{n+1}-\sqrt{n}\right)\cdot\left(\sqrt{n+1}+\sqrt{n}\right)}{\sqrt{n+1}+\sqrt{n}} = \lim\limits_{n\to\infty} \frac{\sqrt{n}}{\sqrt{n+1}+\sqrt{n}} =$

$= \lim\limits_{n\to\infty} \frac{1}{\frac{\sqrt{n+1}}{\sqrt{n}}+1} = \lim\limits_{n\to\infty} \frac{1}{\sqrt{1+\frac{1}{n}}+1} = \frac{1}{2}$

c) $\lim\limits_{n\to\infty} \left(\sqrt{n^2-n} - n\right) = \lim\limits_{n\to\infty} \frac{\left(\sqrt{n^2-n}-n\right)\cdot\left(\sqrt{n^2-n}+n\right)}{\sqrt{n^2-n}+n} = \lim\limits_{n\to\infty} \frac{n^2-n-n^2}{\sqrt{n^2-n}+n} = \lim\limits_{n\to\infty} \frac{-n}{\sqrt{n^2-n}+n} =$

$= \lim\limits_{n\to\infty} \frac{-1}{\sqrt{1-\frac{1}{n}}+1} = -\frac{1}{2}$

6 *Grenzwerte von Funktionen für $x \to \pm\infty$*

S. 24 **1** a) $f(x) = \frac{5x}{x-5}$; $x > 5$. $f(6) = 30$; $f(7) = 17\frac{1}{2}$; $f(8) = 13\frac{1}{3}$; $f(9) = 11\frac{1}{4}$; $f(10) = 10$.
Die Folgenglieder streben vermutlich gegen 5.
Dies trifft zu, da $\lim\limits_{n\to\infty} \frac{5n}{n-5} = \frac{5}{1-\frac{5}{n}} = 5$ ist.

b) $f(10) = 10$; $f(2\cdot 10) = 6\frac{2}{3}$; $f(2^2\cdot 10) = 5\frac{5}{7}$; … ; $f(2^n\cdot 10) = \frac{5\cdot 10\cdot 2^n}{10\cdot 2^n - 5} = \frac{5}{1-\frac{5}{10\cdot 2^n}} = \frac{5}{1-2^{-n-1}}$.
Auch diese Folge hat den Grenzwert 5, da 2^{-n-1} eine Nullfolge ist.

S. 25 **2** a)

Urbildfolge	(n)	$(\sqrt{n})$	$(2n-1)$	(3^n)	(n^n)
Bildfolge	$\left(\frac{2n+4}{n+3}\right)$	$\left(\frac{2\cdot\sqrt{n}+4}{\sqrt{n}+3}\right)$	$\left(\frac{2n+1}{n+1}\right)$	$\left(\frac{2(3^n+2)}{3^n+3}\right)$	$\left(\frac{2n^n+4}{n^n+3}\right)$
Grenzwert	2	2	2	2	2

b)

Urbildfolge	$(-n)$	(-10^n)	$(-n^n)$
Bildfolge	$\left(\frac{-2n+4}{-n+3}\right)$	$\left(\frac{-2\cdot 10^n+4}{-10^n+3}\right)$	$\left(\frac{-2\cdot n^n+4}{-n^n+3}\right)$
Grenzwert	2	2	2

3 a) $\lim\limits_{x\to\infty} \frac{2}{x+1} = \lim\limits_{x_n\to\infty} \frac{2\cdot\frac{1}{x_n}}{1+\frac{1}{x_n}} = \frac{\lim\limits_{x_n\to\infty}\left(2\cdot\frac{1}{x_n}\right)}{\lim\limits_{x_n\to\infty}\left(1+\frac{1}{x_n}\right)} = \frac{\lim\limits_{x_n\to\infty} 2\cdot\lim\limits_{x_n\to\infty}\frac{1}{x_n}}{\lim\limits_{x_n\to\infty} 1 + \lim\limits_{x_n\to\infty}\frac{1}{x_n}} = \frac{2\cdot 0}{1+0} = 0$, da für jede Folge (x_n) mit $x_n \to \infty$ die Folge $\left(\frac{1}{x_n}\right)$ eine Nullfolge ist.

$$\lim_{x\to-\infty} \frac{2}{x+1} = \lim_{x_n\to-\infty} \frac{2\cdot\frac{1}{x_n}}{1+\frac{1}{x_n}} = \frac{2\cdot 0}{1+0} = 0$$

b) $\lim\limits_{x\to\infty} \frac{1}{\sqrt{x}} = \lim\limits_{x_n\to\infty} \frac{1}{\sqrt{x_n}} = \lim\limits_{x_n\to\infty} \sqrt{\frac{1}{x_n}} = \sqrt{0} = 0$, da $\left(\frac{1}{x_n}\right)$ eine Nullfolge ist.

c) $\lim\limits_{x\to\pm\infty} \left(\frac{x^3}{x^5} - 3\right) = \lim\limits_{x_n\to\pm\infty} \left(\left(\frac{1}{x_n}\right)^2 - 3\right) = 0 - 3 = -3$

d) $\lim\limits_{x\to\infty} \left(\frac{4}{x+\sqrt{x+1}} + \frac{1}{3}\right) = \lim\limits_{x_n\to\infty} \left(\frac{4}{x_n+\sqrt{x_n+1}} + \frac{1}{3}\right) = \frac{1}{3}$, da mit $\left(\frac{1}{x_n}\right)$ auch $\left(\frac{4}{x_n+\sqrt{x_n+1}}\right)$ eine Nullfolge ist.

e) $\lim\limits_{x\to\infty} \frac{1}{2^x+1} = \lim\limits_{x_n\to\infty} \frac{1}{2^{x_n}+1} = 0$, da mit $x_n \to \infty$ auch gilt $2^{x_n} \to \infty$ und daher $\left(\frac{1}{2^{x_n}+1}\right)$ eine Nullfolge ist.

$\lim\limits_{x\to-\infty} \frac{1}{2^x+1} = \lim\limits_{x_n\to-\infty} \frac{1}{2^{x_n}+1} = \lim\limits_{x_n\to\infty} \frac{1}{2^{-x_n}+1} = 1$, da $(2^{-x_n}) = \left(\frac{1}{2^{x_n}}\right)$ für eine positive nicht beschränkte Folge (x_n) eine Nullfolge ist.

S. 25 **4** a) $\lim\limits_{x\to\pm\infty}\frac{6x+5}{4+3x}=\lim\limits_{x_n\to\pm\infty}\frac{6+\frac{5}{x_n}}{\frac{4}{x_n}+3}=\frac{6+0}{0+3}=2$

b) $\lim\limits_{x\to\pm\infty}\frac{2x^3+4x}{3x^3+6x+1}=\lim\limits_{x_n\to\pm\infty}\frac{2+\frac{4}{x_n^2}}{3+\frac{6}{x_n^2}+\frac{1}{x_n^3}}=\frac{2+0}{3+0+0}=\frac{2}{3}$

c) $\lim\limits_{x\to\infty}\frac{\sqrt{x}-8}{\sqrt{x}}=\lim\limits_{x_n\to\infty}\frac{1-\frac{8}{\sqrt{x_n}}}{1}=\frac{1+0}{1}=1$

d) $\lim\limits_{x\to\pm\infty}\frac{x+12}{2x^2-1}=\lim\limits_{x_n\to\pm\infty}\frac{\frac{1}{x_n}+\frac{12}{x_n^2}}{2-\frac{1}{x_n^2}}=\frac{0+0}{2-0}=0$

e) $\lim\limits_{x\to\pm\infty}\frac{2x-19}{\sqrt{x^2+19}}=\lim\limits_{x_n\to\pm\infty}\frac{2+\frac{19}{x_n}}{\pm\sqrt{1+\frac{19}{x_n^2}}}=\frac{2+0}{\pm\sqrt{1+0}}=\pm2$

5 a) $\lim\limits_{x\to\pm\infty}\frac{x^2+4x+1}{x^2+x-1}=\lim\limits_{x_n\to\pm\infty}\frac{1+\frac{4}{x_n}+\frac{1}{x_n^2}}{1+\frac{1}{x_n}-\frac{1}{x_n^2}}=\frac{1+0+0}{1+0-0}=1$

b) $\lim\limits_{x\to\pm\infty}\frac{x^4-x^2}{6x^4+1}=\lim\limits_{x_n\to\pm\infty}\frac{1-\frac{1}{x_n^2}}{6+\frac{1}{x_n^4}}=\frac{1-0}{6+0}=\frac{1}{6}$

c) $\lim\limits_{x\to\pm\infty}\frac{x^4-x^2}{6x^5-1}=\lim\limits_{x_n\to\pm\infty}\frac{\frac{1}{x_n}-\frac{1}{x_n^3}}{6-\frac{1}{x_n^5}}=\frac{0-0}{6-0}=0$

d) $\lim\limits_{x\to\pm\infty}\frac{x^4+x^2}{5x^3+3}=\lim\limits_{x_n\to\pm\infty}\frac{x_n+\frac{1}{x_n}}{5+\frac{3}{x_n^3}}$ existiert nicht.

e) $\lim\limits_{x\to\infty}\frac{\sqrt{x-8}}{\sqrt{x}}=\lim\limits_{x_n\to\infty}\frac{\sqrt{1-\frac{8}{x_n}}}{1}=\frac{\sqrt{1+0}}{1}=1$

f) $\lim\limits_{x\to\pm\infty}\frac{(3+x)^2}{(3-x)^2}=\lim\limits_{x_n\to\pm\infty}\frac{\left(\frac{3}{x_n}+1\right)^2}{\left(\frac{3}{x_n}-1\right)^2}=\frac{(0+1)^2}{(0-1)^2}=1$

g) $\lim\limits_{x\to\pm\infty}\frac{(3+x)^3}{(3-x)^3}=\lim\limits_{x_n\to\pm\infty}\frac{\left(\frac{3}{x_n}+1\right)^3}{\left(\frac{3}{x_n}-1\right)^3}=\frac{(0+1)^3}{(0-1)^3}=-1$

h) $\lim\limits_{x\to\infty}\frac{3^{x-1}}{3^x-1}=\lim\limits_{x_n\to\infty}\frac{1}{3-\frac{1}{3^{x-1}}}=\frac{1}{3-0}=\frac{1}{3}$; $\lim\limits_{x\to-\infty}\frac{3^{x-1}}{3^x-1}=\lim\limits_{x_n\to-\infty}\frac{3^{x_n-1}}{3^{x_n}-1}=\frac{0}{0-1}=0$

i) $\lim\limits_{x\to\infty}(3+6^x)\cdot3^{-x}=\lim\limits_{x_n\to\infty}\frac{3+2^{x_n}\cdot3^{x_n}}{3^{x_n}}=\lim\limits_{x_n\to\infty}\left(\frac{1}{3^{x_n-1}}+2^{x_n}\right)$ existiert nicht, da die Folge (2^{x_n}) unbeschränkt ist.

$\lim\limits_{x\to-\infty}(3+6^x)\cdot3^{-x}=\lim\limits_{x_n\to-\infty}\frac{3+2^{x_n}\cdot3^{x_n}}{3^{x_n}}=\lim\limits_{x_n\to-\infty}(3\cdot3^{-x_n}+2^{x_n})$ existiert nicht, da die Folge (3^{-x_n}) unbeschränkt ist.

6 a) $f(x)=\frac{1}{x+1}$; $g(x)=\frac{1}{2^x+2^{-x}}$

b) $f(x)=2+\frac{2}{x^2}$; $g(x)=\frac{2\sqrt{|x|}+4}{\sqrt{|x|}}$

c) $f(x)=\frac{\sqrt{3}\cdot(x+1)}{x}$; $g(x)=\sqrt{3}$

d) $f(x)=\frac{1-x}{x}$; $g(x)=\frac{-2^x-3}{2^x}$

e) $f(x)=\frac{-x^2}{4x^2+x-6}$; $g(x)=-1+\frac{\sin(x)}{x}$

7 Es ist $\left|\sin\left(\frac{1}{x}\right)\right|<\left|\frac{1}{x}\right|$. Da $\lim\limits_{x\to\pm\infty}\left|\frac{1}{x}\right|=0$ ist, ist $\lim\limits_{x\to\pm\infty}\sin\left(\frac{1}{x}\right)=0$.

7 *Grenzwerte von Funktionen für $x \to x_0$*

S. 26 **1** Möglichkeit A:
Man betrachtet den Graphen der Funktion f (Graph rechts) und erkennt:
– an der Stelle 3 fehlt ein Punkt $P(3|-6)$
– an der Stelle 4 strebt $f(x) \to -\infty$ für $x \to 4$ und gegen $+\infty$ für $x \to 4$ und $x > 4$.

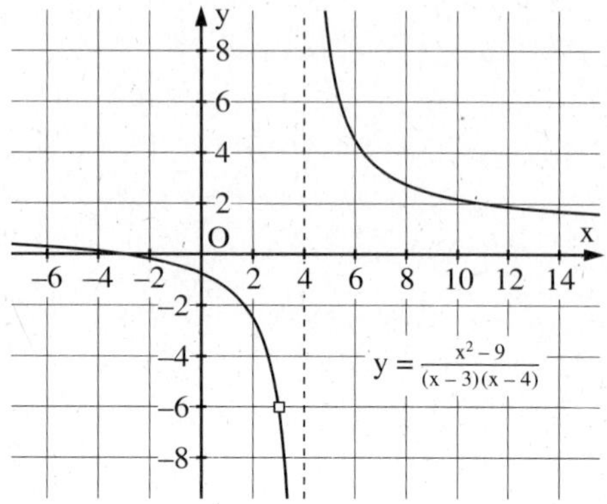

Möglichkeit B:
Man kürzt den Funktionsterm und erhält den mit f(x) in der Definitionsmenge $\mathbb{R} \setminus \{3\}$ identischen Funktionsterm
$g(x) = \frac{x+3}{x-4}$.

Möglichkeit C:
Man ersetzt x durch eine gegen 3 konvergierende Folge, z. B. $x_n = 3 + \frac{1}{n}$ und erhält

$$f(x_n) = \frac{9 + \frac{6}{n} + \frac{1}{n^2} - 9}{\left(3 + \frac{1}{n} - 3\right)\left(3 + \frac{1}{n} - 4\right)} = \frac{6n+1}{1-n}.$$ Ihr Grenzwert ist –6.

Ersetzt man x durch eine gegen 4 konvergierende Folge, z. B. $x_n = 4 + \frac{1}{n}$, so erhält man

$$f(x_n) = \frac{16 + \frac{8}{n} + \frac{1}{n^2} - 9}{\left(4 + \frac{1}{n} - 3\right)\left(4 + \frac{1}{n} - 4\right)} = 7n + 1.$$ Ihr Grenzwert existiert nicht.

S. 28 **2** a) $\lim\limits_{x \to 1} f(x) = 0$ b) Der Grenzwert existiert nicht. c) $\lim\limits_{x \to 1} f(x) = 1$

3 a) Für alle $x_0 \in \mathbb{R} \setminus \{-1\}$. b) Für alle $x_0 \in \mathbb{R} \setminus \{-1; 1\}$. c) Für alle $x_0 \in \mathbb{R}$.

4 $g \approx 0{,}29$. Es ist $\frac{\sqrt{x+3} - \sqrt{3}}{x} \cdot \frac{\sqrt{x+3} + \sqrt{3}}{\sqrt{x+3} + \sqrt{3}} = \frac{1}{\sqrt{x+3} + \sqrt{3}}$. Also gilt: $g = \frac{1}{2\sqrt{3}}$.

5 a) Die Urbildfolge $\left(-2 + \frac{1}{n}\right)$ hat die Bildfolge $\left(\frac{1}{\left(-2 + \frac{1}{n} + 2\right)^4}\right) = \left(\frac{1}{\left(\frac{1}{n}\right)^4}\right) = (n^4)$.
Die Urbildfolge hat den Grenzwert –2. Die Bildfolge ist divergent.
b) Für alle x mit $-2{,}1 \leqq x \leqq -1{,}9$; $x \neq -2$ sind die Funktionswerte von f größer als 10000.

6 a) $f(x) = \frac{x}{x-1}$. Definitionslücke ist $x_0 = 1$. Es gilt für $x > 1$ und $x \to 1$: $f(x) \to +\infty$ und für $x < 1$ und $x \to 1$: $f(x) \to -\infty$. Graph nächste Seite Fig. 1.
b) $f(x) = \frac{x^2-1}{x-1} = x + 1$. Definitionslücke ist $x_0 = 1$. $\lim\limits_{x \to 1} \frac{x^2-1}{x-1} = \lim\limits_{x \to 1} (x+1) = 2$.
Graph nächste Seite Fig. 1.
c) $f(x) = \frac{x^3-1}{x-1} = x^2 + x + 1$. Definitionslücke ist $x_0 = 1$. $\lim\limits_{x \to 1} \frac{x^3-1}{x-1} = \lim\limits_{x \to 1} (x^2 + x + 1) = 3$.
Graph nächste Seite Fig. 2.

S. 28 **6** d) $f(x) = \frac{x^2 - a^2}{x - a} = x + a$. Definitionslücke ist $x_0 = a$. $\lim\limits_{x \to a} \frac{x^2 - a^2}{x - a} = \lim\limits_{x \to a} (x + a) = 2a$.
Der Graph für $a = 1$ ist der von Aufgabenteil b).

e) $f(x) = \frac{x^4 - 16}{x - 2} = x^3 + 2x^2 + 4x + 8$. Definitionslücke ist $x_0 = 2$.
$\lim\limits_{x \to 2} \frac{x^4 - 16}{x - 2} = \lim\limits_{x \to 2} (x^3 + 2x^2 + 4x + 8) = 32$. Graph siehe unten Fig. 2.

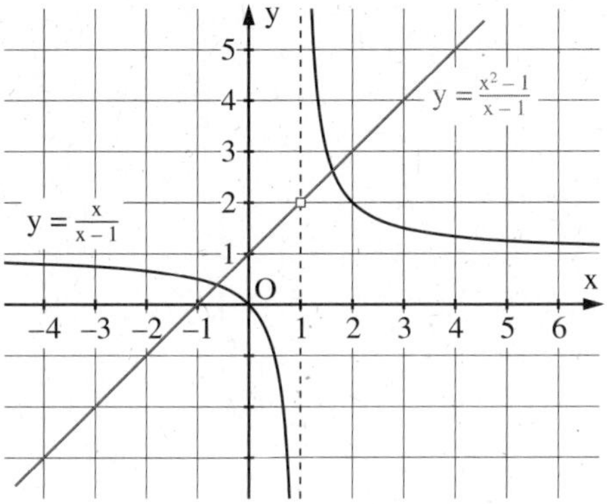

Fig. 1

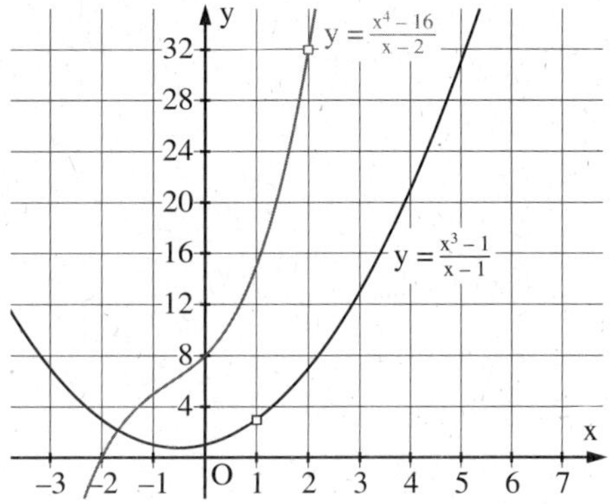

Fig. 2

7 a) $\lim\limits_{x \to 5} (x^2 - 2x) = \lim\limits_{x_n \to 5} (x_n^2 - 2x_n) = \lim\limits_{x_n \to 5} x_n^2 - \lim\limits_{x_n \to 5} 2x_n$
$= \lim\limits_{x_n \to 5} x_n \cdot \lim\limits_{x_n \to 5} x_n - \lim\limits_{x_n \to 5} 2 \cdot \lim\limits_{x_n \to 5} x_n = 5 \cdot 5 - 2 \cdot 5 = 15$

b) $\lim\limits_{x \to -3} (x^4 - 5x^2 + 10) = \lim\limits_{x_n \to -3} (x_n^4 - 5x_n^2 + 10) = \lim\limits_{x_n \to -3} x_n^4 - \lim\limits_{x_n \to -3} 5x_n^2 + 10$
$= (\lim\limits_{x_n \to -3} x_n)^4 - 5 \cdot (\lim\limits_{x_n \to -3} x_n)^2 + 10 = 46$

c) $\lim\limits_{x \to -2} \left(x^3 - \frac{1}{x}\right) = \lim\limits_{x_n \to -2} \left(x_n^3 - \frac{1}{x_n}\right) = \lim\limits_{x_n \to -2} x_n^3 - \lim\limits_{x_n \to -2} \frac{1}{x_n} = (\lim\limits_{x_n \to -2} x_n)^3 - \lim\limits_{x_n \to -2} \frac{1}{x_n} = -7\frac{1}{2}$

d) $\lim\limits_{x \to -3} \left(\frac{10}{x^3} + x - \frac{20}{x}\right) = \lim\limits_{x_n \to -3} \left(\frac{10}{x_n^3} + x_n - \frac{20}{x_n}\right) = \lim\limits_{x_n \to -3} \frac{10}{x_n^3} + \lim\limits_{x_n \to -3} x_n - \lim\limits_{x_n \to -3} \frac{20}{x_n}$
$= \frac{10}{(\lim\limits_{x_n \to -3} x_n)^3} + (-3) - \frac{20}{\lim\limits_{x_n \to -3} x_n} = \frac{89}{27}$

8 a) Es ist $\lim\limits_{\substack{x \to 3 \\ x < 3}} f(x) = \lim\limits_{\substack{x \to 3 \\ x < 3}} x^2 = 9$ und $\lim\limits_{\substack{x \to 3 \\ x > 3}} f(x) = \lim\limits_{\substack{x \to 3 \\ x > 3}} (12 - x) = 9$.
Damit gilt $\lim\limits_{x \to 3} f(x) = 9$.

b) Es ist $\lim\limits_{\substack{x \to -1 \\ x < -1}} f(x) = \lim\limits_{\substack{x \to -1 \\ x < -1}} (x^2 + 4x) = -3$ und $\lim\limits_{\substack{x \to -1 \\ x > -1}} f(x) = \lim\limits_{\substack{x \to -1 \\ x > -1}} (2^x - 3) = -2\frac{1}{2}$.
Damit existiert der Grenzwert nicht.

9 a) $f(x) = x^2$, $x_0 = 2$. $m_{P_0P_n} = \frac{(2 + h_n)^2 - 4}{(2 + h_n) - 2} = \frac{4h_n + h_n^2}{h_n} = 4 + h_n$.
Also gilt $\lim\limits_{h_n \to 0} (4 + h_n) = 4$. In der Zeichnung ist $h_n = \frac{1}{n}$. Die Gleichungen der zugehörigen Sekanten sind dann: P_0P_1: $y = 5x - 6$; P_0P_2: $y = 4{,}5x - 5$; P_0P_3: $y = \frac{13}{3}x - \frac{14}{3}$; Gleichung der Tangente: $y = 4x - 4$.

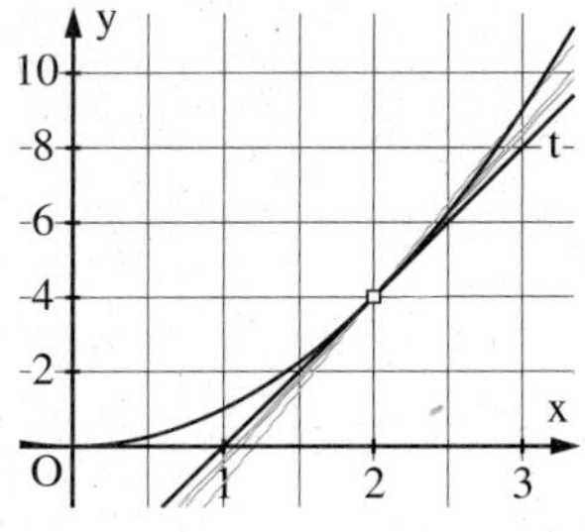

S. 28 **9** b) $f(x) = \frac{1}{x}$; $x_0 = -3$. $m_{P_0P_n} = \frac{\frac{1}{-3+h_n} + \frac{1}{3}}{(-3+h_n)-(-3)} = \frac{h_n}{h_n \cdot 3 \cdot (-3+h_n)}$ $= \frac{1}{3\cdot(-3+h_n)}$, also gilt $\lim\limits_{h_n \to 0} \frac{1}{-9+3h_n} = -\frac{1}{9}$. In der Zeichung ist $h_n = \frac{(-1)^n}{n}$. Die Gleichungen der zugehörigen Sekanten sind dann: P_0P_1: $y = -\frac{1}{12}x - \frac{7}{12}$; P_0P_2: $y = -\frac{2}{15}x - \frac{11}{15}$; P_0P_3: $y = -\frac{1}{10}x - \frac{19}{30}$; Gleichung der Tangente: $y = -\frac{1}{9}x - \frac{2}{3}$.

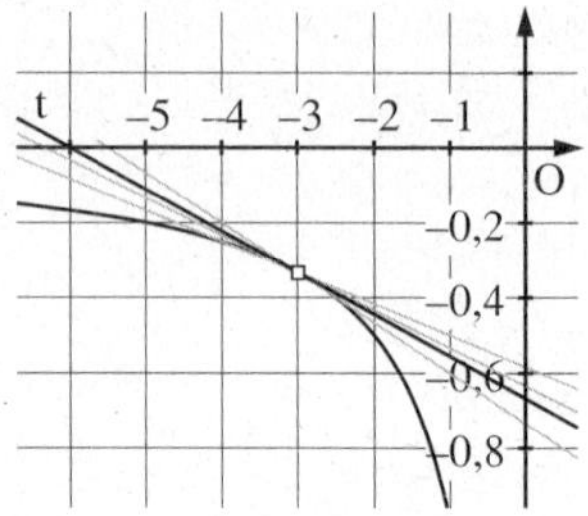

8 *Stetigkeit und Nullstellensatz*

S. 29 **1** Die zurückgelegte Strecke habe die Länge L, die Tageszeit 8.00 Uhr entspreche dem Zeitpunkt $t = 0$.
Der Aufstieg dauere $t = T_h$, der Abstieg $t = T_a$ mit $T_a < T_h$. Ferner sei **h(t)** der beim Aufstieg zurückgelegte Weg, **a(t)** der beim **Abstieg** zum Zeitpunkt t zurückgelegte Weg.
Dann ist nach der Zeit t die Entfernung vom Ausgangspunkt des Rittes h(t) bzw. $L - a(t)$ und es gilt für die Differenz $d(t) = h(t) - (L - a(t)) = h(t) + a(t) - L$.
Dabei ist $h(0) = a(0) = 0$ und wegen $h(T_h) = a(T_h) = a(T_a) = L$. Daraus folgt $d(0) = -L$ und $d(T_h) = +L$. Da Auf- und Abstieg kontinuierlich erfolgen (ohne Sprünge), muss es einen Zeitpunkt T_0 geben mit $d(T_0) = h(T_0) + a(T_0) - L = 0$, also mit $h(T_0) = L - a(T_0)$, d.h. eine Stelle s_0, die vom Ausgangspunkt des Rittes gleich weit ist. Dies ist die gesuchte Stelle s_0.

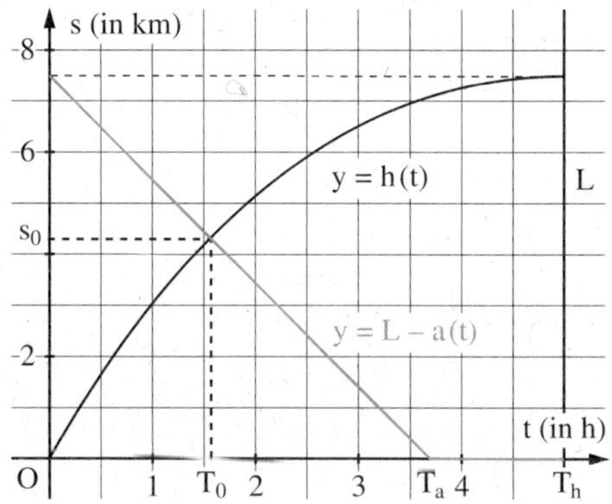

S. 30 **2** a) $\lim\limits_{x \to 3} f(x) = \lim\limits_{x \to 3} \frac{1}{x+3} = \frac{1}{6}$. $f(3) = \frac{1}{6}$. Damit ist f an der Stelle $x_0 = 3$ stetig.

b) $\lim\limits_{x \to -2} f(x) = \lim\limits_{x \to -2} \frac{x^3+8}{x+2} = \lim\limits_{x \to -2} \frac{3x^2}{1} = 12$. $f(-2) = 10$. Damit ist f an der Stelle $x_0 = -2$ unstetig.

3 Es ist $\lim\limits_{x \to x_0} x = x_0$; ferner gilt nach den Grenzwertsätzen $\lim\limits_{x \to x_0} (x^3 - 1) =$
$= \lim\limits_{x \to x_0} (x \cdot x \cdot x - 1) = \lim\limits_{x \to x_0} (x) \cdot \lim\limits_{x \to x_0} (x) \cdot \lim\limits_{x \to x_0} (x) - \lim\limits_{x \to x_0} (1) = x_0 \cdot x_0 \cdot x_0 - 1 = x_0^3 - 1.$
Daraus ergibt sich wiederum nach dem Grenzwertsatz für Quotienten, dass gilt
$\lim\limits_{x \to x_0} \frac{x^3+1}{x} = \frac{x_0^3+1}{x_0}$, sofern $x_0 \neq 0$ ist.

S. 30 **4** a) $f'(x) = 3x(x-2)$. Für $x > 2$ ist f streng monoton wachsend; $f(3) = -3$; $f(4) = 13$. Also hat f für $3 \leqq x \leqq 4$ genau eine Nullstelle. $x_0 \approx 3{,}279$
b) $f'(x) = -\frac{1}{x^2} - 3x^2 < 0$ für alle $x \neq 0$. f ist streng monoton fallend; $f(-2) = 5{,}5$; $f(-1) = -2$. Also hat f für $-2 \leqq x \leqq -1$ genau eine Nullstelle. $x_0 \approx -1{,}395$
c) $f(-3) = 4$; $f(-2) = -\frac{1}{3}$. Also hat f für $-3 \leqq x \leqq -2$ mindestens eine Nullstelle. $x_0 \approx -2{,}095$

9 *Das Beweisverfahren der vollständigen Induktion*

S. 31 ***1*** a) Es genügt, den ersten Stein umzukippen. Dabei ist beim Aufstellen der Steine darauf zu achten, dass die Steine eng beieinander stehen. Jeder kippende Stein muss stets den nachfolgenden Stein umstoßen.
b) Es wird nur der sechste Stein umgekippt.

S. 33 ***2*** a) Behauptung: $2 + 4 + 6 + \ldots + 2n = n(n+1)$.
Beweis durch vollständige Induktion
(I) Induktionsanfang: Für $n = 1$ ist die Aussage wahr, da $2 = 1 \cdot (1+1)$ gilt.
(II) Induktionsschritt: Es sei $k \in \mathbb{N}$ mit $k \geqq 1$ und man nimmt an, dass die Aussage für k gilt. Dies besagt: $2 + 4 + 6 + \ldots + 2k = k(k+1)$. Dann ist
$2 + 4 + 6 + \ldots + 2k + 2(k+1) = k(k+1) + 2(k+1) = (k+1)(k+2)$.
Somit gilt die Aussage auch für $k + 1$.
Damit ist gezeigt, dass die Aussage für alle $n \in \mathbb{N}$ mit $n \geqq 1$ wahr ist.
b) Behauptung: $3 + 7 + 11 + \ldots + (4n-1) = n(2n+1)$.
Beweis durch vollständige Induktion
(I) Induktionsanfang: Für $n = 1$ ist die Aussage wahr, da $3 = 1 \cdot (2 \cdot 1 + 1)$ gilt.
(II) Induktionsschritt: Es sei $k \in \mathbb{N}$ mit $k \geqq 1$ und man nimmt an, dass die Aussage für k gilt. Dies besagt: $3 + 7 + 11 + \ldots + (4k-1) = k(2k+1)$. Dann ist
$3 + 7 + 11 + \ldots + (4k-1) + (4(k+1)-1) = k(2k+1) + (4k+3) =$
$= 2k^2 + 5k + 3 = (k+1)(2k+3) = (k+1) \cdot (2(k+1)+1)$.
Somit gilt die Aussage auch für $k + 1$.
Damit ist gezeigt, dass die Aussage für alle $n \in \mathbb{N}$ mit $n \geqq 1$ wahr ist.
c) Behauptung: $1 + 4 + 7 + \ldots + (3n-2) = \frac{1}{2}n(3n-1)$.
Beweis durch vollständige Induktion
(I) Induktionsanfang: Für $n = 1$ ist die Aussage wahr, da $1 = \frac{1}{2} \cdot 1 \cdot (3 \cdot 1 - 1)$ gilt.
(II) Induktionsschritt: Es sei $k \in \mathbb{N}$ mit $k \geqq 1$ und man nimmt an, dass die Aussage für k gilt. Dies besagt: $1 + 4 + 7 + \ldots + (3k-2) = \frac{1}{2}k(3k-1)$. Dann ist
$1 + 4 + 7 + \ldots + (3k-2) + (3(k+1)-2) = \frac{1}{2}k(3k-1) + (3k+1) =$
$= \frac{3}{2}k^2 + \frac{5}{2}k + 1 = \frac{1}{2}(3k^2 + 5k + 2) = \frac{1}{2}(k+1)(3k+2)$.
Somit gilt die Aussage auch für $k + 1$.
Damit ist gezeigt, dass die Aussage für alle $n \in \mathbb{N}$ mit $n \geqq 1$ wahr ist.

S. 33 **3** a) Behauptung: $1 + 2 + 3 + \ldots + n = \frac{1}{2}n(n+1)$.
Beweis durch vollständige Induktion
(I) Induktionsanfang: Für $n = 1$ ist die Aussage wahr, da $1 = \frac{1}{2} \cdot 1 \cdot (1+1)$ gilt.
(II) Induktionsschritt: Es sei $k \in \mathbb{N}$ mit $k \geqq 1$ und man nimmt an, dass die Aussage für k gilt. Dies besagt: $1 + 2 + 3 + \ldots + k = \frac{1}{2}k(k+1)$. Dann ist
$1 + 2 + 3 + \ldots + k + (k+1) = \frac{1}{2}k(k+1) + (k+1) = \frac{1}{2}(k+1)(k+2) =$
$= \frac{1}{2}(k+1)((k+1)+1)$.
Somit gilt die Aussage auch für $k + 1$.
Damit ist gezeigt, dass die Aussage für alle $n \in \mathbb{N}$ mit $n \geqq 1$ wahr ist.

b) Behauptung: $1^2 + 2^2 + 3^2 + \ldots + n^2 = \frac{1}{6}n(n+1)(2n+1)$.
Beweis durch vollständige Induktion
(I) Induktionsanfang: Für $n = 1$ ist die Aussage wahr, da $1^2 = \frac{1}{6} \cdot 1 \cdot (1+1) \cdot (2 \cdot 1 + 1)$ gilt.
(II) Induktionsschritt: Es sei $k \in \mathbb{N}$ mit $k \geqq 1$ und man nimmt an, dass die Aussage für k gilt. Dies besagt: $1^2 + 2^2 + 3^2 + \ldots + k^2 = \frac{1}{6}k(k+1)(2k+1)$. Dann ist
$1^2 + 2^2 + 3^2 + \ldots + k^2 + (k+1)^2 = \frac{1}{6}k(k+1)(2k+1) + (k+1)^2 =$
$= \frac{1}{6}(k+1)[k(2k+1) + 6(k+1)] = \frac{1}{6}(k+1)[2k^2 + 7k + 6] =$
$= \frac{1}{6}(k+1)(k+2)(2k+3) = \frac{1}{6}(k+1)((k+1)+1)(2(k+1)+1)$.
Somit gilt die Aussage auch für $k + 1$.
Damit ist gezeigt, dass die Aussage für alle $n \in \mathbb{N}$ mit $n \geqq 1$ wahr ist.

c) Behauptung: $1^3 + 2^3 + 3^3 + \ldots + n^3 = \frac{1}{4}n^2(n+1)^2$.
(I) Induktionsanfang: Für $n = 1$ ist die Aussage wahr, da $1^3 = \frac{1}{4} \cdot 1^2 \cdot (1+1)^2$ gilt.
(II) Induktionsschritt: Es sei $k \in \mathbb{N}$ mit $k \geqq 1$ und man nimmt an, dass die Aussage für k gilt. Dies besagt: $1^3 + 2^3 + 3^3 + \ldots + k^3 = \frac{1}{4}k^2(k+1)^2$. Dann ist
$1^3 + 2^3 + 3^3 + \ldots + k^3 + (k+1)^3 = \frac{1}{4}k^2(k+1)^2 + (k+1)^3 =$
$= \frac{1}{4}(k+1)^2[k^2 + 4(k+1)] = \frac{1}{4}(k+1)^2(k^2 + 4k + 4) = \frac{1}{4}(k+1)^2(k+2)^2 =$
$= \frac{1}{4}(k+1)^2((k+1)+1)^2$.
Somit gilt die Aussage auch für $k + 1$.
Damit ist gezeigt, dass die Aussage für alle $n \in \mathbb{N}$ mit $n \geqq 1$ wahr ist.

d) Behauptung: $1^4 + 2^4 + 3^4 + \ldots + n^4 = \frac{1}{30}n(n+1)(2n+1)(3n^2 + 3n - 1)$.
(I) Induktionsanfang: Für $n = 1$ ist die Aussage wahr, da
$1^4 = \frac{1}{30} \cdot 1 \cdot (1+1) \cdot (2 \cdot 1 + 1) \cdot (3 \cdot 1^2 + 3 \cdot 1 - 1)$ gilt.
(II) Induktionsschritt: Es sei $k \in \mathbb{N}$ mit $k \geqq 1$ und man nimmt an, dass die Aussage für k gilt. Dies besagt: $1^4 + 2^4 + 3^4 + \ldots + k^4 = \frac{1}{30}k(k+1)(2k+1)(3k^2 + 3k - 1)$.
Dann ist

S. 33 **3** $1^4 + 2^4 + 3^4 + \ldots + k^4 + (k+1)^4 = \frac{1}{30}k(k+1)(2k+1)(3k^2+3k-1) + (k+1)^4$

$= \frac{1}{30}(k+1)[k(2k+1)(3k^2+3k-1) + 30(k+1)^3]$

$= \frac{1}{30}(k+1)(6k^4 + 39k^3 + 91k^2 + 89k + 30)$

$= \frac{1}{30}(k+1)(k+2)(6k^3 + 27k^2 + 37k + 15)$

$= \frac{1}{30}(k+1)(k+2)(2k+3)(3k^2 + 9k + 5)$

$= \frac{1}{30}(k+1)((k+1)+1)(2(k+1)+1)[3(k+1)^2 + 3(k+1) - 1]$.

Somit gilt die Aussage auch für $k+1$.
Damit ist gezeigt, dass die Aussage für alle $n \in \mathbb{N}$ mit $n \geqq 1$ wahr ist.

4 a) Behauptung: 8 teilt $9^n - 1$ für $n \geqq 1$.
Beweis durch vollständige Induktion
(I) Induktionsanfang: Für $n = 1$ ist die Aussage wahr, da $9^1 - 1$ durch 8 teilbar ist.
(II) Induktionsschritt: Es sei $k \in \mathbb{N}$ mit $k \geqq 1$ und man nimmt an, dass die Aussage für k gilt. Dies besagt, dass $9^k - 1$ durch 8 teilbar ist. Also gibt es ein $s \in \mathbb{N}$ mit $9^k - 1 = 8s$, und folglich gilt $9^k = 1 + 8s$. Dann ist
$9^{k+1} - 1 = 9 \cdot 9^k - 1 = 9(1 + 8s) - 1 = 8 + 8 \cdot 9s = 8(9s + 1)$.
Also ist auch $9^{k+1} - 1$ durch 8 teilbar, und somit gilt die Aussage auch für $k+1$.
Damit ist gezeigt, dass die Aussage für alle $n \in \mathbb{N}$ mit $n \geqq 1$ wahr ist.

b) Behauptung: 6 teilt $n^3 - n$ für $n \geqq 2$.
Beweis durch vollständige Induktion
(I) Induktionsanfang: Für $n = 2$ ist die Aussage wahr, da $2^3 - 2$ durch 6 teilbar ist.
(II) Induktionsschritt: Es sei $k \in \mathbb{N}$ mit $k \geqq 2$ und man nimmt an, dass die Aussage für k gilt. Dies besagt, dass $k^3 - k$ durch 6 teilbar ist. Also gibt es ein $s \in \mathbb{N}$ mit $k^3 - k = 6s$, und folglich gilt: $k^3 = k + 6s$. Dann ist
$(k+1)^3 - (k+1) = k^3 + 3k^2 + 3k + 1 - k - 1 = k^3 + 3k^2 + 2k$
$= k + 6s + 3k^2 + 2k = 6s + 3k(k+1)$.
Da entweder k oder k+1 eine gerade Zahl ist, ist $3k(k+1)$ gerade, und $\frac{3k(k+1)}{2}$ ist eine natürliche Zahl. Daher folgt aus $6s + 3k(k+1) = 6\left(s + \frac{3k(k+1)}{2}\right)$, dass auch $(k+1)^3 - (k+1)$ durch 6 teilbar ist, und somit gilt die Aussage auch für $k+1$.
Damit ist gezeigt, dass die Aussage für alle $n \in \mathbb{N}$ mit $n \geqq 2$ wahr ist.

c) Behauptung: 9 teilt $n^3 + (n+1)^3 + (n+2)^3$.
Beweis durch vollständige Induktion
(I) Induktionsanfang: Für $n = 1$ ist die Aussage wahr, da $0^3 + 1^3 + 2^3$ durch 9 teilbar ist.
(II) Induktionsschritt: Es sei $k \in \mathbb{N}$ und man nimmt an, dass die Aussage für k gilt. Dies besagt, dass $k^3 + (k+1)^3 + (k+2)^3$ durch 9 teilbar ist. Also gibt es ein $s \in \mathbb{N}$ mit $k^3 + (k+1)^3 + (k+2)^3 = 9s$, und folglich gilt $(k+1)^3 + (k+2)^3 = 9s - k^3$. Dann ist
$(k+1)^3 + (k+2)^3 + (k+3)^3 = 9s - k^3 + (k+3)^3 = 9s + 9k^2 + 27k + 27$
$= 9(s + k^2 + 3k + 3)$.
Also ist auch $k^3 + (k+1)^3 + (k+2)^3$ durch 9 teilbar, und somit gilt die Aussage auch für $k+1$. Damit ist gezeigt, dass die Aussage für alle $n \in \mathbb{N}$ wahr ist.

S. 33 **5** a) Behauptung: $2^n > 4n$ für $n \geqq 5$.
Beweis durch vollständige Induktion
(I) Induktionsanfang: Für $n = 5$ ist die Aussage wahr, da $2^5 > 4 \cdot 5$ gilt.
(II) Induktionsschritt: Es sei $k \in \mathbb{N}$ mit $k \geqq 5$. Man nimmt an, dass die Aussage für k gilt. Dies besagt, dass $2^k > 4 \cdot k$ ist.
Dann ist $2^{k+1} = 2 \cdot 2^k > 2 \cdot 4 \cdot k = 4 \cdot (2k) > 4 \cdot (k+1)$.
Somit gilt die Aussage auch für $k + 1$.
Damit ist gezeigt, dass die Aussage für alle $n \in \mathbb{N}$ mit $n \geqq 5$ gilt.

b) Behauptung: $n^2 > 2n + 1$ für $n \geqq 3$.
Beweis durch vollständige Induktion
(I) Induktionsanfang: Für $n = 3$ ist die Aussage wahr, da $3^2 > 2 \cdot 3 + 1$ gilt.
(II) Induktionsschritt: Es sei $k \in \mathbb{N}$ mit $k \geqq 3$ und man nimmt an, dass die Aussage für k gilt. Dies besagt $k^2 > 2k + 1$. Dann ist
$(k+1)^2 = k^2 + 2k + 1 > 2k + 1 + 2k + 1 = 2(k+1) + 2k > 2(k+1) + 1$ wegen $k \geqq 3$.
Somit gilt die Aussage auch für $k + 1$.
Damit ist gezeigt, dass die Aussage für alle $n \in \mathbb{N}$ mit $n \geqq 3$ wahr ist.

c) Behauptung: $3^n > n^2$ für $n \geqq 1$.
Beweis durch vollständige Induktion
(I) Induktionsanfang: Für $n = 1$ ist die Aussage wahr, da $3^1 > 1^2$ gilt.
(II) Induktionsschritt: Es sei $k \in \mathbb{N}$ mit $k \geqq 1$ und man nimmt an, dass die Aussage für k gilt. Dies besagt $3^k > k^2$. Dann ist
$3^{k+1} = 3 \cdot 3^k > 3 \cdot k^2 = k^2 + k^2 + k^2 > k^2 + k^2 > k^2 + 2k + 1 = (k+1)^2$ wegen a).
Somit gilt die Aussage auch für $k + 1$.
Damit ist gezeigt, dass die Aussage für alle $n \in \mathbb{N}$ mit $n \geqq 1$ wahr ist.

d) Behauptung: $1 + a + a^2 + \ldots + a^n < \frac{1}{1-a}$ für $n \in \mathbb{N}^*$.
Beweis durch vollständige Induktion
(I) Induktionsanfang: Für $n = 1$ ist die Aussage wahr, da $1 + a < \frac{1}{1-a}$ ist. Man erkennt daran, dass wegen $0 < a < 1$ die obige Ungleichung zu $(1+a) \cdot (1-a) < 1$ oder auch zu $1 - a^2 < 1$ äquivalent ist.
(II) Induktionsschritt: Es sei $k \in \mathbb{N}$ mit $k \geqq 1$. Man nimmt an, dass die Aussage für k gilt. Dies besagt, dass $1 + a + a^2 + \ldots + a^k < \frac{1}{1-a}$ ist. Dann ist
$1 + a + a^2 + \ldots + a^k + a^{k+1} < 1 + a \cdot (1 + a + a^2 + \ldots + a^k) < 1 + a \cdot \frac{1}{1-a} = \frac{1-a+a}{1-a} = \frac{1}{1-a}$.
Somit gilt die Aussage auch für $k + 1$.
Damit ist gezeigt, dass die Aussage für alle $n \in \mathbb{N}^*$ gilt.

6 a) Behauptung: $1 + x + x^2 + \ldots + x^n = \frac{x^{n+1}-1}{x-1}$.
Beweis durch vollständige Induktion
(I) Induktionsanfang: Für $n = 1$ ist die Aussage wahr, da $1 + x = \frac{x^2-1}{x-1} = \frac{(x-1)(x+1)}{x-1}$ ist.
(II) Induktionsschritt: Es sei $k \in \mathbb{N}$ mit $k \geqq 1$. Man nimmt an, dass die Aussage für k gilt. Dies besagt, dass $1 + x + x^2 + \ldots + x^k = \frac{x^{k+1}-1}{x-1}$ ist. Dann ist
$1 + x + x^2 + \ldots + x^k + x^{k+1} = \frac{x^{k+1}-1}{x-1} + x^{k+1} = \frac{x^{k+1} - 1 + x^{k+2} - x^{k+1}}{x-1} = \frac{x^{k+2}-1}{x-1}$. Somit gilt die Aussage auch für $k + 1$. Damit ist gezeigt, dass die Aussage für alle $n \in \mathbb{N}^*$ gilt.

S. 33 **6** b) Behauptung: $(a + d) + (a + 2d) + \ldots + (a + nd) = n \cdot a + \frac{n(n+1)}{2} \cdot d$ für $n \geqq 1$.
Beweis durch vollständige Induktion
(I) Induktionsanfang: Für $n = 1$ ist die Aussage wahr, da $a + d = 1 \cdot a + \frac{1 \cdot 2}{2} \cdot d$ ist.
(II) Induktionsschritt: Es sei $k \in \mathbb{N}$ mit $k \geqq 1$. Man nimmt an, dass die Aussage für k gilt. Dies besagt, dass $(a + d) + (a + 2d) + \ldots + (a + kd) = k \cdot a + \frac{k(k+1)}{2} \cdot d$ ist.
Dann ist
$(a + d) + (a + 2d) + \ldots + (a + kd) + (a + (k + 1) \cdot d) = k \cdot a + \frac{k(k+1)}{2} \cdot d + a + (k + 1) \cdot d$
$= (k + 1) \cdot a + (k + 1) \cdot d \cdot \left(\frac{k}{2} + 1\right) = (k + 1) \cdot a + \frac{(k+1) \cdot (k+2)}{2} \cdot d$.
Somit gilt die Aussage auch für $k + 1$.
Damit ist gezeigt, dass die Aussage für alle $n \in \mathbb{N}^*$ gilt.

7 Behauptung: Die Winkelsumme in einem konvexen n-Eck beträgt $(n - 2) \cdot 180°$ für $n \geqq 3$.
Beweis durch vollständige Induktion
(I) Induktionsanfang: Für $n = 3$ ist die Aussage wahr, da ein Dreieck eine Winkelsumme von 180° hat.
(II) Induktionsschritt: Es sei $k \in \mathbb{N}$ mit $k \geqq 3$. Man nimmt an, dass die Aussage für k gilt. Dies besagt, dass die Winkelsumme im k-Eck $(k - 2) \cdot 180°$ beträgt.

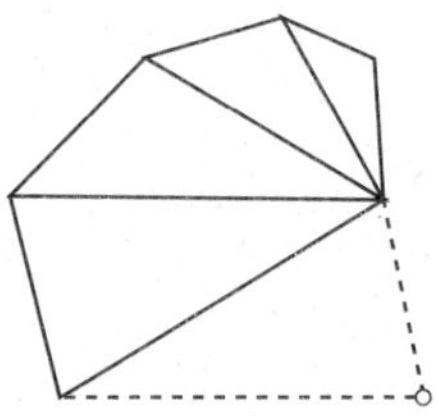

Bei einem $(k + 1)$-Eck erhält man eine Ecke mehr und damit ein Dreieck mehr (siehe die Figur). Damit erhöht sich die Winkelsumme beim $(k + 1)$-Eck um 180°. Wir erhalten damit $(k - 2) \cdot 180° + 180° = (k - 2 + 1) \cdot 180° = (k - 1) \cdot 180°$.
Somit gilt die Aussage auch für $k + 1$.
Damit ist gezeigt, dass die Aussage für alle $n \in \mathbb{N}^*$ gilt.

8 Die Summen werden mit s_n bezeichnet.
a) $s_1 = 1$; $s_2 = 6$; $s_3 = 15$; $s_4 = 28$; $s_5 = 45$
Behauptung: $1 + 2 + 3 + \ldots + (2n - 1) = (2n - 1) \cdot n$ für $n \in \mathbb{N}^*$.
Beweis durch vollständige Induktion
(I) Induktionsanfang: Für $n = 1$ ist die Aussage wahr, da $1 = (2 \cdot 1 - 1) \cdot 1$ ist.
(II) Induktionsschritt: Es sei $k \in \mathbb{N}$ mit $k \geqq 1$. Man nimmt an, dass die Aussage für k gilt. Dies besagt, dass $1 + 2 + 3 + \ldots + (2k - 1) = (2k - 1) \cdot k$ ist. Dann ist
$1 + 2 + 3 + \ldots + (2k - 1) + 2k + (2(k + 1) - 1) = (2k - 1) \cdot k + 2k + (2k + 1)$
$= 2k^2 + 3k + 1 = (2k + 1)(k + 1)$. Somit gilt die Aussage auch für $k + 1$.
Damit ist gezeigt, dass die Aussage für alle $n \in \mathbb{N}^*$ gilt.

b) $s_1 = \frac{1}{2}$; $s_2 = \frac{2}{3}$; $s_3 = \frac{3}{4}$; $s_4 = \frac{4}{5}$; $s_5 = \frac{5}{6}$
Behauptung: $\frac{1}{1 \cdot 2} + \frac{1}{2 \cdot 3} + \frac{1}{3 \cdot 4} + \frac{1}{4 \cdot 5} + \ldots + \frac{1}{(n \cdot n + 1)} = \frac{n}{n+1}$.
Beweis durch vollständige Induktion
(I) Induktionsanfang: Für $n = 1$ ist die Aussage wahr, da $\frac{1}{1 \cdot 2} = \frac{1}{1+1}$ gilt.
(II) Induktionsschritt: Es sei $k \in \mathbb{N}$ mit $k \geqq 1$ und man nimmt an, dass die Aussage für k gilt. Dies besagt: $\frac{1}{1 \cdot 2} + \frac{1}{2 \cdot 3} + \frac{1}{3 \cdot 4} + \frac{1}{4 \cdot 5} + \ldots + \frac{1}{k \cdot (k+1)} = \frac{k}{k+1}$.

S. 33 **8** Dann ist

$$\frac{1}{1\cdot 2}+\frac{1}{2\cdot 3}+\frac{1}{3\cdot 4}+\frac{1}{4\cdot 5}+\ldots+\frac{1}{k\cdot(k+1)}+\frac{1}{(k+1)(k+2)}=\frac{k}{k+1}+\frac{1}{(k+1)(k+2)}$$

$$=\frac{1}{k+1}\cdot\left(k+\frac{1}{k+2}\right)=\frac{1}{k+1}\cdot\frac{k^2+2k+1}{k+2}=\frac{(k+1)^2}{(k+1)(k+2)}=\frac{k+1}{(k+1)+1}.$$

Somit gilt die Aussage auch für $k+1$.
Damit ist gezeigt, dass die Aussage für alle $n \in \mathbb{N}$ mit $n \geqq 1$ gilt.

c) $s_1=\frac{1}{3}$; $s_2=\frac{2}{5}$; $s_3=\frac{3}{7}$; $s_4=\frac{4}{9}$; $s_5=\frac{5}{11}$

Behauptung: $\frac{1}{1\cdot 3}+\frac{1}{3\cdot 5}+\frac{1}{5\cdot 7}+\frac{1}{7\cdot 9}+\ldots+\frac{1}{(2n-1)(2n+1)}=\frac{n}{2n+1}$.

Beweis durch vollständige Induktion

(I) Induktionsanfang: Für $n = 1$ ist die Aussage wahr, da $\frac{1}{1\cdot 3}=\frac{1}{2\cdot 1+1}$ gilt.

(II) Induktionsschritt: Es sei $k \in \mathbb{N}$ mit $k \geqq 1$ und man nimmt an, dass die Aussage für k gilt. Dies besagt: $\frac{1}{1\cdot 3}+\frac{1}{3\cdot 5}+\frac{1}{5\cdot 7}+\frac{1}{7\cdot 9}+\ldots+\frac{1}{(2k-1)(2k+1)}=\frac{k}{2k+1}$. Dann ist

$$\frac{1}{1\cdot 3}+\frac{1}{3\cdot 5}+\frac{1}{5\cdot 7}+\frac{1}{7\cdot 9}+\ldots+\frac{1}{(2k-1)(2k+1)}+\frac{1}{(2k+1)(2k+3)}=\frac{k}{2k+1}+\frac{1}{(2k+1)(2k+3)}$$

$$=\frac{1}{2k+1}\cdot\left(k+\frac{1}{2k+3}\right)=\frac{1}{2k+1}\cdot\frac{2k^2+3k+1}{2k+3}=\frac{(k+1)(2k+1)}{(2k+1)(2k+3)}=\frac{k+1}{2(k+1)+1}.$$

Somit gilt die Aussage auch für $k+1$.
Damit ist gezeigt, dass die Aussage für alle $n \in \mathbb{N}$ mit $n \geqq 1$ wahr ist.

d) $s_1=\frac{1}{3}\cdot 6$; $s_2=\frac{1}{3}\cdot 24$; $s_3=\frac{1}{3}\cdot 60$; $s_4=\frac{1}{3}\cdot 120$; $s_5=\frac{1}{3}\cdot 210$

Behauptung: $1\cdot 2+2\cdot 3+3\cdot 4+4\cdot 5+\ldots+n(n+1)=\frac{1}{3}n(n+1)(n+2)$.

Beweis durch vollständige Induktion

(I) Induktionsanfang: Für $n = 1$ ist die Aussage wahr, da $\frac{1}{1\cdot 4}=\frac{1}{3\cdot 1+1}$ gilt.

(II) Induktionsschritt: Es sei $k \in \mathbb{N}$ mit $k \geqq 1$ und man nimmt an, dass die Aussage für k gilt. Dies besagt: $1\cdot 2+2\cdot 3+3\cdot 4+4\cdot 5+\ldots+k(k+1)=\frac{1}{3}k(k+1)(k+2)$.

Dann ist $1\cdot 2+2\cdot 3+3\cdot 4+4\cdot 5+\ldots+k(k+1)+(k+1)(k+2)$
$=\frac{1}{3}k(k+1)(k+2)+(k+1)(k+2)=\frac{1}{3}(k+1)(k+2)(k+3)$
$=\frac{1}{3}(k+1)((k+1)+1)((k+1)+2)$.

Somit gilt die Aussage auch für $k+1$.
Damit ist gezeigt, dass die Aussage für alle $n \in \mathbb{N}$ mit $n \geqq 1$ wahr ist.

9 Behauptung:
Für alle $n \in \mathbb{N}$ mit $n \geqq 1$ gilt: $1\cdot 1!+2\cdot 2!+3\cdot 3!+\ldots+n\cdot n!=(n+1)!-1$.
Beweis durch vollständige Induktion
(I) Induktionsanfang: Für $n = 1$ ist die Aussage wahr, da $1\cdot 1!=1=(1+1)!-1$ gilt.
(II) Induktionsschritt: Es sei $k \in \mathbb{N}$ mit $k \geqq 1$ und man nimmt an, dass die Aussage für k gilt. Dies besagt $1\cdot 1!+2\cdot 2!+3\cdot 3!+\ldots+k\cdot k!=(k+1)!-1$.
Dann ist $1\cdot 1!+2\cdot 2!+3\cdot 3!+\ldots+k\cdot k!\cdot(k+1)\cdot(k+1)!$
$=(k+1)!-1+(k+1)\cdot(k+1)!=(k+1)!\cdot(1+(k+1))-1=(k+1)!\cdot(k+2)-1$
$=(k+2)!-1$.
Somit gilt die Aussage auch für $k+1$. Damit ist die Behauptung gezeigt.

S. 34 **10** Behauptung: Für $x \geqq 0$ und $n \geqq 2$ gilt: $(1+x)^n \geqq 1 + n \cdot x + \frac{1}{2}(n-1) n \cdot x^2$.
Beweis durch vollständige Induktion
(I) Induktionsanfang: Für $n = 2$ ist die Aussage wahr, da nach der 1. binomischen Formel $(1+x)^2 = 1 + 2 \cdot x + \frac{1}{2}(2-1) \cdot 2 \cdot x^2$ gilt.
(II) Induktionsschritt: Es sei $k \in \mathbb{N}$ mit $k \geqq 2$ und man nimmt an, dass die Aussage für k gilt. Dies besagt $(1+x)^k \geqq 1 + k \cdot x + \frac{1}{2}(k-1) k \cdot x^2$. Dann ist
$(1+x)^{k+1} = (1+x)(1+x)^k \geqq (1+x)\left(1 + k \cdot x + \frac{1}{2}(k-1) k \cdot x^2\right)$
$= 1 + (k+1) \cdot x + \left[k + \frac{1}{2}(k-1) k\right] \cdot x^2 + \frac{1}{2}(k-1) k \cdot x^3$
$\geqq 1 + (k+1) \cdot x + \left[k + \frac{1}{2}(k-1) k\right] \cdot x^2 = 1 + (k+1) x + \frac{1}{2} k \cdot (k+1) \cdot x^2$.
Somit gilt die Aussage auch für $k + 1$.
Damit ist gezeigt, dass die Aussage für alle $n \in \mathbb{N}$ mit $n \geqq 2$ wahr ist.

11 a) $a_1 = 1$; $a_2 = 9$; $a_3 = 25$; $a_4 = 49$; $a_5 = 81$; $a_6 = 121$
Behauptung: $a_n = (2n-1)^2$.
Beweis durch vollständige Induktion
(I) Induktionsanfang: Für $n = 1$ ist die Aussage wahr, da $a_1 = (2 \cdot 1 - 1)^2 = 1$ ist.
(II) Induktionsschritt: Es sei $k \in \mathbb{N}^*$ und man nimmt an, dass die Aussage für $k - 1$ gilt. Dies besagt: $a_{k-1} = (2(k-1)-1)^2$. Dann ist
$a_k = a_{k-1} + 8(k-1) = (2(k-1)-1)^2 + 8(k-1) = (2k-3)^2 + 8(k-1)$
$= 4k^2 - 4k + 1 = (2k-1)^2$.
Somit gilt die Aussage auch für k.
Damit ist gezeigt, dass die Aussage $a_n = (2n-1)^2$ für alle $n \in \mathbb{N}^*$ wahr ist.
Es ist $a_1 = (2 \cdot 1 - 1)^2 = 1$ und
$a_n - a_{n-1} = (2n-1)^2 - (2(n-1)-1)^2 = (2n-1)^2 - (2n-3)^2 = 8(n-1)$

b) $a_1 = 0$; $a_2 = 2$; $a_3 = 6$; $a_4 = 12$; $a_5 = 20$; $a_6 = 30$
Behauptung: $a_n = n(n-1)$.
Beweis durch vollständige Induktion
(I) Induktionsanfang: Für $n = 1$ ist die Aussage wahr, da $a_1 = 1 \cdot (1-1) = 0$ ist.
(II) Induktionsschritt: Es sei $k \in \mathbb{N}^*$ und man nimmt an, dass die Aussage für $k - 1$ gilt. Dies besagt: $a_{k-1} = (k-1) \cdot (k-2)$. Dann ist
$a_k = a_{k-1} + 2(k-1) = (k-1) \cdot (k-2) + 2(k-1) = k(k-1)$.
Somit gilt die Aussage auch für k.
Damit ist gezeigt, dass die Aussage $a_n = n \cdot (n-1)$ für alle $n \in \mathbb{N}^*$ wahr ist.
Es ist $a_1 = 1 \cdot (1-1) = 0$ und $a_n - a_{n-1} = n(n-1) - (n-1) \cdot (n-2) = 2(n-1)$.

c) $a_1 = 2$; $a_2 = 5$; $a_3 = 8$; $a_4 = 11$; $a_5 = 14$; $a_6 = 17$
Behauptung: $a_n = 3n - 1$
Beweis durch vollständige Induktion
I) Induktionsanfang: Für $n = 1$ und $n = 2$ ist die Aussage war, da $a_1 = 3 \cdot 1 - 1 = 2$ und $a_2 = 3 \cdot 2 - 1 = 5$ ist.
(II) Induktionsschritt: Es sei $k \in \mathbb{N}^*$ und man nimmt an, dass die Aussage für $k - 1$ und für $k - 2$ gilt. Dies besagt:
$a_{k-1} = 3(k-1) - 1$ und $a_{k-2} = 3(k-2) - 1$. Dann ist

S. 34 ***11*** $a_k = 2 \cdot a_{k-1} - a_{k-2} = 2 \cdot 3(k-1) - 2 - 3(k-2) + 1 = 3k - 1.$
Somit gilt die Aussage auch für k.
Damit ist gezeigt, dass die Aussage $a_n = 3n - 1$ für alle $n \in \mathbb{N}^*$ wahr ist.
Es ist $a_1 = 3 \cdot 1 - 1 = 2$; $a_2 = 3 \cdot 2 - 1 = 5$ und
$a_n - 2a_{n-1} = 3n - 1 - 2(3(n-1) - 1) = -3n + 7 = -a_{n-2}$.

d) Die Aufgabe wird ersetzt durch: $a_1 = 1$; $a_n = 3 \cdot a_{n-1}$.
$a_1 = 1$; $a_2 = 3$; $a_3 = 9$; $a_4 = 27$; $a_5 = 81$; $a_6 = 243$
Behauptung: $a_n = 3^{n-1}$
Beweis durch vollständige Induktion
(I) Induktionsanfang: Für $n = 1$ ist die Aussage wahr, da $a_1 = 3^{n-1} = 3^0 = 1$ ist.
(II) Induktionsschritt: Es sei $k \in \mathbb{N}^*$ und man nimmt an, dass die Aussage für $k - 1$ gilt. Dies besagt: $a_{k-1} = 3^{k-2}$. Dann ist
$a_k = 3 \cdot a_{k-1} = 3 \cdot 3^{k-2} = 3^{k-2+1} = 3^{k-1}$.
Somit gilt die Aussage auch für k.
Damit ist gezeigt, dass die Aussage $a_n = 3^{n-1}$ für alle $n \in \mathbb{N}^*$ wahr ist.
Es ist $a_1 = 3^{1-1} = 3^0 = 1$ und $a_n - 3 \cdot a_{n-1} = 3^{n-1} - 3 \cdot 3^{n-2} = 0$.

12 Explizite Beschreibung von (a_n): $a_n = 2^{n-1} + 1$.
Eine Folge (a_n) wird rekursiv beschrieben durch $a_1 = 2$ und $a_2 = 3$ sowie
$a_n = 3a_{n-1} - 2a_{n-2}$.
Behauptung: $a_n = 2^{n-1} + 1$.
Beweis durch vollständige Induktion:
(I) Induktionsanfang: Für $n = 1$ und für $n = 2$ ist die Aussage wahr, da
$a_1 = 2^{1-1} + 1 = 2^0 + 1 = 2$ und $a_2 = 2^{2-1} + 1 = 2 + 1 = 3$ gilt.
(II) Induktionsschritt: Es sei $k \in \mathbb{N}^*$ und man nimmt an, dass die Aussage für $k - 1$ und für $k - 2$ gilt. Dies besagt:
$a_{k-1} = 2^{k-2} + 1$ und $a_{k-2} = 2^{k-3} + 1$. Dann ist
$a_k = 3 \cdot a_{k-1} - 2 \cdot a_{k-2} = 3 \cdot (2^{k-2} + 1) - 2 \cdot (2^{k-3} + 1)$
$= 3 \cdot 2^{k-2} + 3 - 2 \cdot 2^{k-3} - 2$
$= 3 \cdot 2 \cdot 2^{k-3} - 2 \cdot 2^{k-3} + 1 = 4 \cdot 2^{k-3} + 1 = 2^{k-1} + 1.$
Somit gilt die Aussage auch für k.
Damit ist gezeigt, dass die Aussage für alle $n \in \mathbb{N}^*$ wahr ist.

13 a) $a_1 = -2$; $a_2 = \frac{7}{3} \approx 2{,}333$; $a_3 = \frac{34}{9} \approx 3{,}778$; $a_4 = \frac{115}{27} \approx 4{,}259$; $a_5 = \frac{358}{81} \approx 4{,}420$;
$a_6 = \frac{1087}{243} \approx 4{,}473$; $a_7 = \frac{3274}{729} \approx 4{,}491$; $a_8 = \frac{9835}{2187} \approx 4{,}497$
Behauptung: $-2 \leqq a_n < \frac{9}{2}$
Beweis durch vollständige Induktion
(I) Induktionsanfang: Für $n = 1$ ist die Aussage wahr, da $-2 \leqq -2 = a_1 < \frac{9}{2}$ gilt.
(II) Induktionsschritt: Es sei $k \in \mathbb{N}^*$ und man nimmt an, dass die Aussage für $k - 1$ gilt. Dies besagt: $-2 \leqq a_{k-1} < \frac{9}{2}$. Für $a_k = \frac{1}{3}a_{k-1} + 3$ gilt dann $\frac{7}{3} \leqq a_k < \frac{9}{2}$ und somit $-2 \leqq a_k < \frac{9}{2}$. Somit gilt die Aussage auch für k. Damit ist gezeigt, dass die Aussage für alle $n \in \mathbb{N}^*$ wahr ist.

S. 34 **13** Behauptung: (a_n) ist streng monoton zunehmend.
Beweis: Wegen $-2 \leqq a_n < \frac{9}{2}$ gilt $a_n - a_{n-1} = \frac{1}{3}a_{n-1} + 3 - a_{n-1} = 3 - \frac{2}{3}a_{n-1} > 0$.
Grenzwert: $g = \frac{1}{3}g + 3$; $g = \frac{9}{2} = 4{,}5$

b) $a_1 = 2$; $a_2 = 4$; $a_3 = 5$; $a_4 = 5{,}5$; $a_5 = 5{,}75$; $a_6 = 5{,}875$; $a_7 = 5{,}9375$; $a_8 = 5{,}96875$
Behauptung: $2 \leqq a_n < 6$
Beweis durch vollständige Induktion
(I) Induktionsanfang: Für $n = 1$ ist die Aussage wahr, da $2 \leqq 2 = a_1 < 6$ gilt.
(II) Induktionsschritt: Es sei $k \in \mathbb{N}^*$ und man nimmt an, dass die Aussage für $k - 1$ gilt.
Dies besagt: $2 \leqq a_{k-1} < 6$. Für $a_k = \frac{1}{2}(a_{k-1} + 6)$ gilt dann $4 \leqq a_k < 6$ und somit $2 \leqq a_k < 6$. Somit gilt die Aussage auch für k. Damit ist gezeigt, dass die Aussage für alle $n \in \mathbb{N}^*$ wahr ist.
Behauptung: (a_n) ist streng monoton zunehmend.
Beweis: Wegen $2 \leqq a_n < 6$ gilt $a_n - a_{n-1} = \frac{1}{2}(a_{n-1} + 6) - a_{n-1} = 3 - \frac{1}{2}a_{n-1} > 0$.
Grenzwert: $g = \frac{1}{2}(g + 6)$; $g = 6$

c) $a_1 = 4$; $a_2 = \frac{16}{5} = 3{,}2$; $a_3 \approx 2{,}048$; $a_4 \approx 0{,}84$; $a_5 \approx 0{,}14$; $a_6 \approx 0{,}004$; $a_7 \approx 3{,}14 \cdot 10^{-6}$; $a_8 \approx 1{,}97 \cdot 10^{-12}$
Behauptung: $0 < a_n \leqq 4$
Beweis durch vollständige Induktion
(I) Induktionsanfang: Für $n = 1$ ist die Aussage wahr, da $0 < a_1 = 4 \leqq 4$ gilt.
(II) Induktionsschritt: Es sei $k \in \mathbb{N}^*$ und man nimmt an, dass die Aussage für $k - 1$ gilt.
Dies besagt: $0 < a_{k-1} \leqq 4$. Für $a_k = \frac{1}{5}a_{k-1}^2$ gilt dann $0 < a_k \leqq \frac{16}{5}$ und somit $0 < a_k \leqq 4$. Somit gilt die Aussage auch für k. Damit ist gezeigt, dass die Aussage für alle $n \in \mathbb{N}^*$ wahr ist.
Behauptung: (a_n) ist streng monoton abnehmend.
Beweis: Wegen $0 < a_n \leqq 4$ gilt $a_n - a_{n-1} = \frac{1}{5}a_{n-1}^2 - a_{n-1} = \frac{1}{5}a_{n-1}(a_{n-1} - 5) < 0$.
Grenzwert: $g = \frac{1}{5}g^2$; wegen $0 < a_n \leqq 4$ ist $g = 0$.

d) $a_1 = 2$; $a_2 = \frac{5}{4} = 1{,}25$; $a_3 = \frac{41}{40} = 1{,}025$; $a_4 = \frac{3281}{3280} \approx 1{,}0003$; $a_5 \approx 1{,}0000$; $a_6 \approx 1{,}0000$; $a_7 \approx 1{,}0000$; $a_8 \approx 1{,}0000$
Behauptung: $1 < a_n \leqq 2$
Beweis durch vollständige Induktion
(I) Induktionsanfang: Für $n = 1$ ist die Aussage wahr, da $1 < a_1 \leqq 2$ gilt.
(II) Induktionsschritt: Es sei $k \in \mathbb{N}^*$ und man nimmt an, dass die Aussage für $k - 1$ gilt.
Dies besagt: $1 < a_{k-1} \leqq 2$. Für $a_k = \frac{a_{k-1}^2 + 1}{2a_{k-1}}$ gilt dann $1 < a_k \leqq \frac{5}{4}$ und somit $1 < a_k \leqq 2$. Somit gilt die Aussage auch für k.
Damit ist gezeigt, dass die Aussage für alle $n \in \mathbb{N}^*$ wahr ist.
Behauptung: (a_n) ist streng monoton fallend.
Beweis: Wegen $1 < a_n \leqq 2$ gilt $a_n - a_{n-1} = \frac{a_{n-1}^2 + 1}{2a_{n-1}} - a_{n-1} = \frac{1 - a_{n-1}^2}{2a_{n-1}} < 0$.
Grenzwert: $g = \frac{g^2 + 1}{2g}$; wegen $1 < a_n \leqq 2$ ist $g = 1$.

S. 34 **14** a) Behauptung: $1 \leqq a_n < 3$

Beweis durch vollständige Induktion

(I) Induktionsanfang: Für $n = 1$ ist die Aussage wahr, denn es ist $a_1 = 1$.

(II) Induktionsschritt: Es sei $k \in \mathbb{N}^*$ und man nimmt an, dass die Aussage für $k - 1$ gilt.
Dies besagt: $1 \leqq a_{k-1} < 3$. Für $a_k = 3 - \frac{1}{a_{k-1}}$ gilt dann $2 \leqq a_k < 3$ und somit $1 \leqq a_k < 3$. Somit gilt die Aussage auch für k.

Damit ist gezeigt, dass die Aussage für alle $n \in \mathbb{N}^*$ wahr ist.

Behauptung: (a_n) ist streng monoton zunehmend.

Beweis durch vollständige Induktion

(I) Induktionsanfang: Für $n = 1$ ist die Aussage wahr, denn es ist $a_1 = 1 < a_2 = 2$.

(II) Induktionsschritt: Es sei $k \in \mathbb{N}^*$ und man nimmt an, dass die Aussage für $k - 1$ gilt.
Dies besagt $a_k > a_{k-1}$ und damit muss $a_{k+1} > a_k$ gezeigt werden.

Dies ergibt sich so: $a_{k+1} - a_k = \left(3 - \frac{1}{a_k}\right) - \left(3 - \frac{1}{a_{k-1}}\right) = \frac{1}{a_{k-1}} - \frac{1}{a_k} > 0$ für $a_k > a_{k-1}$.

Also gilt die Aussage auch für k.

Damit ist gezeigt, dass die Aussage für alle $n \in \mathbb{N}^*$ wahr ist.

Grenzwert: $g = 3 - \frac{1}{g}$; wegen a_n 1 ist $g = \frac{3}{2} + \frac{1}{2}\sqrt{5}$.

b) Behauptung: $0 < a_n \leqq 2$

Beweis durch vollständige Induktion

(I) Induktionsanfang: Für $n = 1$ ist die Aussage wahr, denn es ist $a_1 = 2$.

(II) Induktionsschritt: Es sei $k \in \mathbb{N}^*$ und man nimmt an, dass die Aussage für $k - 1$ gilt.
Dies besagt: $0 < a_{k-1} \leqq 2$. Für $a_k = \frac{1}{3 - a_{k-1}}$ gilt dann $\frac{1}{3} < a_k \leqq 1$ und somit $0 < a_k \leqq 2$. Somit gilt die Aussage auch für k.

Damit ist gezeigt, dass die Aussage für alle $n \in \mathbb{N}^*$ wahr ist.

Behauptung: (a_n) ist streng monoton abnehmend.

Beweis durch vollständige Induktion

(I) Induktionsanfang: Für $n = 1$ ist die Aussage wahr, denn es ist $a_1 = 2 > a_2 = 1$.

(II) Induktionsschritt: Es sei $k \in \mathbb{N}^*$ und man nimmt an, dass die Aussage für $k - 1$ gilt.
Dies besagt $a_k < a_{k-1}$ und damit muss $a_{k+1} < a_k$ gezeigt werden.

Dies ergibt sich so:

$$a_k - a_{k+1} = \frac{1}{3 - a_{k-1}} - \frac{1}{3 - a_k} = \frac{(3 - a_k) - (3 \quad a_{k-1})}{(3 - a_{k-1}) \cdot (3 - a_k)} = \frac{a_{k-1} - a_k}{(3 - a_{k-1}) \cdot (3 - a_k)} > 0$$

für $a_{k-1} > a_k$; $0 < a_n < 2$. Also gilt die Aussage auch für k.

Damit ist gezeigt, dass die Aussage für alle $n \in \mathbb{N}^*$ wahr ist.

Grenzwert: $g = \frac{1}{3 - g}$; wegen $a_n \leqq 2$ ist $g = \frac{3}{2} - \frac{1}{2}\sqrt{5}$.

15 $a_1 = \sqrt{2}$; $a_2 = \sqrt{2 + \sqrt{2}}$; $a_3 = \sqrt{2 + \sqrt{2 + \sqrt{2}}}$; …

Behauptung: $\sqrt{2} \leqq a_n < 2$

Beweis durch vollständige Induktion

(I) Induktionsanfang: Für $n = 1$ ist die Aussage wahr, denn es ist $a_1 = \sqrt{2}$.

(II) Induktionsschritt: Es sei $k \in \mathbb{N}^*$ und man nimmt an, dass die Aussage für $k - 1$ gilt.
Dies besagt: $\sqrt{2} \leqq a_{k-1} < 2$. Für $a_k = \sqrt{2 + a_{k-1}}$ gilt dann:
$\sqrt{2} < \sqrt{2 + \sqrt{2}} \leqq a_k < \sqrt{2 + 2} = 2$ und somit $\sqrt{2} \leqq a_k < 2$. Somit gilt die Aussage auch für k. Damit ist gezeigt, dass die Aussage für alle $n \in \mathbb{N}^*$ wahr ist.

S. 34 **15** Behauptung: (a_n) ist streng monoton zunehmend.
Beweis: Es ist $a_n^2 - a_{n-1}^2 = (2 + a_{n-1}) - a_{n-1}^2 = 2 + a_{n-1} - a_{n-1}^2 = (2 - a_{n-1})(1 + a_{n-1})$.
Wegen $\sqrt{2} \leqq a_{n-1} < 2$ ist $2 - a_{n-1} > 0$ und $1 + a_{n-1} > 0$.
Also ist $a_n^2 - a_{n-1}^2 = (a_n + a_{n-1}) \cdot (a_n - a_{n-1}) > 0$; wegen $a_n + a_{n-1} > 0$ ist $a_n - a_{n-1} > 0$.
Grenzwert: $g = \sqrt{2 + g}$; wegen $a_n \geqq \sqrt{2}$ ist $g = 2$.

16 Behauptung: Bei n Geraden entstehen höchstens $a_n = \frac{1}{2}n(n + 1) + 1$ Teile.
Beweis durch vollständige Induktion
(I) Induktionsanfang: Für $n = 1$ ist die Aussage wahr, da $a_1 = \frac{1}{2} \cdot 1 \cdot (1 + 1) + 1 = 2$ ist.
(II) Induktionsschritt: Es sei $k \in \mathbb{N}$ mit $k \geqq 1$ und man nimmt an, dass die Aussage für k gilt. Dies besagt, dass bei k Geraden höchstens $a_k = \frac{1}{2}k(k + 1) + 1$ Teile entstehen. Wenn nun eine weitere Gerade hinzukommt, so kann diese stets so gelegt werden, dass die durch keinen der vorhandenen Schnittpunkte verläuft und auch zu keiner vorhandenen Geraden parallel ist. Deshalb wird die neue Gerade durch die vorhandenen k Geraden in $k + 1$ Abschnitte zerlegt. Jeder dieser Abschnitte zerlegt einen bereits vorhandenen Teil in zwei neue Teile. Also ist
$a_{k+1} = a_k + (k + 1) = \frac{1}{2}k(k + 1) + 1 + (k + 1) = \frac{1}{2}[k(k + 1) + 2(k + 1)] + 1 =$
$\frac{1}{2}(k + 1)(k + 2) + 1$.
Somit gilt die Aussage auch für $k + 1$.
Damit ist gezeigt, dass die Aussage für alle $n \in \mathbb{N}$ mit $n \geqq 1$ wahr ist.

17 a) $a_2 = 2$; $a_3 = 4$; $a_4 = 8$.
Es liegt die Vermutung nahe, dass gilt $a_n = 2^{n-1}$.
b) $a_5 = 16$ richtig, aber $a_6 = 31$ (oder weniger, wenn die Schnittpunkte zweier Geraden zusammenfallen).

10 Vermischte Aufgaben

S. 35 **1** a)

n	u(n)	
1	0	
2	1	
3	1.3333	
4	1.5	
5	1.6	
6	1.6667	
7	1.7143	

n=1

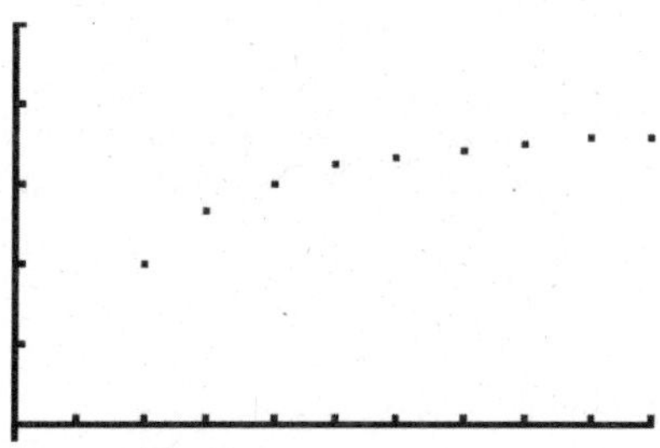

$0 \leqq X \leqq 10$; Xscl = 1
$-0{,}1 \leqq Y \leqq 2{,}5$; Yscl = 0,5

Die Glieder der Folge scheinen sich dem Wert 2 anzunähern.

S. 35 **1** b) $\left|\frac{4n-4}{2n} - 2\right| < \varepsilon$

$\left|\frac{4n-4-4n}{2n}\right| < \varepsilon$

$\frac{2}{n} < \varepsilon$

$\frac{n}{2} > \frac{1}{\varepsilon}$

$n > \frac{2}{\varepsilon}$

Damit erfüllen fast alle Folgenglieder a_n, nämlich alle mit Nummern größer als $\frac{2}{\varepsilon}$, die vorgegebene Bedingung.

c) Für $\varepsilon = 0{,}001$ ergibt sich $n > 2000$.

2 a) $\sqrt{n} < \sqrt{n+1}$ für alle $n \in \mathbb{N}^*$. Damit ist die Folge (a_n) streng monoton steigend. (a_n) ist nicht nach oben beschränkt, damit ist (a_n) auch nicht beschränkt.

b) $a_n = 1 + \frac{1}{n}$. Damit gilt: $1 + \frac{1}{n+1} < 1 + \frac{1}{n}$ für alle $n \in \mathbb{N}^*$. Damit ist die Folge (a_n) streng monoton fallend. (a_n) ist nach oben beschränkt, z. B. durch $S = 2$, nach unten durch $s = 1$; damit ist (a_n) beschränkt.

c) $a_n = \frac{n+1}{n+2} = \frac{n+2-1}{n+2} = 1 - \frac{1}{n+2}$. Es gilt $a_{n+1} - a_n = 1 - \frac{1}{n+3} - \left(1 - \frac{1}{n+2}\right) = \frac{1}{n+2} - \frac{1}{n+3}$ $= \frac{1}{(n+2)(n+3)} > 0$. Damit ist $a_{n+1} > a_n$ für alle $n \in \mathbb{N}^*$; die Folge (a_n) ist also streng monoton steigend. (a_n) ist nach oben beschränkt, z. B. durch $S = 1$, nach unten durch $s = 0$; damit ist (a_n) beschränkt.

d) $a_n = \left(\frac{2}{3}\right)^n$. Es gilt $a_{n+1} - a_n = \left(\frac{2}{3}\right)^{n+1} - \left(\frac{2}{3}\right)^n = \left(\frac{2}{3}\right)^n \cdot \left(\frac{2}{3} - 1\right) = -\frac{1}{3} \cdot \left(\frac{2}{3}\right)^n < 0$.

Damit ist $a_{n+1} < a_n$ für alle $n \in \mathbb{N}^*$; die Folge (a_n) ist also streng monoton fallend. (a_n) ist nach oben beschränkt, z. B. durch $S = 1$, nach unten durch $s = 0$; damit ist (a_n) beschränkt.

e) $a_n = \sqrt[n]{a} = a^{\frac{1}{n}}$. Es gilt $a_{n+1} - a_n = a^{\frac{1}{n+1}} - a^{\frac{1}{n}} = a^{\frac{1}{n+1}}\left(1 - a^{-\frac{1}{n+1}} \cdot a^{\frac{1}{n}}\right) = a^{\frac{1}{n+1}}\left(1 - a^{\frac{1}{n \cdot (n+1)}}\right) < 0$, da $a > 1$ ist. Damit ist $a_{n+1} < a_n$ für alle $n \in \mathbb{N}^*$; die Folge (a_n) ist also streng monoton fallend. (a_n) ist nach oben beschränkt, z. B. durch $S = a$, nach unten durch $s = 0$; damit ist (a_n) beschränkt.

3 Mit der 2. und 3. Möglichkeit kann man den Grenzwert eine Folge tatsächlich ermitteln.

4 a) $a_n = \frac{n}{n^2-3} = \frac{1}{n - \frac{3}{n}}$; also $\lim\limits_{n \to \infty} a_n = 0$. b) $a_n = \frac{n^2 - 7n - 1}{10n^2 - 7n} = \frac{1 - \frac{7}{n} - \frac{1}{n^2}}{10 - \frac{7}{n}}$; also $\lim\limits_{n \to \infty} a_n = \frac{1}{10}$.

c) Die Folge ist konvergent mit dem Grenzwert 0.

d) $a_n = \frac{2^{n+1}}{2^n + 1} = \frac{2^{n+1} \cdot 2^{-n}}{(2^n + 1) \cdot 2^{-n}} = \frac{2}{1 + 2^{-n}}$; also $\lim\limits_{n \to \infty} a_n = 2$.

e) $a_n = \frac{1 - \sqrt{n}}{\sqrt{n} + 1} = \frac{\frac{1}{\sqrt{n}} - 1}{1 + \frac{1}{\sqrt{n}}}$; also $\lim\limits_{n \to \infty} a_n = -1$.

f) $a_n = \sqrt{n+1} - \sqrt{n} = \frac{(\sqrt{n+1} - \sqrt{n}) \cdot (\sqrt{n+1} + \sqrt{n})}{\sqrt{n+1} + \sqrt{n}} = \frac{n + 1 - n}{\sqrt{n+1} + \sqrt{n}} = \frac{1}{\sqrt{n+1} + \sqrt{n}}$; also $\lim\limits_{n \to \infty} a_n = 0$.

S. 35 **5** a) Es ergibt sich die Folge (h_n) mit $h_n = 0{,}95^n$. Damit gilt $h_5 = 0{,}95^5 \approx 0{,}7738$. Die erreichte Höhe nach dem 5. Aufprall beträgt somit etwas mehr als 75 cm.
b) Gesucht ist ein n mit $0{,}95^n = 0{,}5$. Daraus ergibt sich $n = \frac{\ln(0{,}5)}{\ln(0{,}95)} \approx 13{,}5$. Nach 13-maligem Aufprall erreicht die Kugel gerade noch 0,5 m.
c) Es ist $s = 1 + 2 \cdot 0{,}95 + 2 \cdot 0{,}95^2 + 2 \cdot 0{,}95^3 + 2 \cdot 0{,}95^4 \approx 8{,}05$. Bis zum 5. Aufprall hat die Kugel einen Weg von etwa 8 m zurückgelegt.

6 a) Mithilfe von Fig. 1 erkennt man, dass für den Flächeninhalt gilt: $A = 1{,}5\,m^2$.
b) Bei jeder neuen Generation von neu hinzugekommenen Quadraten wächst der Umfang u_n um den Wert $2 \cdot 3^n \cdot \frac{1}{3^n} = 2$, da 3^n Quadrate hinzukommen, von denen 2 der Seiten mit der Länge $\frac{1}{3^n}$ den Umfang vergrößern. Damit gilt für den Umfang nach der 5. Generation: $u = 4 + 5 \cdot 2 = 14$. Der Umfang beträgt damit 14 m.
Der Umfang beträgt 1000 für die Generation n mit $4 + n \cdot 2 = 1000$, also für $n = 498$.
Obwohl der Umfang unendlich groß wird, bleibt der Inhalt bei $1{,}5\,m^2$.

S. 36 **7** a) rekursiv: $q_1 = 1$ und $q_{n+1} = q_n + 2n + 1$ explizit: $q_n = n^2$
b) Folge (d_n)
rekursiv: $d_1 = 1$ und $d_{n+1} = d_n + n + 1$ explizit: $d_n = \frac{1}{2}n(n+1)$
Folge (f_n)
rekursiv: $f_1 = 1$ und $f_{n+1} = f_n + 3n + 1$ explizit: $f_n = \frac{1}{2}n(3n-1)$
Folge (s_n)
rekursiv: $s_1 = 1$ und $s_{n+1} = s_n + 4n + 1$ explizit: $s_n = n(2n-1)$

8 rekursiv: $A_1 = 1$ und $A_{n+1} = \frac{8}{9}A_n$ explizit: $A_n = \left(\frac{8}{9}\right)^{n-1}$

9 a) $a_1 = 3$ und $a_n = 7 - \frac{6}{a_{n-1}}$
Monotonie:
Behauptung: (a_n) ist streng monoton zunehmend.
Beweis durch vollständige Induktion
(I) Induktionsanfang: Für $n = 1$ gilt die Aussage, da $a_1 = 3 < 5 = a_2$ ist.
(II) Induktionsschritt: Es sei $k \in \mathbb{N}^*$ und man nimmt an, dass die Aussage für $k - 1$ gilt.
Dies besagt $a_k > a_{k-1}$. Dann ist $a_{k+1} = 7 - \frac{6}{a_k} > 7 - \frac{6}{a_{k-1}} = a_k$.
Also gilt die Aussage auch für k. Damit ist (a_n) streng monoton zunehmend.
Behauptung: Es ist $3 \leqq a_n < 6$ für alle $n \in \mathbb{N}^*$.
Beweis durch vollständige Induktion
(I) Induktionsanfang: Für $n = 1$ ist die Aussage wahr, denn es ist $a_1 = 3$.
(II) Induktionsschritt: Es sei $k \in \mathbb{N}^*$ und man nimmt an, dass die Aussage für $k - 1$ gilt.
Dies besagt $3 \leqq a_{k-1} < 6$. Dann ist $a_k = 7 - \frac{6}{a_{k-1}} \geqq 5 \geqq 3$ und $a_k = 7 - \frac{6}{a_{k-1}} < 6$.
Also gilt die Aussage auch für k.
Damit gilt $3 \leqq a_n < 6$ für alle $n \in \mathbb{N}$. Folglich ist (a_n) als monotone und beschränkte Folge konvergent.

S. 36 **9** b) Berechnung einiger Folgenglieder führt zu der Vermutung, dass (a_n) den Grenzwert $g = 6$ hat. Für den Grenzwert g gilt $g = 7 - \frac{6}{g}$, woraus sich $g = 6$ ergibt.

c) $a_1 = 4$ und $a_n = \frac{1}{10}a_{n-1}^2 + \frac{9}{10}$

Monotonie:
Behauptung: (a_n) ist streng monoton abnehmend.
Beweis durch vollständige Induktion
(I) Induktionsanfang: Für $n = 1$ gilt die Aussage, da $a_1 = 4 > 2{,}5 = a_2$ ist.
(II) Induktionsschritt: Es sei $k \in \mathbb{N}^*$ und man nimmt an, dass die Aussage für $k - 1$ gilt.
Dies besagt $a_k < a_{k-1}$. Dann ist $a_{k+1} = \frac{1}{10}a_k^2 + \frac{9}{10} < \frac{1}{10}a_{k-1}^2 + \frac{9}{10} = a_k$.
Also gilt die Aussage auch für k. Damit ist (a_n) streng monoton abnehmend.
Beschränktheit:
Es ist $4 = a_1 \geqq a_n$ und $a_n > 0$ für alle $n \in \mathbb{N}^*$. Folglich ist (a_n) als monotone und beschränkte Folge konvergent. Berechnung einiger Folgenglieder führt zu der Vermutung, dass (a_n) den Grenzwert $g = 1$ hat.
Für den Grenzwert g gilt $g = \frac{1}{10}g^2 + \frac{9}{10}$, woraus sich $g = 1$ ergibt.

10 a) $u(0) = 100;\ u(n) = 0{,}4(u(n-1)\cdot 1{,}035 + 50)$
b) $u(0) = 100;\ u(n) = 0{,}4\cdot u(n-1)\cdot 1{,}035 + 50$
c) $u(0) = 100;\ u(n) = 1{,}5\cdot u(n-1)\cdot 1{,}035 - 60$

Grenzwerte bei Funktionen

11 a) $$\lim_{x\to\pm\infty}\frac{2x^3+x}{3x^4} = \lim_{x\to\pm\infty}\frac{(2x^3+x)\cdot\frac{1}{x^4}}{3x^4\cdot\frac{1}{x^4}} = \lim_{x\to\pm\infty}\frac{\frac{2}{x}+\frac{1}{x^3}}{3} = \frac{0+0}{3} = 0$$

b) $$\lim_{x\to\pm\infty}\frac{(x+1)^2}{x^2+1} = \frac{(x+1)^2\cdot\frac{1}{x^2}}{(x^2+1)\cdot\frac{1}{x^2}} = \lim_{x\to\pm\infty}\frac{1+\frac{2}{x}+\frac{1}{x^2}}{1+\frac{1}{x^2}} = \frac{1+0+0}{1+0} = 1$$

c) $$\lim_{x\to+\infty}\frac{2\sqrt{x+1}}{\sqrt{x}} = \lim_{x\to+\infty}\frac{2\sqrt{x+1}\cdot\frac{1}{\sqrt{x}}}{1} = \lim_{x\to+\infty}\left(2\cdot\sqrt{1+\frac{1}{x}}\right) = 2\cdot\sqrt{1} = 2$$

d) $$\lim_{x\to\pm\infty}\frac{(x+1)^2}{\sqrt{x^4+1}} = \lim_{x\to\pm\infty}\frac{(x+1)^2\cdot\frac{1}{x^2}}{\sqrt{x^4+1}\cdot\frac{1}{x^2}} = \lim_{x\to\pm\infty}\frac{1+\frac{2}{x}+\frac{1}{x^2}}{\sqrt{1+\frac{1}{x^4}}} = \frac{1+0+0}{\sqrt{1+0}} = 1$$

12 a) $\lim\limits_{x\to x_0} x^2 = \lim\limits_{x\to x_0}(x\cdot x) = \lim\limits_{x\to x_0} x\cdot\lim\limits_{x\to x_0} x = x_0\cdot x_0$, da $\lim\limits_{x\to x_0} x = x_0$ ist.

b) $\lim\limits_{x\to x_0}\frac{4x-1}{x^2+1} = \frac{\lim\limits_{x\to x_0}(4x-1)}{\lim\limits_{x\to x_0}(x^2+1)} = \frac{4\cdot\lim\limits_{x\to x_0}x-1}{\lim\limits_{x\to x_0}x\cdot\lim\limits_{x\to x_0}x+1} = \frac{4x_0-1}{x_0\cdot x_0+1} = \frac{4x_0-1}{x_0^2+1}$, da $\lim\limits_{x\to x_0} x = x_0$ ist.

c) $\lim\limits_{x\to x_0}\frac{x+1}{x^2-1} = \lim\limits_{x\to x_0}\frac{1}{x-1} = \frac{1}{\lim\limits_{x\to x_0}(x-1)} = \frac{1}{\lim\limits_{x\to x_0}x-1} = \frac{1}{x_0-1}$, da $\lim\limits_{x\to x_0} x = x_0$ ist.

S. 36 **13** a) $\lim\limits_{x\to2}\frac{(x-2)^2}{x-2} = \lim\limits_{x\to2}(x-2) = \lim\limits_{x\to2} x - 2 = 2 - 2 = 0$

b) $\lim\limits_{x\to2}\frac{x^2-4}{x-2} = \lim\limits_{x\to2}(x+2) = \lim\limits_{x\to2} x + \lim\limits_{x\to2} 2 = 2 + 2 = 4$

c) $\lim\limits_{x\to2}\frac{x-2}{x^2-4} = \lim\limits_{x\to2}\frac{1}{x+2} = \frac{1}{\lim\limits_{x\to2}(x+2)} = \frac{1}{\lim\limits_{x\to2} x + 2} = \frac{1}{2+2} = \frac{1}{4}$

d) $\lim\limits_{x\to2}\frac{x^2-4}{x^4-16} = \lim\limits_{x\to2}\frac{1}{x^2+4} = \frac{1}{\lim\limits_{x\to2}(x^2+4)} = \frac{1}{\lim\limits_{x\to2} x^2 + 4} = \frac{1}{\lim\limits_{x\to2} x \cdot \lim\limits_{x\to2} x + 4} = \frac{1}{2\cdot2+4} = \frac{1}{8}$

e) $\lim\limits_{x\to2}\frac{x^2-2}{x^4-4} = \lim\limits_{x\to2}\frac{1}{x^2+2} = \frac{1}{\lim\limits_{x\to2}(x^2+2)} = \frac{1}{\lim\limits_{x\to2} x^2 + 2} = \frac{1}{\lim\limits_{x\to2} x \cdot \lim\limits_{x\to2} x + 2} = \frac{1}{2\cdot2+2} = \frac{1}{6}$

f) $\lim\limits_{x\to2}\frac{x^4-16}{x^5-32} = \lim\limits_{x\to2}\frac{(x^2-4)\cdot(x^2+4)}{(x-2)\cdot(x^4+2x^3+4x^2+8x+16)} = \lim\limits_{x\to2}\frac{(x+2)\cdot(x^2+4)}{x^4+2x^3+4x^2+8x+16}$

$= \frac{\lim\limits_{x\to2}((x+2)\cdot(x^2+4))}{\lim\limits_{x\to2}(x^4+2x^3+4x^2+8x+16)} = \frac{4\cdot8}{16+16+16+16+16} = \frac{2}{5}$

14 a) Definitionslücke von f ist $x_0 = 1$. $\lim\limits_{x\to1}\frac{x^2-2x+1}{x-1} = \lim\limits_{x\to1}(x-1) = 0$

b) Definitionslücken von f sind $x_0 = -4$ und $x_1 = 4$. Da x_0 Zählernullstelle ist, ergibt eine Polynomdivision $(3x^2+11x-4):(x+4) = 3x-1$. Damit gilt $\frac{3x^2+11x-4}{x^2-16} = \frac{3x-1}{x-4}$, also ist $\lim\limits_{x\to-4}\frac{3x^2+11x-4}{x^2-16} = \lim\limits_{x\to-4}\frac{3x-1}{x-4} = \frac{13}{8}$.

Für $x \to 4$ mit $x > 4$ gilt: $\frac{3x^2+11x-4}{x^2-16} = \frac{3x-1}{x-4} \to +\infty$.

Für $x \to 4$ mit $x < 4$ gilt: $\frac{3x^2+11x-4}{x^2-16} = \frac{3x-1}{x-4} \to -\infty$.

c) Definitionslücken von f sind $x_0 = -1$ und $x_1 = 1$. Da x_0 und x_1 Zählernullstellen sind, ergibt eine Polynomdivision $(x^4-1):(x^2-1) = x^2+1$. Damit gilt $\frac{x^4-1}{x^2-1} = x^2+1$, also ist $\lim\limits_{x\to\pm1}\frac{x^4-1}{x^2-1} = \lim\limits_{x\to\pm1}(x^2+1) = 1+1 = 2$.

d) Definitionslücken von f sind $x_0 = -1$ und $x_1 = 1$. Da x_0 und x_1 Zählernullstellen sind, ergibt eine Polynomdivision $(x^6-1):(x^2-1) = x^4+x^2+1$. Damit gilt $\frac{x^6-1}{x^2-1} = x^4+x^2+1$, also ist $\lim\limits_{x\to\pm1}\frac{x^6-1}{x^2-1} = \lim\limits_{x\to\pm1}(x^4+x^2+1) = 1+1+1 = 3$.

e) Definitionslücken von f sind $x_0 = -\sqrt{3}$ und $x_1 = \sqrt{3}$. Da x_0 und x_1 Zählernullstellen sind, ergibt eine Polynomdivision $(x^4-9):(x^2-3) = x^2+3$. Damit gilt $\frac{x^4-9}{x^2-3} = x^2+3$, also ist $\lim\limits_{x\to\pm\sqrt{3}}\frac{x^4-9}{x^2-3} = \lim\limits_{x\to\pm\sqrt{3}}(x^2+3) = 3+3 = 6$.

f) Definitionslücken von f sind $x_0 = 2$ und $x_1 = 3$. Da x_0 Zählernullstelle ist, ergibt eine Polynomdivision $(x^2+2x-8):(x-2) = x+4$. Damit gilt $\frac{x^2+2x-8}{x^2-5x+6} = \frac{x+4}{x-3}$; also ist $\lim\limits_{x\to2}\frac{x^2+2x-8}{x^2-5x+6} = \lim\limits_{x\to2}\frac{x+4}{x-3} = \frac{2+4}{2-3} = -6$.

Für $x \to 3$ mit $x > 3$ gilt: $\frac{x^2+2x-8}{x^2-5x+6} = \frac{x+4}{x-3} \to +\infty$.

Für $x \to 3$ mit $x < 3$ gilt: $\frac{x^2+2x-8}{x^2-5x+6} = \frac{x+4}{x-3} \to -\infty$.

S. 36 **14** g) Definitionslücken von f sind $x_0 = -\frac{1}{2}$ und $x_1 = 0$. Da x_0 Zählernullstelle ist, ergibt eine Polynomdivision $\left(x^2 + \frac{3}{4}x + \frac{1}{8}\right):\left(x + \frac{1}{2}\right) = x + \frac{1}{4}$. Damit gilt

$\frac{x^2 + \frac{3}{4}x + \frac{1}{8}}{x^2 + \frac{1}{2}x} = \frac{x + \frac{1}{4}}{x}$; also ist $\lim\limits_{x \to -0{,}5} \frac{x^2 + \frac{3}{4}x + \frac{1}{8}}{x^2 + \frac{1}{2}x} = \lim\limits_{x \to -0{,}5} \frac{x + \frac{1}{4}}{x} = \frac{-\frac{1}{2} + \frac{1}{4}}{-\frac{1}{2}} = \frac{1}{2}$. Für $x \to 0$ mit $x > 0$ gilt: $\frac{x^2 + \frac{3}{4}x + \frac{1}{8}}{x^2 + \frac{1}{2}x} = \frac{x + \frac{1}{4}}{x} \to +\infty$. Für $x \to 0$ mit $x < 0$ gilt: $\frac{x^2 + \frac{3}{4}x + \frac{1}{8}}{x^2 + \frac{1}{2}x} = \frac{x + \frac{1}{4}}{x} \to -\infty$.

h) Definitionslücke von f ist $x_0 = 1$. Man setze $x = 1 + h$. Dann gilt

$$\lim_{x \to 1} \frac{\sqrt{x} - 1}{\sqrt{x - 1}} = \lim_{h \to 0} \frac{\sqrt{1 + h} - 1}{\sqrt{h}} = \lim_{h \to 0} \frac{\left(\sqrt{1 + h} - 1\right)\cdot\left(\sqrt{1 + h} + 1\right)}{\sqrt{h}\cdot\left(\sqrt{1 + h} + 1\right)} = \lim_{h \to 0} \frac{1 + h - 1}{\sqrt{h}\cdot\left(\sqrt{1 + h} + 1\right)} = \lim_{h \to 0} \frac{\sqrt{h}}{\left(\sqrt{1 + h} + 1\right)}$$
$$= \frac{0}{\sqrt{1} + 1} = 0.$$

15 a) Siehe Graph rechts.

b) $P\left(a \mid \sqrt{a}\right)$; $m_{OP} = \frac{\sqrt{a}}{a} = \frac{1}{\sqrt{a}}$. Die Sekantensteigung strebt gegen $+\infty$.
Für den Graphen bedeutet dies, dass die Tangente im Punkt $P(0 \mid 0)$ die y-Achse ist.

c) $\lim\limits_{a \to \infty} m_{OP} = \lim\limits_{a \to \infty} \frac{1}{\sqrt{a}} = 0$. Damit wird der Graph laufend „flacher“.

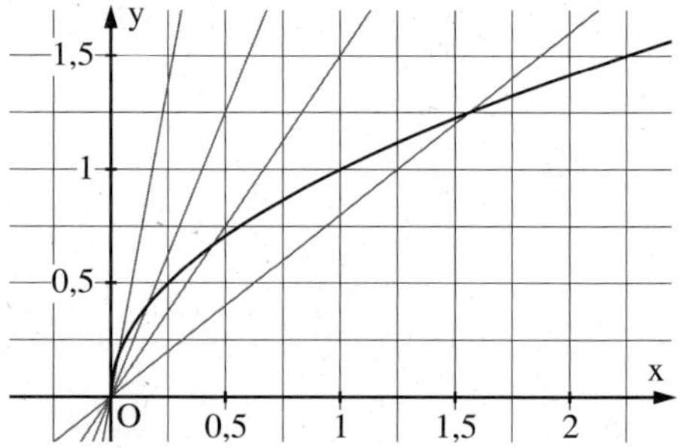

S. 37 **16** a) Für den Rechtecksinhalt gilt:

$A(u) = u \cdot f(u) = \frac{u}{u + 1}$. $\lim\limits_{u \to \infty} A(u) = \lim\limits_{u \to \infty} \frac{u}{u + 1} = \lim\limits_{u \to \infty} \frac{1}{1 + \frac{1}{u}} = 1$.

b) Für den Rechtecksinhalt gilt: $A(u) = u \cdot f(u) = \frac{u}{u^2 + 1}$.

$\lim\limits_{u \to \infty} A(u) = \lim\limits_{u \to \infty} \frac{u}{u^2 + 1} = \lim\limits_{u \to \infty} \frac{\frac{1}{u}}{1 + \frac{1}{u^2}} = 0$.

c) Für den Rechtecksinhalt gilt: $A(u) = u \cdot f(u) = \frac{u}{\sqrt{u} + 1} = \frac{\sqrt{u}}{1 + \frac{1}{\sqrt{u}}}$.

Es gilt für $u \to +\infty$: $A(u) \to +\infty$.

zu a):

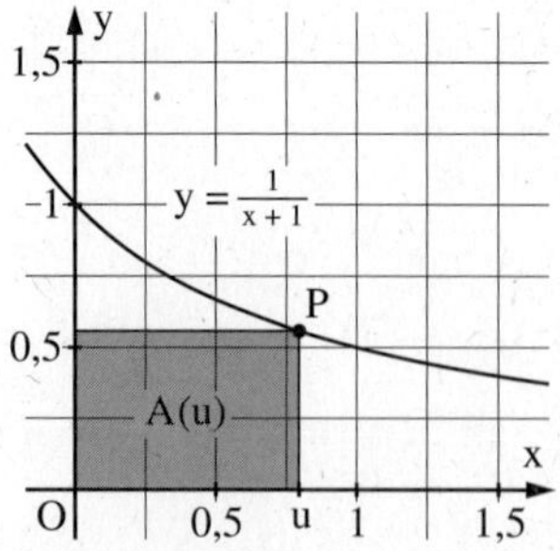

zu b):

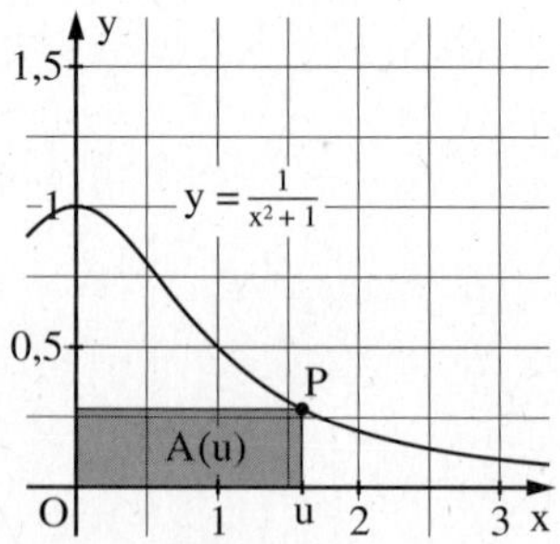

zu c):

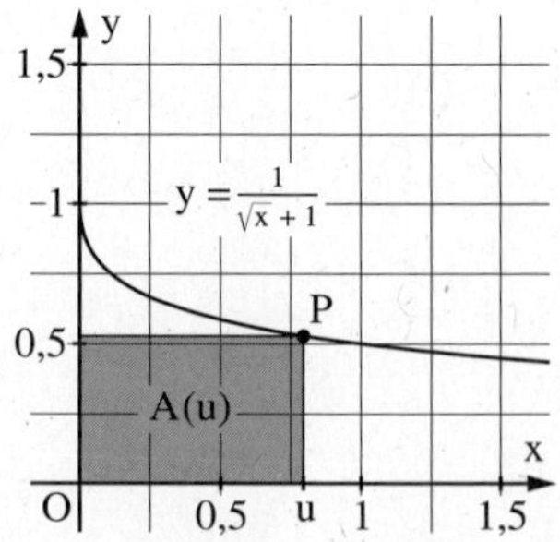

S. 37 **17** a) $f(x) = \begin{cases} x & \text{für } x < 2 \\ x^2 & \text{für } x \geqq 2 \end{cases}$ ist an der Stelle $x_0 = 2$ unstetig, da $\lim\limits_{\substack{x \to 2 \\ x < 2}} f(x) = 2$ und $\lim\limits_{\substack{x \to 2 \\ x > 2}} f(x) = 4$ ist; damit existiert nicht einmal der Grenzwert $\lim\limits_{x \to 2} f(x)$.

$g(x) = \begin{cases} -1 & \text{für } x < 2 \\ -x - 1 & \text{für } x \geqq 2 \end{cases}$ ist ebenfalls an der Stelle $x_0 = 2$ unstetig, da $\lim\limits_{\substack{x \to 2 \\ x < 2}} g(x) = -1$ und $\lim\limits_{\substack{x \to 2 \\ x > 2}} g(x) = -3$ ist und damit der Grenzwert $\lim\limits_{x \to 2} g(x)$ nicht existiert.

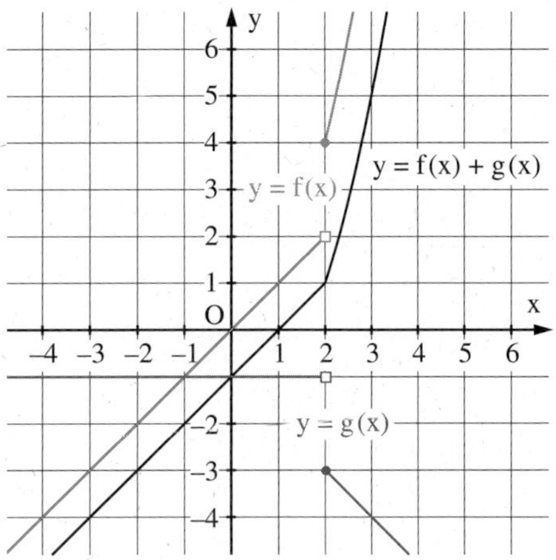

Bildet man die Summe beider Funktionen, so gilt:
$s(x) = f(x) + g(x) = \begin{cases} x - 1 & \text{für } x < 2 \\ x^2 - x - 1 & \text{für } x \geqq 2 \end{cases}$. Diese Funktion ist an der Stelle $x_0 = 2$ stetig, da $\lim\limits_{\substack{x \to 2 \\ x < 2}} s(x) = 1$ und $\lim\limits_{\substack{x \to 2 \\ x < 2}} s(x) = 1$, also $\lim\limits_{x \to 2} s(x) = 1$ ist. Da ferner $s(2) = 1$ ist, ist die Funktion s an der Stelle 2 stetig (Fig. 1).

b) Nimmt man die an der Stelle $x_0 = 0$ unstetigen Funktionen f mit $f(x) = \begin{cases} 1 & \text{für } x < 0 \\ 2 & \text{für } x \geqq 0 \end{cases}$ und g mit $g(x) = \begin{cases} 2 & \text{für } x < 0 \\ 1 & \text{für } x \geqq 0 \end{cases}$ und bildet ihr Produkt $p(x) = f(x) \cdot g(x) = \begin{cases} 2 & \text{für } x < 0 \\ 2 & \text{für } x \geqq 0 \end{cases}$, so ist p an der Stelle $x_0 = 0$ stetig.

18 Wählt man etwa die Stelle $x_0 = 2$, so liegen in jeder noch so kleinen Umgebung von 2 sowohl rationale als auch irrationale Zahlen. Damit nimmt f in jeder Umgebung von 2 die Funktionswerte 0 und 1 an, also kann kein Grenzwert existieren.

19 a) Graph siehe nächste Seite; Nullstellen in [–2; –1] und [1; 2].
$x_0 \approx -1{,}5940$; $x_1 = 1{,}3188$
b) Graph siehe nächste Seite; Nullstellen in [–2; –1] und [2; 3].
$x_0 \approx -1{,}07996 \approx -1{,}08$; $x_1 \approx 2{,}3101$
c) Graph siehe nächste Seite; Nullstellen in [–1; 0], [1; 2] und [3; 4].
$x_0 \approx -0{,}4064$; $x_1 \approx 1{,}4463$; $x_2 \approx 3{,}0983$
d) Graph siehe nächste Seite; Nullstelle in [4; 5].
$x_0 \approx 4{,}8284$

S. 37 **19** zu a):

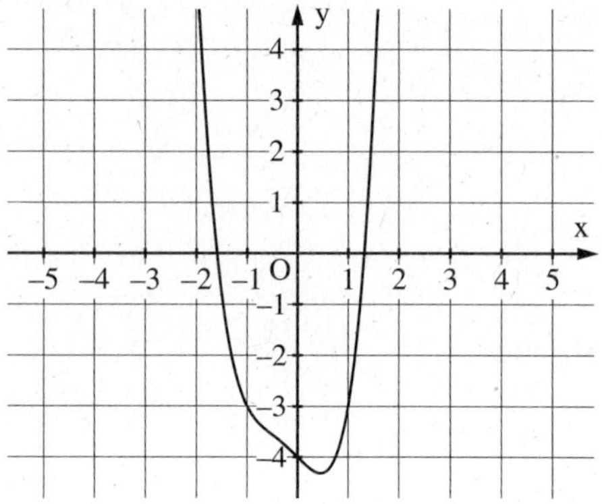

zu b):

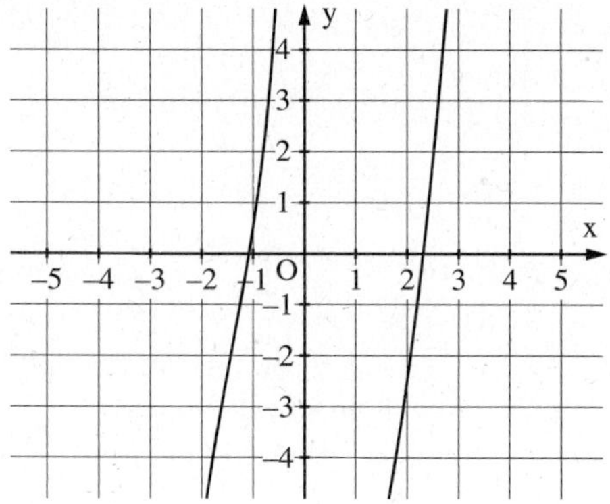

zu c):

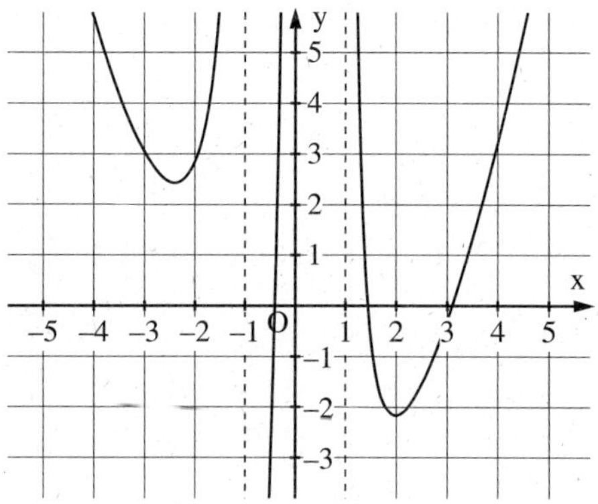

zu d):

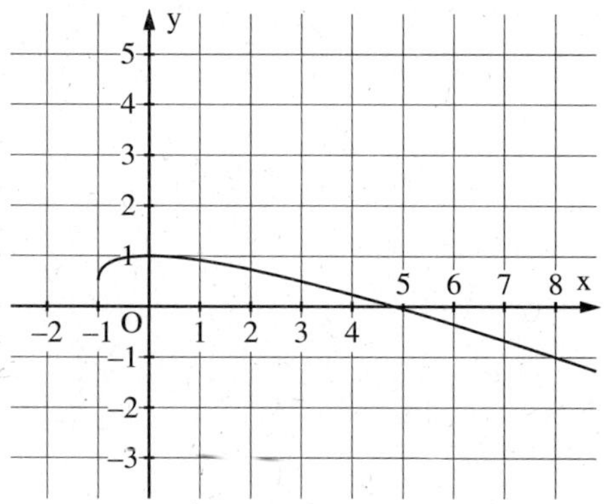

20 B sei irgendein auf dem Breitenkreis durch Berlin liegender Ort, G der diesem Punkt genau gegenüberliegende Ort. Die Temperatur in B sei $T(\alpha)$, die von G sei $T(180 - \alpha)$. Man betrachtet die Funktion d mit $d(\alpha) = T(\alpha) - T(180 - \alpha)$; $0 \leqq \alpha \leqq 180°$, wobei α der Drehwinkel um den Mittelpunkt des Breitenkreises (im Uhrzeigersinn) ist.
Sind für $\alpha = 0$ die Temperaturen $T(0)$ und $T(180)$ gleich, so ist die Aufgabe gelöst. Andernfalls ist $T(0) > T(180)$ oder $T(0) < T(180)$. Im ersten Fall $d(0) > 0$ und $d(180) = T(180) - T(0) < 0$. Da sich die Temperatur stetig verändert, muss es also einen Winkel α_0 geben mit $T(\alpha_0) = G(180 - \alpha_0)$. Im zweiten Fall schließt man analog.

21 Behauptung: n Gegenstände kann man auf $1 \cdot 2 \cdot 3 \cdot \ldots \cdot (n-1) \cdot n$ Arten anordnen.
(I) Induktionsanfang: Für $n = 1$ ist die Aussage wahr, da es nur eine Anordnung gibt.
(II) Induktionsschritt: Es sei $k \in \mathbb{N}$ mit $k \geqq 1$. Man nimmt an, dass die Aussage für k gilt. Dies besagt, dass man k Gegenstände auf $1 \cdot 2 \cdot 3 \cdot \ldots \cdot (k-1) \cdot k$ Arten anordnen kann.
Nimmt man zu den k Gegenständen noch einen hinzu, so kann dieser vor allen anderen liegen oder zwischen dem i-ten und dem (i + 1)-ten Gegenstand $(i = 1; 2; \ldots; k-1)$ oder zuletzt.

S. 37 **21** Dies sind $k + 1$ zusätzliche Möglichkeiten für jede Anordnung, also kommt man insgesamt auf $(1 \cdot 2 \cdot 3 \cdot \ldots \cdot (k-1) \cdot k) \cdot (k+1) = 1 \cdot 2 \cdot 3 \cdot \ldots \cdot (k-1) \cdot k \cdot (k+1) = (k+1)!$ Möglichkeiten.
Somit gilt die Aussage auch für $k + 1$.
Damit ist gezeigt, dass die Aussage für alle $n \in \mathbb{N}^*$ gilt.

22 a) Die Aussage ist falsch, da $p(41) = 41^2 - 41 + 41 = 41^2$ keine Primzahl ist.
b) Behauptung: $\frac{1}{n+1} = \frac{1}{n+2} + \frac{1}{n+3} + \ldots + \frac{1}{2n} > \frac{13}{24}$ für $n \geqq 2$.
Beweis durch vollständige Induktion
(I) Induktionsanfang: Für $n = 2$ ist die Aussage wahr, da $\frac{1}{2+1} + \frac{1}{2+2} > \frac{13}{24}$ gilt.
(II) Induktionsschritt: Es sei $k \in \mathbb{N}$ mit $k \geqq 2$ und man nimmt an, dass die Aussage für k gilt: Dies besagt $\frac{1}{k+1} + \frac{1}{k+2} + \frac{1}{k+3} + \ldots + \frac{1}{2k} > \frac{13}{24}$. Dann ist
$\frac{1}{k+2} + \frac{1}{k+3} + \frac{1}{k+4} + \ldots + \frac{1}{2(k+1)} = \left(\frac{1}{k+1} + \frac{1}{k+2} + \frac{1}{k+3} + \ldots + \frac{1}{2k}\right) + \frac{1}{2k+1} + \frac{1}{2k+2} - \frac{1}{k+1}$
$> \frac{13}{24} + \frac{1}{2k+1} + \frac{1}{2k+2} - \frac{1}{k+1} = \frac{13}{24} + \frac{1}{2(k+1)(2k+1)} > \frac{13}{24}$.
Somit gilt die Aussage auch für $k + 1$.
Damit ist gezeigt, dass die Aussage für alle $n \in \mathbb{N}$ mit $n \geqq 2$ wahr ist.
c) Die Behauptung
$\sin(\alpha) + \sin(2\alpha) + \sin(3\alpha) + \ldots + \sin(n\alpha) = n \cdot \sin\left(\frac{n+1}{2}\alpha\right) \cdot \cos\left(\frac{n-1}{2}\alpha\right)$ für $n \geqq 1$ ist falsch. Setzt man $\alpha = 30°$ und $n = 3$, so erhält man auf der linken Seite
$\sin(30°) + \sin(60°) + \sin(90°) = \frac{1}{2}\left(3 + \sqrt{3}\right)$. Hingegen erhält man auf der rechten Seite
$3 \cdot \sin(60°) \cdot \cos(30°) = 3 \cdot \frac{\sqrt{3}}{2} \cdot \frac{\sqrt{3}}{2} = \frac{9}{4}$.

23 Induktionsschritt: Es sei $k \in \mathbb{N}$ mit $k \geqq 1$. Man nimmt an, dass die Aussage für k gilt.
$k = k + 1$. Dann gilt die Aussage auch für $k + 1$.
Es ist nämlich: $k + 1 = (k + 1) + 1 = k + 2$.
Damit ist der Induktionsschritt richtig.

24 Viereck: 2 Diagonalen;
Fünfeck: $2 + 3 = 5$ Diagonalen;
Sechseck: $5 + 4 = 9$ Diagonalen;
Siebeneck: $9 + 5 = 14$ Diagonalen;
Achteck: $14 + 6 = 20$ Diagonalen;
Neuneck: $20 + 7 = 27$ Diagonalen; …
Ein n-Eck besitzt $a_{n-1} + (n - 2)$ Diagonalen, wobei a_{n-1} die Anzahl der Diagonalen im $(n - 1)$-Eck ist.

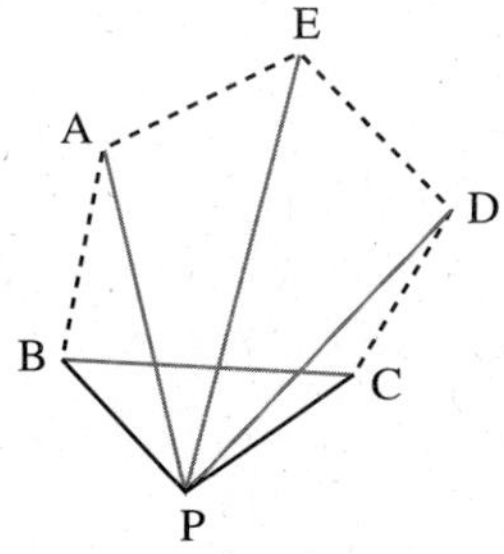

Fig. 1

Begründung: Nimmt man eine neue Ecke P hinzu (vgl. Fig. 1), so kommen $n - 3$ Diagonalen hinzu (Verbindungsstrecken von P mit den $n - 3$ nicht anliegenden Punkten); zusätzlich wird die Verbindungsstrecke der P anliegenden Punkte zu einer Diagonalen. Damit erhält man bei jedem neuen Eck eine Erhöhung der Diagonalen um $n - 2$.

S. 37 **24** Herleitung einer Formel:

Es ist also $a_n = a_{n-1} + (n-2)$ mit $a_3 = 0$, da ein Dreieck keinerlei Diagonalen besitzt.
Damit ist $a_n = a_{n-1} + (n-2)$, $a_{n-1} = a_{n-2} + (n-3)$, $a_{n-2} = a_{n-3} + (n-4)$ usw. für $n = 4; 5; 6; \ldots$ Daraus folgt durch Einsetzen:

$$\begin{aligned} a_n &= a_{n-1} + (n-2) = a_{n-2} + (n-3) + (n-2) = a_{n-3} + (n-4) + (n-3) + (n-2) = \ldots = \\ &= a_{n-(n-3)} + (n-(n-2)) + (n-(n-3)) + \ldots + (n-3) + (n-2) = \\ &= a_3 + 2 + 3 + \ldots + (n-3) + (n-2) = \\ &= 0 + 2 + 3 + \ldots + (n-3) + (n-2) = \\ &= 1 + 2 + 3 + \ldots + (n-2) - 1. \end{aligned}$$

Nach der Summenformel $1 + 2 + 3 + \ldots + n = \frac{n}{2} \cdot (n+1)$ erhält man demnach für die Anzahl der Diagonalen im n-Eck:

$$a_n = \frac{n-2}{2} \cdot (n-1) - 1 = \frac{n^2 - 3n + 2}{2} - 1 = \frac{n^2 - 3n}{2} = \frac{n}{2} \cdot (n-3).$$

Beweis dieser Formel durch vollständige Induktion (was nicht mehr nötig ist):

Behauptung: Ein n-Eck mit $n \geqq 3$ Ecken besitzt $\frac{n}{2} \cdot (n-3)$ Diagonalen.

(I) Induktionsanfang: Für $n = 3$ ist die Aussage wahr, da ein Dreieck 0 Diagonalen hat.

(II) Induktionsschritt: Es sie $k \in \mathbb{N}$ mit $k \geqq 3$. Man nimmt an, dass die Aussage für k gilt. Dies besagt, dass ein k-Eck $\frac{k}{2} \cdot (k-3)$ Diagonalen besitzt.

Nimmt man zu den k Punkten des k-Ecks noch einen Punkt P hinzu, der nicht mit einem der gegebenen identisch ist, so erhält man zusammen mit denen des k-Ecks ein (k + 1)-Eck (Fig. 1, Seite 43). Verbindet man P mit den $k + 1 - 3$ nicht anliegenden Punkten, so kommen $k - 2$ Diagonalen hinzu; zusätzlich wird die Verbindungsstrecke der P anliegenden Punkte zu einer Diagonalen. Damit erhält man bei jedem neuen Eck eine Erhöhung der Diagonalen um $k - 1$. Demnach gilt für das (k + 1)-Eck:

$$a_{k+1} = \frac{k}{2} \cdot (k-3) + k - 1 = \frac{1}{2} \cdot (k^2 - 3k + 2k - 2) = \frac{1}{2}(k^2 - k - 2) = \frac{1}{2}(k+1)(k-2).$$

Somit gilt die Aussage auch für $k + 1$.

Damit ist gezeigt, dass die Aussage für alle $n \geqq 3$ gilt.

II Wiederholungen und Vertiefungen

1 Die erste und die zweite Ableitung einer Funktion

S. 46 **1** a) Höhe ca. 520 m

b) $\overline{v}_{0;15} \approx 35\,\frac{m}{s}$; $\overline{v}_{5;15} \approx 47\,\frac{m}{s}$; $\overline{v}_{10;15} \approx 60\,\frac{m}{s}$; $\overline{v}_{12;15} \approx 67\,\frac{m}{s}$; $\overline{v}_{15;20} \approx 80\,\frac{m}{s}$; $\overline{v}_{15;17} \approx 80\,\frac{m}{s}$

c) Bilde die mittlere Änderungsrate $\frac{h - h_0}{t - t_0}$ mit $h_0 = 520$, $t_0 = 15$.

Für $t \to 15$ $(t > 15$ bzw. $t < 15)$ erhält man die momentane Änderungsrate (= Momentangeschwindigkeit).

d) Skizze

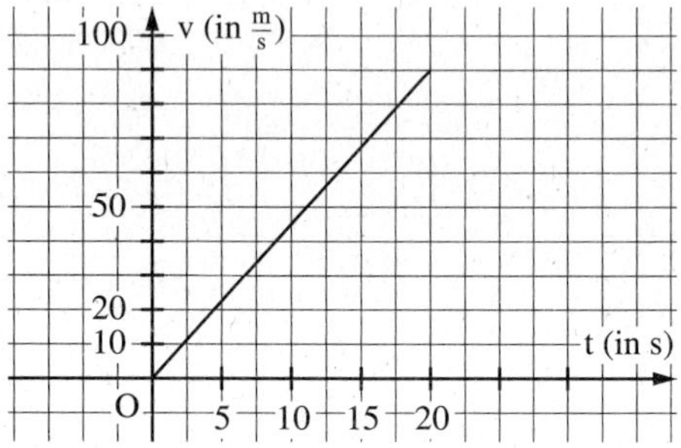

S. 48 **2** a) Nach 3 Sekunden hat der Körper 45 m zurückgelegt, die Geschwindigkeit beträgt $15\,\frac{m}{s}$ und die Beschleunigung $10\,\frac{m}{s^2}$.

b) Im Jahre 2000 hatte Deutschland 82,0 Millionen Einwohner. Im Jahre 2001 verminderte sich in Deutschland die Zahl der Einwohner um 100 000.

c) 300 m^3 umbauter Raum kosten 100 000 €. Bei 300 m^3 umbautem Raum wachsen die Baukosten um 500 € pro m^3.

S. 49 **3** a) $f'(x) > 0$; $f''(x) > 0$

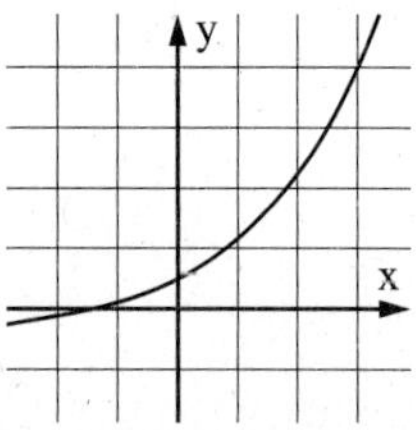

b) $f'(x) > 0$; $f''(x) < 0$

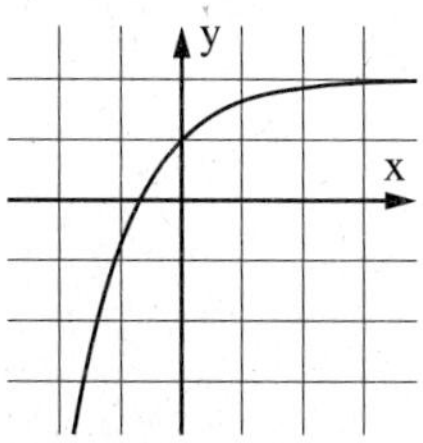

c) $f'(x) < 0$; $f''(x) > 0$

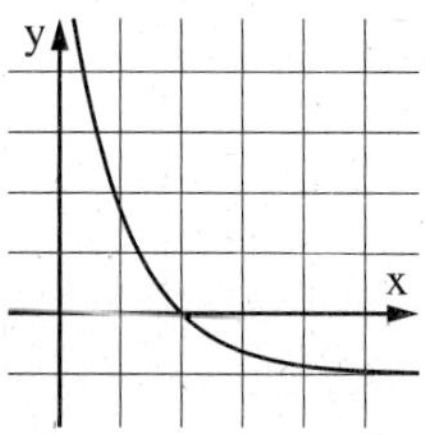

d) $f'(x) < 0$; $f''(x) < 0$

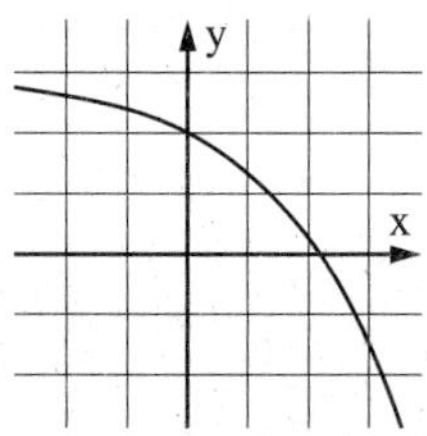

4 a) A: $f(x) < 0$; $f'(x) > 0$; $f''(x) > 0$
B: $f(x) = 0$; $f'(x) > 0$; $f''(x) > 0$
C: $f(x) > 0$; $f'(x) > 0$; $f''(x) > 0$

b) A: $f(x) < 0$; $f'(x) > 0$; $f''(x) < 0$
B: $f(x) = 0$; $f'(x) > 0$; $f''(x) < 0$
C: $f(x) > 0$; $f'(x) = 0$; $f''(x) < 0$
D: $f(x) > 0$; $f'(x) < 0$; $f''(x) = 0$
E: $f(x) = 0$; $f'(x) = 0$; $f''(x) > 0$
F: $f(x) > 0$; $f'(x) > 0$; $f''(x) > 0$

c) A: $f(x) < 0$; $f'(x) > 0$; $f''(x) < 0$
B: $f(x) < 0$; $f'(x) = 0$; $f''(x) = 0$
C: $f(x) = 0$; $f'(x) > 0$; $f''(x) > 0$
D: $f(x) > 0$; $f'(x) > 0$; $f''(x) > 0$

S. 49 **5** Extremstelle bei $x_1 = 1$ ($f'(1) = 0$; Vorzeichenwechsel von $f'(x)$);
Extremstelle bei $x_2 = 3$ ($f'(3) = 0$; Vorzeichenwechsel von $f'(x)$);
Wendestelle bei $x_3 = 2$ (lokale Extremstelle von $f'(x)$);
Wendestelle bei $x_3 = 4$ (lokale Extremstelle von $f'(x)$).

6 a), b)

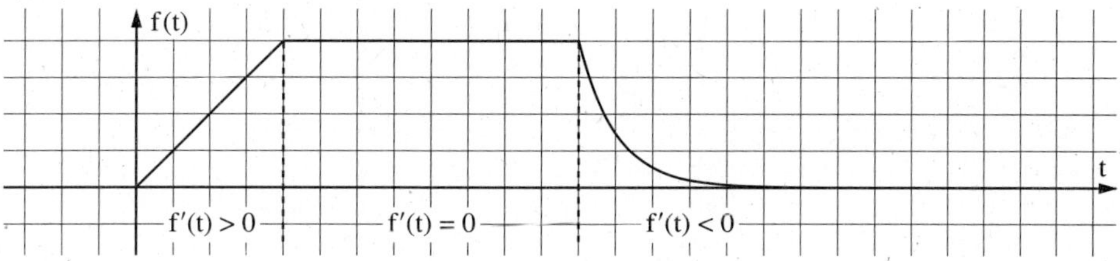

7 a)

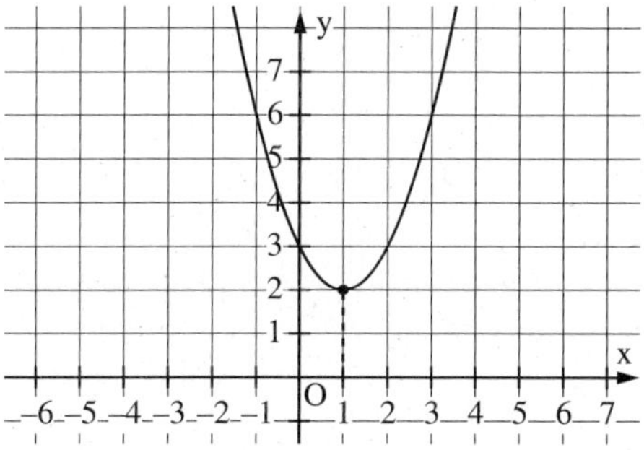

b)

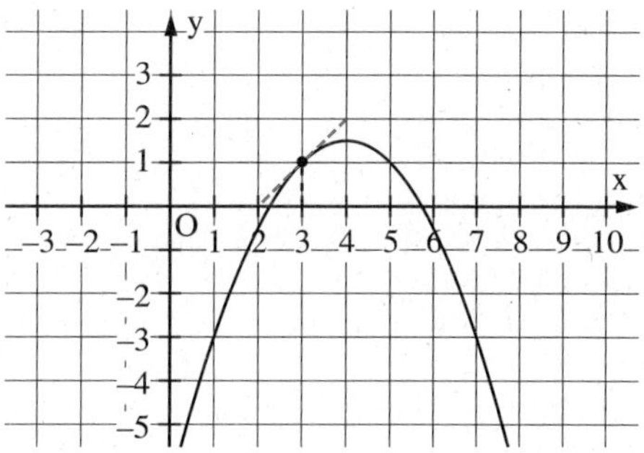

8 a) Graph rechts.
b) Für $x \to -\infty$ geht $f(x) \to -\infty$
(f ist streng monoton wachsend; Graph ist Rechtskurve)
c) f hat genau eine Nullstelle; vgl. b).
Die Tangente in $P(3|1)$ hat die Gleichung $y = \frac{1}{2}x - \frac{1}{2}$ mit der Nullstelle $x_0 = 1$.
Also muss die Nullstelle von f zwischen 1 und 3 liegen.
d) Es muss $f'(1) > f'(3) = \frac{1}{2}$ sein. Also ist $f'(1) = 1$ möglich; $f'(1) = \frac{1}{4}$ ist nicht möglich.

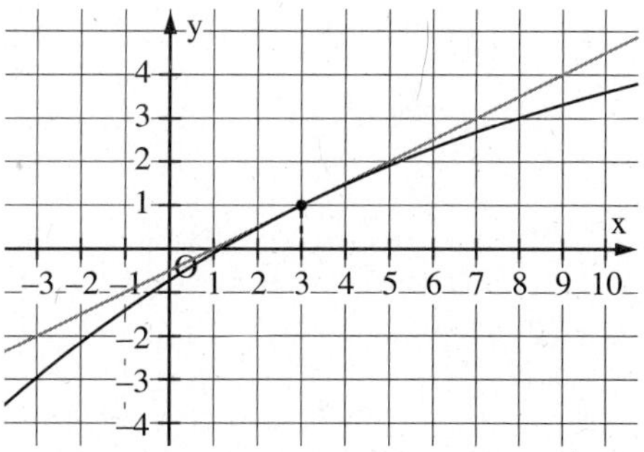

2 *Funktionsuntersuchungen mit dem GTR*

S. 50 ***1*** Lokale Extremstellen: Notwendige Bedingung: $f'(x_0) = 0$
Hinreichende Bedingung für Maximum: $f'(x) = 0$ und $f''(x) < 0$
oder $f'(x_0) = 0$ und Vorzeichenwechsel von $f'(x)$ von + nach –.
Hinreichende Bedingung für Minimum: $f'(x) = 0$ und $f''(x) > 0$
oder $f'(x_0) = 0$ und Vorzeichenwechsel von $f'(x)$ von – nach +.
Wendestellen: Notwendige Bedingung: $f''(x) = 0$
Hinreichende Bedingung für Wendestelle: $f''(x) = 0$ und $f'''(x) \neq 0$
oder $f''(x) = 0$ und Vorzeichenwechsel von $f''(x)$.
Mit dem TI 83 Plus z. B. kann man Wendestellen ermitteln, indem man den Term der Funktion als Y1 eingibt, Y2=nDeriv(Y1,X,X) definiert und dann Y2 auf Extremstellen und die 2. Ableitung Y3=nDeriv(Y2,X,X) auf Vorzeichenwechsel untersucht.

S. 52 Rand: Symmetrie zum Ursprung: Y2=–Y1(–X)
Symmetrie zur y-Achse: Y2=Y1(–X)

2 Fenster 1:
Vorteil: guter Überblick;
Nachteil: Anzahl der Extrempunkte unklar
Fenster 2:
Vorteil: guter Überblick für den Bereich um den Ursprung; also hat der Graph insgesamt zwei Tiefpunkte und einen Hochpunkt.
Nachteil: nur Ausschnitt
Fenster 3:
Vorteil: zweiter Tiefpunkt gut erkennbar
Nachteil: nur Ausschnitt

3 a) Graph rechts
$-6 \leqq X \leqq 6$; Xscl = 1
$-40 \leqq Y \leqq 100$; Yscl = 20
$N_1(-4{,}67|0)$; $N_2(-0{,}61|0)$; $N_3(5{,}28|0)$
$T(-2{,}87|-33{,}11)$; $H(2{,}89|63{,}11)$
$W(0|15)$

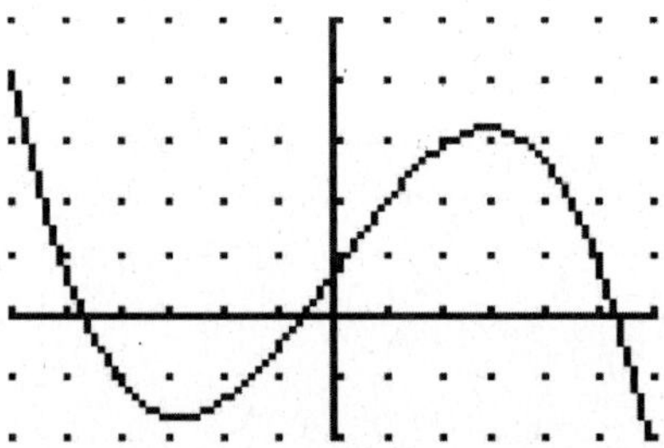

b) Graph rechts
$-2 \leqq X \leqq 2$; Xscl = 0,5; $-1 \leqq Y \leqq 1$;
Yscl = 0,5; Symmetrie zum Ursprung
$N_1(-1|0)$; $N_2(-0{,}82|0)$; $N_3(0|0)$;
$N_4(0{,}82|0)$; $N_5(1|0)$; $H_1(-0{,}92|0{,}08)$;
$H_2(0{,}40|0{,}51)$; $T_1(-0{,}40|-0{,}51)$;
$T_2(0{,}92|-0{,}08)$; $W_1(-0{,}71|-0{,}18)$;
$W_2(0|0)$; $W_3(0{,}71|0{,}18)$

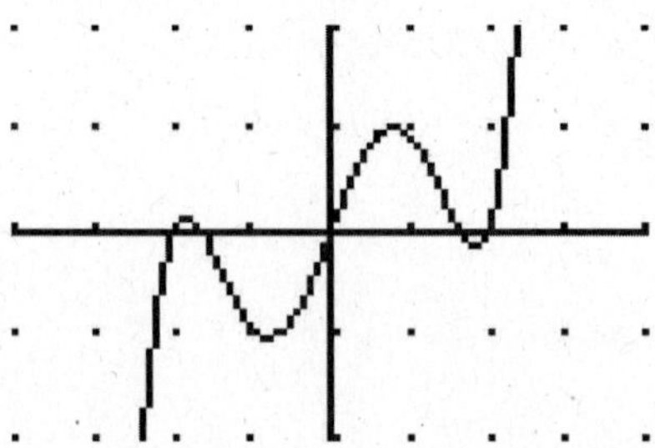

S. 52 **3** c) Graph rechts
$-2 \leqq X \leqq 2$; Xscl = 1
$-4 \leqq Y \leqq 1$; Yscl = 1
$N_1(-1{,}88|0)$; $N_2(0|0)$; $N_3(0{,}35|0)$;
$N_4(1{,}53|0)$; $T_1(-1{,}30|-3{,}51)$;
$T_2(1{,}13|-1{,}07)$; $H(0{,}17|0{,}08)$;
$W_1(-0{,}71|-1{,}96)$; $W_2(0{,}71|-0{,}54)$

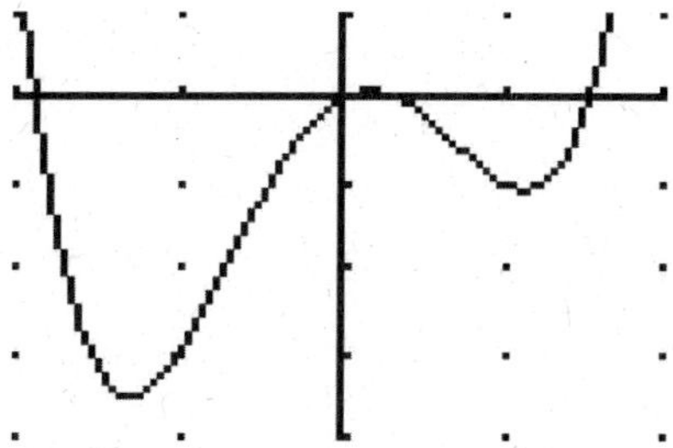

d) Graph rechts
$-50 \leqq X \leqq 600$; Xscl = 100
$-371\,000 \leqq Y \leqq 10\,000$; Yscl = 100 000
$N_1(-4{,}45|0)$; $N_2(4{,}49|0)$; $N_3(499{,}96|0)$;
$H(0|200)$; $T(333{,}33|-370\,170{,}40)$;
$W(166{,}67|-184\,990{,}70)$

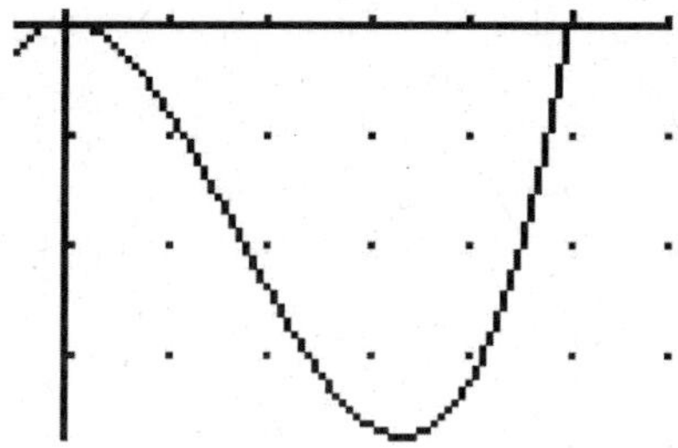

4 a) Graph rechts
$-4 \leqq X \leqq 6$; Xscl = 1
$-5 \leqq Y \leqq 5$; Yscl = 2
$N_1(-0{,}77|0)$; $N_2(2|0)$; $N_3(4|0)$;
$H(0{,}49|1{,}16)$; $T(3{,}21|-1{,}05)$;
$W(2{,}06|-0{,}07)$

b) Graph rechts
$-3 \leqq X \leqq 4$; Xscl = 1
$-4 \leqq Y \leqq 1$; Yscl = 1
$N_1(2{,}48|0)$; $N_2(3|0)$; $H_1(-0{,}47|-0{,}70)$;
$H_2(2{,}77|0{,}28)$; $T(1{,}12|-2{,}02)$;
$W_1(0{,}27|-1{,}33)$; $W_2(2{,}16|-0{,}65)$

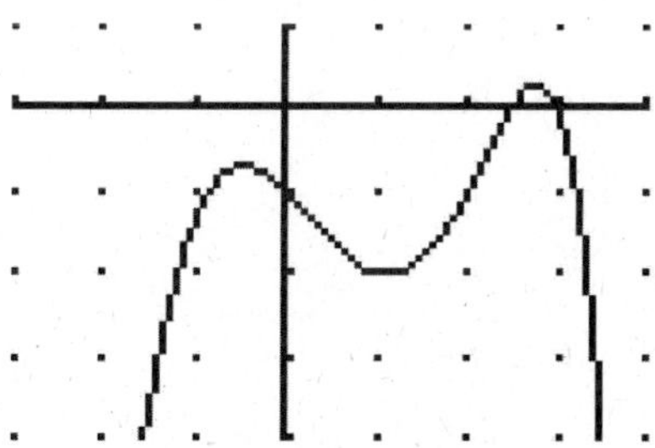

c) Graph rechts
$-10 \leqq X \leqq 4$; Xscl = 1
$-1 \leqq Y \leqq 1$; Yscl = 0,5
$N(1{,}71|0)$; $T(0{,}57|-0{,}55)$;
$W(-0{,}56|-0{,}41)$

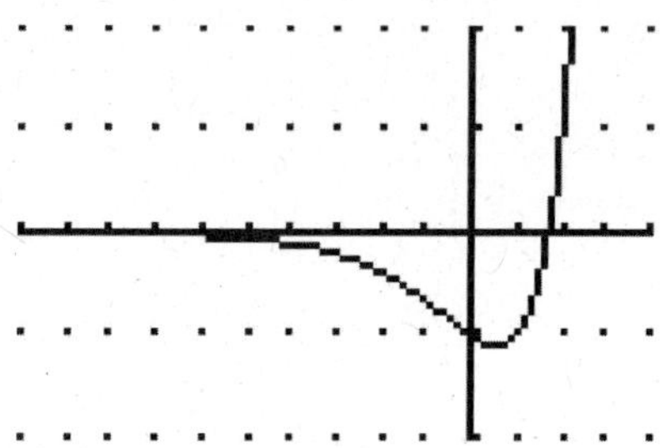

S. 52 **5** a) Graph rechts
$-10 \leqq X \leqq 10$; Xscl = 1
$-0{,}1 \leqq Y \leqq 0{,}2$; Yscl = 0,05
Achsensymmetrie zur y-Achse
$H(0|0{,}11)$; $W_1(-1{,}73|0{,}08)$;
$W_2(1{,}73|0{,}08)$

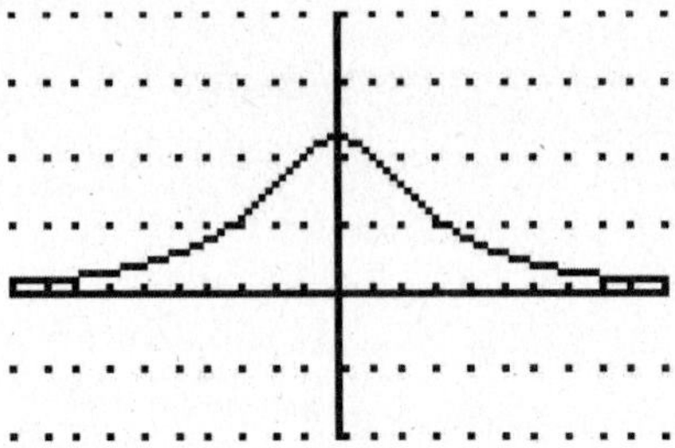

b) Graph rechts
$-15 \leqq X \leqq 15$; Xscl = 2
$-0{,}2 \leqq Y \leqq 0{,}2$; Yscl = 0,1
Punktsymmetrie zum Ursprung
$N(0|0)$; $T(-3{,}00|-0{,}17)$; $H(3{,}00|0{,}17)$;
$W_1(-5{,}20|-0{,}14)$; $W_2(0|0)$; $W_3(5{,}20|0{,}14)$

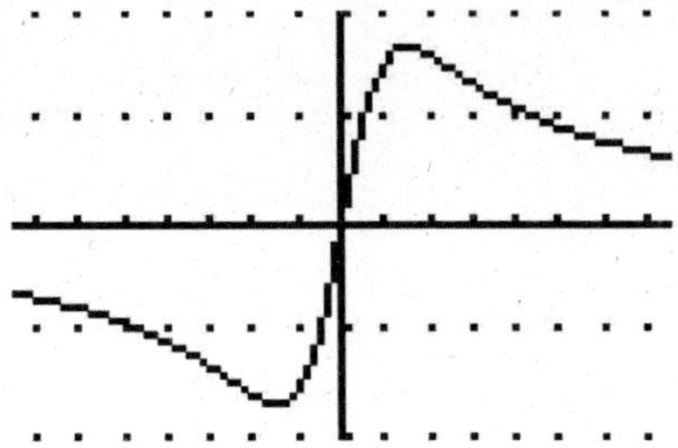

c) Graph rechts
$-15 \leqq X \leqq 20$; Xscl = 2
$-5 \leqq Y \leqq 5$; Yscl = 1
$D = \mathbb{R} \setminus \{9\}$; $N(-6|0)$

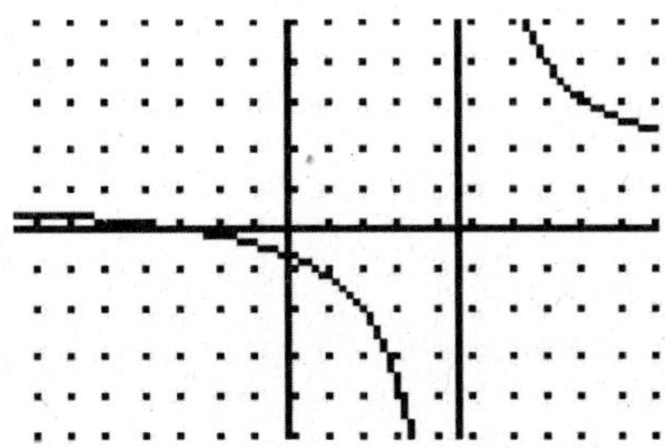

6 a)

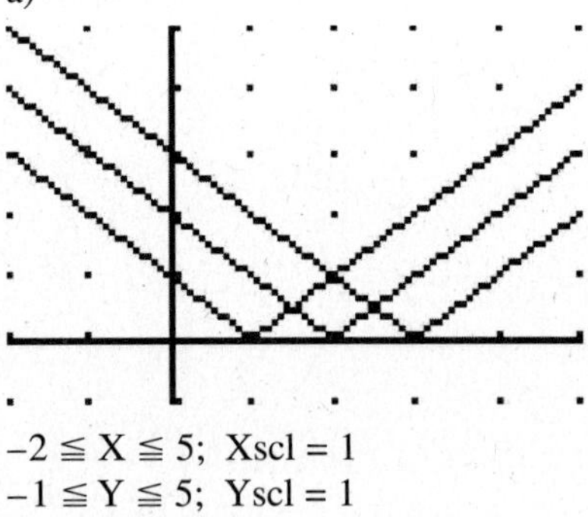

$-2 \leqq X \leqq 5$; Xscl = 1
$-1 \leqq Y \leqq 5$; Yscl = 1

b)

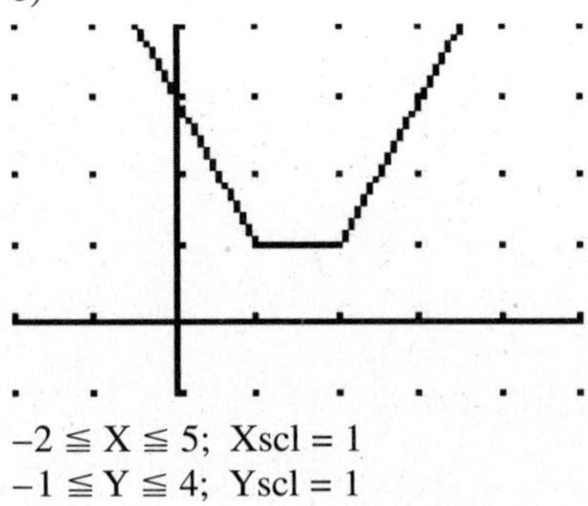

$-2 \leqq X \leqq 5$; Xscl = 1
$-1 \leqq Y \leqq 4$; Yscl = 1

S. 52 **7** a)

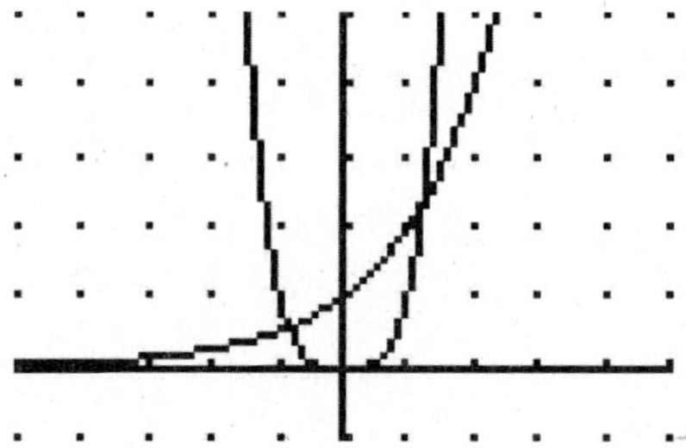

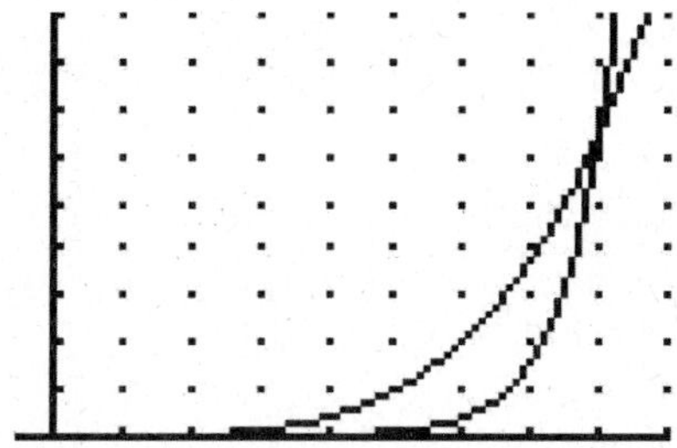

$-5 \leqq X \leqq 5$; Xscl = 1
$-1 \leqq Y \leqq 5$; Yscl = 1

$-1 \leqq X \leqq 18$; Xscl = 2
$-1 \leqq Y \leqq 90\,000$; Yscl = 10 000

Für große Werte von x wächst f schneller als g.
b) $S_1(-0{,}86|0{,}55)$; $S_2(1{,}24|2{,}36)$; $S_3(16|65\,536)$

8 1. Möglichkeit: 2nd - TRACE - 5
2. Möglichkeit: MATH - 0

a) −2,317	b) 7,791	c) 1,403
d) −2,242	e) 0,268	f) 1,139

9 a) 11,00 b) 0,18 c) 0,78

10 a) 0,956 b) −0,963 c) −1,260

11 a)

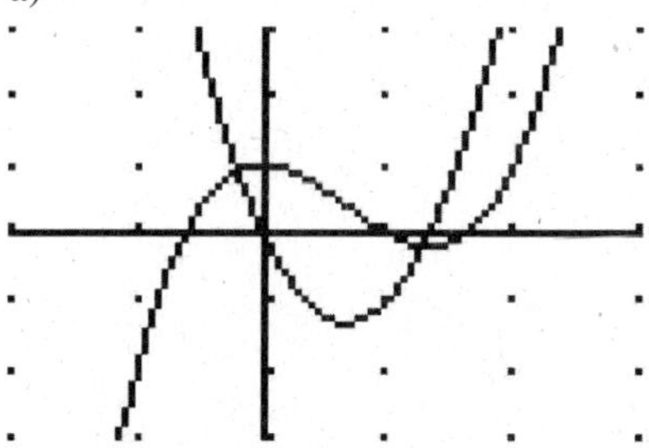

$-2 \leqq X \leqq 3$; Xscl = 1
$-3 \leqq Y \leqq 3$; Yscl = 1

b)

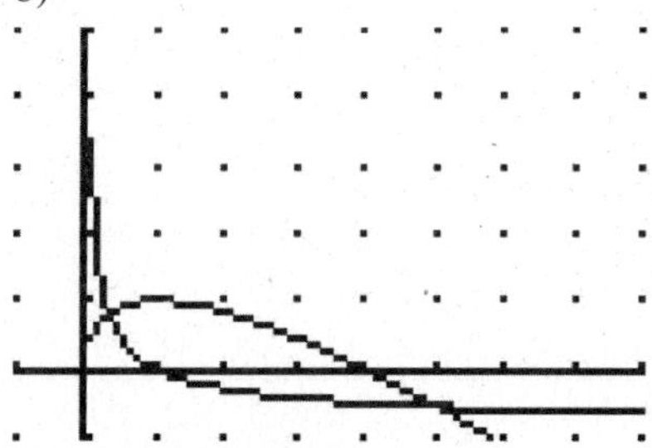

$-1 \leqq X \leqq 8$; Xscl = 1
$-1 \leqq Y \leqq 5$; Yscl = 1

c)

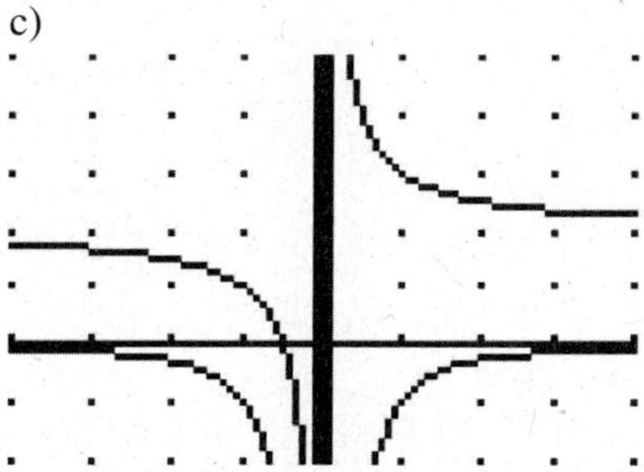

$-4 \leqq X \leqq 4$; Xscl = 1
$-2 \leqq Y \leqq 5$; Yscl = 1

S. 52 **12** a) Im Berührpunkt $B(x_0|f(x_0))$ ist die Steigung von f gleich der Steigung der Geraden durch die Punkte B und $P(x_1|0)$:
$f'(x_0) = \frac{f(x_0)}{x_0 - x_1}$.
Aus dieser Gleichung ergibt sich x_0.

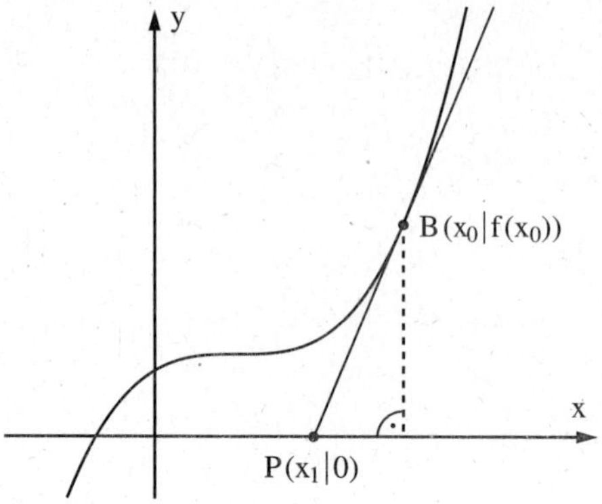

b) $Y1 = \frac{1}{4}x^3 - x^2 + x + 1$
Y2 = nDeriv(Y₁,X,X)
Y3 = Y1/(X – 1)
Mit 2nd - TRACE - 5 ergibt sich
$x_0 \approx 2{,}546$.

c) $f'(x_0) = \frac{f(x_0) - y_1}{x_0 - x_1}$; $P(x_1|y_1)$; $x_0 = 0$

S. 53 **13** a) Graph rechts
$-4 \leqq X \leqq 4$; Xscl = 1
$-2 \leqq Y \leqq 5$; Yscl = 1

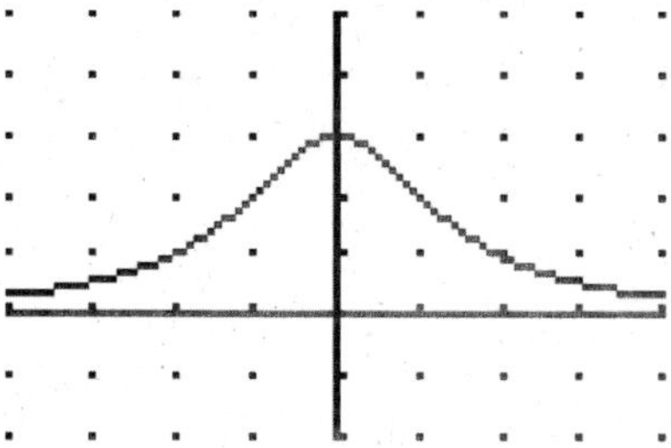

b) t: $y = -\frac{4}{3}x + \frac{10}{3}$; $\alpha \approx 126{,}87°$
n: $y = \frac{3}{4}x + \frac{5}{4}$; $\beta \approx 36{,}87°$
c) $S(-0{,}72|2{,}38)$

14 $d(x) = \sqrt{(x-1)^2 + \left(2 - \sqrt{x}\right)^2}$; $d^2(x) = (x-1)^2 + \left(2 - \sqrt{x}\right)^2$
Untersuchung mit dem GTR auf Minimum ergibt:
$Q(1{,}36|0{,}82)$.

15 $d(x) = x + \sqrt{(15-x)^2 + 64} + \sqrt{(15-x)^2 + 25}$
Untersuchung mit dem GTR auf Minimum ergibt:
$x \approx 11{,}37$ (km).

16 $T(x) = \frac{\sqrt{x^2 + 200^2}}{90} + \frac{1500 - x}{150}$
Untersuchung mit dem GTR auf Minimum ergibt: $x = 150$.

17 a) $J(x; d) = \frac{1}{(x+5)^2 + d^2} + \frac{1}{(5-x)^2 + d^2}$
b)

	0	±1	±2	±3	±4	±5
d = 4	0,04878	0,05048	0,05538	0,0625	0,06913	0,07112
d = 5	0,04	0,04078	0,04293	0,04572	0,0479	0,048
d = 9	0,01887	0,01886	0,0188	0,01866	0,01837	0,01787
d = 10	0,016	0,01597	0,01589	0,01571	0,01543	0,015

Für d = 4 und für d = 5 ist die Lichtintensität in der Mitte am geringsten.
Für d = 9 und für d = 10 ist die Lichtintensität nicht in der Mitte am geringsten, sondern in den Ecken.

S. 53 **17** c) Graph rechts
$-5 \leqq X \leqq 5$; Xscl = 1
$-0{,}01 \leqq Y \leqq 0{,}05$; Yscl = 0,01

Zwischen d = 6 und d = 8 gibt es einen Wert für d, bei dem sich der Punkt minimaler Lichtintensität abrupt ändert.

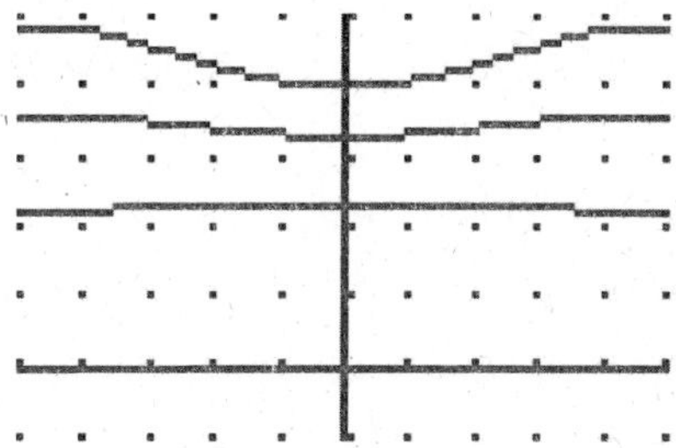

d)

	0	±5
d = 7,04	0,02682	0,02686
d = 7,05	0,02677	0,0268
d = 7,06	0,02672	0,02674
d = 7,07	0,026672…	0,026673…
d = 7,08	0,02662…	0,02661…

Der Übergangswert für d liegt zwischen 7,07 und 7,08.

e) $J(0) = \frac{1}{25 + d^2} + \frac{1}{25 + d^2} = \frac{2}{25 + d^2}$

$J(5) = \frac{1}{100 + d^2} + \frac{1}{d^2}$

Aus $\frac{2}{25 + d^2} = \frac{1}{100 + d^2} + \frac{1}{d^2}$ folgt $d = \sqrt{50} = 5\sqrt{2} \approx 7{,}071$.

3 *Das NEWTON-Verfahren*

S. 54 **1** a) Gleichung der Geraden durch P_1 und P_2: $y + 0{,}194 = 1{,}83\,(x - 0{,}6)$; mit $y = 0$ folgt: $x_1 = 0{,}6 + \frac{0{,}194}{1{,}83} \approx 0{,}706$.

b) Man könnte in P_2 die Tangente an den Graphen zeichnen und den x-Wert des Schnittpunktes dieser Tangente mit der x-Achse als Näherungswert für die Nullstelle ansehen.
$f'(x) = 3x^2 + \frac{1}{2}x$; $f'(0{,}8) = 3 \cdot 0{,}8^2 + \frac{1}{2} \cdot 0{,}8 = 2{,}32$;

Gleichung der Tangente: $y - 0{,}172 = 2{,}32\,(x - 0{,}8)$;
mit $y = 0$ folgt: $x_1 \approx 0{,}726$.

S. 55 Rand:
$x_{n+1} = x_n(2 - a \cdot x_n)$. Die Vorschrift enthält keine Division.
Sei z. B. a = 17. Aus $\frac{1}{x} - 17 = 0$ folgt $x = \frac{1}{17}$.
Dieser Bruch kann aber nur mit Multiplikationen und Subtraktionen berechnet werden.

S. 55 **2** a) 0,45340 b) $-1{,}34129$ c) $-1{,}23651$ d) 1,51044
e) $-0{,}45340$ f) (Fehler in der 1. Auflage des Schülerbuches: Die Gleichung lautet: $\frac{1}{x} + x^4 + x^2 - 2 = 0$.) $-1{,}12745$
g) 1,10606 h) 2,55535 i) 1,24905

3 a) $-1{,}53209$; $-0{,}34730$; 1,87939
b) $-2{,}53209$; $-1{,}34730$; 0,87939
c) $-1{,}33152$; $-0{,}52077$; 0,42019; 3,43210
d) $-2{,}63483$; $-0{,}24623$; 0,60302; 1,27805
e) $-0{,}63673$; 1,40962
f) 0,86715; 2,60968

4 *Funktionsanpassungen*

S. 56 **1** a), b) Graph rechts
c) $k \approx \frac{0{,}625\,\text{N}}{0{,}06\,\text{m}} \approx 10{,}4\,\frac{\text{N}}{\text{m}}$

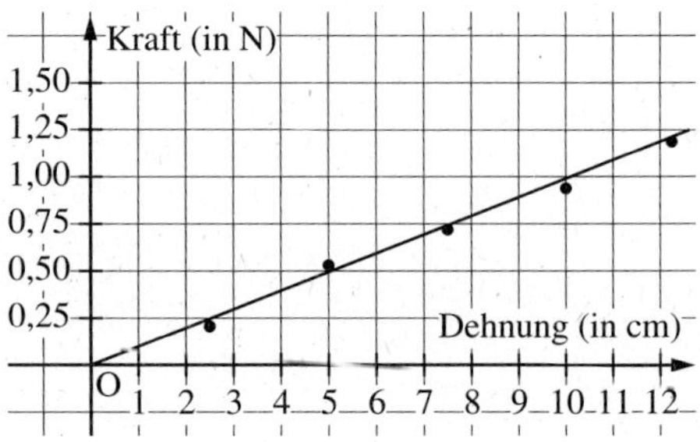

S. 57 **2** a) $y = 2{,}6x - 2{,}6$
b) $y \approx -0{,}558x + 4{,}030$
c) $y = 0{,}55x + 2{,}1$
d) $y \approx -3{,}343x + 9{,}914$

S. 58 **3** a) $y \approx -26{,}022x + 514{,}423$
b) $\approx 17{,}85$ s
c) Der y-Achsenabschnitt gibt an, welche Geschwindigkeit das Auto zur Zeit $t = 0$ hätte haben müssen; der sich ergebende Wert ist aber unrealistisch. Der x-Achsenabschnitt gibt an, wann das Auto die Geschwindigkeit 0 hat.

4 a) $y \approx 135{,}5x - 3571{,}7$
Diese Abhängigkeit gilt nur für einen eingeschränkten Definitionsbereich.
b) ≈ 3200 g

5 a) $y = \frac{8}{5}x + 21$ b) $y \approx 1{,}41x + 21{,}7$
c) z. B.: Mit welcher Schuhgröße kann man bei einem 7 Jahre alten Mädchen rechnen? Ein 7 Jahre altes Mädchen hat etwa die Schuhgröße 31 oder 32.

6 a) Aufgrund der grafischen Darstellung vermutet man einen exponentiellen Zusammenhang.
b) Mit STAT - CALC - 0 erhält man: $y \approx 45{,}97 \cdot 0{,}95^x$.
c) $\approx 46\,°\text{C}$

S. 58 **7** a) Aufgrund der grafischen Darstellung vermutet man einen quadratischen Zusammenhang.
b) $y \approx 0{,}045\,x^2 + 0{,}272\,x - 2{,}874$
c) $0{,}045\,x^2 + 0{,}272\,x - 2{,}874 = 2200$ liefert $x \approx 218{,}3$ (s).

5 *Verkettung von Funktionen*

S. 59 **1** a) Die Spalte Y1 enthält die Funktionswerte der Funktion Y1.
Die Spalte Y2 enthält die Kehrwerte der Werte aus Spalte Y1.
Die Situation erinnert an das Verketten von Abbildungen.

2 $f(x) = \sqrt{x + 5}$

S. 61 **3** a) −2 b) 3 c) −8 d) 163 e) −56 f) 129 g) −20 h) 163

4

	a)	b)	c)	d)	e)	f)
f(x)	$3x + 5$	$2 + x^2$	$1 - (1 - x)^4$	$\frac{1}{(x-1)^2} + 1$	$\frac{x^2}{x^2 - 4}$	2^{1-2x}
g(x)	$3x + 7$	$(2 + x)^2$	x^4	$\frac{1}{x^2}$	$2(1 - x^2)$	$1 - 2^{x+1}$

5 a)

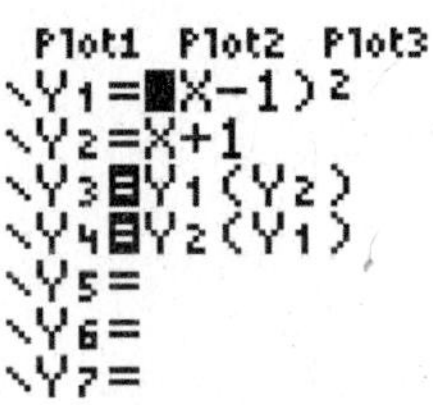

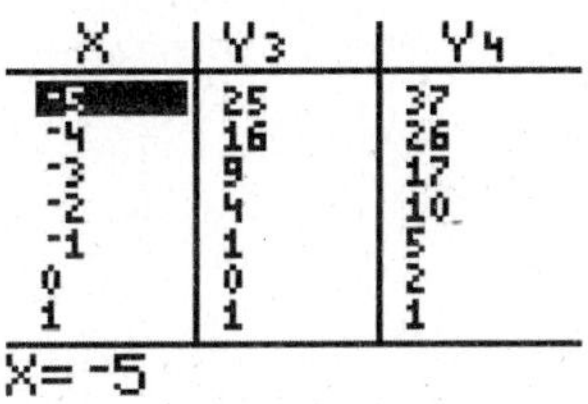

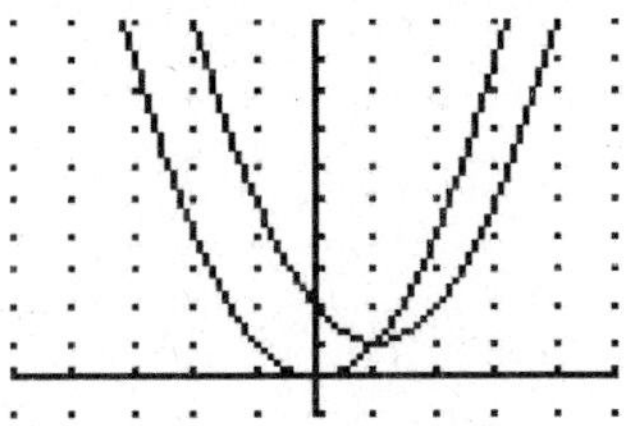

$-5 \leqq X \leqq 5$; Xscl = 1
$-1 \leqq Y \leqq 10$; Yscl = 1

b)

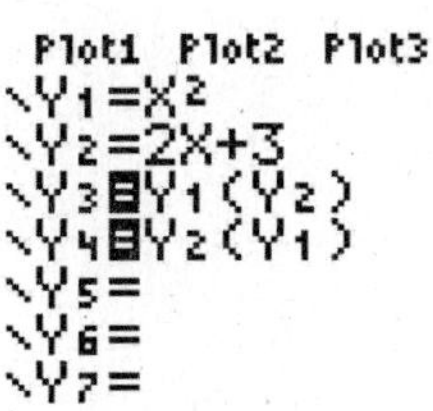

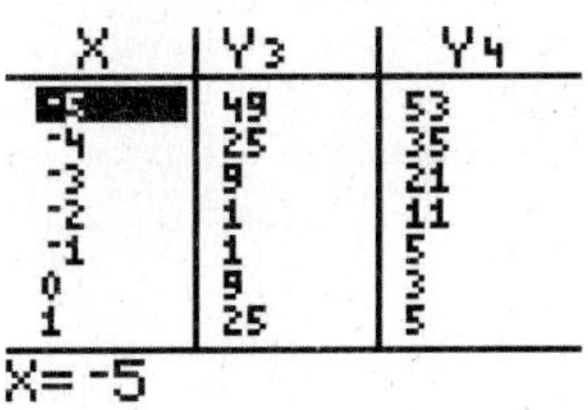

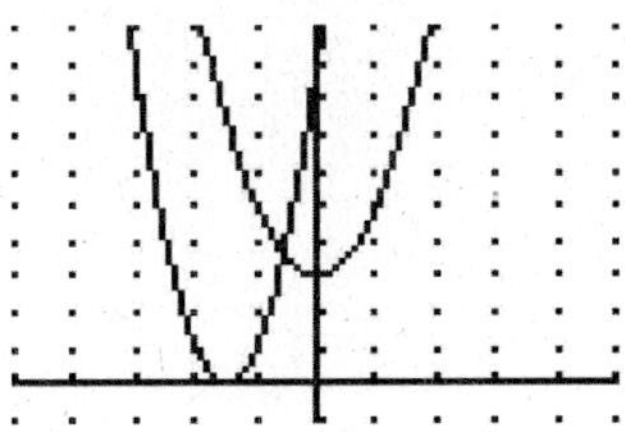

$-5 \leqq X \leqq 5$; Xscl = 1
$-1 \leqq Y \leqq 10$; Yscl = 1

S. 61 **5** c)

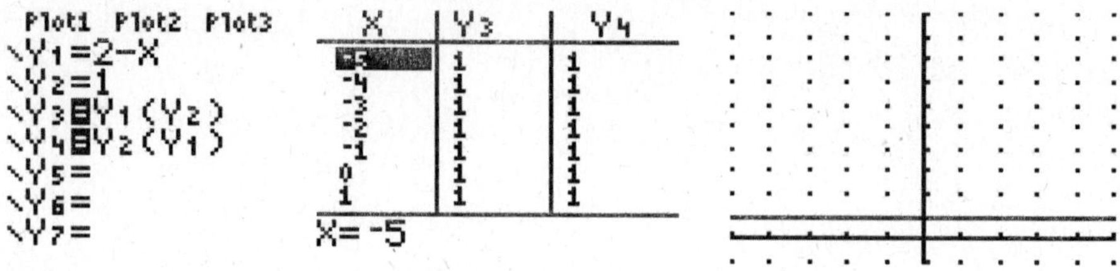

$-5 \leqq X \leqq 5$; Xscl = 1
$-1 \leqq Y \leqq 10$; Yscl = 1

d)

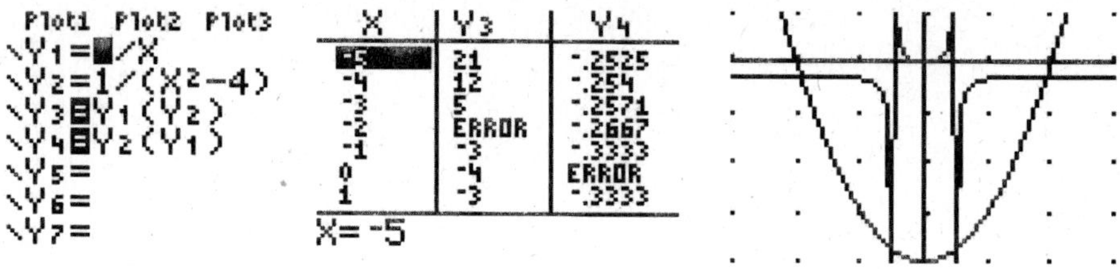

$-3 \leqq X \leqq 3$; Xscl = 1
$-4 \leqq Y \leqq 1$; Yscl = 1

e)

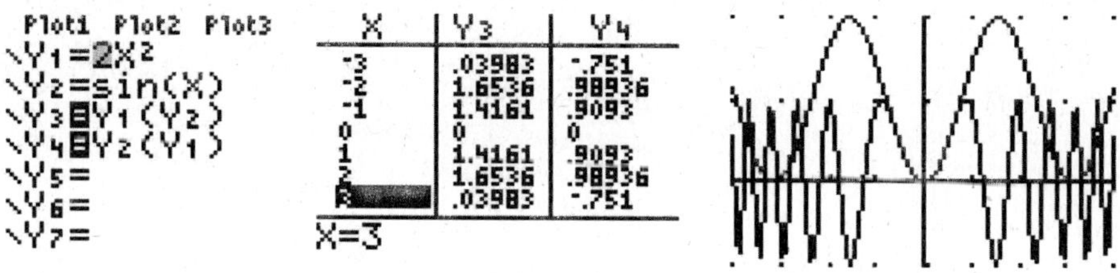

$-4 \leqq X \leqq 4$; Xscl = 1
$-1 \leqq Y \leqq 2$; Yscl = 1

f)

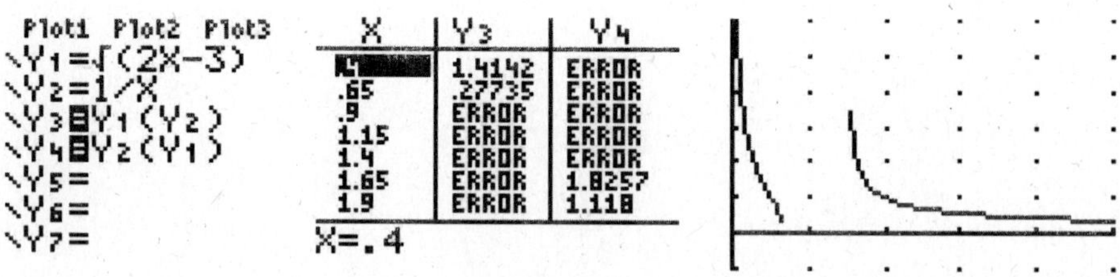

$0 \leqq X \leqq 5$; Xscl = 1
$-1 \leqq Y \leqq 6$; Yscl = 1

S. 61 **6**

	f(x)	v(x)	u(x)
a)	$3x^3 + 1$	x^3	$3x + 1$
b)	$(3x + 1)^3$	$3x + 1$	x^3
c)	$(x^2 + 1)^2$	$x^2 + 1$	x^2
d)	$\frac{1}{2(x^2 - 4)}$	$x^2 - 4$	$\frac{1}{2x}$
e)	$\frac{2}{x^2 - 4}$	$x^2 - 4$	$\frac{2}{x}$
f)	$2\sqrt{3 - 0{,}5x}$	$4(3 - 0{,}5x)$	$\sqrt{x}$

7

	v(x)	u(x)
a)	$2 - x$	x^3
b)	x^3	$2 - x$
c)	$x^2 - 1$	$\frac{1}{x}$
d)	x^2	$\frac{1}{x} - 1$
e)	$\sin(x)$	x^2
f)	x^2	$\sin(x)$
g)	$x^4 + 2$	$\sqrt{x}$
h)	$3 + 4x$	x^{-1}
i)	$x^2 - 1$	$\lvert x \rvert$

8 $f: x \mapsto 0{,}9074 \cdot x$; x in \$, f(x) in €.
$g: x \mapsto 1{,}5522 \cdot x$; x in €, f(x) in SF.
„Dollar in Schweizer Franken“: $g(f(x)) = 1{,}5522 \cdot (0{,}9074 \cdot x) \approx 1{,}4085 \cdot x$,
$g \circ f: x \mapsto 1{,}4085 \cdot x$; x in \$, g(f(x)) in SF.

9 $f(k(x)) = 1{,}8(x - 273) + 32 = 1{,}8x - 459{,}4$, x in K, f(k(x)) in °F

10 a) Spannung nach 4 Tagen: $s(4) = 50 + \frac{30}{4+2} = 55$; damit gilt für die Rückschlagkraft $r(55) = 4{,}0$.
b) $f(t) = r(s(t)) = 0{,}04 \cdot s(t) + 1{,}8 = 0{,}04 \cdot \left(50 + \frac{30}{t+2}\right) + 1{,}8 = 3{,}8 + \frac{1{,}2}{t+2}$.

6 Die Kettenregel

S. 62 **1** a) $f(x) = (3x + 1)^2 = 9x^2 + 6x + 1$

$f'(x) = 18x + 6 = 6(3x + 1)$

$f(x) = u(v(x))$ mit $v(x) = 3x + 1,\quad u(v) = v^2$

$v'(x) = 3,\quad u'(v) = 2v$

$u'(v(x)) = 2(3x + 1)$

$f'(x) = u'(v(x)) \cdot v'(x)$

b) $f(x) = (x + 2)^3 = x^3 + 6x^2 + 12x + 8$

$f'(x) = 3x^2 + 12x + 12$

$f(x) = u(v(x))$ mit $v(x) = x + 2,\quad u(v) = v^3$

$v'(x) = 1,\quad u'(v) = 3v^2$

$u'(v(x)) = 3(x + 2)^2$

$f'(x) = u'(v(x))$

$g(x) = (4x - 1)^2 = 16x^2 - 8x + 1$

$g'(x) = 32x - 8 = 8(4x - 1)$

$g(x) = u(v(x))$ mit $v(x) = 4x - 1,\quad u(v) = v^2$

$v'(x) = 4,\quad u'(v) = 2v$

$u'(v(x)) = 2(4x - 1)$

$g'(x) = u'(v(x)) \cdot v'(x)$

$h(x) = (x^2)^3 = x^6$

$h'(x) = 6x^5$

$h(x) = u(v(x))$ mit $v(x) = x^2,\quad u(v) = v^3$

$v'(x) = 2x,\quad u'(v) = 3v^2$

$u'(v(x)) = 3x^4$

$h'(x) = h'(v(x)) \cdot v'(x)$

S. 63 **2**

	$f(x)$	$v(x)$	$u(v)$	$v'(x)$	$u'(v)$	$u'(v(x))$	$f'(x)$
a)	$(2x+3)^2$	$2x+3$	v^2	2	$2v$	$2(2x+3)$	$4(2x+3)$
b)	$\frac{2}{(2x+1)^2}$	$2x+1$	$2v^{-2}$	2	$-4v^{-3}$	$-4(2x+1)^{-3}$	$\frac{-8}{(2x+1)^3}$
c)	$\cos(2x+1)$	$2x+1$	$\cos(v)$	2	$-\sin(v)$	$-\sin(2x+1)$	$-2\sin(2x+1)$
d)	$\sqrt{5-x^2}$	$5-x^2$	$\sqrt{v}$	$-2x$	$\frac{1}{2\sqrt{v}}$	$\frac{1}{2\sqrt{5-x^2}}$	$\frac{-x}{\sqrt{5-x^2}}$

S. 64 **3** a) $f'(x) = \frac{2}{3}\left(\frac{1}{3}x + 2\right)$

b) $f'(x) = (3x + 2)^5$

c) $f'(x) = -\frac{7}{4}x\left(\frac{1}{2} - x^2\right)^6$

d) $f'(x) = -2(3 - x)$

e) $f'(x) = 2(2x + 1)(x + x^2)$

f) $h'(x) = 3(2 - 3x + x^2)^2(2x - 3)$

g) $h'(x) = 2(1 - x + x^3)(3x^2 - 1)$

h) $f'(x) = 2\left(x\sqrt{2} - x^2\right)\left(\sqrt{2} - 2x\right)$

S. 64 **4**
a) $f'(x) = -8(8x-7)^{-2}$
b) $f'(x) = +2(5-x)^{-2}$
c) $f'(x) = -30(15x-3)^{-3}$
d) $f'(x) = -3\left(\frac{1}{2}x - 5x^3\right)^{-4}\left(\frac{1}{2} - 15x^2\right)$
e) $f'(x) = -2(x-2)^{-3}$
f) $g'(t) = +6(5-t)^{-3}$
g) $f'(x) = -\frac{3}{2}(x-7)^{-4}$
h) $g'(t) = -20t(t^2-1)^{-3}$

5
a) $f'(x) = \sqrt{\frac{3}{4x}}$
b) $f'(x) = \frac{1}{\sqrt{1+2x}}$
c) $g'(x) = \frac{-x}{\sqrt{1-x^2}}$
d) $h'(r) = \frac{7-2r}{2\sqrt{7r-r^2}}$

6
a) $f'(x) = 2\cdot\cos(2x)$
b) $f'(x) = 2\cdot\cos(2x-\pi)$
c) $f'(x) = 2\cdot\sin(1-x)$
d) $f'(x) = \frac{2}{3}x\cdot\cos(x^2)$

7
a) $f'(x) = 6ax^2(ax^3+1)$
b) $f'(x) = \frac{-6ax}{(1+x^2)^2}$
c) $f'(x) = \frac{-b}{(a+bx)^2}$
d) $s'(t) = \frac{-2ab}{(bt+1)^3}$
e) $f'(x) = \frac{a}{2\sqrt{ax-1}}$
f) $g'(x) = \frac{t^2}{2\sqrt{t^2x+2t}}$
g) $f'(x) = 2ax\cos(ax^2)$
h) $f'(x) = 2a^2x\cos((ax)^2)$
i) $f'(x) = 2a\sin(ax)\cdot\cos(ax)$

8
a) $f'(x) = 12(4x-7)^2$
$f''(x) = 96(4x-7)$
b) $f'(x) = 3(5-x)^{-2}$
$f''(x) = 6(5-x)^{-3}$
c) $f'(x) = -3(x-5)^{-4}$
$f''(x) = 12(x-5)^{-5}$
d) $f'(x) = \frac{1}{2}\cos(2x+1)$
$f''(x) = -\sin(2x+1)$

9
a) $f'(x) = \frac{1+\sqrt{x}}{\sqrt{x}}$; $f'(25) = \frac{6}{5}$
b) $f'(x) = 3(2\sqrt{x}-x)^2\left(\frac{1}{\sqrt{x}}-1\right)$; $f'(16) = -144$
c) $f'(x) = 4(x^2-3\sqrt{x})\left(2x-\frac{3}{2\sqrt{x}}\right)$; $f'(9) = 5040$
d) $f'(x) = -2(x^3-\sqrt{x})^{-3}\left(3x^2-\frac{1}{2\sqrt{x}}\right) = (x^3-\sqrt{x})^{-3}\left(\frac{1}{\sqrt{x}}-6x^2\right)$; $f'(4) = -\frac{1}{2250}$
e) $f'(x) = 3x^2+3\cos 3x$; $f'\left(\frac{\pi}{3}\right) = \frac{\pi^2}{3}-3$
f) $f'(x) = \sin\left(\frac{1}{4}-x\right)+1$; $f'(1) \approx 0{,}3184$
g) $f'(x) = \frac{-\cos(x)}{\sin^2(x)}$; $f'\left(\frac{\pi}{2}\right) = 0$
h) $f'(x) = \frac{-2}{x^3} - \frac{1}{x^2}\cos\left(\frac{1}{x}\right) = -\frac{1}{x^2}\left(\frac{2}{x}+\cos\left(\frac{1}{x}\right)\right)$; $f'(2) \approx -0{,}4694$
i) $f'(x) = \frac{\cos(x)}{2\sqrt{\sin(x)}}$; $f'\left(\frac{\pi}{4}\right) \approx 0{,}4204$

10
a) Mit $\overline{DC} = x$ gilt für die Kosten: $k(x) = 300\cdot(50-x) + 500\cdot\sqrt{100+x^2}$. Minimale Kosten ergeben sich für $\overline{DC} = 7{,}5\,m$ bzw. $\overline{AD} = 42{,}5\,m$. $k(7{,}5) = 19000$ (in €).
b) Kosten k_1 bei geradliniger Verlegung von A nach B:
$k_1 = 500\cdot\sqrt{2600} = 5000\sqrt{26} \approx 25495$ (in €). Mehrkosten ca. 12990€
Kosten k_2 bei geradliniger Verlegung von A über C nach B:
$k_2 = 300\cdot 50 + 500\cdot 10 = 20000$ (in €). Mehrkosten 1000€

S. 64 **11** a) Kettenregel liefert $f'(x) = 2x \cdot g'(x^2)$.

b) $f_1'(x) = 3 \cdot g'(3x)$; $f_2'(x) = -g'(1-x)$; $f_3'(x) = -\frac{1}{x^2} g'\left(\frac{1}{x}\right)$

12 a) $h(t) \mapsto \frac{1}{27}\pi (h(t))^3$

b) Aus $V(t) = \frac{1}{27}\pi(h(t))^3$ bzw. $V(t) = 20t$ ergibt sich aus $\frac{1}{27}\pi(h(t))^3 = 20t$ durch beidseitiges Differenzieren: $\frac{1}{27}\pi \cdot 3(h(t))^2 \cdot h'(t) = 20$.

Mit $h(t_0) = 5$ erhält man $h'(t_0) = \frac{36}{5\pi}$.

7 *Vermischte Aufgaben*

S. 65 **1** a)

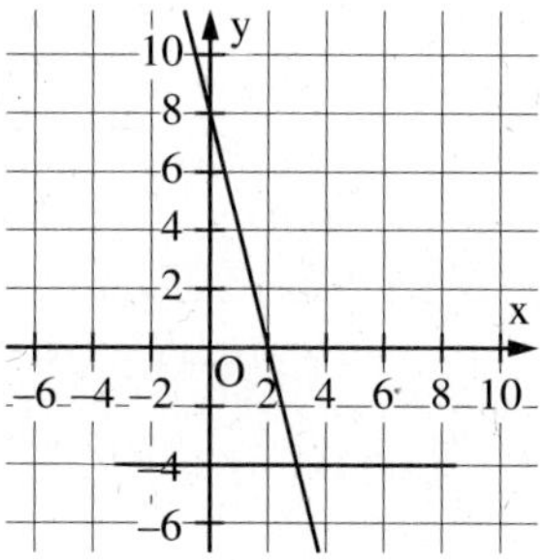

b)

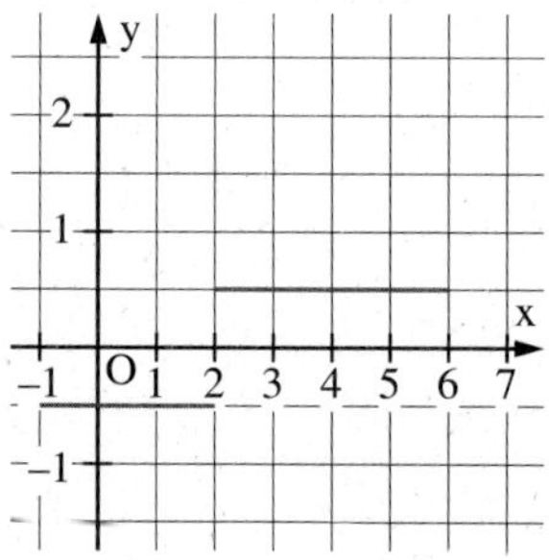

c)

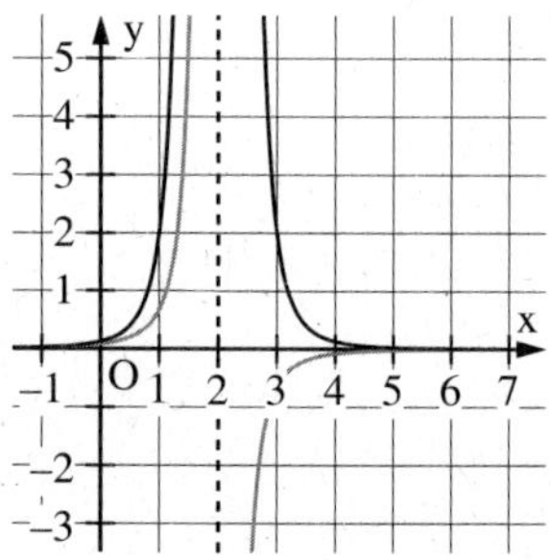

2 a) −2; 1; 3

b) positive Steigungen für
$-2 < x < 1$; $x > 3$
negative Steigungen für
$-3 < x < -2$; $1 < x < 3$

c) $\approx -0{,}8$; $\approx 2{,}1$

d) Graph rechts

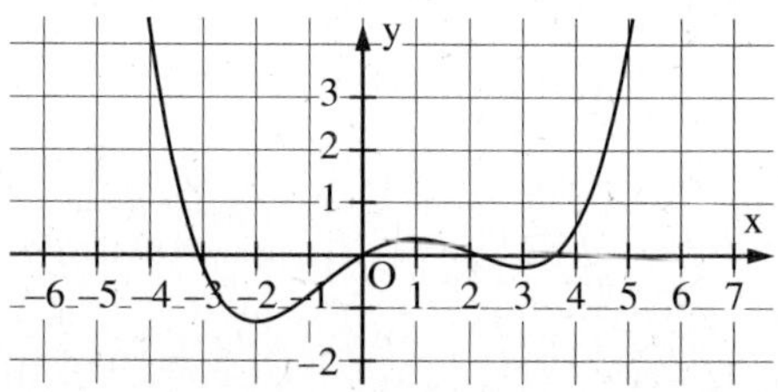

3 a)

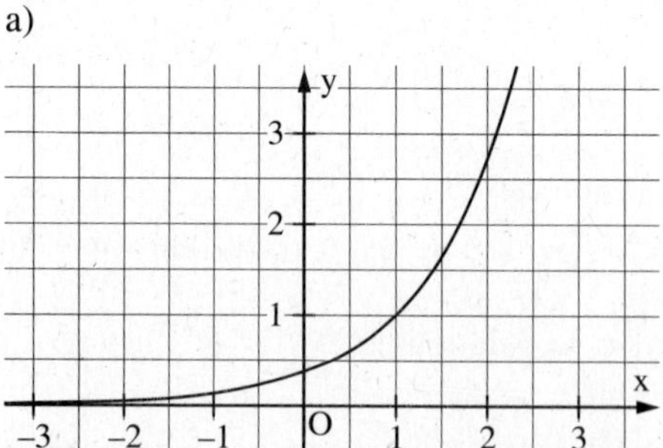

b)

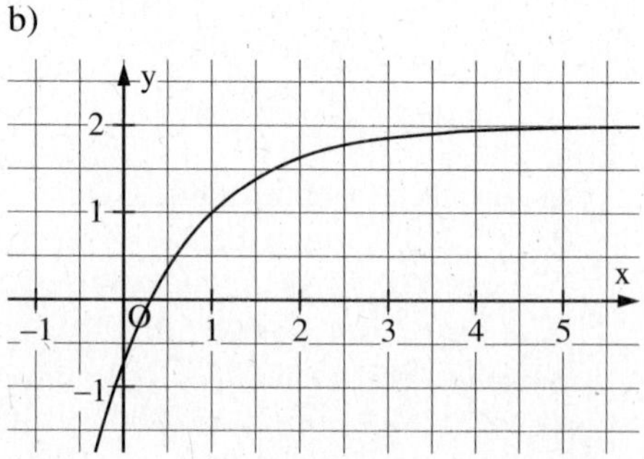

S. 65 **3** c)

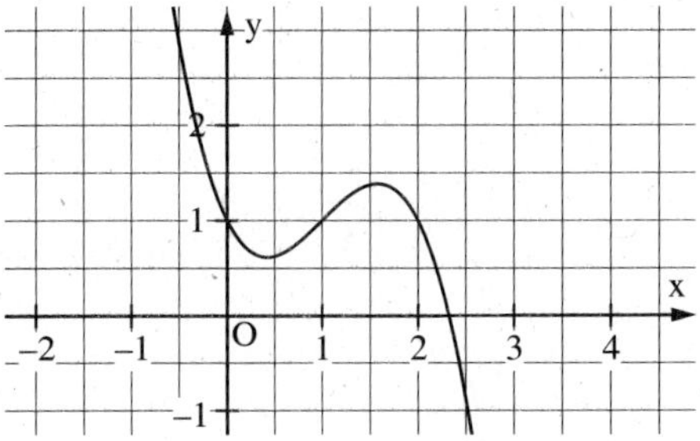

d)

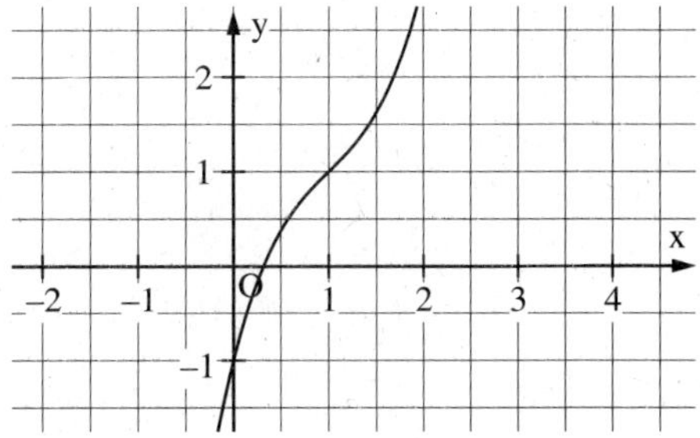

4 a)

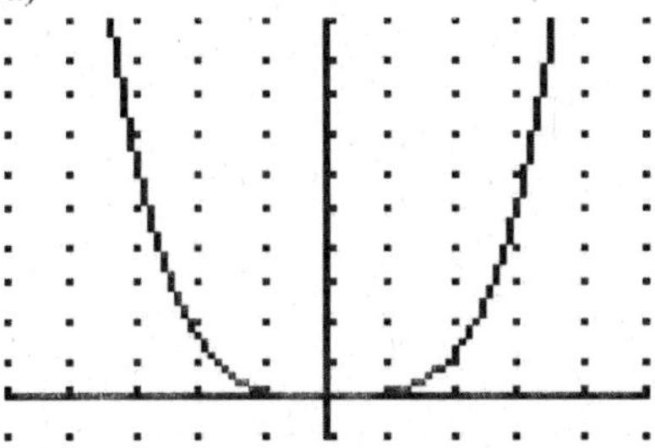

$-5 \leqq X \leqq 5$; Xscl = 1
$-1 \leqq Y \leqq 10$; Yscl = 1
N(0,00 | 0,00); T(0,00 | 0,00)

b)

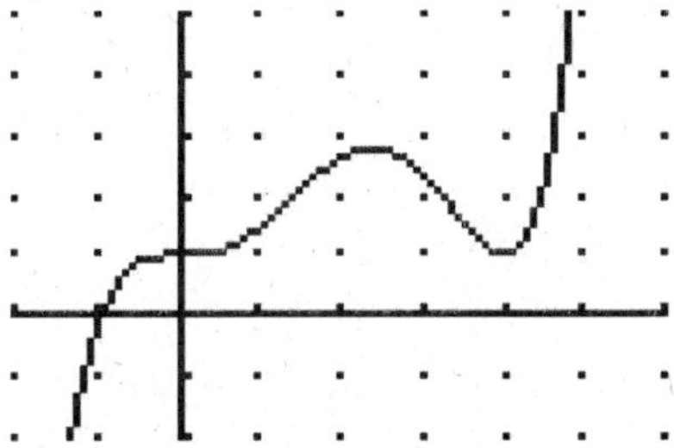

$-2 \leqq X \leqq 6$; Xscl = 1
$-2 \leqq Y \leqq 5$; Yscl = 1
N(–0,94 | 0,00); H(2,40 | 2,77);
T(4,00 | 1,00); W_1(0,00 | 1,00) mit waagerechter Tangente;
W_2(1,42 | 1,95); W_3(3,38 | 1,74)

c)

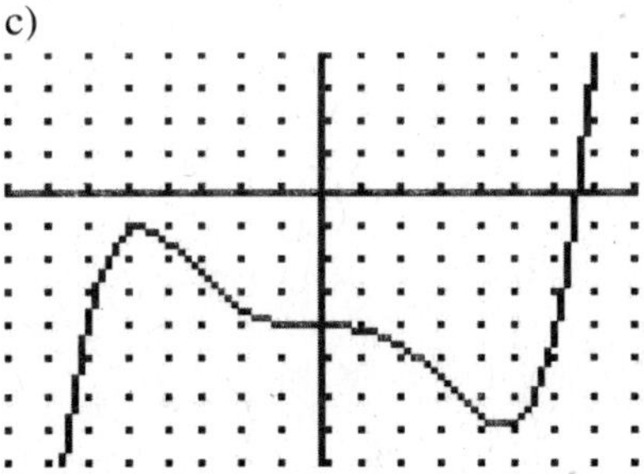

$-8 \leqq X \leqq 8$; Xscl = 1
$-8 \leqq Y \leqq 4$; Yscl = 1
N(6,56 | 0,00); H(–4,65 | –1,11);
T(4,65 | –6,89); W_1(–3,29 | –2,21);
W_2(0,00 | –4,00) mit waagerechter Tangente; W_3(3,29 | –5,79)

d)

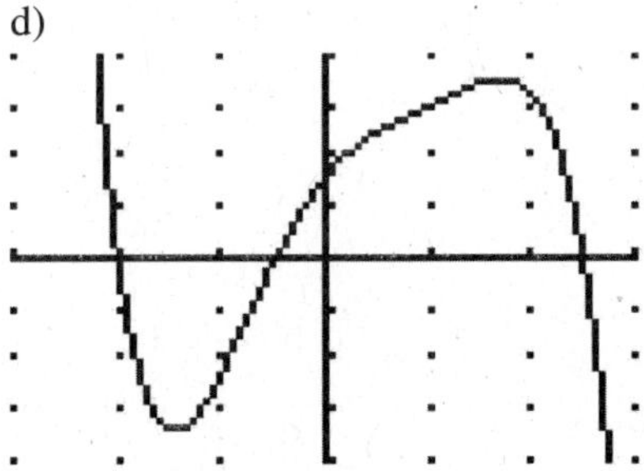

$-3 \leqq X \leqq 3$; Xscl = 1
$-4 \leqq Y \leqq 4$; Yscl = 1
N_1(–2,00 | 0,00); N_2(–0,50 | 0,00);
N_3(2,50 | 0,00); T(–1,47 | –3,42);
H(1,69 | 3,52); W(–0,80 | –1,32)

S. 65 **5** a) $f'(x) = 4\left(x + \frac{1}{x}\right)^3 \cdot \left(1 - \frac{1}{x^2}\right)$ b) $f'(x) = \frac{x}{\sqrt{x^2+1}}$

c) $f'(x) = 3x^2 \cdot \cos(1 + x^3)$ d) $f'(x) = \frac{-2 \cdot \cos(2x + \pi)}{\sin^2(2x + \pi)}$

6 $h'(1) = -\frac{1}{3}$; $k'(3{,}5) = 1$ (Fehler in der 1. Auflage des Schülerbuches)

7 a) $f(x) = x(x^2 - 9x - 25)$; $f'(x) = 3x^2 - 18x - 25$; $f''(x) = 6x - 18$; $f'''(x) = 6$
$N_1\left(\frac{9}{2} - \frac{1}{2}\sqrt{181}\,\middle|\,0\right)$; $N_2(0|0)$; $N_3\left(\frac{9}{2} + \frac{1}{2}\sqrt{181}\,\middle|\,0\right)$;
$H\left(3 - \frac{2}{3}\sqrt{39}\,\middle|\,15{,}33\right)$; $T\left(3 + \frac{2}{3}\sqrt{39}\,\middle|\,-273{,}33\right)$; $W(3|-129)$
b) Aus $f'(x_0) = \frac{f(x_0)}{x_0}$ folgt $x_0 = 0$; $x_0 = 4{,}5$.

S. 66 **8** a) $V(x) = \frac{1}{3}\pi \cdot R^2 \cdot (6 + x)$; $R^2 + x^2 = r^2$ b) $V(2) = \frac{256}{3}\pi \approx 268{,}08\ (\text{cm}^3)$

9 $r^2 = R^2 + \left(\frac{h}{2}\right)^2$; $\pi \cdot R^2 \cdot h = \frac{1}{4} \cdot \frac{4}{3}\pi \cdot r^3$; $h^3 - 324h + 972 = 0$; $h \approx 3{,}09$; $R \approx 8{,}87$

10 $G(x) = 18{,}99 \cdot x - k(x)$
$= 18{,}99 \cdot x - 300 - 12x - 0{,}2 \cdot x^{1,5}$
$= 6{,}99x - 300 - 0{,}2 \cdot x^{1,5}$
Der GTR liefert $x_{max} \approx 542{,}89$.
Es sollten also 543 Spielzeugkästen hergestellt werden.

11 a) $f(x) = \sqrt{r^2 - x^2}$
b) $A(x) = 2x \cdot \sqrt{9 - x^2}$
Der GTR liefert $x_{max} \approx 2{,}12$ (cm).
$A^2(x) = 4x^2(9 - x^2) = 36x^2 - 4x^4$
$(A^2(x))' = x(72 - 16x^2)$
Aus $72 - 16x^2 = 0$ folgt $x_{max} = \sqrt{\frac{72}{16}} = \sqrt{4{,}5} \approx 2{,}12$.

12 a) $s'(t) = 6t^2 - 16t + 6$
b) $s'(t) = 0$ ergibt $t_{max} \approx 0{,}45$; $t_{min} \approx 2{,}21$
Nach 0,45 Sekunden befindet sich der Körper 1,26 Meter rechts vom Startpunkt.
Nach 2,21 Sekunden befindet sich der Körper 4,23 Meter links vom Startpunkt.
c) Der Körper bewegt sich für $0 \leqq t \leqq 1$ und für $t > 3$ in positiver Richtung.
d) $s''(t) = 12t - 16$; $s''(0) = -16$
Zur Zeit $t = 0$ hat der Körper die geringste Beschleunigung.
e) Nach 5 Sekunden befindet sich der Körper 80 Meter rechts vom Startpunkt. Insgesamt hat er dann $(2 \cdot 1{,}26 + 2 \cdot 4{,}23 + 80)$ Meter = 90,98 Meter zurückgelegt.

S. 67 **13** a) $y \approx 0{,}611x + 0{,}486$
b) Theoretische Regressionsgerade: $y = \frac{2}{3}x$. Dies ist näherungsweise erfüllt.

14 a) $y = 10{,}150 \cdot 1{,}988^x$
b) rund 12,5 Millionen; rund 51 Tausend

S. 67 ***15*** 1. Verfahren: ohne GTR

Man greift sich zwei Paare von Messwerten heraus, stellt das Gleichungssystem auf und löst dieses.

$2{,}9 = a \cdot 4{,}5^b$

$21{,}3 = a \cdot 13^b$

$\frac{21{,}3}{2{,}9} = \left(\frac{13}{4{,}5}\right)^b$; hieraus folgt $b \approx 1{,}8796$ und $a \approx 0{,}172$.

2. Verfahren: mit GTR

Man führt mit dem GTR eine Funktionsanpassung durch:

$y \approx 0{,}179 \cdot 1{,}850^x$.

16 QuadReg: Graph rechts

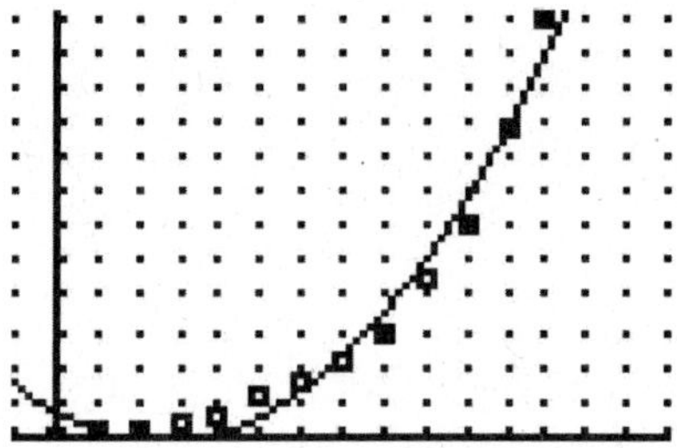

CubicReg: Graph rechts

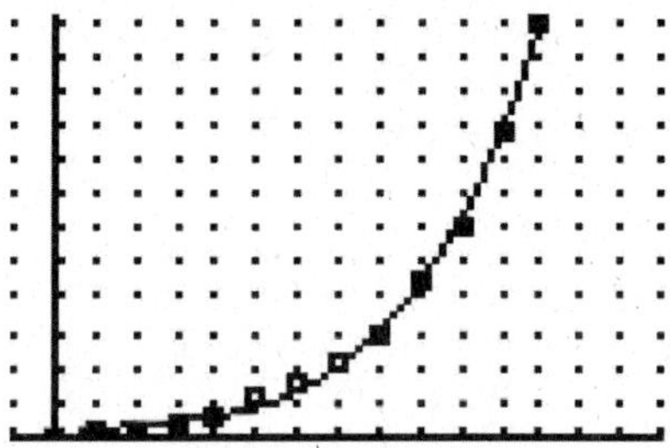

ExpReg: Graph rechts

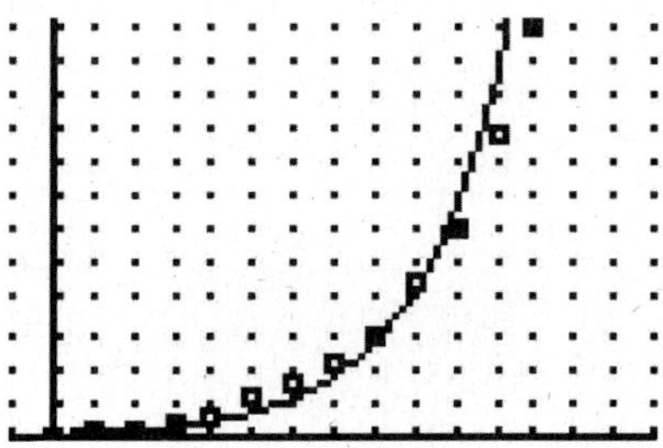

Von diesen drei Möglichkeiten liefert die kubische Regression die beste Anpassung.

III Integralrechnung

1 Beispiele, die zur Integralrechnung führen

S. 72 **1** a) $2 \cdot 30 = 60$; $60\,m^3$.
Veranschaulichung als Inhalt der linken Teilfläche zwischen Graph und x-Achse.
b) Zwischen 15 Uhr und 17 Uhr beträgt die mittlere momentane Durchflussmenge $45\,\frac{m^3}{h}$.
Durchgeflossene Erdölmenge: $45 \cdot 2 = 90$; $90\,m^3$.
Veranschaulichung als Inhalt der mittleren Teilfläche.
c) Die geförderte Ölmenge entspricht dem Inhalt der rechten Teilfläche.

S. 74 **2** a) Zwischen 16 Uhr und 16.30 Uhr: $s_1 = \left(\frac{1}{2} \cdot 40 \cdot 0{,}5\right)km = 10\,km$
Zwischen 16.30 Uhr und 17 Uhr: $s_2 = (0{,}5 \cdot 40)\,km = 20\,km$
Zwischen 17 Uhr und 17.30 Uhr: $s_3 = \left(\frac{40 + 10}{2} \cdot 0{,}5\right)km = 12{,}5\,km$
Zwischen 17.30 Uhr und 18 Uhr: $s_4 = \left(\frac{1}{2} \cdot 10 \cdot 0{,}5\right)km = 2{,}5\,km$
$s = s_1 + s_2 + s_3 + s_4 = 45\,km$
b) Man nähert die Kurve z. B. durch Geradenstücke an.
Zwischen 7 Uhr und 7.15 Uhr: $s_1 = 6{,}25\,km$
Zwischen 7.15 Uhr und 7.30 Uhr: $s_2 = 15{,}625\,km$
Zwischen 7.30 Uhr und 7.45 Uhr: $s_3 = 21{,}875\,km$
Zwischen 7.45 Uhr und 8.30 Uhr: $s_4 = 75\,km$
Zwischen 8.30 Uhr und 9 Uhr: $s_5 = 25\,km$
$s = s_1 + s_2 + s_3 + s_4 + s_5 = 143{,}75\,km$

3 Zwischen 0 Uhr und 9.36 Uhr (576 min): Mittlere momentane Abflussmenge: $33\,\frac{m^3}{h}$.
$W_1 = (576 \cdot 33)\,m^3 = 19\,008\,m^3$
Zwischen 9.36 Uhr und 24 Uhr (864 min): Mittlere momentane Abflussmenge: $32\,\frac{m^3}{h}$.
$W_2 = (864 \cdot 32)\,m^3 = 27\,648\,m^3$.
Abgeflossene Wassermenge $W = W_1 + W_2 = 46\,656\,m^3$.

4 a) F-s-Diagramm

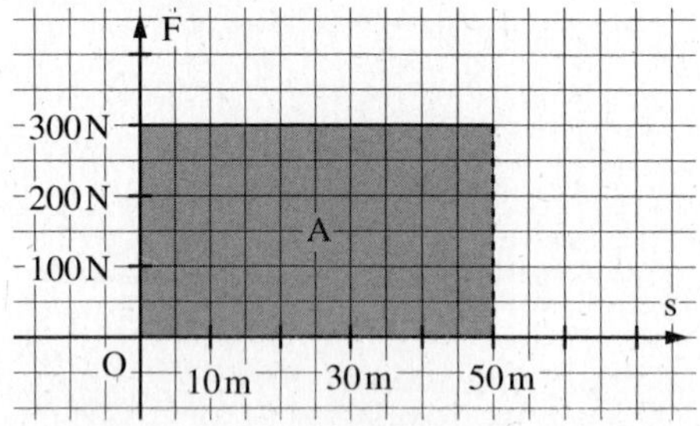

$W = F \cdot s = (300 \cdot 50)\,J = 1500\,J$.
W entspricht dem Flächeninhalt A.

b) Für $0 \leqq s < 1{,}5\,m$ gilt: $W_1 = (10 \cdot 1{,}5)\,J = 15\,J$.
Für $1{,}5\,m \leqq s < 2{,}5\,m$ gilt: $W_2 = (20 \cdot 1)\,J = 20\,J$.
Für $2{,}5\,m \leqq s \leqq 4\,m$ gilt: $W_3 \approx (10 \cdot 1{,}2)\,J = 12\,J$.
$W \approx W_1 + W_2 + W_3 = 47\,J$.

S. 74 **5** Es sind verschiedene Lösungswege möglich, z. B.: Man bestimmt Näherungswerte für die eingestrahlte Durchschnittsleistung in den einzelnen Zeiträumen (diese Näherungswerte kann man als Flächeninhalte von Rechtecken entsprechend Beispiel 2 deuten).

Zeitraum	6–7	7–8	8–9	9–10	10–11	11–12
Durchschnitts-Leistung in J/s	1	1,5	2	2,5	4	5,5

Zeitraum	12–13	13–14	14–15	15–16	16–17	17–18
Durchschnitts-Leistung in J/s	6,5	6,5	5	3	1,5	1

Ein Näherungswert für die durchschnittliche Leistung auf 1 dm² zwischen 6 Uhr und 18 Uhr ist: $D = \frac{1}{12}(1 + 1{,}5 + 2 + 2{,}5 + 4 + 5{,}5 + 6{,}5 + 6{,}5 + 5 + 3 + 1{,}5 + 1) = \frac{40}{12}$ (in $\frac{J}{s}$).
Diese Leistung wird während $12\,h = 43\,200\,s$ auf $30\,m^2 = 3000\,dm^2$ erbracht. Daraus ergibt sich für die eingestrahlte Energie E (in J): $E = \frac{40}{12} \cdot 43\,200 \cdot 3000 = 4{,}32 \cdot 10^8$.
Nutzbar sind davon 10 %, das sind $4{,}32 \cdot 10^7\,J = 12\,kWh$.

6 Es sind verschiedene Lösungswege möglich, z. B.:
Durchschnittliche Schüttung ohne Gewitterregen: $5\frac{l}{s}$. Man bestimmt Näherungswerte für die zusätzliche Schüttung in den einzelnen Zeiträumen:

Zeitraum	10–20	20–25	25–30	30–35	35–45	45–55
Zusätzliche Schüttung in *l*/s	2	6,5	9	6	2	0,5

Zusätzlich geschüttete Wassermenge in Liter:
$10 \cdot 2 + 5 \cdot 6{,}5 + 9 \cdot 5 + 6 \cdot 5 + 2 \cdot 10 + 0{,}5 \cdot 10 = 152{,}5$

2 *Näherungsweise Berechnung von Flächeninhalten*

S. 75 **1**

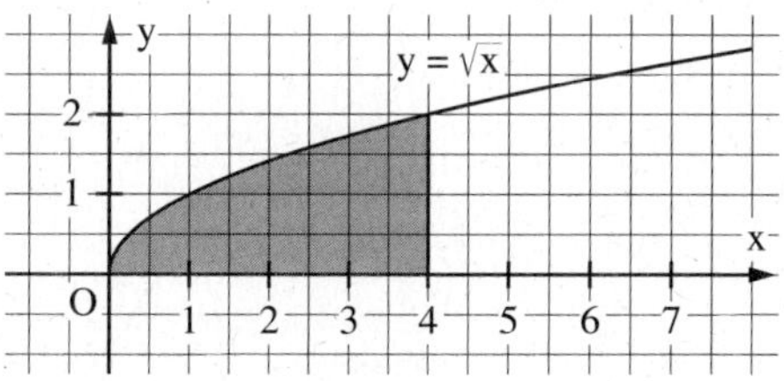

Näherungsweise Berechnung des Flächeninhalts: individuelle Lösung. Es kommt in Frage: Annäherung der Fläche durch Rechtecke, Dreiecke, Trapeze oder einer Mischung von allem.

S. 77 **2** a) Wählt man für x_i jeweils die Mitte des Teilintervalls, erhält man für A den Näherungswert $S_6 \approx 0{,}5 \cdot [2{,}25 + 2{,}75 + 3{,}25 + 3{,}75 + 4{,}25 + 4{,}75] = 10{,}5$.
(Genauer Wert $A = 10{,}5$)
b) $S_6 \approx 0{,}5 \cdot [0{,}25^2 + 0{,}75^2 + 1{,}25^2 + 1{,}75^2 + 2{,}25^2 + 2{,}75^2] = 8{,}9375$. (Genauer Wert $A = 9$). Graphen siehe nächste Seite.

S. 77 **2** zu a): b)

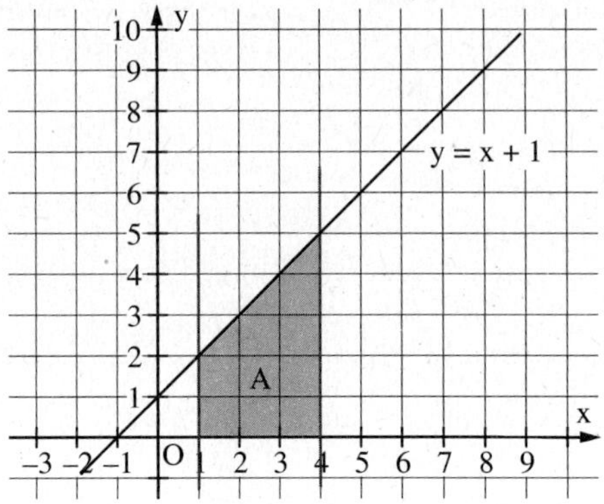

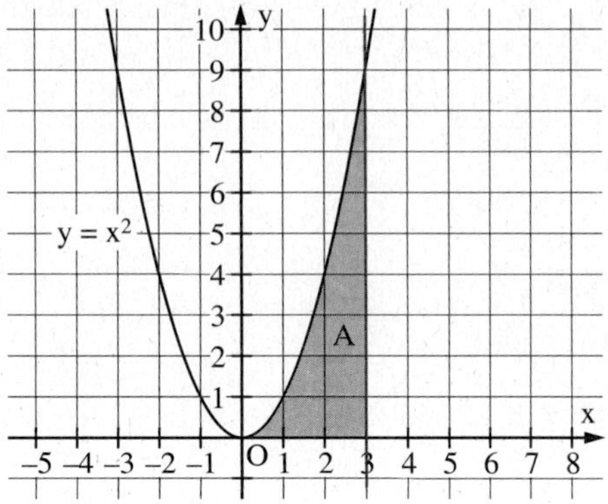

3 a) $O_8 = 0{,}5 \cdot [f(0{,}5) + f(1) + \ldots + f(4)] = 14{,}375$

$U_8 = 0{,}5 \cdot [f(0) + f(0{,}5) + \ldots + f(3{,}5)] = 12{,}375$

(Genauer Wert: $A = \frac{40}{3} = 13{,}\overline{3}$.)

b) $O_8 = 0{,}25 \cdot \left[f(1) + f\left(\frac{10}{8}\right) + f\left(\frac{12}{8}\right) + \ldots + f\left(\frac{22}{8}\right)\right] = 6{,}15625$

$U_8 = 0{,}25 \cdot \left[f\left(\frac{10}{8}\right) + f\left(\frac{12}{8}\right) + \ldots + f\left(\frac{24}{8}\right)\right] = 5{,}15625$

(Genauer Wert: $A = \frac{17}{3} = 5{,}\overline{6}$.)

4 (Fig. 1)

Wählt man für x_i jeweils die Mitte eines Teilintervalls, erhält man:

$S_6 \approx 0{,}5 \cdot [f(0{,}25) + f(0{,}75) + \ldots + f(2{,}75)] \approx 3{,}75$.

Abschätzung:

$O_6 \approx 0{,}5 \cdot [f(0) + f(0{,}5) + \ldots + f(2{,}5)] \approx 4{,}42$

$U_6 \approx 0{,}5 \cdot [f(0{,}5) + f(1) + \ldots + f(3)] \approx 3{,}06$

$3{,}06 \leqq A \leqq 4{,}42$

(Genauer Wert: $A \approx 3{,}74714$.)

(Fig. 2)

$S_6 \approx 0{,}5 \cdot [f(-1{,}75) + f(-1{,}25) + \ldots + f(0{,}25)] \approx 4{,}13$

$O_6 \approx 0{,}5 \cdot [f(-1{,}5) + f(-1) + \ldots + f(1)] \approx 4{,}78$

$U_6 \approx 0{,}5 \cdot [f(-2) + f(-1{,}5) + \ldots + f(1{,}5) \approx 3{,}65$

$3{,}65 \leqq A \leqq 4{,}78$. (Genauer Wert: $A \approx 4{,}159$.)

5 a) Individuelle Lösung; z. B. $f(x) = 1$ oder $f(x) = x$ (oder $f(x) = x + 1$)

b) Bei monoton abnehmenden Funktionen.

c) U_{20} ist die Summe von 20 Rechtecksinhalten: $U_{20} = A_1 + A_2 + \ldots + A_{20}$. Das erste dieser Rechtecke hat die Breite $\frac{b-a}{20}$ und die Höhe $f(x_1)$, wobei $f(x_1)$ der kleinste Funktionswert auf dem ersten Teilintervall ist. Der Inhalt ist $A_1 = \frac{b-a}{20} \cdot f(x_1)$. Bei der Berechnung von U_{40} wird jedes der 20 Rechtecke in zwei halb so breite Teilrechtecke mit der Breite $\frac{1}{2} \cdot \frac{b-a}{20}$ aufgeteilt. Für die Höhen h_1 und h_2 der Teilrechtecke, die aus dem ersten Rechteck entstehen, gilt: $h_1 \geqq f(x_1)$ und $h_2 \geqq f(x_1)$. Für den Inhalt A* dieser

S. 77 **5** Teilrechtecke gilt:

$A_1^* = \frac{1}{2}\cdot\frac{b-a}{20}\cdot h_1 + \frac{1}{2}\cdot\frac{b-a}{20}\cdot h_2 \geqq \frac{1}{2}\cdot\frac{b-a}{20}\cdot f(x_1) + \frac{1}{2}\cdot\frac{b-a}{20}\cdot f(x_1) = \frac{b-a}{20}\cdot f(x_1) = A_1.$

Da diese Abschätzung für jedes der zwanzig Rechtecke gilt, folgt $U_{40} \geqq U_{20}$.

6 a) f ist streng monoton zunehmend.
$U_{20} \approx 8{,}984$; $O_{20} \approx 9{,}609$ (genauer Wert $A \approx 9{,}2936$).
b) f ist streng monoton abnehmend.
$U_{20} = 3{,}8$; $O_{20} = 4{,}2$ (genauer Wert $A = 4$).

7 Individuelle Lösung; z. B. $O_{20} \approx 2{,}153$;
$U_{20} \approx 1{,}839$ (genauer Wert $A = 2$).

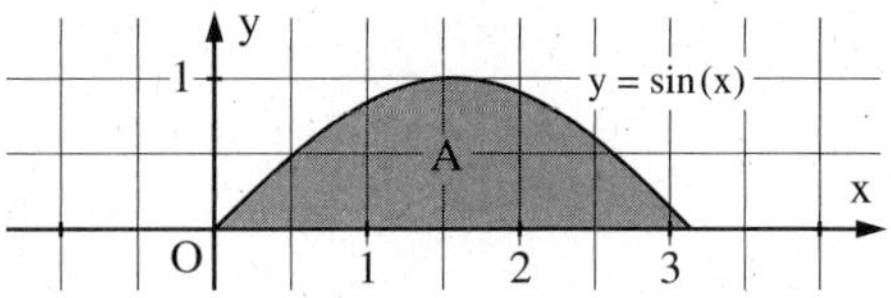

8 Individuelle Lösung; z. B. Näherungswert für A: $O_{100} \approx 1{,}589$.
$O_{100} \approx \frac{1}{2}\pi r^2 = \frac{1}{2}\pi$; $\pi \approx 2\cdot O_{100}$; $\pi \approx 3{,}178$.

9 a) $O_{12} \approx 63{,}814$
b) $U_{12} = 0{,}5\cdot[\pi\cdot 0^2 + \pi\cdot 0{,}25^2 + \pi\cdot 0{,}5^2 + \ldots + \pi\cdot 2{,}75^2] \approx 49{,}676$
Genauer Wert $V = \frac{1}{3}\pi\cdot 3^2\cdot 6 \approx 56{,}549$.

3 *Bestimmung von Flächeninhalten*

S. 78 **1** a) $O_{10} = \frac{2}{10}\cdot\left[\left(\frac{2}{10}\right)^2 + \left(2\cdot\frac{2}{10}\right)^2 + \left(3\cdot\frac{2}{10}\right)^2 + \ldots + \left(10\cdot\frac{2}{10}\right)^2\right] = \frac{2^3}{10^3}\cdot[1^2 + 2^2 + 3^2 + \ldots + 10^2]$

b) $O_n = \frac{2}{n}\cdot\left[\left(\frac{2}{n}\right)^2 + \left(2\cdot\frac{2}{n}\right)^2 + \left(3\cdot\frac{2}{n}\right)^2 + \ldots + \left(n\cdot\frac{2}{n}\right)^2\right] = \frac{2^3}{n^3}\cdot[1^2 + 2^2 + 3^2 + \ldots + n^2]$

Falls der Grenzwert von O_n für $n \to \infty$ existiert, ist $A = \lim\limits_{n\to\infty} O_n$.

(Bei diesem Vorgehen wird die Existenz und die Definition des Flächeninhalts nicht problematisiert.)

S. 79 **2** a) Durchführung z. B. mit der Obersumme.

$O_n = \frac{1}{n}\cdot\left[\left(\frac{1}{n}\right)^2 + \left(2\cdot\frac{1}{n}\right)^2 + \left(3\cdot\frac{1}{n}\right)^2 + \ldots + \left(n\cdot\frac{1}{n}\right)^2\right] = \frac{1}{n^3}\cdot[1^2 + 2^2 + 3^2 + \ldots + n^2]$

$= \frac{1}{n^3}\cdot\frac{1}{6}\cdot n\cdot(n+1)(2n+1) = \frac{1}{6}\cdot\frac{n+2}{n}\cdot\frac{2n+1}{n} = \frac{1}{6}\left(1 + \frac{2}{n}\right)\cdot\left(2 + \frac{1}{n}\right)$

$\lim\limits_{n\to\infty} O_n = \frac{1}{6}\cdot 2 = \frac{1}{3}$. Der gesuchte Flächeninhalt ist $A = \frac{1}{3}$.

S. 79 **2** b) $O_n = \frac{3}{n}\cdot\left[\left(\frac{3}{n}\right)^2 + \left(2\cdot\frac{3}{n}\right)^2 + \left(3\cdot\frac{3}{n}\right)^2 + \ldots + \left(n\cdot\frac{3}{n}\right)^2\right] = \frac{3^3}{n^3}\cdot[1^2 + 2^2 + 3^2 + \ldots + n^2]$

$= \frac{27}{n^3}\cdot\frac{1}{6}\cdot n\cdot(n+1)\cdot(2n+1) = \frac{9}{2}\cdot\left(1+\frac{1}{n}\right)\cdot\left(2+\frac{1}{n}\right)$

$\lim\limits_{n\to\infty} O_n = \frac{9}{2}\cdot 2 = 9.$ Der gesuchte Flächeninhalt ist $A = 9$.

c) $O_n = \frac{10}{n}\cdot\left[\left(\frac{10}{n}\right)^2 + \left(2\cdot\frac{10}{n}\right)^2 + \ldots + \left(n\cdot\frac{10}{n}\right)^2\right] = \frac{10^3}{n^3}\cdot[1^2 + 2^2 + \ldots + n^2]$

$= \frac{1000}{n^3}\cdot\frac{1}{6}n(n+1)(2n+1) = \frac{500}{3}\cdot\left(1+\frac{1}{n}\right)\cdot\left(2+\frac{1}{n}\right)$

$\lim\limits_{n\to\infty} O_n = \frac{500}{3}\cdot 2 = \frac{1000}{3}.$ Der gesuchte Flächeninhalt ist $A = 333\frac{1}{3}$.

3 $U_n = \frac{2}{n}\cdot\left[0^2 + \left(\frac{2}{n}\right)^2 + \left(2\cdot\frac{2}{n}\right)^2 + \ldots + \left((n-1)\cdot\frac{2}{n}\right)^2\right] = \frac{2^3}{n^3}\cdot[0^2 + 1^2 + 2^2 + \ldots + (n-1)^2]$

Mit $1^2 + 2^2 + 3^2 + \ldots + z^2 = \frac{1}{6}\cdot z\cdot(z+1)(2z+1)$ folgt für $z = n-1$.

$U_n = \frac{8}{n^3}\cdot\frac{1}{6}(n-1)(n-1+1)(2(n-1)+1)$

$= \frac{8}{n^3}\cdot\frac{1}{6}\cdot(n-1)\cdot n\cdot(2n-1) = \frac{8}{6}\cdot\frac{n-1}{n}\cdot\frac{2n-1}{n}$

$= \frac{4}{3}\cdot\left(1-\frac{1}{n}\right)\cdot\left(2-\frac{1}{n}\right)$

$\lim\limits_{n\to\infty} U_n = \frac{4}{3}\cdot 2 = \frac{8}{3}.$

4 a) $O_n = \frac{2}{n}\cdot\left[\left(\frac{2}{n}\right)^3 + \left(2\cdot\frac{2}{n}\right)^3 + \ldots + \left(n\cdot\frac{2}{n}\right)^3\right]$

$= \frac{2^4}{n^4}\cdot[1^3 + 2^3 + \ldots + n^3]$

$= \frac{16}{n^4}\cdot\frac{1}{4}\cdot n^2(n+1)^2$

$= 4\cdot\frac{n+1}{n}\cdot\frac{n+1}{n}$

$= 4\cdot\left(1+\frac{1}{n}\right)\cdot\left(1+\frac{1}{n}\right)$

$\lim\limits_{n\to\infty} O_n = 4.$ Der gesuchte Flächeninhalt ist $A = 4$.

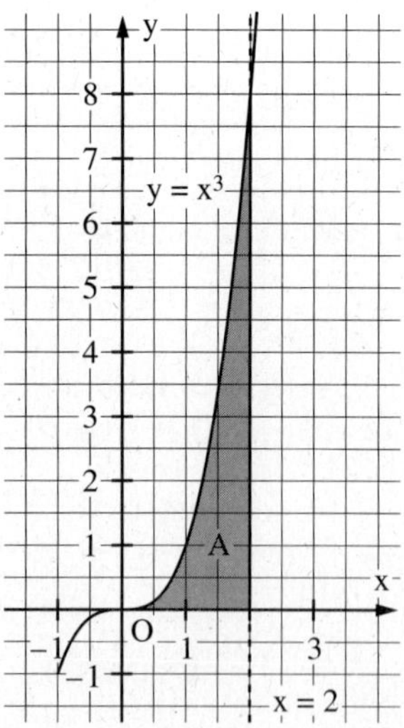

b) $U_n = \frac{2}{n}\cdot\left[0^3 + \left(\frac{2}{n}\right)^3 + \left(2\cdot\frac{2}{n}\right)^3 + \ldots + \left((n-1)\cdot\frac{2}{n}\right)^3\right]$

$= \frac{2^4}{n^4}\cdot[1^3 + 2^3 + \ldots + (n-1)^3]$

$= \frac{16}{n^4}\cdot\frac{1}{4}(n-1)^2\cdot n^2 = 4\cdot\frac{n-1}{n}\cdot\frac{n-1}{n}$

$= 4\cdot\left(1-\frac{1}{n}\right)\cdot\left(1-\frac{1}{n}\right)$

$\lim\limits_{n\to\infty} U_n = 4.$

S. 79 **5** a) $A = 4 \cdot 2 - \frac{8}{3} = \frac{16}{3}$
b) $A = \frac{1}{2} \cdot 2 \cdot 4 - \frac{8}{3} = \frac{4}{3}$
c) Inhalt zwischen $y = x^2 + 1$ und x-Achse über [0; 2]: $A_1 = \frac{8}{3} + 2 = \frac{14}{3}$.
Gesuchter Inhalt: $A = A_1 - \frac{8}{3} = \frac{6}{3} = 2$.

4 *Einführung des Integrals; Integralfunktion*

S. 80 ***1*** a) in I: d bleibt konstant.
In II: d nimmt linear ab und erreicht nach der Zeit t_0 den Wert 0.
In III: d nimmt linear ab und erreicht auch negative Werte.
Wenn der Graph unterhalb der t-Achse verläuft, so fließt das Wasser aus dem Speicher wieder heraus.
b) Die gefärbte Fläche oberhalb der t-Achse veranschaulicht die in den Speicher geflossene Wassermenge; die gefärbte Fläche unterhalb der t-Achse veranschaulicht die aus dem Speicher geflossene Wassermenge. Die gesamte gefärbte Fläche veranschaulicht also die Änderung der Wassermenge im Speicher.

S. 82 ***2*** a) $A = \int_{0,5}^{4} \frac{1}{x} dx$
b) Nullstellen von f(x) sind $x_1 = -\sqrt{5}$ und $x_2 = \sqrt{5}$: $A = \int_{-\sqrt{5}}^{+\sqrt{5}} \left(-\frac{1}{2}x^2 + 2{,}5\right) dx$
c) $A = -\int_{-4}^{-1} \left(\frac{1}{x^2} - 1\right) dx$

S. 83 ***3*** a) Wegen Hochzahl 4 gilt: $(3 - x)^4 \geqq 0$. Die zum Integral gehörende Fläche liegt oberhalb der x-Achse. Also ist das Integral positiv.
b) Die zum Integral gehörende Fläche besteht aus zwei Teilen, wovon der größere Teil unterhalb der x-Achse liegt. Das Integral ist negativ.
c) Die zum Integral gehörende Fläche besteht aus zwei Teilen, wovon der größere Teil oberhalb der x-Achse liegt. Das Integral ist positiv.

4 a) Zum Zeitpunkt $x = 0$ beträgt die Geschwindigkeit $1 \frac{m}{s}$. Die Geschwindigkeit nimmt gleichmäßig um $0{,}25 \frac{m}{s}$ in der Sekunde zu (gleichförmig beschleunigte Bewegung mit $a = 0{,}25 \frac{m}{s^2}$).
b) $v(x) = 0{,}25 \cdot x + 1$. Zurückgelegte Strecke: $s = \int_0^8 (0{,}25\,x + 1)\,dx$; $s = 16\,m$. Man erhält s als Inhalt der Fläche zwischen dem Graphen von v und der x-Achse über [0; 8].

S. 83 **5** a) $J_0(x) = 2x$ b) $J_0(x) = 0{,}5x^2$ c) $J_0(x) = 0{,}5x^2 + x$

6 Fig. 2:

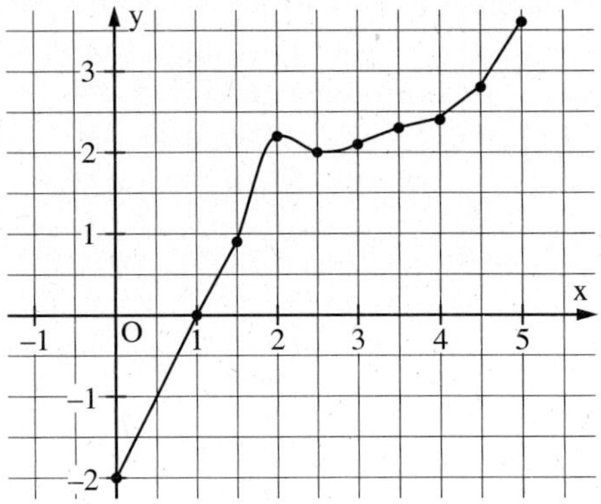

Fig. 3:

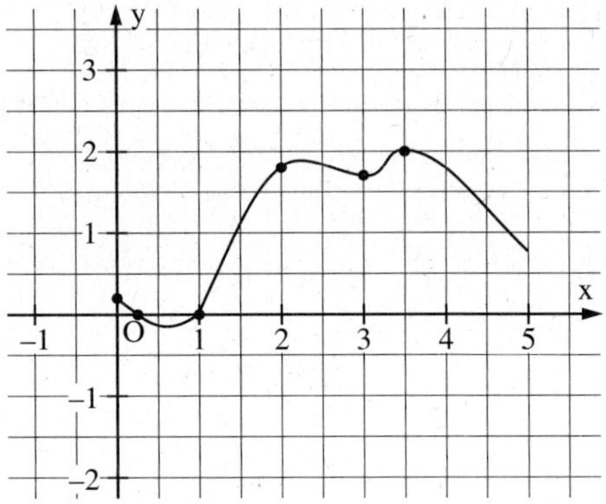

7 Zu Fig. 4:
Der Inhalt der Fläche oberhalb der t-Achse beträgt 7,5 Karos.
Der Inhalt der Fläche unterhalb der t-Achse beträgt 8 Karos.
Damit ist $\int_0^4 m(t)\,dt < 0$. Die Größe hat im Zeitraum zwischen 0 s und 4 s abgenommen.

Zu Fig. 5:
Abschätzung der Flächeninhalte oberhalb und unterhalb der t-Achse lässt vermuten:
$\int_1^3 m(t)\,dt > 0$. (Ein genaueres Ergebnis erhält man mit Funktionsanpassung:
$m(t) = 4(x-2)^2 - 1 = 4x^2 - 16x + 15$. Dafür erhält man $\int_1^3 m(t) = \frac{2}{3} > 0$).
Die Größe hat im Zeitraum zwischen 1 s und 3 s zugenommen.

8 a) Die Zahl der Anrufe entspricht dem Inhalt der Fläche unter dem Graphen von m zwischen 20 Uhr und 22 Uhr. Schätzwert für den Flächeninhalt: 18,5 Karos. Vier Karos entsprechen 2000 Anrufen.
Schätzwert für die Zahl der Anrufe: 9250.
b) Sobald m unter 3000 Anrufe/h sinkt, wird die Warteschleife kleiner. Um 22 Uhr ist die Zahl der Anrufer in der Warteschleife am größten.

5 *Stammfunktionen*

S. 84 **1** a) $F(x) = \frac{1}{2}x^2$ b) $F(x) = x^2 + x$ c) $F(x) = \frac{1}{3}x^3 - x$ d) $F(x) = \frac{1}{2}x^4 + \frac{1}{2}x^2$

2 a) $J_0(x) = \frac{1}{2}x^2$; $J_1(x) = \frac{1}{2}x^2 - \frac{1}{2}$; $J_2(x) = \frac{1}{2}x^2 - 2$

b) Die Ableitungsfunktion jeder dieser Integralfunktionen ergibt die Funktion f.

S. 86 **3** a) $F(x) = \frac{3}{2}x^2$ b) $F(x) = \frac{1}{6}x^3$ c) $F(x) = \frac{\sqrt{2}}{4}x^4$ d) $F(x) = 1$

e) $F(x) = 0{,}08\,x^5$ f) $F(x) = -\frac{3}{x}$ g) $F(x) = \frac{1}{4} \cdot \frac{1}{x^4}$ h) $F(x) = 3x^3$

4 a) $F(x) = \frac{2}{5}x^5 - 0{,}05\,x^2$ b) $F(x) = -\frac{1}{x} + \frac{1}{2}x^2$ c) $F(x) = -\frac{1}{6}x^4 - 3x$

d) $F(x) = 2x^4 - \pi^2 x$ e) $F(x) = \frac{1}{4}(x + 5)^4$ f) $F(x) = \frac{1}{16}(4x + 2)^4$

g) $F(x) = -\frac{1}{5}(9 - 2x)^5$ h) $F(x) = \frac{1}{20}(-5x - 7)^4$ i) $F(x) = -2\cos(x)$

j) $F(x) = 0{,}5\cos(x)$ k) $F(x) = 3\sin(x)$ l) $F(x) = 2\sin(x) - \cos(x)$

5 a) $F(x) = \frac{1}{n+1}x^{n+1}$ b) $F(x) = \frac{1}{n}x^n$ c) $F(x) = \frac{1}{2n+1} \cdot x^{2n+1}$

d) $F(x) = \frac{1}{2-2k} \cdot x^{2-2k}$ e) $F(x) = \frac{1}{-2-2n} \cdot x^{-1-n}$ f) $F(x) = \frac{-2}{-n+1}x^{-n+1}$

g) $F(x) = \frac{-3}{-2n+4}x^{-n+2}$ h) $F(x) = -\frac{c}{n+1} \cdot x^{n+1}$

6

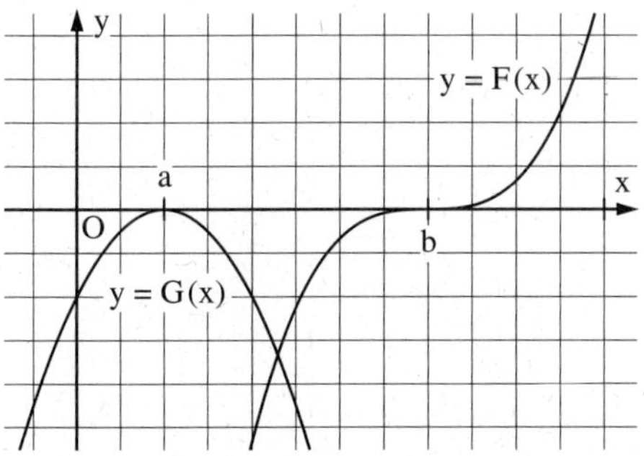

7 a) Es ist $f(x) > 0$ für das dargestellte Intervall. Also ist $F'(x) > 0$; d.h., F ist streng monoton steigend. F(x) ist am größten an der Stelle e.

b) An der Stelle a. c) An der Stelle b. d) An der Stelle b.

8

	H	h	h′
a	+	0	0
b	+	+	0
c	+	0	–

S. 86 **9** (Figur links) Die Parabel (blau) ist der Graph von F mit $F(x) = \frac{1}{4}x^2 + x$.
Die Gerade (rot) ist der Graph von f mit $f(x) = \frac{1}{2}x + 1$.
(Figur rechts) Die blaue Kurve ist der Graph von F mit $F(x) = \frac{1}{x}$.
Die rote Kurve ist der Graph von f mit $f(x) = -\frac{1}{x^2}$.

10 a) $F(x) = x^3 + 1$ b) $F(x) = \frac{1}{4}x^4 - \frac{2}{3}x^3 + x + \frac{17}{12}$

11 a) $F'(x) = \frac{1}{2\sqrt{x^2 - 1}} \cdot 2x = f(x)$; ja b) $F'(x) = 2 \cdot \sin(x) \cdot \cos(x) \neq f(x)$; nein

12 a) $f(x) = \frac{1}{x^2} + \frac{2}{x^3} = x^{-2} + 2x^{-3}$; $F(x) = -x^{-1} - x^{-2}$
b) $f(x) = \frac{1}{2}x + \frac{1}{2}x^{-2}$; $F(x) = \frac{1}{4}x^2 - \frac{1}{2}x^{-1}$
c) $f(x) = \frac{1}{3}x^{-3} + \frac{1}{3}x^{-2} + \frac{1}{3}$; $F(x) = -\frac{1}{6}x^{-2} - \frac{1}{3}x^{-1} + \frac{1}{3}x$
d) $f(x) = 4x + 4$; $F(x) = 2x^2 + 4x$

6 *Der Hauptsatz der Differenzial- und Integralrechnung*

S. 87 **1** a) Graph rechts
b) z.B. $J_0(x) = \frac{1}{2}x^2$
$J_0(3) = 4{,}5$; $J_0(4) = 8$; $J_0(4) - J_0(3) = 3{,}5$
c) z.B. $F(x) = \frac{1}{2}x^2 + 3$.
$F(3) = 7{,}5$; $F(4) = 11$; $F(4) - F(3) = 3{,}5$
Für jede Stammfunktion F von f gilt:
$F(4) - F(3) = 3{,}5$. Dieser Wert entspricht dem Inhalt der Fläche zwischen dem Graphen von f und der x-Achse über [3; 4].

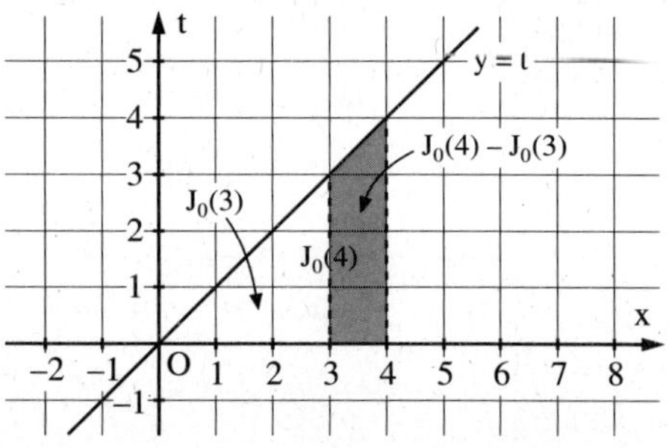

2 $A = J_0(b) - J_0(a)$.
Nach der in Aufgabe 1 gewonnenen Vermutung gilt $A = F(b) - F(a)$, wobei F irgendeine Stammfunktion von f ist.

S. 89 **3** a) $\left[\frac{1}{2}x^2\right]_1^4 = 7{,}5$ b) $\left[\frac{1}{3}x^3\right]_1^3 = 8\frac{2}{3}$ c) $\left[\frac{1}{4}x^4\right]_{-2}^4 = 60$
d) $\left[-\frac{1}{x}\right]_{0{,}5}^2 = 1{,}5$ e) $\left[\frac{1}{2}x^{-2}\right]_2^4 = -\frac{3}{32}$ f) $\left[\frac{1}{3}x^3\right]_{-2}^{-10} = -330\frac{2}{3}$
g) $\left[x - \frac{1}{2}x^2\right]_{-8}^{-4} = 28$ h) $[-3x]_{-4}^{-3} = -3$

S. 89 **4** a) $\left[\frac{1}{3}(2+x)^3\right]_{-2}^{0} = \frac{8}{3}$ b) $\left[-\frac{1}{4}(2-x)^4\right]_{2}^{3} = -\frac{1}{4}$ c) $\left[\frac{1}{2}x^2 + x^{-1}\right]_{1}^{2} = 1$

d) $[-3\cos(x)]_{0}^{\pi} = 6$ e) $[(2-x)^{-1}]_{-3}^{-5} = -\frac{2}{35}$ f) $[-(1-x)^{-2}]_{-2}^{0} = -\frac{8}{9}$

g) $\left[2\cdot\sqrt{x}\right]_{1}^{6} \approx 2{,}899$ h) $\left[\frac{1}{2}\sin(2x)\right]_{0}^{\pi} = 0$

S. 90 **5** a) $\int_0^4 \left(\frac{1}{4}x^2 + 2\right)dx = \left[\frac{1}{12}x^3 + 2x\right]_0^4 = \frac{40}{3} = 13\frac{1}{3}$

b) $\int_{-2}^{3} \left(\frac{1}{2}x^2\right)dx = \left[\frac{1}{6}x^3\right]_{-2}^{3} = 5\frac{5}{6}$ c) $\int_1^5 \left(\frac{1}{x^2} + 1\right)dx = \left[-\frac{1}{x} + x\right]_1^5 = 4\frac{4}{5}$

6 a) –2,242 b) 15,693 c) 0,089 d) 25,765

7 a)

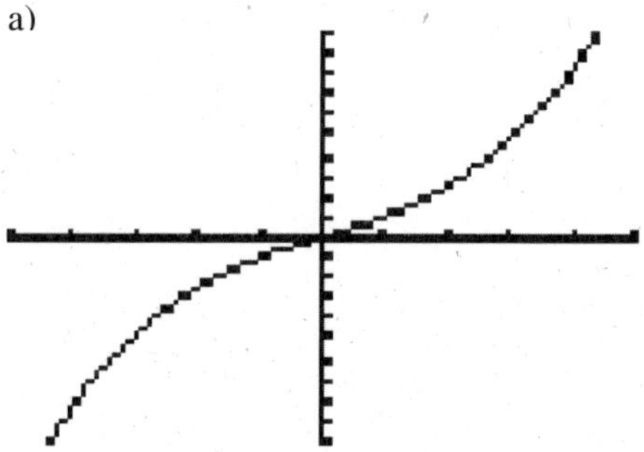

Nullstellen der Integralfunktion:
$x = 0$
Extremstellen der Integralfunktion:
keine

b)

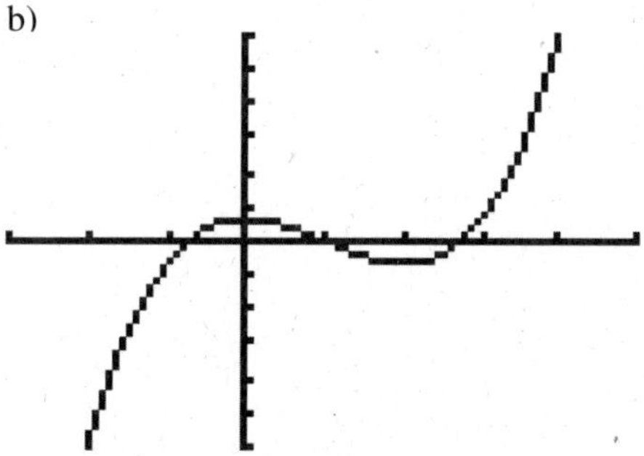

Nullstellen der Integralfunktion:
$x_1 \approx -0{,}732$; $x_2 = 1$; $x_3 \approx 2{,}732$
Extremstellen der Integralfunktion:
Maximum: $x_3 = 0$; Minimum: $x_4 = 2$

c)

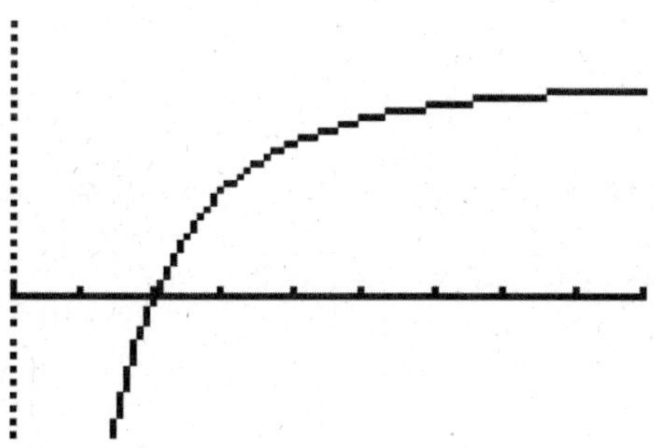

Nullstellen der Integralfunktion:
$x = 3$
Extremstellen der Integralfunktion:
keine

S. 90 **8** a) $J_{-1}(x) = \frac{1}{4}x^4 + x + \frac{3}{4}$ b) $J_1(x) = -\frac{1}{x} - x + 2$

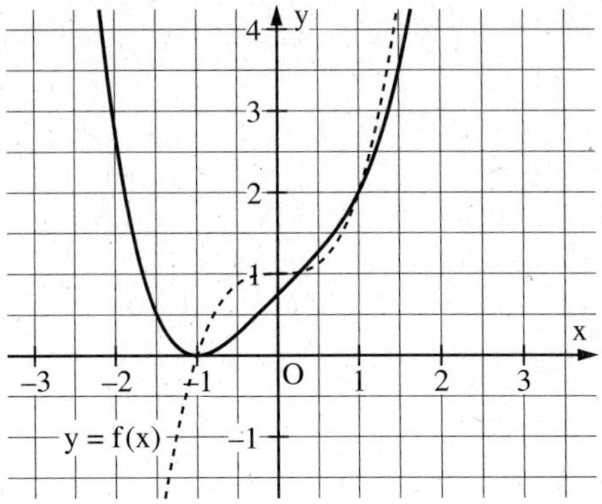

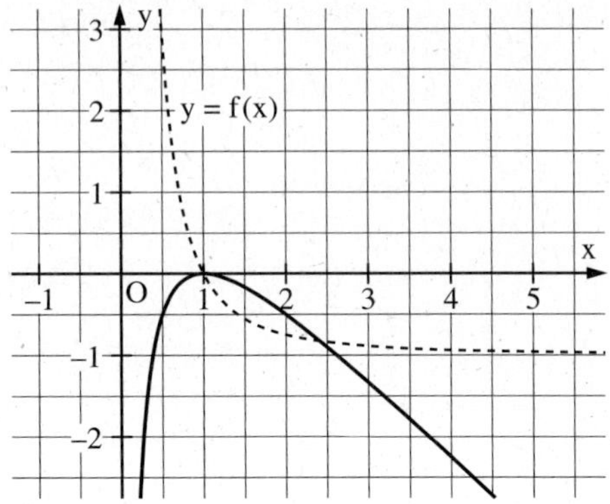

9 a) $f(7) - f(3) = \int_3^7 f'(x)\,dx = \left[-8 \cdot \frac{1}{x} + \frac{1}{2}x^2\right]_3^7 \approx 21{,}524$

b) $f(15) = f(10) + \int_{10}^{15} f'(x)\,dx = 2200 + \left[-8 \cdot \frac{1}{x} + \frac{1}{2}x^2\right]_{10}^{15} \approx 2262{,}767$

10 a) $\left[\frac{1}{3}x^3\right]_0^a = \frac{1}{3}a^3 = 5;\; a = \sqrt[3]{15} \approx 2{,}466$

b) $\left[\frac{1}{3}x^3\right]_{10}^a = \frac{1}{3}a^3 - \frac{1}{3} \cdot 1000 = -10;\; a = \sqrt[3]{970} \approx 9{,}899$

c) $\left[-\frac{1}{x}\right]_1^{2a} = -\frac{1}{2a} + 1 = 0{,}7;\; a = \frac{10}{6}$

d) Mit dem GTR: Schnitt des Graphen der Integralfunktion von F mit $f(x) = x \cdot \sin(x)$ mit der Geraden mit der Gleichung $y = 1$.
Es gibt mehrere Schnittstellen, z. B. $a \approx 4{,}951$.

11 Für $0 \leqq t \leqq 40$ gilt: $w_1(t) = \frac{25}{40} \cdot t$ (t in Tagen; $w_1(t)$ in $\frac{\text{cm}}{\text{Tag}}$). In diesem Zeitraum wächst die Pflanze um die Länge $L_1 = \int_0^{40} w_1(t)\,dt = 500\,\text{cm}$.
Für $40 \leqq t \leqq 70$ gilt: $w_2(t) = -\frac{25}{30} \cdot t + 58\frac{1}{3}$ (t in Tagen; $w_2(t)$ in $\frac{\text{cm}}{\text{Tag}}$). In diesem Zeitraum wächst die Pflanze um die Länge $L_2 = \int_{40}^{70} w_2(t)\,dt \approx 375\,\text{cm}$.
Die Pflanze wächst insgesamt um 875 cm.

12 a) Nimmt man den Kohlendioxidverbrauch während der Zeitspanne $\frac{12}{n}$ als konstant an, erhält man für den Gesamtverbrauch V den Näherungswert
$V \approx \frac{12}{n}[k(t_1) + k(t_2) + \ldots + k(t_n)]$.
Für V gilt: $V = \lim\limits_{n \to \infty} \frac{12}{n}[k(t_1) + k(t_2) + \ldots + k(t_n)] = \int_{-6}^{6} k(t)\,dt$.

S. 90 **12**

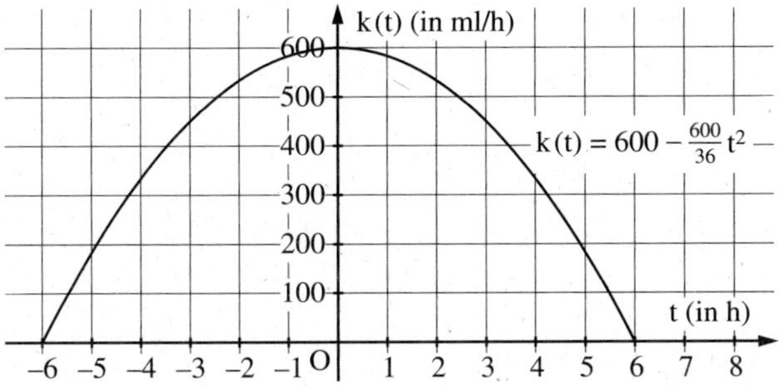

b) Kohlendioxidverbrauch: $V = 500 \cdot \int_{-6}^{6} k(t)\,dt = 2\,400\,000\,\text{ml} = 2{,}4\,\text{m}^3$.

7 Flächen oberhalb und unterhalb der x-Achse

S. 91 **1** 1. Schritt: Bestimmung der Nullstellen von f. $x_1 = -\frac{5}{4}$; $x_2 = \frac{1}{4}$

2. Schritt: Beurteilung, welche Teilfläche oberhalb bzw. unterhalb der x-Achse liegt.

3. Schritt: $A = -\int_{-\frac{5}{4}}^{\frac{1}{4}} f(x)\,dx + \int_{\frac{1}{4}}^{1} f(x)\,dx$.

S. 93 **2** a) $A = -\int_0^4 f(x)\,dx = 10\frac{2}{3}$ b) $A = -\int_0^2 f(x)\,dx = 4\frac{2}{3}$ c) $A = -\int_{-10}^{-5} f(x)\,dx = \frac{1}{10}$

3 a) $x_1 = 0$; $x_2 = 6$; $A = -\int_0^6 f(x)\,dx = 18$

b) $x_1 = 0$; $x_2 = 2$; $A = -\int_0^2 f(x)\,dx = 1\frac{1}{3}$

c) $x_1 = -2$; $x_2 = 0$; $x_3 = 2$; $A = -2 \cdot \int_0^2 f(x)\,dx = 8\frac{8}{15}$

d) $x_1 = 0$; $x_2 = 5$; $A = -\int_0^5 f(x)\,dx = 10\frac{5}{12}$

e) $x_1 = -2$; $x_2 = -1$; $x_3 = \frac{2}{3}$; $A = -\int_{-2}^{-1} f(x)\,dx = \frac{1}{2}$

f) $x_1 = -\sqrt{3}$; $x_2 = 0$; $x_3 = \sqrt{3}$; $A = -\int_{-\sqrt{3}}^{0} f(x)\,dx + \int_0^{\sqrt{3}} f(x)\,dx = \frac{9}{4} + \frac{9}{4} = 4\frac{1}{2}$

S. 93 **4** a) $A = \int_{-1}^{0} f(x)\,dx + \int_{0}^{3} -f(x)\,dx + \int_{3}^{4} f(x)\,dx = \frac{11}{6} + \frac{9}{2} + \frac{11}{6} = 8\frac{1}{6}$

b) $A = \int_{0,5}^{1} f(x)\,dx + \int_{1}^{2} -f(x)\,dx = 0,5 + 0,5 = 1$

c) $A = \int_{0}^{\frac{\pi}{2}} f(x)\,dx + \int_{\frac{\pi}{2}}^{2} -f(x)\,dx \approx 1 + 0,091 \approx 1,091$

5 $\int_{a}^{b} f_c(x)\,dx = 0$ ergibt

a) $2c + 2 = 0$ und damit $c = -1$.
b) $2 - 2c = 0$ und damit $c = 1$.

6 a) Für $b > 1$ gilt: $A(b) = \int_{1}^{b} f(x)\,dx = \frac{1}{2} - \frac{1}{2b^2}$. Für $b \to +\infty$ strebt $A(b)$ gegen $\frac{1}{2}$.
Die nach rechts unbeschränkte Fläche hat den Inhalt $A = 0,5$.

b) Für $b > 1$ gilt: $A(b) = \int_{1}^{b} f(x)\,dx = 2\sqrt{b} - 2$. Für $b \to +\infty$ strebt $A(b)$ gegen $+\infty$.
Die nach rechts unbeschränkte Fläche hat keinen endlichen Inhalt.

c) Für $b < -1$ gilt: $A(b) = \int_{b}^{-1} f(x)\,dx = \frac{1}{10} + \frac{1}{10b}$. Für $b \to -\infty$ strebt $A(b)$ gegen $\frac{1}{10}$.
Die nach links unbeschränkte Fläche hat den Inhalt $A = 0,1$.

7 a) Für $b > 2$ hat die Fläche zwischen dem Graphen von f und der Geraden g über $[2; b]$ den Inhalt $A(b) = \int_{2}^{b} \left(f(x) - \frac{1}{2}x\right)dx = 1 - \frac{2}{b}$. Für $b \to \infty$ strebt $A(b) \to 1$.
Die nach rechts unbeschränkte Fläche hat den Inhalt $A = 1$.

b) Für $b < -1,5$ gilt: $A(b) = \int_{b}^{-1,5} \left(\left(-\frac{1}{2}x\right) - f(x)\right)dx = \int_{b}^{-1,5} -\frac{1}{x^3}\,dx = \frac{2}{9} - \frac{1}{2b^2}$.
Für $b \to -\infty$ strebt $A(b)$ gegen $\frac{2}{9}$.

zu a):

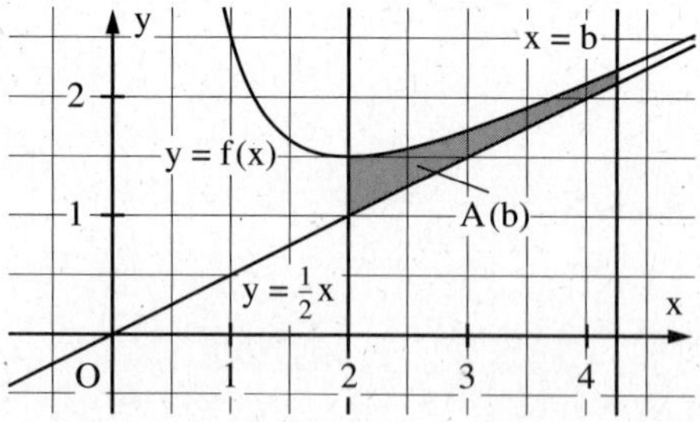

zu b):

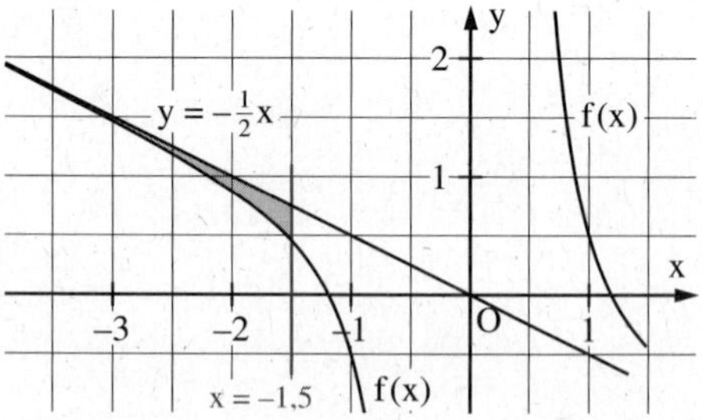

S. 93 **8** a) Für $0 < z < 1$ gilt: $A(z) = \int_z^1 f(x)\,dx = \frac{1}{4z^2} - \frac{1}{4}$. Für $z \to 0$ strebt $A(z) \to +\infty$.

Die nach oben unbeschränkte Fläche hat keinen endlichen Inhalt.

b) Für $0 < z < 1$ gilt: $A(z) = \int_z^1 f(x)\,dx = 8 - 8 \cdot \sqrt{z}$. Für $z \to 0$ strebt $A(z)$ gegen 8.

Die nach oben unbeschränkte Fläche hat den Inhalt $A = 8$.

8 *Flächen zwischen zwei Graphen*

S. 94 **1** a) $A_1 = \int_a^b f(x)\,dx - \int_a^b g(x)\,dx$; $A_2 = \int_a^b -g(x)\,dx - \int_a^b -f(x)\,dx$

b) $A_1 = F(b) - F(a) - (G(b) - G(a)) = (F - G)(b) - (F - G)(a)$
$A_2 = (-G(b) - (-G(a))) - ((-F(b) - (-F(a))) = (F - G)(b) - (F - G)(a)$

In beiden Fällen gilt $A = \int_a^b (f(x) - g(x))\,dx$.

S. 96 **2** a) $A_1 + A_2 + A_3$ b) $A_1 + A_2 + A_3$ c) $A_2 + A_3$

3 a) Für $-1 \leqq x \leqq 1$ gilt: $g(x) \geqq f(x)$. $A = \int_{-1}^{1} (g(x) - f(x))\,dx = 7\frac{1}{3}$

b) Für $0 \leqq x \leqq 1$ gilt: $g(x) \geqq f(x)$. $A = \int_0^1 (g(x) - f(x)) = 0{,}25$

4 a) $A = \int_0^2 (g(x) - f(x))\,dx = 2\frac{2}{3}$ b) $A = \int_0^2 (g(x) - f(x))\,dx = 1\frac{1}{3}$

c) $A = \int_{0,5}^{2} (f(x) - g(x))\,dx = 1\frac{11}{16}$

d) $A = \int_{-0,5}^{0} (g(x) - f(x))\,dx + \int_0^1 (f(x) - g(x))\,dx = \frac{37}{96} \approx 0{,}39$

5 a) t: $y = 3x - 4{,}5$; $A = \int_0^3 f(x)\,dx - \frac{27}{8} = \frac{9}{2} - \frac{27}{8} = 1\frac{1}{8}$

b) t: $y = -32x + 16$; $A = \int_0^2 f(x)\,dx - \frac{1}{2} \cdot \frac{1}{2} \cdot 16 = \frac{32}{5} - 4 = 2\frac{2}{5}$

c) t: $y = -16x + 11{,}5$; $A = \int_{0,5}^{2} f(x)\,dx - \frac{1}{2} \cdot \frac{7}{32} \cdot \frac{7}{2} \approx 0{,}74$

S. 96 **6** a) n: $y = \frac{1}{2}x - 1{,}5$; $A = \int_0^1 -f(x)\,dx + \frac{1}{2}\cdot 2\cdot 1 = 1\frac{1}{3}$

b) n: $y = -\frac{1}{3}x + \frac{4}{3}$; $A = \int_0^1 f(x)\,dx + \frac{1}{2}\cdot 3\cdot 1 = 1\frac{3}{4}$

c) n: $y = \frac{1}{3}x + \frac{14}{3}$; $A = \int_{-2}^{2} f(x)\,dx + \frac{1}{2}\cdot 12\cdot 4 = 8 + 24 = 32$

7 a) $W(0|0;\,1)$; Normale n: $y = -x$; $A = 2\cdot\int_0^{\sqrt{2}} (f(x) - n(x))\,dx = 2$

b) $W(0|0;\,2)$; Normale n: $y = -\frac{1}{2}x$; $A = 2\cdot\int_0^{\sqrt{7{,}5}} (f(x) - n(x))\,dx = 2\cdot\frac{75}{16} = \frac{75}{8} = 9\frac{3}{8}$

c) $W(-1|-1;\,1)$;

Normale n: $y = -x - 2$; $A = \int_{-3}^{-1} (n(x) - f(x))\,dx + \int_{-1}^{1} (f(x) - n(x))\,dx = 2 + 2 = 4$

8 a) $\frac{16}{3} - 2c = 0$ und damit $c = \frac{8}{3}$ b) $5 - 5c = 0$ und damit $c = 1$

9 $tx^3 - 3(t+1)x = -3x$ für $x_1 = 0$; $x_2 = \sqrt{3}$; $x_3 = -\sqrt{3}$.

$$A(t) = \int_{-\sqrt{3}}^{0} (tx^3 - 3tx)\,dx + \int_0^{\sqrt{3}} -(tx^3 - 3tx)\,dx$$
$$= 4{,}5\cdot t$$

10 Skizze rechts.

$$A(t) = \frac{4}{\sqrt{t}}\cdot t - \int_{\frac{2}{\sqrt{t}}}^{\frac{4}{\sqrt{t}}} \left(t - \frac{4}{x^2}\right)dx = 3\sqrt{t}$$

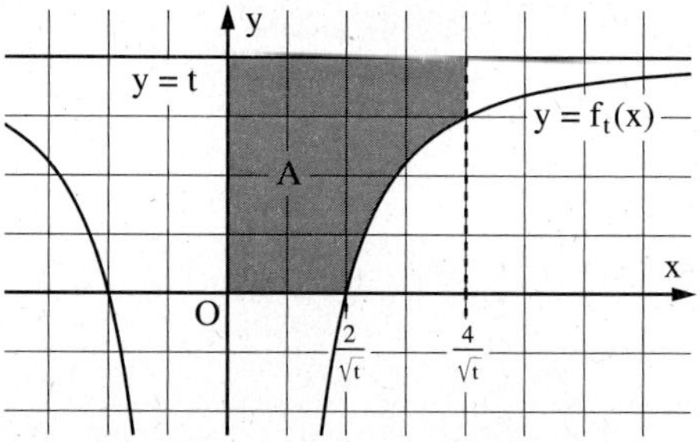

11 Für $a \geqq 0$ gilt: $A(a) = \int_0^{\pi} \left(a\cdot\sin x + \frac{1}{a}\sin x\right)dx = 2a + \frac{2}{a}$. $A'(a) = 2 - \frac{2}{a^2} = 0$ für

$a_1 = 1$; $a_2 = -1$. $A''(a) = \frac{4}{a^3}$; $A(a)$ ist minimal für $a_1 = 1$ mit $A(1) = 4$.

Für $a < 0$ erhält man entsprechend: $A(a)$ ist minimal für $a_2 = -1$ mit $A(-1) = 4$.

9 *Rauminhalte von Rotationskörpern*

S. 97 **1** Die Körper sind rotationssymmetrisch.
Schneidet man die Körper senkrecht zur Symmetrieachse, so erhält man Kreise.

2 a) Der Kegel hat den Grundkreisradius $r = mh$ und die Höhe h. Also ist sein Volumen $V = \frac{1}{3}\pi r^2 h = \frac{1}{3}\pi (mh)^2 h = \frac{1}{3}\pi m^2 h^3$.

b) Es ist $V = \frac{1}{3}\pi m^2 h^3 = \left[\frac{1}{3}\pi m^2 x^3\right]_0^h = \int_0^h \pi m^2 x^2 dx = \int_0^h \pi (mx)^2 dx = \int_0^h q(x)\,dx$ mit $q(x) = \pi (mx)^2$. Damit ist q(x) der Inhalt der kreisförmigen Querschnittsfläche des Kegels an der Stelle x.

S. 98 **3** a)

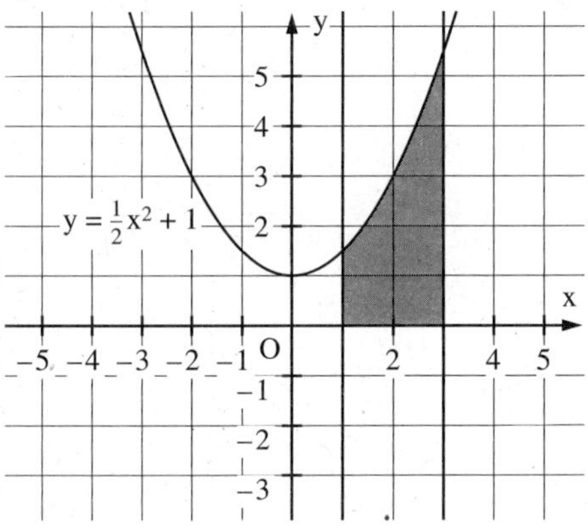

$V = \frac{683}{30}\pi \approx 71{,}5236$

b)

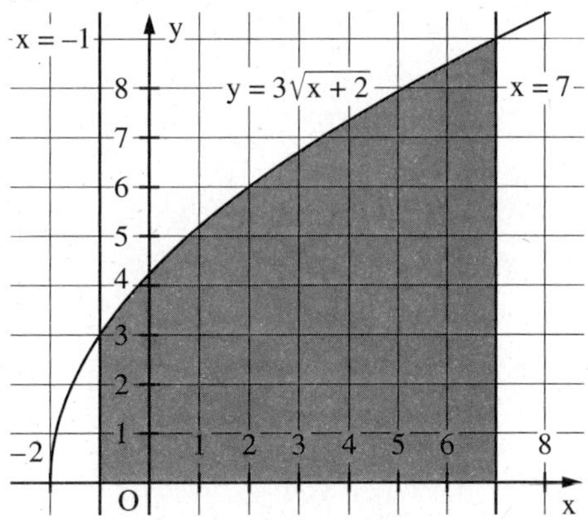

$V = 360\pi \approx 1130{,}9734$

c)

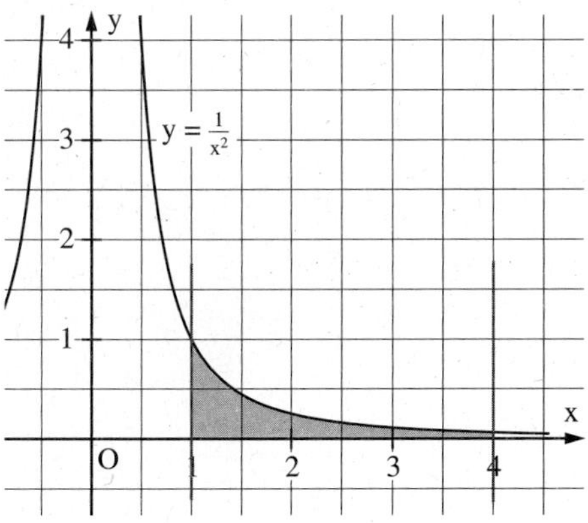

$V \approx 0{,}328\pi \approx 1{,}031$

d)

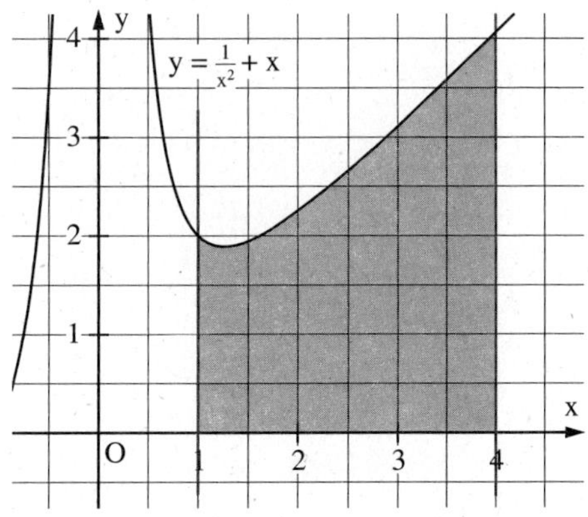

$V \approx 24{,}101\pi \approx 75{,}715$

S. 98 **4** a)

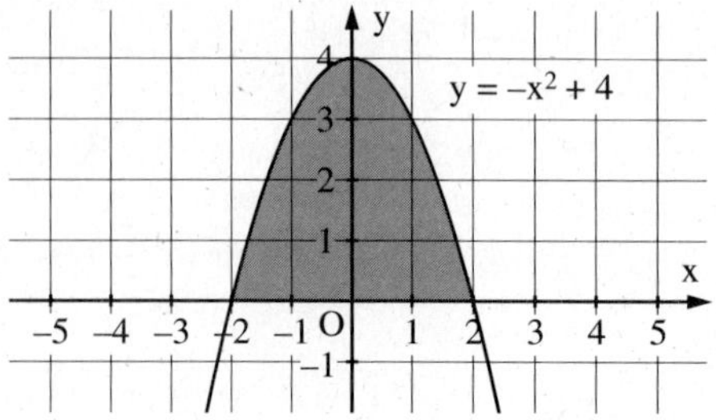

Integration von –2 bis 2 ergibt

$V = \frac{512}{15}\pi \approx 107{,}2330$

b)

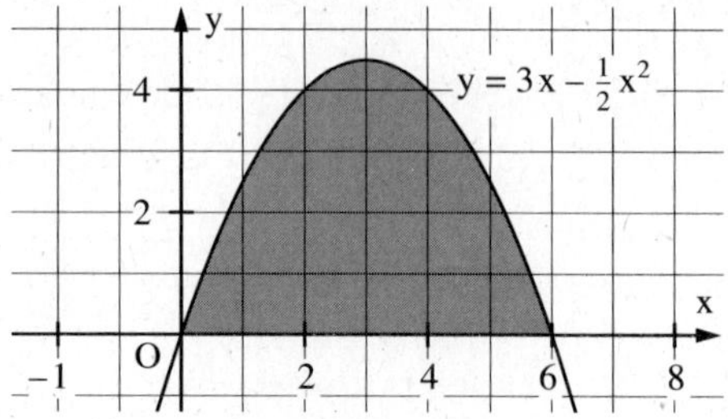

Integration von 0 bis 6 ergibt

$V = \frac{324}{5}\pi \approx 203{,}5752$

c)

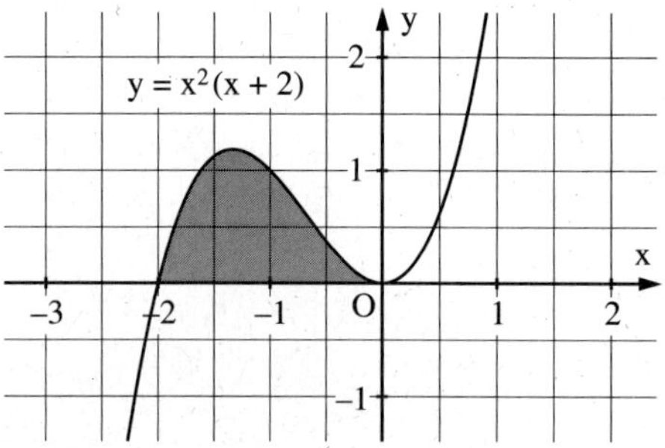

Integration von –2 bis 0 ergibt

$V = \frac{128}{105}\pi \approx 3{,}8298$

d)

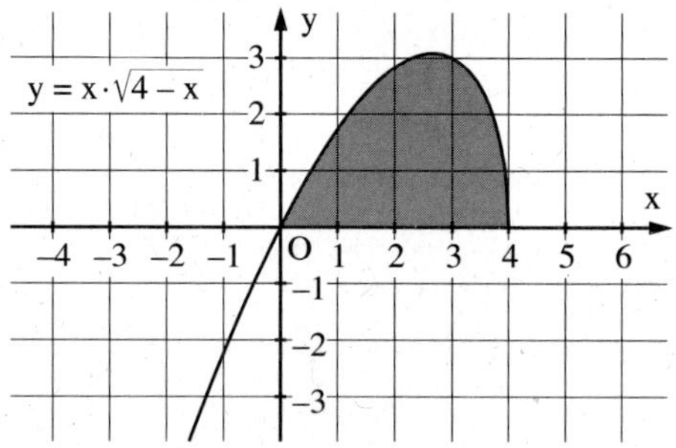

Integration von 0 bis 4 ergibt

$V = \frac{64}{3}\pi \approx 67{,}0206$

5 a)

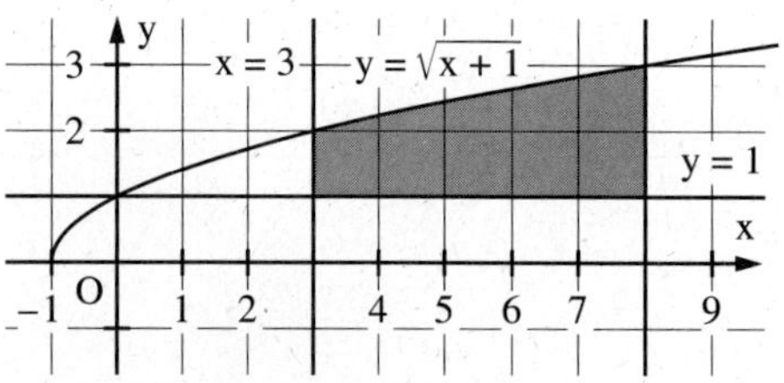

$V = \frac{55}{2}\pi \approx 86{,}3938$

b)

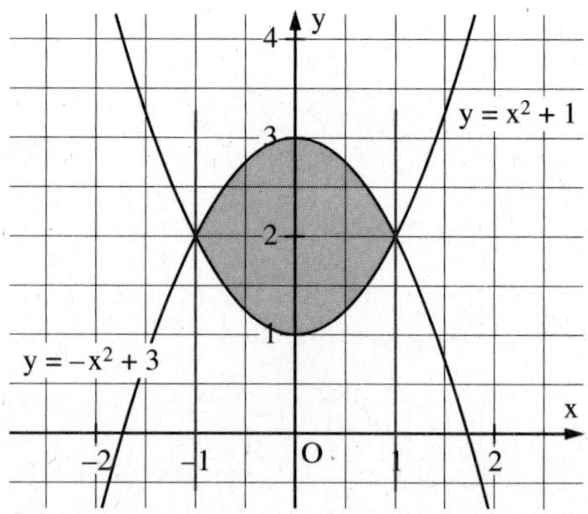

$V = 10\frac{2}{3}\pi \approx 33{,}510$

S. 98 **5** c)

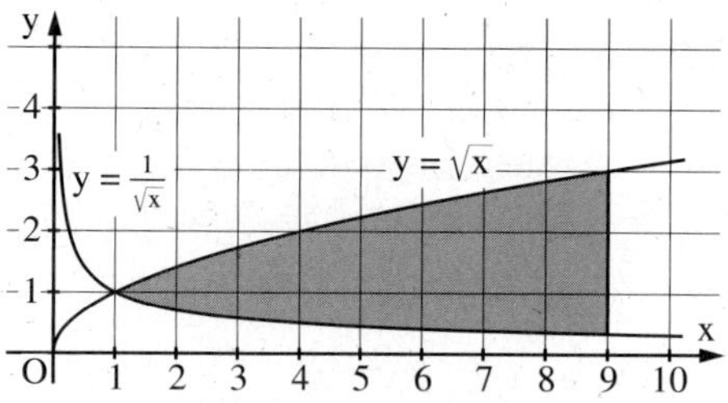

$V = (40 - \ln(9)) \cdot \pi \approx 118{,}7609$

6 a)

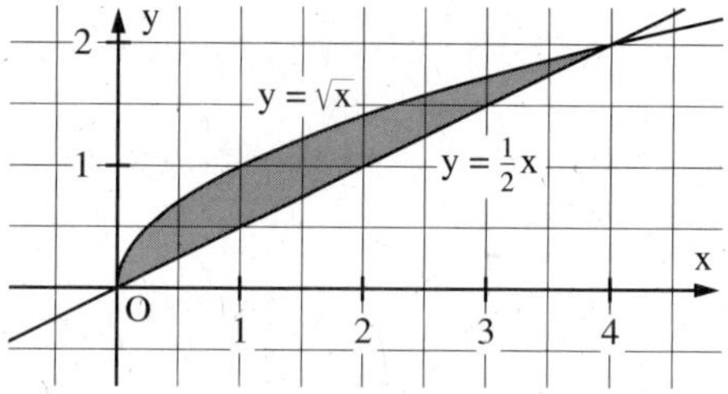

Integration von 0 bis 4 ergibt
$V = \frac{8}{3}\pi \approx 8{,}3776$

b)

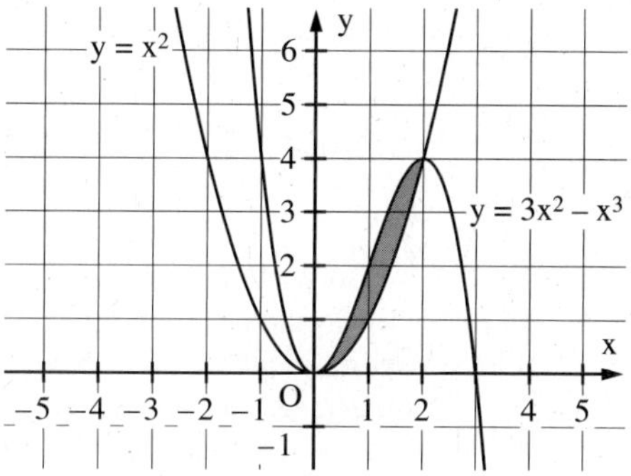

Integration von 0 bis 2 ergibt
$V = \frac{192}{35}\pi \approx 17{,}2339$

c)

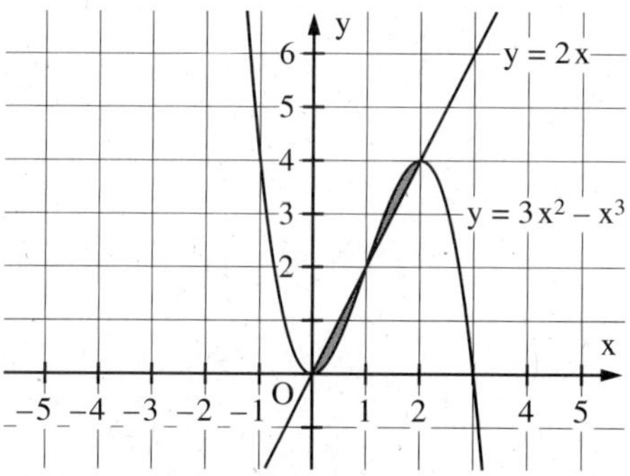

Integration von 0 bis 1 und von 1 bis 2 ergibt $V = 2\pi \approx 6{,}2832$.

7 a) $V = \pi \cdot \int_0^5 2^2\,dx = 20\pi$. Mit $V = \pi \cdot r^2 \cdot h$ gilt: $V = \pi \cdot 2^2 \cdot 5 = 20\pi$.

b) Rotiert der Graph von f mit $f(x) = r$ $(r \geqq 0)$ über dem Intervall [0; h] um die x-Achse, so entsteht ein Zylinder mit Grundkreisradius r und Höhe h.

Für sein Volumen gilt: $V = \pi \int_0^h r^2\,dx = \pi\,[r^2 \cdot x]_0^h = \pi \cdot r^2 \cdot h$.

S. 99 **8** Aus $\pi\int_0^b (f(x))^2\,dx = \frac{1}{2}\pi b^2 = 30$ folgt $b = 2\sqrt{\frac{15}{\pi}} \approx 4{,}3702$.

Die Flüssigkeit steht in dem Gefäß bis zu einer Höhe von etwa 4,37.

9 a) Man wählt das Koordinatensystem so, dass der Ursprung im Mittelpunkt des Fasses und die Mittelachse des Fasses auf der x-Achse liegt. Bei der Längeneinheit 1 m erhält man f mit $f(x) = -\frac{5}{9}x^2 + 1$, und für V (in m^3) gilt $V = \pi\int_{-0,6}^{0,6} (f(x))^2\,dx = \frac{656}{625}\pi \approx 3{,}2974$.

b) $V_1 = \frac{243}{250}\pi \approx 3{,}0536$ $\quad$ $V_2 = \frac{392}{375}\pi \approx 3{,}2840$

prozentuale Abweichung 7,39 % $\quad$ prozentuale Abweichung 0,41 %

10 I) $V = \pi\int_0^2 2^2\,dx - \pi\int_0^2 1^2\,dx = 6\pi \approx 18{,}85$ $\quad$ II) $V = \pi\int_0^2 3^2\,dx - \pi\int_0^2 2^2\,dx = 10\pi \approx 31{,}42$

III) $V = 2\pi\int_{-1}^{0} (3x+3)^2\,dx = 6\pi \approx 18{,}85$ $\quad$ IV) $V = \pi\int_{-1}^{1} (-2x^2+2)^2\,dx = \frac{64}{15}\pi \approx 13{,}40$

11 a) I) Schwerpunkt der Fläche: $S(1\,|\,1{,}5)$. Inhalt der Fläche: $A = 2$. Umfang des Kreises, den der Schwerpunkt beschreibt: $U = 2\pi\cdot 1{,}5$. $V = A\cdot U = 2\cdot 2\pi\cdot 1{,}5 = 6\pi \approx 18{,}85$.
II) Schwerpunkt der Fläche: $S(1\,|\,2{,}5)$. Inhalt der Fläche: $A = 2$. Umfang des Kreises, den der Schwerpunkt beschreibt: $U = 2\pi\cdot 2{,}5$. $V = A\cdot U = 2\cdot 2\pi\cdot 2{,}5 = 10\pi \approx 31{,}42$.
III) Schwerpunkt der Fläche: $S(0\,|\,1)$. Inhalt der Fläche: $A = 3$. Umfang des Kreises, den der Schwerpunkt beschreibt: $U = 2\pi\cdot 1$. $V = A\cdot U = 3\cdot 2\pi = 6\pi \approx 18{,}85$.
b) Volumen des Drehkörpers: $V = \frac{64}{15}\pi$ (siehe Aufgabe 10). Inhalt der Fläche:
$A = \int_{-1}^{1} (-2x^2+2)\,dx = \frac{8}{3}$.
Aus $V = A\cdot U = A\cdot 2\pi r$ folgt $r = \frac{V}{A\cdot 2\pi} = \frac{4}{5} = 0{,}8$. Der Schwerpunkt ist $S(0\,|\,0{,}8)$.

12 a) Der Inhalt q(x) der Querschnittsfläche an der Stelle x (in dm^2) ist $q(x) = 2\cdot\frac{1}{8}x^2 = \frac{1}{4}x^2$.
b) $V = \int_0^4 q(x)\,dx = \int_0^4 \frac{1}{4}x^2\,dx = 5\frac{1}{3}$

13 Man erhält: Kugel: $V = \pi\int_{-r}^{r} (f(x))^2\,dx = 2\pi\int_0^r (f(x))^2\,dx = 2\pi\left[r^2x - \frac{1}{3}x^3\right]_0^r = \frac{4\pi}{3}r^3$

Kugelabschnitt: $V = \pi\int_{r-a}^{r} (f(x))^2\,dx = \pi\left[r^2x - \frac{1}{3}x^3\right]_{r-a}^{r} = \frac{\pi}{3}a^2(3r-a)$.

Dann ist $V = \frac{\pi}{3}a^2(3r-a) = \frac{\pi}{6}a(6ar - 2a^2)$ und nach dem Satz des PYTHAGORAS gilt $r^2 = r_1^2 + (r-a)^2$ und folglich $2ar = r_1^2 + a^2$. Dies ergibt dann
$V = \frac{\pi}{6}a(6ar - 2a^2) = \frac{\pi}{6}a(3\cdot(r_1^2 + a^2) - 2a^2) = \frac{\pi}{6}a\cdot(3r_1^2 + a^2)$.

10 Mittelwerte von Funktionen

S. 100 **1** Möglichkeit I:
Man addiert die gemessenen Temperaturen und dividiert die Summe durch die Anzahl der Messungen. Dies ergibt (in °C): $T_I = \frac{1}{6}(-3 - 2 + 1 + 5 + 2 - 1) = \frac{1}{3} \approx 0{,}33$.
Möglichkeit II:
Bei Möglichkeit I wird nicht berücksichtigt, dass die Zeitintervalle zwischen den Messungen verschieden groß sind. Man kann deshalb für die fehlenden Zeitpunkte von 3^{00} und 12^{00} den Mittelwert der benachbarten Temperaturen als Schätzwert wählen und dann wie bei Möglichkeit I vorgehen. Dies ergibt (in °C):
$T_{II} = \frac{1}{8}(-3 - 2{,}5 - 2 + 1 + 3 + 5 + 2 - 1) = \frac{5}{16} \approx 0{,}31$.
Bemerkung:
Selbstverständlich gibt es noch viele weitere Möglichkeiten. In der Meteorologie wird die mittlere Tagestemperatur so bestimmt: Man addiert die Temperaturen um 7^{00} und 14^{00} sowie die mit 2 multiplizierte Temperatur um 21^{00} und dividiert dann die Summe durch 4.

2 a) Möglichkeit I:
Man könnte die Temperaturen zu einigen Zeitpunkten ablesen und dann wie bei Aufgabe 1 vorgehen.
Möglichkeit II:
Man könnte Zeitintervalle wählen, in denen die Temperatur als konstant angesehen wird. Für jedes Intervall berechnet man das Produkt aus der Temperatur T_i und der Länge t_i des Zeitintervalls. Danach werden diese Produkte $T_i t_i$ addiert und diese Summe durch die gesamte Messzeit von 24 h dividiert.

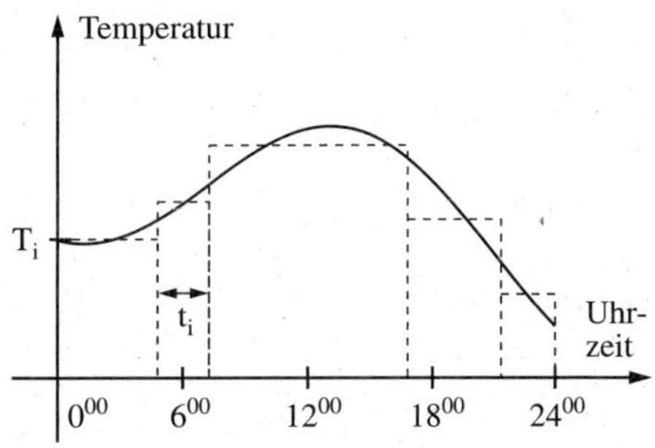

b) Bei Möglichkeit II von a) wird zuerst die Fläche unter dem Graphen über dem gesamten Zeitintervall bestimmt. Dies kann durch eine Integration ersetzt werden. Ist also [0; 24] das Zeitintervall (in h) und gibt die Funktion f den Verlauf der Temperatur während des Tages an, so erhält man eine mittlere Temperatur durch $\frac{1}{24}\int_0^{24} f(\tau)\,d\tau$.

S. 101 **3** a) $\overline{m} = \frac{1}{4}\int_0^4 (-x^2 + 4x)\,dx = 2\frac{2}{3}$

b) $\overline{m} = \frac{1}{2}\int_1^3 \left(1 - \left(\frac{2}{x}\right)^2\right)dx = -\frac{1}{3}$

Graphen siehe nächste Seite.

S. 101 **3** zu a):

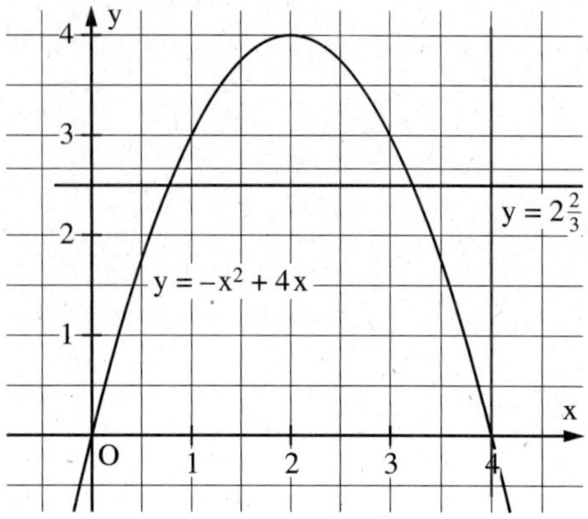

zu b):

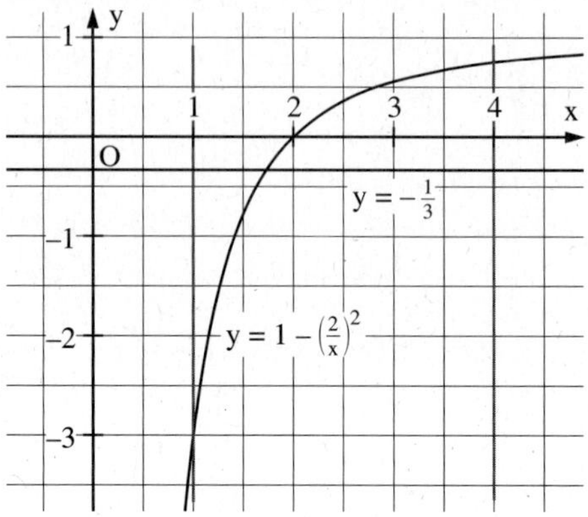

4 Individuelle Lösungen. Z.B. $f(x) = 1$; $g(x) = 0{,}5x + 1$; $h(x) = 0{,}75x^2$.

5 a) Da 2 der Mittelwert ist, gilt: $2 = \frac{1}{5}\int_1^6 f(x)\,dx$; also $\int_1^6 f(x)\,dx = 10$.

b) $\int_1^6 (f(x) - \overline{m})\,dx = \int_1^6 f(x)\,dx - \int_1^6 2\,dx = 10 - 10 = 0$

c) $A_2 = A_1 = 2{,}4$

6 a) Wenn $\overline{m}$ der gesuchte Mittelwert ist, dann begrenzt die Parallele zur x-Achse mit der Gleichung $y = \overline{m}$ über [0; 10] ein Rechteck. Der Flächeninhalt dieses Rechtecks ist gleich dem Inhalt der Fläche unter $y = v(t)$ über [0; 10]. Man versucht die Parallele so zu legen, dass die genannte Bedingung näherungsweise erfüllt ist.

b) $\overline{v} = \frac{1}{10}\int_0^{10} v(t)\,dt \approx 18{,}519$

c) Für die zwischen 0 s und 10 s gefahrene Strecke S gilt: $S = \int_0^{10} v(t)\,dt \approx 185{,}195\,m$.

(oder: $S = 10 \cdot \overline{m} \approx 185{,}19\,m$)

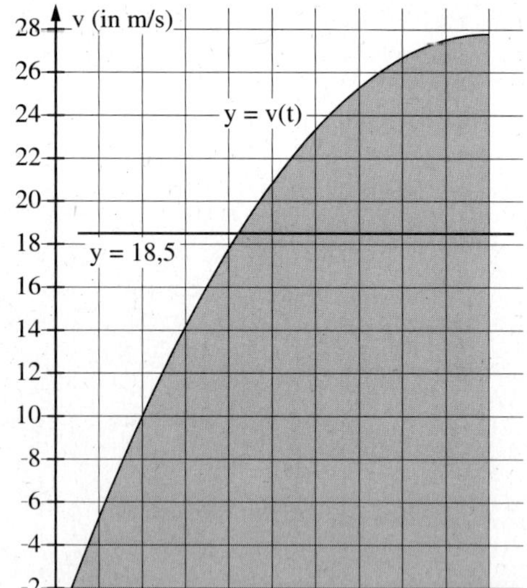

7 a) $\overline{v^2} = \frac{1}{3}(15^2 + 27^2 + 31^2) \approx 638$

b) $\overline{v}^2 = \left[\frac{1}{3}(15 + 27 + 31)\right]^2 \approx 592$.

Die beiden Mittelwerte sind im Allgemeinen nicht gleich.

11 Numerische Integration – Die Fassregel von KEPLER

S. 102 **1** a) $f(0) = 1$; $f(1) = 0{,}5$; $f(2) = 0{,}2$
Die Sehnentrapeze haben die Inhalte 0,75 und 0,35. Näherungswert $A_1 = 1{,}1$
b) Tangente: $y = -\frac{1}{2}x + 1$. Näherungswert $A_2 = 1$
(Genauer Wert: $A = \arctan(2) \approx 1{,}107$.)

S. 103 **2** a) GTR-Wert: 0,1949; KEPLER'sche Fassregel: 0,1953; prozentuale Abweichung: 0,2 %
b) GTR-Wert: 2,7726; KEPLER'sche Fassregel: 2,85; prozentuale Abweichung: 2,8 %
c) GTR-Wert: 5,6526; KEPLER'sche Fassregel: 5,6867; prozentuale Abweichung: 0,6 %
d) GTR-Wert: 0; KEPLER'sche Fassregel: 0; prozentuale Abweichung: 0 %

3 a) Abschätzen der Bogenlänge L:
$4{,}5 < L < 4{,}8$ (oder genauer)
b) KEPLER'sche Fassregel:
$L = \frac{1}{6} \cdot 2 \cdot \left(1 + 4\sqrt{5} + \sqrt{17}\right) \approx 4{,}689$.
(GTR-Wert: 4,6468)

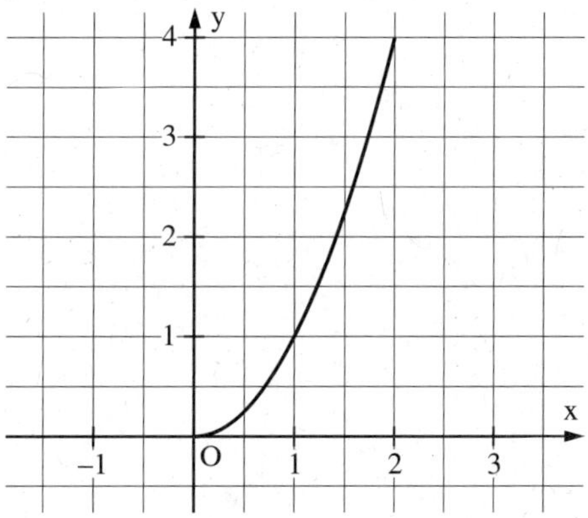

12 Vermischte Aufgaben

S. 104 **1** a) $A = \int_{-3}^{0} -f(x)\,dx = 2\frac{1}{4}$ b) $A = \int_{-4}^{0} -f(x)\,dx = 2\frac{2}{3}$

c) $A = \int_{-4}^{-2} \left(f(x) - \frac{1}{3}x\right)dx + \int_{-2}^{0} \left(\frac{1}{3}x - f(x)\right)dx = 2\frac{2}{3}$

d) Normale in P: n_1: $y = x + \frac{4}{3}$; Normale in O: n_2: $y = -\frac{1}{3}x$
Schnittstelle der Normalen $x_S = -1$.

$A = \int_{-2}^{-1} \left(x + \frac{4}{3} - f(x)\right)dx + \int_{-1}^{0} \left(-\frac{1}{3}x - f(x)\right)dx = \frac{11}{12} + \frac{13}{12} = 2$

S. 104 **2** a)

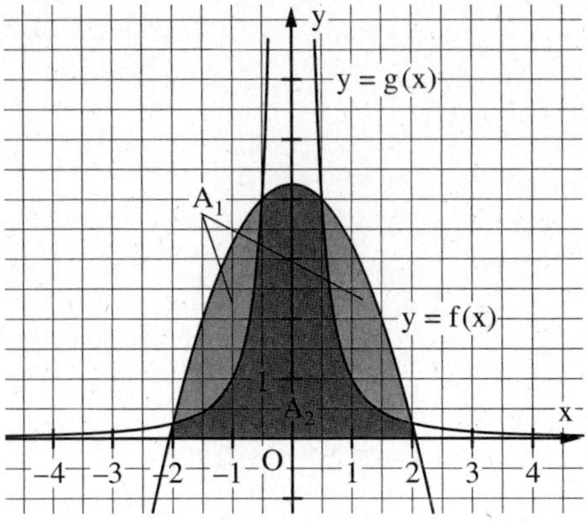

$A_1 = 2 \cdot \int_{0,5}^{2} (f(x) - g(x))\,dx = 4{,}5$

b) $A_2 = \int_{-\sqrt{4{,}25}}^{\sqrt{4{,}25}} f(x)\,dx - A_1 \approx 7{,}18$

3 a) $A = 16 - \frac{16}{3} = 10\frac{2}{3}$ b) $A = 3 - \frac{3}{4} = 2\frac{1}{4}$

c) $A = 16 - 2 \cdot \sqrt{8} - \int_{\sqrt{8}}^{4} \frac{1}{4}x^2\,dx \approx 6{,}90$

4 a) $b = 3$ b) $a = -4$ c) $b = 3$ d) $a = \frac{5}{3}$

5 Der Graph der Integralfunktion ist jeweils fett gezeichnet.

a)

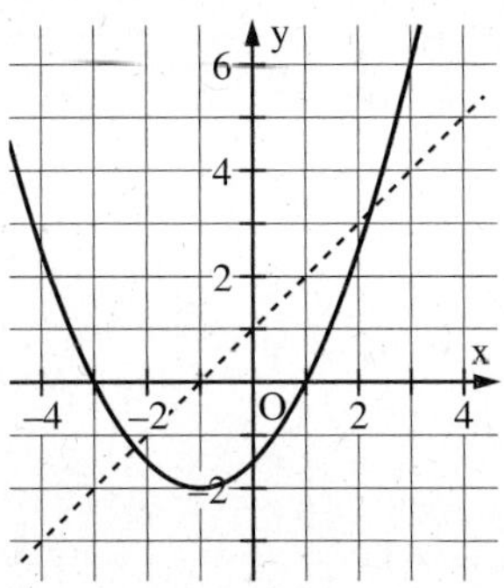

b)

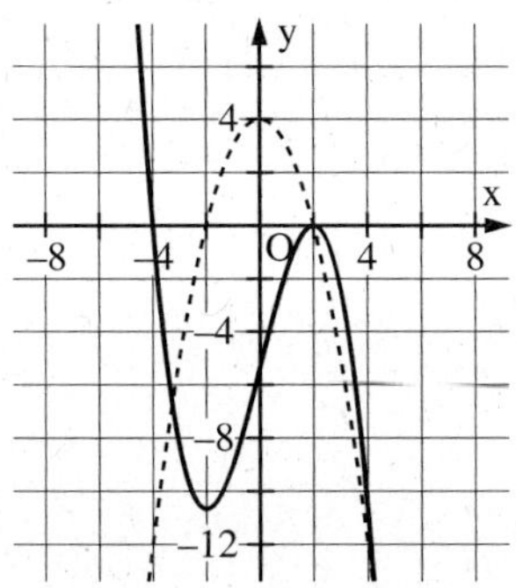

c)

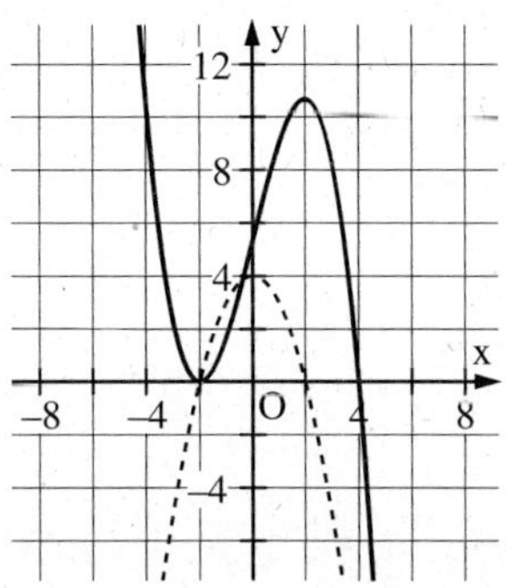

6 Die Integralfunktion J_a zur unteren Grenze a hat die Nullstelle a, da $J_a(a) = \int_a^a f(t)\,dt = 0$.

7 Individuelle Lösungen. Beispiele:

a) $f(x) = 0;\ f(x) = x - 2$ b) $f(x) = \frac{1}{4};\ f(x) = \frac{1}{8}x$

c) $f(x) = 250;\ f(x) = 125 \cdot x$ d) $f(x) = \frac{\pi}{4};\ f(x) = \frac{\pi}{8}x$

8 Die Integralfunktion J_0 zur unteren Grenze 0 von f mit $f(z) = \sin(z)$ ist eine Stammfunktion von F von f, für die gilt: $F(0) = 0$. Dies erfüllt J_0 mit $J_0(x) = 1 - \cos(x)$. Der Wertebereich von J_0 ist $[0;\ 2]$.

S. 105 **9** a) Individuelle Lösung. Es ist zu beachten, dass der Abstand der x-Werte nicht konstant ist. Z. B. Näherungslösung mit Inhalten von Rechtecken.
$A \approx 10 \cdot 3{,}95 + 20 \cdot 5{,}85 + 20 \cdot 7{,}55 + 10 \cdot 5{,}25 + 10 \cdot 1{,}65 + 10 \cdot 1{,}25 = 389$
(oder: Näherungslösung mit der KEPLER'schen Fassregel:
$A \approx \frac{1}{6} \cdot 80 \cdot (3{,}1 + 4 \cdot 7{,}55 + 1{,}5) = 464.$)
b) Individuelle Lösung: Z. B.: A = 389 aus Teilaufgabe a) bedeutet: Das Fahrrad ist 389 m weit gekommen. Das entspricht einer konstanten Geschwindigkeit (in $\frac{m}{s}$) von
$v = \frac{389}{80} \approx 4{,}9.$
(Oder: Man bestimmt den gewichteten Mittelwert von f(x).
$v = \frac{3{,}1 + 4{,}8}{16} + \frac{4{,}8 + 6{,}9}{8} + \frac{6{,}9 + 8{,}2}{8} + \frac{8{,}2 + 2{,}3}{16} + \frac{2{,}3 + 1{,}0}{16} + \frac{1{,}0 + 1{,}5}{16} \approx 4{,}9.$)

10 Die Teilchen werden von links nach rechts mit A, B, C bezeichnet.
a) C war am schnellsten (erreichte die größte Geschwindigkeit), da bei C der größte Funktionswert für v vorliegt.
b) B, da bei B der orientierte Flächeninhalt über [0; 5] am größten ist.
c) C, da bei C der orientierte Flächeninhalt über [0; 5] am kleinsten ist.
d) B, da bei B der Graph von v an der Stelle 0 die größte Steigung hat.

11 Schnittstellen: $x_1 = 0;\ x_2 = \sqrt{m};\ x_3 = -\sqrt{m}$
$A_1 = \int_0^{\sqrt{m}} (mx - x^3)\,dx = \frac{1}{4}m^2 = 2{,}25;\ m = 3$
Dreiecksfläche: $A_D = \frac{1}{2} \cdot \sqrt{m} \cdot m \cdot \sqrt{m} = \frac{1}{2}m^2$; Untere Restfläche: $A_2 = \frac{1}{2}m^2 - \frac{1}{4}m^2 = \frac{1}{4}m^2 = A_1$

12 a) Schnittstellen: $x_1 = 0;\ x_2 = 4 - m$
Blaue Fläche: $A_1 = \int_0^{3{,}5} (-x^2 + 4x - 0{,}5x)\,dx = \frac{7^3}{48} \approx 7{,}15$
Rote Fläche: $\int_{3{,}5}^{4} (0{,}5x + x^2 - 4x)\,dx \approx 0{,}48$
b) $z = 4 - m.\ \int_0^{4-m} (-x^2 + 4x - mx)\,dx = \int_{4-m}^{4} (x^2 - 4x + mx)\,dx;\ m = \frac{4}{3}$

13 $\int_0^t (-x^2 + tx)\,dx = \frac{1}{6}t^3 = 288;\ t = 12$

14 a) Der Querschnitt des Kanals lässt sich beschreiben durch f mit $f(x) = \frac{1}{8}x^2$.
Inhalt der Querschnittsfläche $A = 16 - \int_{-4}^{4} \frac{1}{8}x^2\,dx = 10\frac{2}{3}$
b) $V = 10\frac{2}{3} \cdot 2000 = 21\,333\frac{1}{3} \approx 21\,333$
c) Querschnittsfläche zur halben Höhe $A^* = 2\sqrt{8} - \int_{-\sqrt{8}}^{\sqrt{8}} \frac{1}{8}x^2\,dx = \frac{8}{3}\sqrt{2} \approx 3{,}771.$
$V^* = \frac{8}{3}\sqrt{2} \cdot 2000 \approx 7542.$ Im bis zur halben Höhe gefüllten Kanal befinden sich etwa 35 % der Wassermenge des gefüllten Kanals.

S. 106 **15** a) Für $0 \leqq t \leqq 10$ gilt: $z(t) \geqq 0$.
Der Bestand nimmt zu.
Für $10 \leqq t \leqq 20$ gilt: $z(t) \leqq 0$.
Der Bestand nimmt ab.
Der Bestand ist nach 10 Jahren maximal.
b) Für den Bestand B gilt:
$B(t) = 100 + \int_0^t z(u)\,du \quad (0 \leqq t \leqq 20)$
Minimaler Bestand: 100 Pflanzen zu Beginn und nach 20 Jahren.
Maximaler Bestand: 125 Pflanzen nach 10 Jahren.

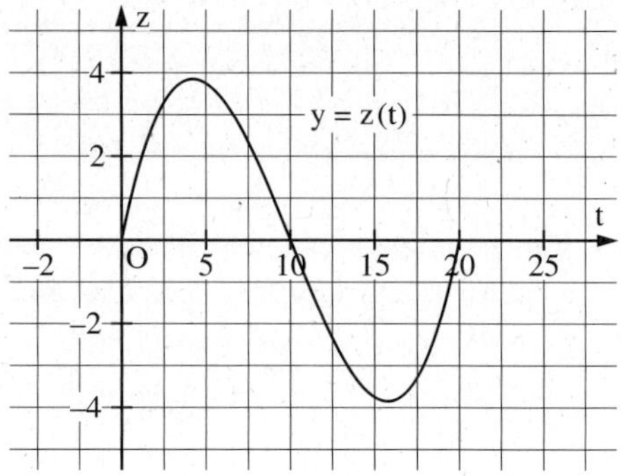

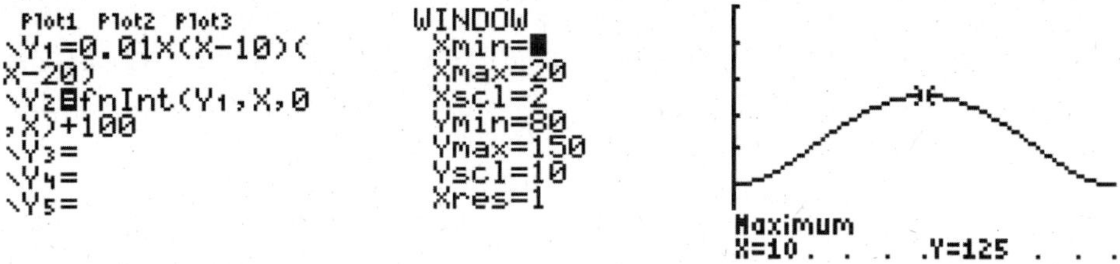

16 a) Im Intervall [0; 2] nimmt die Wassermenge zu.
Im Intervall [2; 4] bleibt die Wassermenge unverändert.
Im Intervall [4; 5] nimmt die Wassermenge zu.
b) Die sich im Tank befindliche Wassermenge V(t) zur Zeit t entspricht dem Flächeninhalt $A = A_1 - A_2$, wobei A_1 der Inhalt der Fläche unter der roten Linie und A_2 der Inhalt der Fläche unter der blauen Linie über dem Intervall [0; t] ist.

17 Ein Koordinatensystem wird so gelegt, dass die positive x-Achse durch die Mittelachse des Glases geht und der Ursprung im Fuß des Glases liegt. Dann „entsteht das Glas" durch Rotation des Graphen der Funktion f mit
$f(x) = \begin{cases} \frac{3}{4} & \text{für } 0 \leq x \leq 6 \\ \frac{1}{144}(x-6)^2 + \frac{3}{4} & \text{für } 6 \leq x \leq 24 \end{cases}$ um die x-Achse, wenn die Längeneinheit $1\,\text{cm}^3$ beträgt.
a) Für das Volumen V (in cm^3) des Glases gilt
$V = \int_0^6 f(x)\,dx + \int_6^{24} f(x)\,dx = \frac{2079}{40}\pi \approx 163{,}2843$. Das Glas fasst etwa $163\,\text{cm}^3$.
b) Aus $V(z) = \int_0^6 f(x)\,dx + \int_6^z f(x)\,dx = 150$ folgt mit dem NEWTON-Verfahren $z \approx 23{,}5107$.
0,15 Liter Flüssigkeit stehen etwa 23,5 cm hoch im Glas.

18 1) Annäherung durch Kegelstumpf mit Durchmessern 180 cm und 80 cm ergibt $V \approx 8{,}36\,\text{m}^3$; $M \approx 20{,}90\,\text{t}$.
2) Annäherung durch zwei Kegelstümpfe ergibt: $V \approx 7{,}76\,\text{m}^3$; $M \approx 19{,}40\,\text{t}$.
3) KEPLER'sche Fassregel: $V \approx \frac{1}{6} \cdot 6 \cdot (0{,}4^2 + 4 \cdot 0{,}6^2 + 0{,}9^2) \approx 7{,}57\,\text{m}^3$; $M \approx 18{,}9\,\text{t}$.

S. 106 **19** a) $T_1\left(-\sqrt{2}\,|\,-4\right)$; $T_2\left(\sqrt{2}\,|\,-4\right)$; $H(0\,|\,0)$; $W_1\left(-\frac{\sqrt{6}}{3}\,\middle|\,-\frac{20}{9}\right)$; $W_2\left(+\frac{\sqrt{6}}{3}\,\middle|\,-\frac{20}{9}\right)$

b) $A = 2 \cdot \int_0^2 -f(x)\,dx = \frac{128}{15} \approx 8{,}53$

c) $A = \int_{-\sqrt{2}}^{\sqrt{2}} (f(x) - (-4))\,dx = \frac{64}{15} \cdot \sqrt{2} \approx 6{,}03$

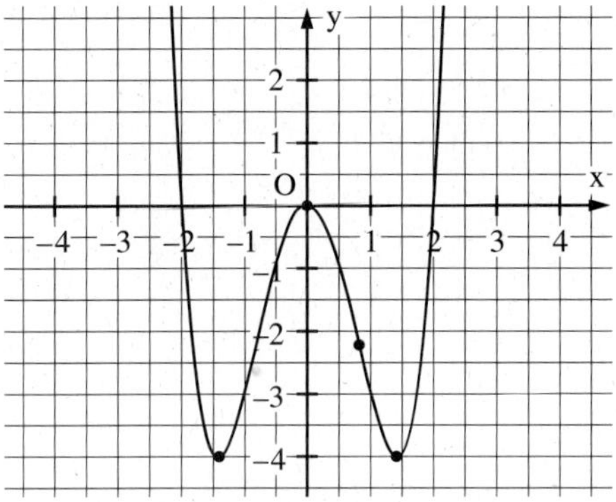

20 Für die Summe $S_2 = K_2 + K_3 + K_4 + \ldots$ aller Kreisinhalte außer dem von K_1 gilt:

$S_2 < \lim\limits_{b \to \infty} \int_1^b \frac{1}{x^2}\,dx = 1.$

Also gilt für die Summe S_1 aller Kreisinhalte: $S_1 < K_1 + 1$.

Es gilt $S_1 < 2$. Begründung:
Der Inhalt des Kreissegmentes von K_1, das die Gerade mit der Gleichung $y = 1$ übersteigt, hat den gleichen Inhalt wie das Kreissegment von K_1, das rechts von der Gerade mit der Gleichung $x = 1$ liegt.

IV Exponentialfunktionen und Wachstum

1 Eigenschaften der Funktion $f\colon x \mapsto c \cdot a^x$

S. 112 **1** a) Bei jedem positiven Zeitschritt verdoppelt sich die Anzahl der informierten Personen.
b) Nach 1 Tag kennen das Gerücht 2 Personen, nach 2 Tagen 4 (= 2^2), nach 3 Tagen 8 (= 2^3), nach 4 Tagen 16 (= 2^4), nach 10 Tagen 1024 (= 2^{10}).
c) f mit $f(x) = 2^x$ oder $f\colon x \mapsto 2^x$.

2 a) Wert nach 5 Jahren: $\left(\frac{100}{104}\right)^5 \approx 0{,}822$; Wert nach 10 Jahren: $\left(\frac{100}{104}\right)^{10} \approx 0{,}676$;
Wert nach 20 Jahren: $\left(\frac{100}{104}\right)^{20} \approx 0{,}456$; Wert nach 40 Jahren: $\left(\frac{100}{104}\right)^{40} \approx 0{,}208$.
$f(x) = \left(\frac{100}{104}\right)^x$
b) z. B. mit den GTR-Befehlen Table, Trace oder Intersect erhält man 17,7 Jahre bzw. 28 Jahre.

S. 113 **3** a) $y = 3^x + 1$
Verschiebung um 1 in positiver y-Richtung:

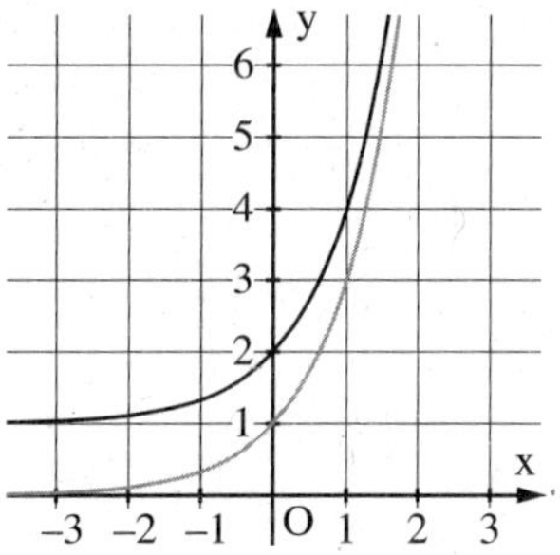

b) $y = -\frac{1}{2} \cdot 3^x$
Ordinatenhalbierung mit anschließender Spiegelung an der x-Achse:

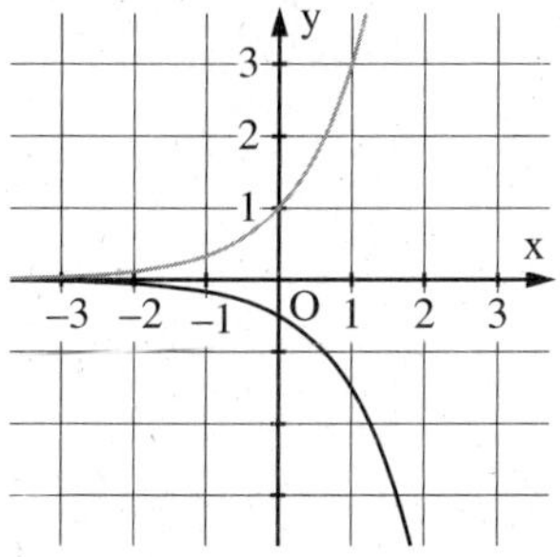

c) $y = \left(\frac{1}{3}\right)^x$
Spiegelung an der y-Achse:

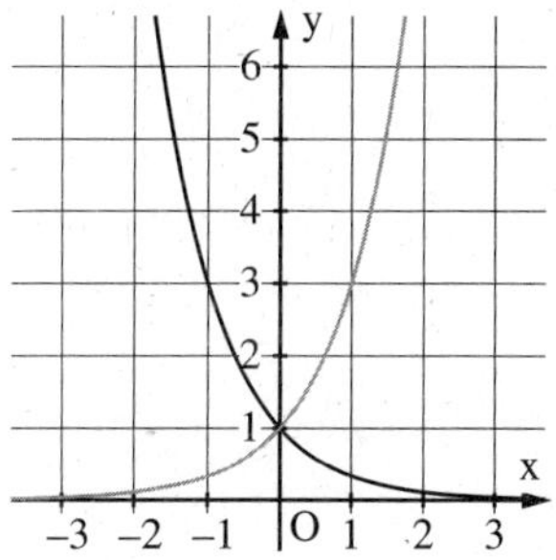

d) $y = \frac{1}{2} \cdot \left(\frac{1}{3}\right)^x$
Ordinatenhalbierung mit anschließender Spiegelung an der y-Achse:

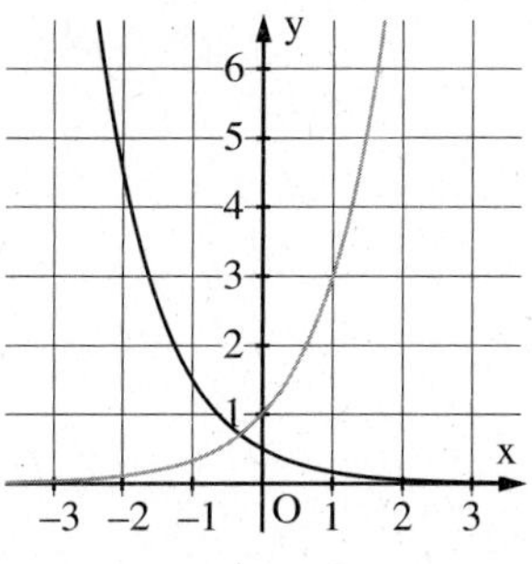

e) $y = 3^{x-1}$
Ordinatendrittelung:

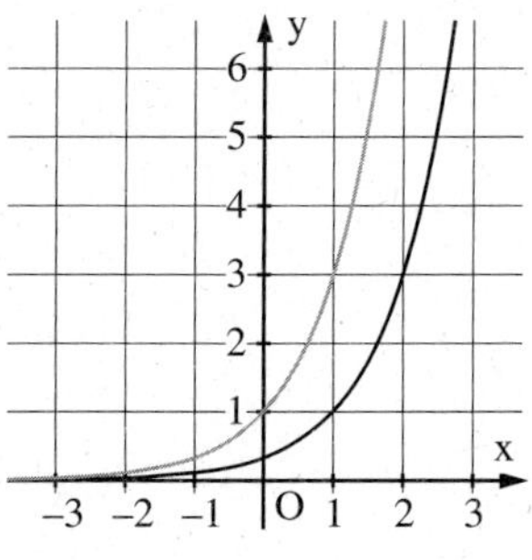

S. 113 **4** a) $a^1 = 3,\ f(x) = 3^x$ b) $a^1 = \frac{1}{4},\ f(x) = \left(\frac{1}{4}\right)^x$ c) $a^2 = 6,\ a = \sqrt{6},\ f(x) = (\sqrt{6})^x$

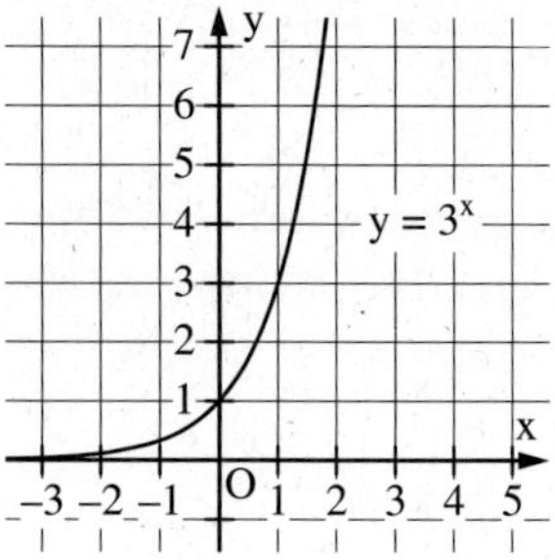

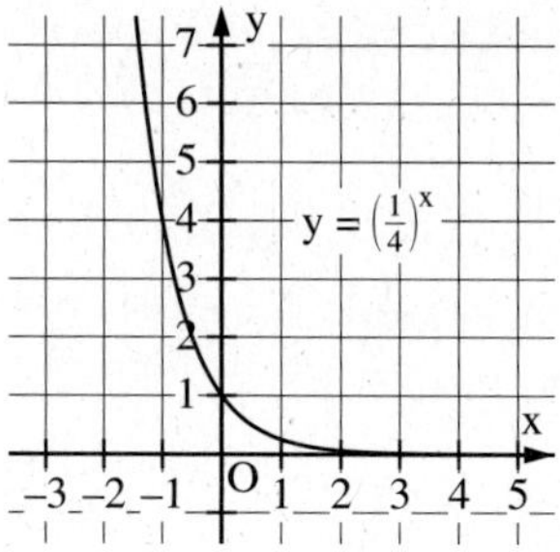

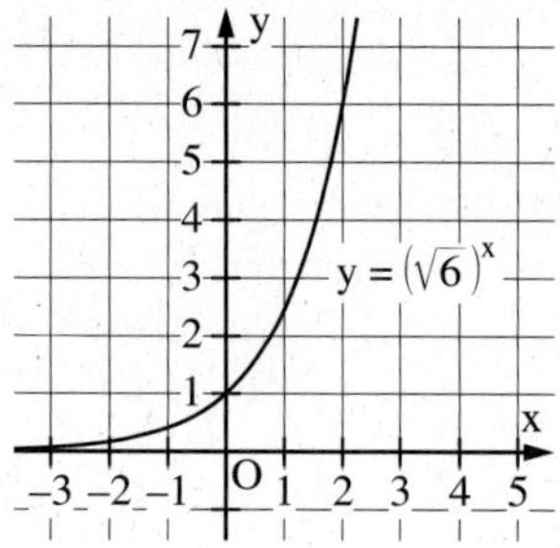

d) $a^{-1} = 3,\ a = \frac{1}{3},\ f(x) = \left(\frac{1}{3}\right)^x$ e) $a^{-\frac{1}{2}} = \frac{1}{16},\ \sqrt{a} = 16,\ a = 256,\ f(x) = 256^x$

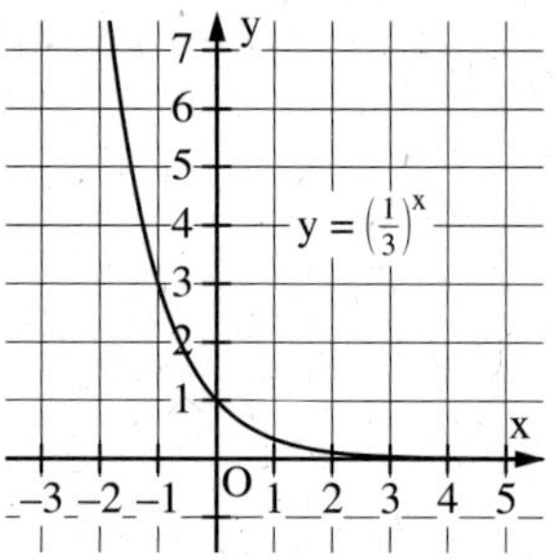

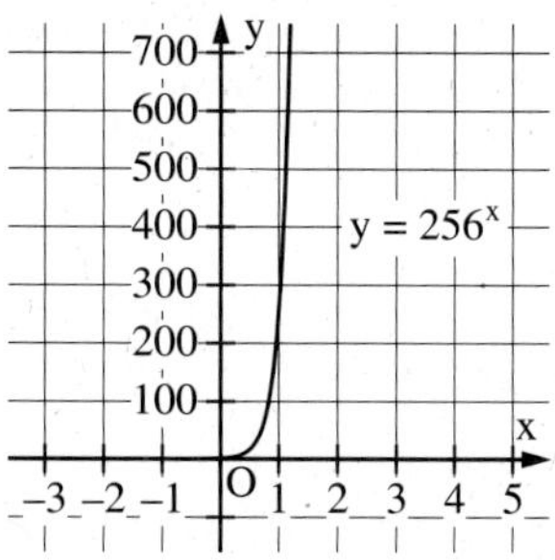

5 a) $c \cdot a^1 = 1$ und $c \cdot a^2 = 2,\ a = 2,\ c = \frac{1}{2},\ f(x) = \frac{1}{2} \cdot 2^x$

b) $c \cdot a^{-1} = 5$ und $c \cdot a^0 = 7,\ c = 7,\ a = \frac{7}{5},\ f(x) = 7 \cdot \left(\frac{7}{5}\right)^x$

c) $c \cdot a^4 = 5$ und $c \cdot a^5 = 6,\ a = \frac{6}{5},\ c = \frac{5^5}{6^4} = \frac{3125}{1296},\ f(x) = \frac{5^5}{6^4} \cdot \left(\frac{6}{5}\right)^x = 5 \cdot \left(\frac{6}{5}\right)^{x-4}$

6 a) $x = 13$ b) $x = -17$ c) $x = 23$ d) $x = 23$

7 a) $K(x) = 100 \cdot 1{,}05^x$ (x in Jahren, K(x) in €). $K(60) \approx 1867{,}91$ (in €)

b) $K\left(55\frac{1}{4}\right) \approx 1481{,}52$ (in €)

S. 114 **8** a) $f(x) = 3^{2x} \cdot 3^3 = 27 \cdot (3^2)^x = 27 \cdot 9^x$ b) $f(x) = 4 \cdot 256^x$

c) $f(x) = 2^{-x-1} = \frac{1}{2} \cdot \left(\frac{1}{2}\right)^x$ d) $f(x) = 2 \cdot \left(\frac{1}{2}\right)^x$

e) $f(x) = 4 \cdot \left(\frac{1}{2}\right)^x$ f) $f(x) = \frac{1}{27} \cdot (3^{\frac{1}{3}})^x = \frac{1}{27} \cdot \left(\sqrt[3]{3}\right)^x$

g) $f(x) = 2^{\frac{1}{2}} \cdot \left(\left(\frac{1}{4}\right)^{\frac{1}{4}}\right)^x = \sqrt{2} \cdot \left(\left(\frac{1}{2}\right)^{\frac{1}{2}}\right)^x = 2 \cdot \left(\frac{1}{\sqrt{2}}\right)^x$ h) $f(x) = 3 \cdot 2^x$

9 a) $h(x) = -2^x$ b) $h(x) = 2^{-x}$ c) $h(x) = 2^{x-1}$ d) $h(x) = 2^x - 3$

S. 114 **10** a) richtig, da aus $3^x > 0$ und $c > 0$ auch $f(x) > 0$ folgt.
b) falsch, die Graphen von f und g schneiden sich in $(0|1)$; für $x < 0$ und $x > 0$ hat $g(x) - f(x)$ verschiedene Vorzeichen.
c) richtig, da $f(x+2) = 3^{x+2} = 3^2 \cdot 3^x = 3^2 \cdot f(x)$
d) richtig, da $f(2x) = 3^{2x} = (3^x)^2 = (f(x))^2$
e) falsch, h muss $h(x) = c \cdot 3^{-x}$ lauten. ($(-3)^x$ ist keine Funktion mit dem Definitionsbereich $\mathbb{R}$)

11 a) $5^x = 125 \Leftrightarrow 5^x = 5^3 \Leftrightarrow x = 3$
b) $5^x = \frac{1}{25} \Leftrightarrow 5^x = 5^{-2} \Leftrightarrow x = -2$
c) $0{,}5^x = 2 \Leftrightarrow \left(\frac{1}{2}\right)^x = 2 \Leftrightarrow x = -1$
d) $3^{x-1} = 3^2 \Leftrightarrow x = 3$
e) $2^{3x-4} = 2^3 \Leftrightarrow x = \frac{7}{3}$

12 a) $x = 1$
b) $x = -2{,}5$
c) $(x-1)\cdot 2^x - 2^x = 0 \Leftrightarrow (x-2)\cdot 2^x = 0 \Leftrightarrow x = 2$
d) $\left(x+\frac{1}{2}\right)\cdot 2^x - \left(x+\frac{1}{2}\right) = 0 \Leftrightarrow \left(x+\frac{1}{2}\right)(2^x - 1) = 0 \Leftrightarrow x = -\frac{1}{2}$ oder $x = 0$

13 a) $f(t) = 10000 \cdot 1{,}5^t$ (t in Wochen); $f(6) - f(0) = 113906 - 10000 = 104000$
b) $\frac{f(10) - f(0)}{f(0)} \cdot 100\,\% \approx 5670\,\%$

14 a) $f(3) = 20 \cdot 0{,}95^3 = 17{,}1475$. Die Bestandsabnahme ist also $20 - 17{,}1475 \approx 2{,}85$.
b) $f(7) = 20 \cdot 0{,}95^7 \approx 13{,}9667 \approx 13{,}97$. Bestandsabnahme pro Woche in Prozent:
$\frac{20 - 13{,}97}{20} \cdot 100\,\% \approx 30{,}2\,\%$

15 a) $f(t) = 51{,}8 \cdot 1{,}032^t$ (t in Jahren, f(t) in Millionen)
2005: $f(5) \approx 60{,}6$; 2020: $f(20) \approx 97{,}3$
b) 1998: $f(-2) \approx 48{,}6$
1995: $f(-5) \approx 44{,}3$; 1990: $f(-10) \approx 37{,}8$; 1980: $f(-20) \approx 27{,}6$

16 a) $f(h) = 1000 \cdot 0{,}88^h$, h in km, f(h) in hPa.
b) Feldberg: $f(1{,}493) = 1000 \cdot 0{,}88^{1{,}493} \approx 826$;
Zugspitze: $f(2{,}963) = 1000 \cdot 0{,}88^{2{,}963} \approx 685$;
Mt. Blanc: $f(4{,}807) = 1000 \cdot 0{,}88^{4{,}807} \approx 541$;
Mt. Everest: $f(8{,}848) = 1000 \cdot 0{,}88^{8{,}848} \approx 323$.
c) $\frac{f(h+0{,}1) - f(h)}{f(h)} \cdot 100\,\% = \frac{1000 \cdot 0{,}88^{h+0{,}1} - 1000 \cdot 0{,}88^h}{1000 \cdot 0{,}88^h} \cdot 100\,\% = \frac{1000 \cdot 0{,}88^h \cdot (0{,}88^{0{,}1} - 1)}{1000 \cdot 0{,}88^h} \cdot 100\,\% =$
$= (0{,}88^{0{,}1} - 1) \cdot 100\,\% \approx -1{,}27\,\%$
$\frac{f(h+0{,}01) - f(h)}{f(h)} \cdot 100\,\% = \frac{1000 \cdot 0{,}88^{h+0{,}01} - 1000 \cdot 0{,}88^h}{1000 \cdot 0{,}88^h} \cdot 100\,\% = \frac{1000 \cdot 0{,}88^h \cdot (0{,}88^{0{,}01} - 1)}{1000 \cdot 0{,}88^h} \cdot 100\,\% =$
$= (0{,}88^{0{,}01} - 1) \cdot 100\,\% \approx -0{,}128\,\%$

2 Die eulersche Zahl e

S. 115 **1** a) Jahreszins im ersten Fall: 6,1 %
b) Kapital von 1 Euro nach einem halben Jahr 1,03 Euro,
nach zwei Halbjahren (= 1 Jahr): $1{,}03 + 1{,}03 \cdot 0{,}3 = 1{,}03^2 = 1{,}0609$,
dies entspricht einem Jahreszins von 6,09 %.
c) Kapital von 1 Euro nach einem Vierteljahr 1,015 Euro,
nach zwei Vierteljahren $1{,}015 + 1{,}015 \cdot 0{,}015 = 1{,}015^2 = 1{,}030\,225$,
nach drei Vierteljahren $1{,}015^2 + 1{,}015^2 \cdot 0{,}015 = 1{,}015^3 \approx 1{,}045\,678$,
nach vier Vierteljahren $1{,}015^4 \approx 1{,}06136$,
dies entspricht einem Jahreszins von etwa 6,14 %.
Damit ist das letzte Angebot das günstigste.

S. 116 **2**

a) $e^4 \approx 54{,}5982$	b) $e^{\frac{1}{4}} \approx 1{,}2840$	c) $e^{\sqrt{5}} \approx 9{,}3565$
d) $e^{2,67} \approx 14{,}4400$	e) $2 \cdot e^{-1,2} \approx 0{,}6024$	f) $\frac{2}{3} \cdot e^{-\sqrt{23}} \approx 0{,}005\,509$
g) $e^e \approx 15{,}1543$	h) $3e^3 - 12 \approx 48{,}2566$	i) $3e^3 - e \approx 57{,}5383$
j) $\frac{1}{e} - e \approx -2{,}3504$	k) $\sqrt{e} + e \approx 4{,}3670$	l) $4 \cdot \sqrt[4]{e} \approx 5{,}1361$
m) $(\sqrt[3]{e})^4 \approx 3{,}7937$	n) $\frac{4}{5} \cdot \sqrt{e} + e \approx 4{,}0373$	

3

a) $x = 0$	b) $x = 1$	c) $x = -1$	d) $x = -3$
e) $x = -\frac{5}{2}$	f) $x = 0$	g) $x = \frac{1}{2}$	h) $x = \frac{1}{3}$
i) keine Lösung	j) $x = 1$	k) $x = 1$	l) $x = -\frac{1}{4}$

4 a) $K \cdot \left(1 + \frac{z}{100}\right)^{20} = 2 \cdot K \Leftrightarrow \left(1 + \frac{z}{100}\right)^{20} = 2 \Leftrightarrow \frac{z}{100} = 2^{\frac{1}{20}} - 1 \rightarrow z \approx 3{,}5265$;
erforderlicher Zinssatz ≈ 3,53 %
b) $K_{20} = K \cdot (1 + 0{,}05)^{20} \approx 2{,}6533 \cdot K$.
c) $K_{7200} = K \cdot \left(1 + \frac{1}{7200}\right)^{7200} \approx 2{,}7181 \cdot K$

5 a) 5 Jahre = $5 \cdot 4$ Vierteljahre; Kapitalerhöhung in 5 Jahren: 50 %; durchschnittliche Erhöhung des Kapitals in einem Vierteljahr: $\frac{50}{20}\,\% = 2{,}5\,\% = 0{,}025$,
2,5 % Vierteljahreszins ergibt das Endkapital $K_{20} = K \cdot 1{,}025^{20} \approx 1{,}6386 \cdot K$.
5 Jahre = $5 \cdot 360$ Tage = 1800 Tage; Kapitalerhöhung in 5 Jahren: 50 %; durchschnittliche Erhöhung des Kapitals je Tag: $\frac{50}{1800}\,\% \approx 0{,}027\,777\,\% = 0{,}000\,277\,77$. 0,027 777 % täglicher Zins ergibt das Endkapital $K_{1800} = K \cdot 1{,}000\,277\,77^{1800} \approx 1{,}6486 \cdot K$.
b) 5 Jahre = $5 \cdot 360 \cdot 24$ Stunden = 43 200 Stunden; Kapitalerhöhung in 5 Jahren: 50 %; durchschnittliche Erhöhung des Kapitals in einer Stunde:
$\frac{50}{43\,200}\,\% \approx 0{,}001\,157\,4\,\% = 0{,}000\,011\,574$. Dieser stündliche Zins ergibt das Endkapital $K_{43\,200} = K \cdot 1{,}000\,011\,574^{43\,200} \approx 1{,}6487 \cdot K$.
Die stündliche Verzinsung bringt gegenüber der täglichen keine wesentliche Kapitalerhöhung mehr.

S. 116 **6** Bank A: $K \cdot (1 + 0{,}0151)^{4 \cdot 12} \approx 2{,}0532 \cdot K$; Bank B: $K \cdot (1 + 0{,}031)^{2 \cdot 12} \approx 2{,}0807 \cdot K$.
In beiden Fällen verdoppelt sich das Kapital nach 12 Jahren; die halbjährliche Verzinsung mit 3,1 % ist allerdings etwas günstiger.

3 *Ableitung und Stammfunktionen der Funktion $f\colon x \mapsto e^x$*

S. 117 **1** a) $\frac{f'(x)}{f(x)} \approx 0{,}6931$; d.h. $f'(x) = 0{,}6931 \cdot f(x)$ $[= \ln(2) \cdot 2^x]$

b) $\frac{f'(x)}{f(x)} \approx 1{,}099$; d.h. $f'(x) = 1{,}099 \cdot f(x)$ $[= \ln(3) \cdot 3^x]$

c) Für die gesuchte Basis a gilt: $a \in\ ]2; 3[$. Ausprobieren anhand einer Tabelle ergibt $a = e$.

S. 118 **2** DIN A4-Maße: B x H: 21,0 x 29,7 cm
a) Aus $e^x = 29{,}7$ folgt z.B. durch Probieren $x \approx 3{,}39$ (in cm).
b) $e^{21} = 1\,318\,815\,734$ (in cm) bzw. $13\,188{,}2$ (in km)

3 a) b) c)

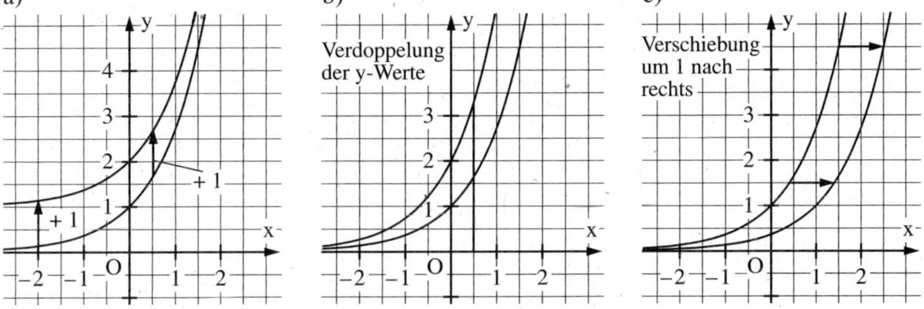

4 a) $f'(x) = e^x$, also $f'(1) = e$. Gleichung der Tangente in $A(1\,|\,e)$: $\frac{y-e}{x-1} = e \Leftrightarrow y = e \cdot x$
$f'(-1) = e^{-1}$. Gleichung der Tangente in $B(-1\,|\,e^{-1})$: $\frac{y - e^{-1}}{x+1} = e^{-1} \Leftrightarrow y = \frac{1}{e} \cdot x + \frac{2}{e}$
b) Schnittpunkt mit der x-Achse $S(0\,|\,0)$
c) Steigung der Normalen an K in A: $-\frac{1}{e}$; Steigung der Normalen an K in B: $-e$.

5 a) $A_1 = \int_0^2 e^x\,dx = [e^x]_0^2 = e^2 - e^0 = e^2 - 1 \approx 6{,}3891$;

b) $A_2 = \int_{-1}^1 e^x\,dx = [e^x]_{-1}^1 = e^1 - e^{-1} = \frac{e^2-1}{e} \approx 2{,}3504$;

c) $A_3 = \int_2^4 e^x\,dx = [e^x]_2^4 = e^4 - e^2 = e^2 \cdot (e^2 - 1) \approx 47{,}2091$;

d) $A_4 = \int_{-10}^2 e^x\,dx = [e^x]_{-10}^2 = e^2 - e^{-10} \approx 7{,}3890$

S. 118 **6** Die Steigung in $P(a|e^a)$ ist e^a; Gleichung der Tangente:
$\frac{y - e^a}{x - a} = e^a \Leftrightarrow y = e^a \cdot x + (1 - a) \cdot e^a$.
Schnitt mit der x-Achse: $0 = e^a \cdot x + (1 - a) \cdot e^a \Leftrightarrow$
$e^a \cdot (x + 1 - a) = 0 \Leftrightarrow x = a - 1$, also $Q(a - 1|0)$.
Da Q auf der x-Achse um eine Einheit links von P liegt, kann man sofort den Punkt Q zeichnen. Die Gerade PQ ist dann Tangente.

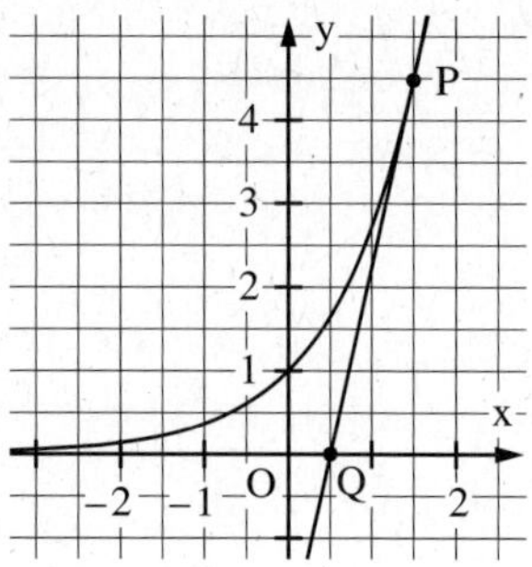

7 a) $A = \int_{-3}^{0} 1\,dx - \int_{-3}^{0} e^x\,dx = \int_{-3}^{0} (1 - e^x)\,dx = [x - e^x]_{-3}^{0} = (-e^0) - (-3 - e^{-3}) =$
$= 2 + e^{-3} = 2 + \frac{1}{e^3} \approx 2{,}0498$

b) $A = \int_{-2}^{0} e^x\,dx - \int_{-1}^{0} (x + 1)\,dx = [e^x]_{-2}^{0} - \left[\frac{1}{2}x^2 + x\right]_{-1}^{0} = (1 - e^{-2}) - \left(0 - \left(\frac{1}{2} - 1\right)\right) =$
$= 1 - e^{-2} - \frac{1}{2} = \frac{1}{2} - \frac{1}{e^2} \approx 0{,}3647$

c) $A = \int_{-2,5}^{1,5} (e^x - 1)\,dx - \int_{-2,5}^{1,5} x\,dx = \left[e^x - x - \frac{x^2}{2}\right]_{-2,5}^{1,5} = e^{\frac{3}{2}} - e^{-\frac{5}{2}} - 2 \approx 2{,}39960$

4 *Die Produktregel*

S. 119 **1** a) z. B. mit nDeriv bzw. Table
b) mit nDeriv kann man vermuten: $f'(x) = u'(x) \cdot v(x) + u(x) \cdot v'(x)$

S. 120 **2** a) $f'(x) = 2 \cdot e^x + 2x \cdot e^x = (2x + 2) \cdot e^x$
b) $f'(x) = (x^2 + 2x + 2) \cdot e^x$
c) $f'(x) = 1 \cdot \sqrt{x} + x \cdot \frac{1}{2\sqrt{x}} = \frac{3}{2}\sqrt{x}$
d) $f'(x) = 2x \cdot \sqrt{x} + x^2 \cdot \frac{1}{2\sqrt{x}} = \frac{5}{2}x\sqrt{x} = \frac{5}{2}x^{\frac{3}{2}}$
e) $f'(x) = \sin(x) + x \cdot \cos(x)$
f) $f'(t) = \cos^2(t) - \sin^2(t)$
g) $f'(x) = -12x^{-4} \cdot e^x + 4x^{-3} \cdot e^x = \left(\frac{4}{x^3} - \frac{12}{x^4}\right) \cdot e^x$
h) $f'(t) = 3 \cdot (t^6 + 6t) + (3t + 2) \cdot (6t^5 + 6) = 21t^6 + 12t^5 + 36t + 12$

3 a) $f(x) = 2e^x \cdot x^{-1}$; $f'(x) = 2 \cdot \left(\frac{1}{x} - \frac{1}{x^2}\right) \cdot e^x$
b) $f(x) = 5\cos(x) \cdot x^{-2}$; $f'(x) = -5\sin(x) \cdot x^{-2} + 5\cos(x) \cdot (-2 \cdot x^{-3}) = -\frac{5\sin(x)}{x^2} - \frac{10\cos(x)}{x^3}$
c) $f(x) = e^x \cdot x^3$; $f'(x) = (x^3 + 3x^2) \cdot e^x$
d) $f(x) = (x - 1) \cdot e^x$; $f'(x) = x \cdot e^x$

S. 120 **4** a) $f'(x) = \sqrt{x} \cdot \frac{1}{2\sqrt{x}} + \frac{1}{2\sqrt{x}} \cdot \sqrt{x} = 1.$

Aus $f(x) = x$ folgt direkt $f'(x) = 1$.

b) $f'(x) = -2 \cdot (3x + 1) + (1 - 2x) \cdot 3 = -12x + 1$

Aus $f(x) = -6x^2 + x + 1$ folgt direkt $f'(x) = -12x + 1$

c) $f'(x) = (-3x^{-4} + 2x) \cdot (-x) + \left(\frac{1}{x^3} + x^2\right) \cdot (-1) = \frac{2}{x^3} - 3x^2$

Aus $f(x) = -\frac{1}{x^2} - x^3$ folgt direkt $f'(x) = \frac{2}{x^3} - 3x^2$.

5 $f(x) = x^3 \cdot \cos(x)$ mit $u(x) = x^3$; $v(x) = \cos(x)$

$f'(x) = 3x^2 \cdot \cos(x) - x^3 \cdot \sin(x)$

a) fälschlicherweise $v'(x) = \sin(x)$

b) falsche Regel $f' = u \cdot v + u' \cdot v'$

6 a) $f(x) = 0$ bzw. $x^2 - 3 = 0$ liefert $N_1(\sqrt{3}\,|\,0)$; $N_2(-\sqrt{3}\,|\,0)$.

b) $f'(x) = (x^2 + 2x - 3) \cdot e^x$

$f'(\sqrt{3}) = 2\sqrt{3} \cdot e^{\sqrt{3}} \approx 19{,}58$

$f'(-\sqrt{3}) = -2\sqrt{3} \cdot e^{-\sqrt{3}} \approx -0{,}61$

c) $f'(x) = 0$ ergibt $E_1(1\,|\,-2e)$; $E_2(-3\,|\,6e^{-3})$

d) Abstand $d = \sqrt{(1-(-3))^2 + (-2e - 6e^{-3})^2} \approx 6{,}99$

7 a) $g'(x) = f(x) + x \cdot f'(x)$; $g''(x) = 2f'(x) + x \cdot f''(x)$

Für die Funktion f gilt: $f(2) = 0$ und $f'(2) = 0$.

Damit ist $g(2) = 0$ und $g'(2) = f(2) + 2 \cdot f'(2) = 0$.

b) Für die Funktion f gilt: $f(2) = 0$, $f'(2) = 0$ und $f''(2) < 0$.

Damit ist $g(2) = 0$; $g'(2) = 0$ und $g''(2) = 2 \cdot f'(2) + 2 \cdot f''(2) < 0$,
also ist P auch Hochpunkt des Graphen von g.

c) Mit $P(-2\,|\,0)$ als Berührpunkt gilt für die Funktion f: $f(-2) = 0$; $f'(-2) = 0$.

Damit ist $g(-2) = 0$ und $g'(-2) = 0$, also berührt auch der Graph von g die x-Achse in P.

Ist zusätzlich $f''(-2) < 0$, so gilt: $g''(-2) = -2 \cdot f''(-2) > 0$.

Also ist $P(-2\,|\,0)$ Tiefpunkt des Graphen von g.

8 a) $f'(x) = \sin(x)\cos(x) + x(\cos^2(x) - \sin^2(x))$

b) Für $f = u \cdot v \cdot w$ ergibt sich $f' = u'vw + uv'w + uvw'$.

$f(x) = x \cdot x^2 \cdot x^3 = x^6$; $f'(x) = 6x^5$

$(x \cdot x^2 \cdot x^3)' = 1 \cdot x^2 \cdot x^3 + x \cdot 2x \cdot x^3 + x \cdot x^2 \cdot 3x^2 = 6x^5$

9 $g'(x) = f'(x) \cdot f(x) + f(x) \cdot f'(x) = 2 \cdot f'(x) \cdot f(x)$

$h(x) = f(x) \cdot (f(x))^2 = f(x) \cdot g(x)$

$h'(x) = f'(x) \cdot g(x) + f(x) \cdot g'(x) = f'(x) \cdot (f(x))^2 + 2 \cdot f'(x) \cdot (f(x))^2 = 3 \cdot f'(x) \cdot (f(x))^2$

Induktionsbeweis:

Gegeben: f_n mit $f_n(x) = x^n$; $n \geqq 1$

Behauptung: $f_n'(x) = n \cdot x^{n-1}$

S. 120 **9** Beweis:

I. Induktionsanfang:

Für $n = 1$ ist die Behauptung wahr, denn für $f_1(x) = x^1$ gilt direkt abgeleitet $f_1'(x) = 1$ bzw. mit der Behauptung $f_1'(x) = 1 \cdot x^{1-1} = 1$.

II. Induktionsschritt:

Sei $k \in \mathbb{N}^*$ und gelte die Behauptung für k. Zu zeigen: Die Behauptung gilt auch für $k + 1$.

$f'_{k+1}(x) = (x^{k+1})' = (x \cdot x^k)' = 1 \cdot x^k + x \cdot k \cdot x^{k-1} = x^k + k \cdot x^k = (k+1) \cdot x^k$.

Somit gilt die Behauptung auch für $k + 1$.

5 Ableiten und Integrieren mithilfe der Kettenregel

S. 121 **1** $h_1(x) = g(x) - f(x)$ (Differenz); $h_2(x) = f(x) \cdot g(x)$ (Produkt);
$h_3(x) = \frac{f(x)}{g(x)}$ (Quotient); $h_4(x) = \frac{g(x)}{f(x)}$ (Quotient); $h_5(x) = f(g(x))$ (Verkettung);
$h_6(x) = g(f(x))$ (Verkettung)

S. 122 **2**

a) $f'(x) = 1 - e^x$	$f''(x) = -e^x$	$F(x) = \frac{1}{2}x^2 - e^x$
b) $f'(x) = x^2 - 3e^x$	$f''(x) = 2x - 3e^x$	$F(x) = \frac{1}{12}x^4 - 3e^x$
c) $f'(x) = e^x + 2e^{2x}$	$f''(x) = e^x + 4e^{2x}$	$F(x) = e^x + \frac{1}{2}e^{2x}$
d) $f'(x) = -2e^{-2x}$	$f''(x) = 4e^{-2x}$	$F(x) = -\frac{1}{2}e^{-2x}$
e) $f'(x) = 3e^{3x+4}$	$f''(x) = 9e^{3x+4}$	$F(x) = \frac{1}{3}e^{3x+4}$
f) $f'(x) = 8e^{2x+5}$	$f''(x) = 16e^{2x+5}$	$F(x) = 2e^{2x+5}$
g) $f'(x) = \frac{1}{5}e^{\frac{1}{2}x+3}$	$f''(x) = \frac{1}{10}e^{\frac{1}{2}x+3}$	$F(x) = \frac{4}{5}e^{\frac{1}{2}x+3}$
h) $f'(x) = -3e^{-\frac{3}{5}x-2}$	$f''(x) = \frac{9}{5}e^{-\frac{3}{5}x-2}$	$F(x) = -\frac{25}{3}e^{-\frac{3}{5}x-2}$

3 a) $f(x) = 2x \cdot e^x$; $f'(x) = 2e^x + 2x \cdot e^x = 2e^x \cdot (1 + x)$
b) $f(x) = \frac{1}{2}x^{-1} \cdot e^x$; $f'(x) = -\frac{1}{2}x^{-2} \cdot e^x + \frac{1}{2}x^{-1} \cdot e^x = \frac{1}{2}x^{-2} \cdot e^x \cdot (-1 + x) = \frac{e^x}{2x^2} \cdot (x - 1)$
c) $f(x) = x^2 \cdot e^{-x}$; $f'(x) = 2x \cdot e^{-x} - x^2 \cdot e^{-x} = x \cdot e^{-x} \cdot (2 - x)$
d) $f(x) = 2x \cdot e^{4x}$; $f'(x) = 2 \cdot e^{4x} + 2x \cdot 4e^{4x} = (2 + 8x) \cdot e^{4x}$

4 Summe: $s(x) = 3e^{2x} + x^2 + 1$; $s'(x) = 6e^{2x} + 2x$; $S(x) = \frac{3}{2}e^{2x} + \frac{1}{3}x^3 + x$

Differenz: $d(x) = 3e^{2x} - x^2 - 1$; $d'(x) = 6e^{2x} - 2x$; $D(x) = \frac{3}{2}e^{2x} - \frac{1}{3}x^3 - x$

Produkt: $p(x) = 3e^{2x} \cdot (x^2 + 1)$; $p'(x) = 6e^{2x} \cdot (x^2 + 1) + 3e^{2x} \cdot 2x = 6e^{2x} \cdot (x^2 + x + 1)$

Quotient 1: $q_1(x) = 3\frac{e^{2x}}{x^2 + 1}$

Quotient 2: $q_2(x) = \frac{x^2 + 1}{3e^{2x}}$

S. 122 **4** Verkettung $f(g(x))$: $k_1(x) = 3e^{2(x^2+1)}$; $k_1'(x) = 12x \cdot e^{2(x^2+1)}$
Verkettung $g(f(x))$: $k_2(x) = (3e^{2x})^2 + 1 = 9e^{4x} + 1$; $k_2'(x) = 36 \cdot e^{4x}$

5 a) $f'(x) = (x+1) \cdot e^x$; $f''(x) = (x+2) \cdot e^x$; $f^{(n)}(x) = (x+n) \cdot e^x$
$F(x) = (x-1) \cdot e^x$ (Nachweis durch Ableiten)
b) $f'(x) = (1-x) \cdot e^{-x}$; $f''(x) = -(2-x) \cdot e^{-x}$; $f^{(n)}(x) = (-1)^{n+1} \cdot (n-x) \cdot e^x$
$F(x) = (-1-x) \cdot e^{-x}$
c) $f'(x) = (x+1) \cdot e^{x+1}$; $f''(x) = (x+2) \cdot e^{x+1}$; $f^{(n)}(x) = (x+n) \cdot e^{x+1}$
$F(x) = (x-1) \cdot e^{x+1}$
d) $f'(x) = -x \cdot e^{1-x}$; $f''(x) = (x-1) \cdot e^{1-x}$; $f'''(x) = (-x+2) \cdot e^{1-x}$;
$f^{(n)}(x) = (-1)^n (x-(n-1)) \cdot e^{1-x}$; $F(x) = (-x-2) \cdot e^{1-x}$

6 a) $f(x) = (2x-1) \cdot e^x$; $f'(x) = 2e^x + (2x-1)e^x = e^x \cdot (2x+1)$
$f''(x) = e^x \cdot (2x+1) + e^x \cdot 2 = e^x \cdot (2x+3)$
b) $f(x) = e^{-x} \cdot (1+x)$; $f'(x) = -e^{-x} \cdot (1+x) + e^{-x} = -x \cdot e^{-x}$;
$f''(x) = -e^{-x} + x \cdot e^{-x} = (x-1) \cdot e^{-x}$

7 a) $f(x) = x \cdot e^x$; $f'(x) = e^x + x \cdot e^x$. $f'(x) = 0$ ergibt $e^x \cdot (1+x) = 0$, also $x = -1$.
Punkt $P\left(-1 \middle| -\frac{1}{e}\right)$
b) $f(x) = x \cdot e^{2x+1}$; $f'(x) = e^{2x+1} + 2x \cdot e^{2x+1}$. $f'(x) = 0$ ergibt $e^{2x+1} \cdot (1+2x) = 0$, also $x = -\frac{1}{2}$. Punkt $P\left(-\frac{1}{2} \middle| -\frac{1}{2}\right)$

8 a) $\int_0^{\frac{1}{2}} 2e^{2x}\,dx = [e^{2x}]_0^{\frac{1}{2}} = e - 1 \approx 0{,}7183$

b) $\int_0^{\frac{1}{2}} 2e^{2x+1}\,dx = [e^{2x+1}]_0^{\frac{1}{2}} = e^2 - e = e \cdot (e-1) \approx 4{,}6708$

c) $\int_0^{1} (x + e^{-x+1})\,dx = \left[\frac{1}{2}x^2 - e^{-x+1}\right]_0^1 = e - \frac{1}{2} \approx 2{,}22$

d) $\int_{0,25}^{0,75} \left(\frac{1}{2}e^{4t-1} + 1\right)dt = \left[\frac{1}{8}e^{4t-1} + t\right]_{0,25}^{0,75} = \frac{1}{8}e^2 + \frac{3}{4} - \left(\frac{1}{8} + \frac{1}{4}\right) = \frac{1}{8}e^2 + \frac{3}{8}$

e) $\int_2^4 e^{t-2}\,dt = [e^{t-2}]_2^4 = e^2 - 1$

9 Graph der Funktion: schwarz; Graph der Ableitung: rot; Graph einer Stammfunktion: blau. Begründung: z. B. Lage der Extrempunkte, Monotonieverhalten

10 a) $f_t(x) = x + t \cdot e^x$; $f_t'(x) = 1 + t \cdot e^x$. $f_t(1) = 1 + t \cdot e = 2$ ergibt $t = \frac{1}{e}$.
b) $F_t(x) = \frac{x^2}{2} + t \cdot e^x + C$ ist Stammfunktion von f_t. Es muss gelten: $F_t(0) = 0$ und $F_t(1) = 0$, d.h. $t + c = 0$ und $\frac{1}{2} + t \cdot e + C = 0$, also $t = \frac{1}{2(1-e)}$ und $c = \frac{1}{2(e-1)}$. Damit ist $F_{\frac{1}{2(1-e)}}$ mit $F_{\frac{1}{2(1-e)}}(x) = \frac{x^2}{2} + \frac{e^x}{2(1-e)} + \frac{1}{2(e-1)}$ die gesuchte Stammfunktion.
Graphen siehe nächste Seite.

S. 122 **10**

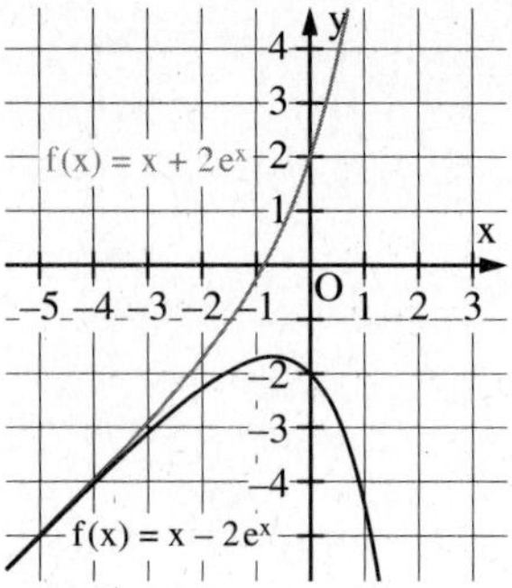

11 a) vgl. Figur rechts

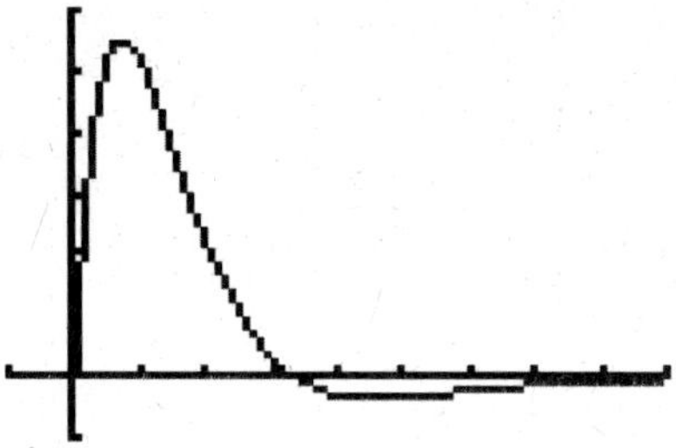

Stärkster Zufluss:
$f'(t) = 0$ mit $f'(t) = (3t^2 - 16t + 10) \cdot e^{-t}$
ergibt $t_{1/2} = \frac{16 \pm \sqrt{136}}{6}$ bzw. $t_1 \approx 0{,}723$;
$t_2 \approx 4{,}610$. Stärkster Zufluss anhand des Graphen nach $t_1 \approx 0{,}723\,h \approx 44\,min$.
b) Maximaler Speicherinhalt M:
Aus $f(t) = 0$ erhält man $t_3 = 0$ bzw.
$t_4 = \frac{10}{3}$. Also $M = \int_0^{\frac{10}{3}} f(t)\,dt \approx 4{,}57$
(Lösung mit GTR; eine Berechnung mithilfe einer Stammfunktion ist hier nicht möglich). Gesamter Speicherinhalt: $V = 5 + 4{,}57 = 9{,}57$ (in m^3).

6 *Die natürliche Logarithmusfunktion*

S. 123 **1** a) Da $f: x \mapsto y$ mit $y = e^x$ streng monoton steigt, ist f umkehrbar, also ist die Zuordnung $g: y \mapsto x$ eine Funktion.

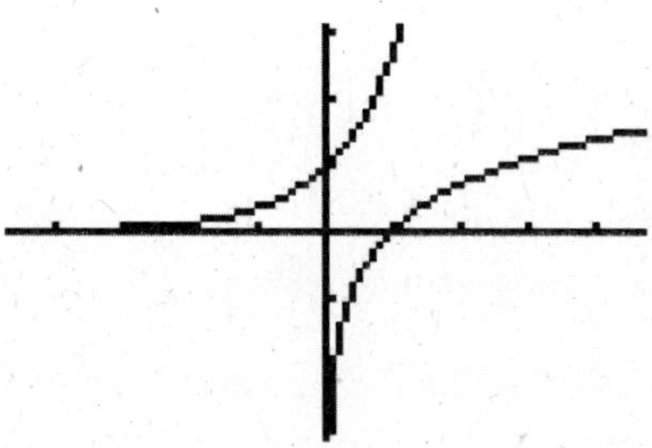

b) Den Graphen von g erhält man aus dem Graphen von f durch Spiegelung an der Geraden $y = x$. Aus $y = e^x$ erhält man $x = g(y)$. Somit gilt:
$g(e) = g(e^1)$ (da $e^1 = e$ ist); $g(e^2) = 2$;
$g(\sqrt{e}) = g(e^{\frac{1}{2}}) = \frac{1}{2}$.
g ordnet einer Zahl y die Zahl x zu, mit der man e potenzieren muss, um y zu erhalten.

S. 124 **2** a) $\ln(4) + \ln(e) = 1 + \ln(4)$
b) -1 c) 3 d) $\frac{1}{3}$
e) nicht zu vereinfachen f) nicht zu vereinfachen
g) 8 h) -10 i) $\ln(5) - 2$

3 a) $f(x) = \frac{4}{x}$; $F(x) = 4 \cdot \ln(x)$ für $x > 0$; $F(x) = 4 \cdot \ln(-x)$ für $x < 0$
b) $f(x) = \frac{3}{4} \cdot \frac{1}{x}$; $F(x) = \frac{3}{4} \cdot \ln(x)$ für $x > 0$; $F(x) = \frac{3}{4} \cdot \ln(-x)$ für $x < 0$
c) $f(x) = 1 + \frac{2}{x}$; $F(x) = x + 2 \cdot \ln(x)$ für $x > 0$; $F(x) = 2 \cdot \ln(-x)$ für $x < 0$
d) $f(x) = 1 - \frac{5}{2x+3}$; $F(x) = x - \frac{5}{2}\ln(2x+3)$ für $x > -\frac{3}{2}$;
$F(x) = x - \frac{5}{2}\ln(-(2x+3))$ für $x < -\frac{3}{2}$
e) $f(x) = \frac{1}{2x} + \frac{1}{2x^2}$; $F(x) = \frac{1}{2}\ln(x) - \frac{1}{x}$ für $x > 0$; $F(x) = \frac{1}{2}\ln(-x) - \frac{1}{x}$ für $x < 0$
f) $f(x) = -\frac{3}{5x} + \frac{3}{4x^3}$; $F(x) = -\frac{3}{5} \cdot \ln(x) - \frac{3}{8x^2}$ für $x > 0$;
$F(x) = -\frac{3}{5} \cdot \ln(-x) - \frac{3}{8x^2}$ für $x < 0$
g) $f(x) = \frac{1}{3x-4}$; $F(x) = \frac{1}{3}\ln(3x-4)$ für $x > \frac{4}{3}$; $F(x) = \frac{1}{3}\ln(4-3x)$ für $x < \frac{4}{3}$
h) $f(x) = \frac{1}{x+1} + \frac{1}{4x-1}$; $F(x) = \ln(x+1) + \frac{1}{4}\ln(4x-1)$ für $x + 1 > 0$ und $4x - 1 > 0$;
d.h. $x > \frac{1}{4}$; $F(x) = \ln(x+1) + \frac{1}{4}\ln(1-4x)$ für $x > -1$ und $x < \frac{1}{4}$; d.h. für $-1 < x < \frac{1}{4}$
$F(x) = \ln(-(x+1)) + \frac{1}{4}\ln(1-4x)$ für $x < -1$ und $x < \frac{1}{4}$; d.h. $x < -1$.

4 a) $[5\ln(|x|)]_{-e}^{-1} = -5$
b) $\int_1^e \left(2 + \frac{5}{x}\right)dx = [2x + 5\ln(|x|)]_1^e = 2e + 3 \approx 8{,}44$
c) $\int_e^{2e} \left(x - \frac{1}{x}\right)dx = \left[\frac{1}{2}x^2 - \ln(|x|)\right]_e^{2e} = \frac{3}{2}e^2 - \ln(2) \approx 10{,}39$
d) $\left[-\frac{1}{x} - \ln(|x|)\right]_{10}^{100} = \frac{1}{10} - \frac{1}{100} - \ln(100) + \ln(10) \approx -2{,}21$
e) $\int_1^{10} \left(\frac{1}{2}x + 2 + \frac{3}{2x}\right)dx = \left[\frac{1}{4}x^2 + 2x + \frac{3}{2}\ln(|x|)\right]_1^{10} = 42{,}75 + \frac{3}{2}\ln(10) \approx 46{,}20$

5 a) $F'(x) = \frac{1}{e^x + 1} \cdot e^x = f(x)$ b) $G(x) = \ln(|u(x)|)$

6 Die Asymptote hat die Gleichung $y = x - 1$.
a) $\int_2^{13} \left(\frac{x^2 - x + 4}{x} - (x-1)\right)dx = \int_2^{13} \left(\left(x - 1 + \frac{4}{x}\right) - (x-1)\right)dx = \int_2^{13} \frac{4}{x}dx = [4\ln(x)]_2^{13}$
$= 4(\ln(13) - \ln(2)) \approx 7{,}4872$
b) Schnittstellen des Graphen von f mit $f(x) = \frac{x^2 - x + 4}{x}$ mit der Geraden mit der Gleichung $y = 4$ errechnen sich aus $x^2 - x + 4 = 4x$ oder $x^2 - 5x + 4 = 0$ zu $x_1 = 1$ und $x_2 = 4$. Damit gilt: $A = \int_1^4 \left(4 - \frac{x^2 - x + 4}{x}\right)dx = \int_1^4 \left(5 - x - \frac{4}{x}\right)dx = \left[5x - \frac{1}{2}x^2 - 4 \cdot \ln(x)\right]_1^4$
$= 20 - 8 - 4 \cdot \ln(4) - \left(5 - \frac{1}{2}\right) = \frac{15}{2} - 4 \cdot \ln(4) \approx 1{,}9548$

S. 124 **6** c) Schnittstelle der Asymptoten mit der Geraden $y = 4$ ist $x_1 = 5$. Damit gilt für die Fläche:

$$A = \int_0^1 4\,dx + \int_1^4 \left(\frac{x^2 - x + 4}{x} - (x-1)\right)dx + \int_4^5 (4 - (x-1))\,dx = 4 + \int_1^4 \frac{4}{x}\,dx + \int_4^5 (5-x)\,dx$$

$$= 4 + 4 \cdot \ln(4) + \tfrac{1}{2} = \tfrac{9}{2} + 8 \cdot \ln(2) \approx 10{,}0452$$

7 *Funktionen mit beliebigen Basen, Gleichungen*

S. 125 **1** Aus $f(t) = 1200$ folgt $t = \dfrac{\ln\left(\frac{1200}{929}\right)}{0{,}0192} \approx 13{,}33$; also im Jahr 2008.

Aus $f(t) = 1858$ folgt $t = \dfrac{\ln(2)}{0{,}0192} \approx 36{,}10$; also im Jahr 2031.

Überprüfen mit GTR: z. B. mit Table, Intersect, Trace

S. 126 **2** a) $e^{\ln(4)} = 4$ b) $e^{-\ln(2)} = \frac{1}{2}$ c) $e^{3 \cdot \ln(2)} = 8$

d) $\ln\left(\frac{1}{2} \cdot e^3\right) = -\ln(2) + 3$ e) $\ln\left(\frac{1}{3} \cdot \sqrt{e}\right) = -\ln(3) + \frac{1}{2}$ f) $\ln\left(\sqrt{e}^{\,3}\right) = \frac{3}{2}$

3 a) $\dfrac{\ln(a^r)}{\ln(a^s)} = \dfrac{r \cdot \ln(a)}{s \cdot \ln(a)} = \dfrac{r}{s}$ b) $a^{\frac{\ln(b)}{\ln(a)}} = e^{\ln\left(a^{\frac{\ln(b)}{\ln(a)}}\right)} = e^{\frac{\ln(b)}{\ln(a)} \cdot \ln a} = e^{\ln(b)} = b$

c) $a^{\frac{1}{\ln(a)}} = e^{\ln\left(a^{\frac{1}{\ln(a)}}\right)} = e^{\frac{1}{\ln(a)} \cdot \ln(a)} = e$

4 a) $x = \ln\sqrt{2} = \frac{\ln 2}{2} \approx 0{,}3466$

b) $x_1 = -\sqrt{3 \cdot \ln(10)} \approx -2{,}6283$; $x_2 = \sqrt{3 \cdot \ln(10)} \approx 2{,}6283$

c) $e^x - 2 = 0 \Leftrightarrow x = \ln(2)$

d) $x = \dfrac{\ln(1{,}5)}{\ln(3) - 2 \cdot \ln(2)} \approx -1{,}4094$

e) $x = \dfrac{\ln(3)}{\ln(2)} \approx 1{,}5850$

f) $x = -\dfrac{\ln(2)}{\ln(1{,}5)} \approx -1{,}7095$

g) $x_1 = -e^{-2} \approx -0{,}1353$; $x_2 = e^{-2} \approx 0{,}1353$

h) $x = 1 - e^{e^2} \approx -1617{,}1780$

5 a) $\int_z^0 e^{0{,}5x}\,dx = \left[2 \cdot e^{0{,}5x}\right]_z^0 = 2 - 2 \cdot e^{\frac{z}{2}} = 1$, also $e^{0{,}5z} = 0{,}5$ oder $z = -2\ln(2) \approx -1{,}3863$.

b) $e^{2z} = 2^z$ oder $2z = z \cdot \ln(2)$, $z \cdot (2 - \ln(2)) = 0$. Damit ist $z = 0$.

c) $g'(x) = 3 \cdot e^{3x+1}$. Damit muss sein: $3 \cdot e^{3z+1} = 2$ oder $3z + 1 = \ln\left(\frac{2}{3}\right)$, d. h.

$z = \frac{1}{3} \cdot \left(\ln\left(\frac{2}{3}\right) - 1\right) \approx -0{,}4685$.

S. 126 **6** a) $f(x) = e^{x \cdot \ln(4)}$; $f'(x) = \ln(4) \cdot e^{x \cdot \ln(4)} = \ln(4) \cdot 4^x = 2 \cdot \ln(2) \cdot 2^{2x} = \ln(2) \cdot 2^{2x+1}$;
$F(x) = \frac{1}{\ln(4)} \cdot e^{x \cdot \ln(4)} = \frac{1}{\ln(4)} \cdot 4^x = \frac{2^{2x-1}}{\ln(2)}$

b) $f(x) = e^{x \cdot \ln\left(\frac{2}{3}\right)}$; $f'(x) = \ln\left(\frac{2}{3}\right) \cdot e^{x \cdot \ln\left(\frac{2}{3}\right)} = \ln\left(\frac{2}{3}\right) \cdot \left(\frac{2}{3}\right)^x = -\ln\left(\frac{3}{2}\right) \cdot \left(\frac{3}{2}\right)^{-x}$;

$$F(x) = \frac{1}{\ln\left(\frac{2}{3}\right)} \cdot e^{x \cdot \ln\left(\frac{2}{3}\right)} = \frac{1}{\ln\left(\frac{2}{3}\right)} \cdot \left(\frac{2}{3}\right)^x = -\frac{\left(\frac{3}{2}\right)^{-x}}{\ln\left(\frac{3}{2}\right)}$$

c) $f(x) = e^{(x-2) \cdot \ln(2)}$; $f'(x) = \ln(2) \cdot e^{(x-2) \cdot \ln(2)} = \ln(2) \cdot 2^{x-2}$; $F(x) = \frac{1}{\ln(2)} \cdot e^{(x-2) \cdot \ln(2)} = \frac{2^{x-2}}{\ln(2)}$

d) $f(x) = e^{(-2x+1) \cdot \ln(2)}$; $f'(x) = -2 \cdot \ln(2) \cdot e^{(-2x+1) \cdot \ln(2)} = -2 \cdot \ln(2) \cdot 0{,}5^{2x-1}$
$= -2 \cdot \ln(2) \cdot 2^{-2x+1} = -\ln(2) \cdot 2^{-2x+2}$;
$F(x) = -\frac{1}{2 \cdot \ln(2)} e^{(-2x+1) \cdot \ln(2)} = -\frac{1}{2 \cdot \ln(2)} \cdot 0{,}5^{2x-1} = -\frac{1}{2 \cdot \ln(2)} \cdot 2^{-2x+1} = -\frac{2^{-2x}}{\ln(2)}$

e) $f(x) = e^{3x \cdot \ln(2)}$; $f'(x) = 3 \cdot \ln(2) \cdot e^{3x \cdot \ln(2)} = 3 \cdot \ln(2) \cdot 2^{3x}$; $F(x) = \frac{1}{3 \cdot \ln(2)} e^{3x \cdot \ln(2)} = \frac{2^{3x}}{3 \cdot \ln(2)}$

7 a) $x_1 \approx -1{,}841$; $x_2 \approx 1{,}146$ b) $x \approx 1{,}763$ c) $x \approx 1{,}712$

8 a) vgl. Figur rechts

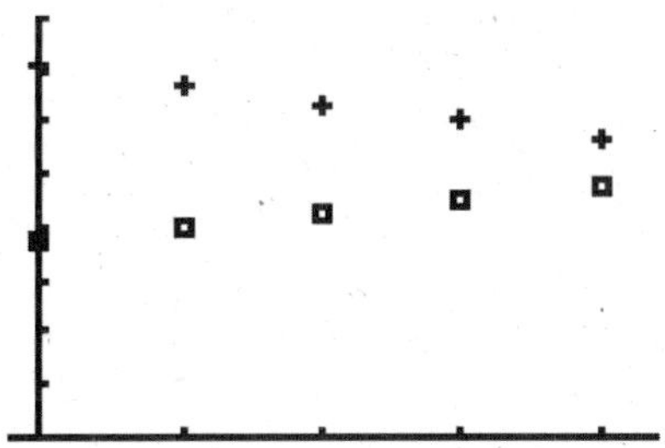

b) Land A: $f(t) = 38 \cdot 1{,}012^t$ (t in Jahren)

Jahr	1983	1988	1993	1998	2003
t	0	5	10	15	20
f(t)	38	40,3	42,8	45,4	48,2

Die durch f berechneten Werte stimmen mit den vorgegebenen Werten überein, also beträgt die jährliche Zunahme 1,2 %.

Land B: $g(t) = 71 \cdot 0{,}989^t$ (t in Jahren an 1983; f(t) in Mio.)

Jahr	1983	1988	1993	1998	2003
t	0	5	10	15	20
g(t)	71	67,2	63,6	60,1	56,9

Abnahme also 1,1 %.
c) Land A: Aus $f(t) = 50$ folgt $t \approx 23{,}0$ (in Jahren); also im Jahr 2006.
Land B: Aus $g(t) = 50$ folgt $t \approx 31{,}7$ (in Jahren); also im Jahr 2014.
d) Aus $f(t+1) - f(t) \geqq 1$ folgt $1{,}012^t \cdot (38 \cdot 1{,}012 - 38) \geqq 1$ und hieraus $t \approx 65{,}83$.
Es gilt $f(67) - f(66) = 1{,}002$; also beträgt die Zunahme im Jahr 2049 erstmals mehr als 1 Mio.
e) Aus $f(t) = g(t)$ folgt mit dem GTR $t \approx 27{,}19$; also im Jahr 2010.

9 $f(t) = 100 \cdot 0{,}96^t = 100 \cdot e^{t \cdot \ln(0{,}96)}$ (t in Wochen; f(t) in km^2)
a) Aus $f(t) = 50$ folgt $t \approx 16{,}98$; also nach etwa 17 Wochen
b) $t \approx 33{,}9$; also nach etwa 34 Wochen
c) $t \approx 50{,}94$; also nach etwa 51 Wochen
d) $t \approx 67{,}92$; also nach etwa 68 Wochen
e) $100\,m^2 = 1\,a = 0{,}01\,ha = 0{,}0001\,km^2$; damit $t \approx 338{,}4$; also nach etwa 6,5 Jahren

8 Exponentielle Wachstums- und Zerfallsprozesse

S. 127 **1** $H(t) = 4000 \cdot 1{,}02^t$ mit $k = \ln(1{,}02) \approx 0{,}0198$ gilt $H(t) = 4000 \cdot e^{0{,}0198 \cdot t}$.
$k = \ln\left(1 + \frac{p}{100}\right)$

S. 128 **2** a) $f(t) = 20\,000 \cdot 1{,}05^t = 20\,000 \cdot e^{0{,}04879\,t}$, t in Jahren, f(t) in Euro.

b)

Jahre	1	2	5	10	20
Kapital (in Euro)	21 000	22 050	25 525,63	32 577,89	53 065,95

c) $t = \frac{\ln(0{,}75)}{\ln(1{,}05)} \approx -5{,}9$; vor etwa 6 Jahren

d) $f(t + 1) - f(t) = 5000$ liefert $t = \frac{\ln(5)}{\ln(1{,}05)} \approx 32{,}98$.

In etwa 33 Jahren beträgt die Zunahme erstmals 5000 Euro.

3 a) Prozentualer Anstieg: $\frac{375 - 300}{300} \cdot 100\,\% = 25\,\%$

b)

Jahr	2000	2001	2002	2003	2004
Bilanzsumme (in Mio. Euro)	300	375	468,75	585,94	732,42

c) $f(t) = 300 \cdot e^{\ln(1{,}25) \cdot t}$ (t in Jahren ab 2000, f(t) in Mio. Euro)

Aus $f(t) = 650$ folgt $t = \frac{\ln\left(\frac{650}{300}\right)}{\ln(1{,}25)} \approx 3{,}46$. Nach etwa 3,5 Jahren.

4 a) Wachstumsfaktor aus der Tabelle $a = 1{,}0805$ (gemittelt)
b) $k = \ln(1{,}0805) = 0{,}0774$; $f(t) = 7{,}1 \cdot e^{0{,}0774 \cdot t}$ mit f(t) in Millionen, t in Stunden
c) $c(2{,}5) = 8{,}62$ Millionen; $f(-1) = 6{,}57$ Millionen

5 a) Mit $f(0) = 400$ gilt $f(t) = 400 \cdot e^{kt}$; aus $f(1) = 30\,000 = 400 \cdot e^k$ erhält man
$k = \ln(75) = 4{,}3175$, also $f(t) = 400 \cdot e^{4{,}3175 \cdot t}$ (t in Zweistundenschritten)

b) Zeitschritt 1 h: $k = \ln\left(\frac{75}{2}\right) = 2{,}1587$, also $f(t) = 400 \cdot e^{2{,}1587 \cdot t}$

Zeitschritt 1 min: $k = \ln\left(\frac{75}{120}\right) = 0{,}0360$, also $f(t) = 400 \cdot e^{0{,}0360 \cdot t}$.

Und hieraus $f(30) = 400 \cdot e^{0{,}0360 \cdot 30} \approx 1178$

S. 129 **6** Arbeitet die Pumpe normal, so gilt: $f(t) = 100\,\% \cdot 0{,}96^t = 100\,\% \cdot e^{t \cdot \ln(0{,}96)}$ (t in s, f(t) in %). Aus $f(120) = 0{,}7457\,\%$ folgt, dass die Pumpe schlechter als erwartet arbeitet. (Zum Vergleich: Aus $50\,\% = 100\,\% \cdot e^{t \cdot \ln(0{,}96)}$ folgt $t = \frac{\ln(0{,}5)}{\ln(0{,}96)} \approx 16{,}98$; d.h. nach etwa 17 s ist bei normal arbeitender Pumpe der Druck um 50 % abgesenkt.)

7 a) $k_1 = \frac{\ln\left(\frac{100{,}4}{84{,}4}\right)}{10} \approx 0{,}01736$ zum Zeitschritt 1 Jahr; $k_5 = 5 \cdot k_1 \approx 0{,}08680$;
$k_{10} = 10 \cdot k_1 \approx 0{,}1736$

S. 129 **7** b) $f(t) = 84{,}4 \cdot e^{0{,}01736\,t}$ (t in Jahren ab 1990, f(t) in Mio.)

Jahr	2001	2002	2003	2004	2005
Einwohnerzahl (in Mio.)	102,158	103,947	105,767	107,620	109,504

c) Aus $f(t) = 120$ folgt $t = \frac{\ln\left(\frac{120}{84{,}4}\right)}{0{,}01736} \approx 20{,}27$. Im Laufe des Jahres 2010.

d) Deutschland: $d(t) = 79{,}4 \cdot e^{0{,}004193\,t}$ (t in Jahren ab 1990, d(t) in Mio.)

Aus $2 \cdot d(t) = f(t)$ folgt $t = \frac{\ln\left(\frac{158{,}8}{84{,}4}\right)}{0{,}01736 - 0{,}004193} \approx 48$.

Nach etwa 48 Jahren, also im Jahr 2038.

8 $\frac{f(x+1)}{f(x)} = \frac{1}{4}$, also $k = \ln\left(\frac{1}{4}\right) \approx -1{,}3863$

Intensität $I(x) = 100\,\% \cdot e^{-1{,}3863\,x}$ (x in m, I(x) in Prozent)

a) $I(1) = 25\,\%$; $I(2) = 6{,}25\,\%$; $I(3) = 1{,}5625\,\%$

b) $0{,}1 = e^{-1{,}3863\,x}$ liefert $x \approx 4{,}98$; d. h. in etwa 5 m Wassertiefe.

9 a)

t	0	1	2	3	4	5	6
Anzahl in Mio.	7	6,3	5,7	5	4,5	4	3,6
f(t) (berechnet)	7	6,27	5,61	5,02	4,49	4,02	3,6

Wachstumsfunktion f auf den Wertepaaren (0|7) und (6|3,6) ergibt $f(t) = 7 \cdot e^{-0{,}1108\,t}$.
Abweichung der berechneten von den abgelesenen Werten ist nur gering – exponentielle Abnahme erscheint gerechtfertigt.

b) Heutige Population 3,6 Mio.
$0{,}36 = 7 \cdot e^{-0{,}1108\,t}$ liefert $t \approx 26{,}78$. In etwa 27 Jahren.

10 a) Aus $m(0) = 20$ und $m(21) = 2{,}5$ folgt $b = \ln(20) \approx 2{,}9957$ und $k \approx -0{,}0990$.

b) $m(t) = 20 \cdot e^{-0{,}0990\,t}$; 1 % nach $t \approx 46{,}52$ (in Tagen) (löse: $0{,}2 = 20 \cdot e^{-0{,}0990\,t}$)
0,1 % nach $t \approx 69{,}78$ (in Tagen) (löse: $0{,}02 = 20 \cdot e^{-0{,}0990\,t}$)

c) $m(t+14) = \frac{1}{4} m(t)$, denn $\frac{m(t+14)}{m(t)} = e^{\frac{2}{3}\ln\left(\frac{2{,}5}{20}\right)} = \frac{1}{4}$.

11 a) Raucherrisiko: 38 % (0 Jahre nach dem Beenden des Rauchens).
Relatives Risiko: Wahrscheinlichkeit, an Lungenkrebs zu erkranken.

b) Berechnung der Wachstumsfaktoren:

t	0	2	4	6	8	10	12
$\frac{f(t+2)}{f(t)}$	0,7895	0,7333	0,7727	0,7647	0,7692	0,7700	

Die relativ geringe Streuung spricht für eine angenähert exponentielle Abnahme des Risikos.

Zeitschritt $t^* = 2$ (in Jahren):
Beginn der Studie $t^* = 0$: $f(0) = 38$. Nach 12 Jahren, d. h. $t^* = 6$: $f(6) = 7{,}7$;
also folgt $k^* \approx -0{,}26606$ und f mit $f(t^*) = 38 \cdot e^{-0{,}26606\,t^*}$ (t* in Zweijahresschritten).

Zeitschritt $t = 1$ (in Jahren):
Aus $k = \frac{k^*}{2}$ folgt f mit $f(t) = 38 \cdot e^{-0{,}13303\,t}$ (t in Jahresschritten).

9 *Halbwerts- und Verdoppelungszeit*

S. 130 ***1*** $f(t+1) = 100 \cdot e^{0{,}2(t+1)} = f(t) \cdot e^{0{,}2} \approx 1{,}2214 \cdot f(t)$. Zunahme um 22,14 %.

2 Halbierung innerhalb von 2 Zeiteinheiten.

S. 131 ***3*** a) nur Wachstum: $p = 100 \cdot (e^{0{,}4} - 1) = 49{,}18$; $T_V = \frac{\ln(2)}{0{,}4} = 1{,}73$

b) Wachstum: $k = \ln\left(1 + \frac{2{,}5}{100}\right) = 0{,}0247$; $T_V = \frac{\ln(2)}{0{,}0247} = 28{,}06$

Zerfall: $k = \ln\left(1 - \frac{2{,}5}{100}\right) = -0{,}0253$; $T_H = -\frac{\ln(2)}{-0{,}0253} = 27{,}40$

c) nur Zerfall: $p = 100 \cdot (1 - e^{-0{,}2}) = 18{,}13$; $T_H = 3{,}47$

d) Zerfall: $k = -\frac{\ln(2)}{20} = -0{,}0347$; $p = 100 \cdot (1 - e^{-0{,}0347}) = 3{,}41$

e) Wachstum: $k = \ln(1{,}15) = 0{,}1398$; $T_V = 4{,}96$

Zerfall: $k = \ln(0{,}85) = -0{,}1625$; $T_H = 4{,}27$

f) Wachstum: $k = 0{,}00204$; $p = 0{,}2042$

4 a) $k = \ln\left(1 - \frac{15}{100}\right) \approx -0{,}1625$; $T_H = -\frac{\ln(2)}{k} \approx 4{,}265$ (in Jahren)

b) $T_V = 12 = \frac{\ln(2)}{k}$; also $k \approx 0{,}05776$; aus $k = \ln\left(1 + \frac{p}{100}\right)$ folgt $p \approx 5{,}946$.

Der jährliche Zinssatz beträgt etwa 5,95 %.

5 a) $k = -\frac{\ln(2)}{24\,400} = -0{,}0000284$. Mit $f(0) = 20$ erhält man die Zerfallsfunktion f mit

$f(t) = 20 \cdot e^{-0{,}0000284 \cdot t}$ (t in Jahren, f(t) in kg).

Vor 10 Jahren: $f(-10) = 20{,}0057$, also etwa 5,7 g mehr

In 100 Jahren: $f(100) = 19{,}943$, also etwa 57 g weniger.

b) Setzt man die anfangs vorhandene Menge als 100 %, so ergibt sich:

$f(10^3) = 100\,\% \cdot e^{-0{,}0000284 \cdot 1000} = 97{,}2\,\%$; $f(10^4) = 75{,}3\,\%$; $f(10^5) = 5{,}8\,\%$

c) Sind x % zerfallen, so sind noch (100 – x) % vorhanden. Also gilt:

$90\,\% = 100\,\% \cdot e^{-0{,}0000284 \cdot t}$ damit $t = 3709{,}9$; nach etwa 3710 Jahren sind 10 % zerfallen. Entsprechend:

90 % sind nach 81 076,9 Jahren, also nach etwa 81 100 Jahren zerfallen.

99 % sind nach 162 153,9 Jahren, also nach etwa 162 000 Jahren zerfallen.

6 a) $f(t) = 1 \cdot e^{\ln(1{,}014) \cdot t}$, t in Jahren ab 2000, f(t) in Mrd.

$f(10) \approx 1{,}149$. Aus $f(t) = 1{,}5$ folgt $t \approx 29{,}164$; also nach etwa 29 Jahren.

b) $T_V = \frac{\ln(2)}{k} = \frac{\ln(2)}{\ln(1{,}014)} \approx 49{,}856$; d. h. nach etwa 50 Jahren, also im Jahr 2050.

Prognosen über so lange Zeiträume sind kaum realistisch.

S. 131 ***7*** a)

Prozentuale Zu- bzw. Abnahme p	Wachstum $k = \ln\left(1 + \frac{p}{100}\right)$	Zerfall $k = \ln\left(1 - \frac{p}{100}\right)$
0,5	0,0050	−0,0050
1	0,0100	−0,0101
2	0,0198	−0,0202
5	0,0488	−0,0513
10	0,0953	−0,1054
15	0,1398	−0,1625
20	0,1823	−0,2231

$|k| \approx \frac{p}{100}$ gilt etwa für $p \leqq 5$. k ist dabei jeweils auf 4 Dezimalen gerundet.

b) Für kleine p gilt bei Wachstumsprozessen $k \approx \frac{p}{100}$. Hiermit gilt:
$p \cdot T_V \approx 100k \cdot \frac{\ln(2)}{k} = 100 \cdot \ln(2) = 69{,}31 \approx 70$. Für kleine p gilt bei Zerfallsprozessen $k \approx -\frac{p}{100}$. Hiermit gilt: $p \cdot T_H \approx -100k \cdot \left(-\frac{\ln(2)}{k}\right) = 100 \cdot \ln(2) \approx 70$.

c) Aus der Faustformel folgt: $T_H \approx \frac{70}{p} = 35$. Innerhalb von 35 Jahren halbiert sich die Kaufkraft.

8 a) Aus $T_H = 6$ folgt $k \approx -0{,}1155$.
b) $m(t) = 200 \cdot e^{-0{,}1155t}$; $m(24) = 12{,}5$; d. h., es sind bereits 187,5 mg zerfallen.
(Es sind 4 Halbwertszeiten vergangen; aus $0{,}5^4 = 0{,}0625$ folgt $200 \cdot 0{,}0625 = 12{,}5$.)
c) Noch vorhandener Teil: $200 \cdot 0{,}5^n$ (da $f(n \cdot T_H) = 200 \cdot (e^{k \cdot T_H})^n$)

9 a) $m(0) = 200 \cdot (1 - 1) = 0$
b) Aus $m(2) = 200 \cdot e^{2c}(1 - e^{-2}) = 63{,}62$ folgt $c \approx -0{,}5$.
c) $m'(t) = 300 \cdot e^{-1{,}5t} - 100e^{-0{,}5t} = 100e^{-0{,}5t}(3e^{-t} - 1)$; $m''(t) = 50e^{-0{,}5t} - 450e^{-1{,}5t}$
Aus $m'(t) = 0$ folgt $t = \ln(3)$. Wegen $m''(\ln(3)) = -\frac{100\sqrt{3}}{3} < 0$ liegt an dieser Stelle ein Maximum vor. Sein Wert beträgt 76,98 (in mg).

10 a) $k = \ln(1{,}0126) \approx 0{,}012512$; $f(t) = a \cdot e^{\ln(1{,}0126)t}$ (t in Jahren ab 2010, f(t) in Mio.)
Aus $f\left(\frac{11}{12}\right) - f(0) = 80$ folgt $a \cdot e^{\frac{11}{12}\ln(1{,}0126)} - a = 80$ und hiermit $a \approx 6930{,}06$ (in Mio.).
$f(t) = 6930{,}06 \cdot e^{\ln(1{,}0126)t}$

b) Im Jahr 2000 galt: $f(-10) \approx 6114{,}45$.
Wachstumsfunktion $g(t^*) = 6114{,}46 \cdot e^{\ln(1{,}0126)t^*}$ (t* in Jahren ab 2000, g(t) in Mio.)
Aus $g(t^*) - g(0) = 80$ folgt $t^* = \frac{\ln\left(1 + \frac{80}{6114{,}46}\right)}{0{,}0125212} \approx 1{,}038$.
Im Jahr 2000 dauert es etwa ein Jahr.
Aus $f\left(t + \frac{9}{12}\right) - f(t) = 80$ folgt $e^{\ln(1{,}0126)t} = \frac{80}{6930{,}06 \cdot (e^{\frac{3}{4}\ln(1{,}1026)} - 1)} \approx 1{,}22349$

$\Rightarrow t = \frac{\ln(1{,}22349)}{\ln(1{,}0126)} \approx 16{,}11$. Im Jahr $2010 + 16{,}11 \approx 2026$ wird die Weltbevölkerung bereits innerhalb von 9 Monaten um 80 Mio. zunehmen.

10 Untersuchung von Exponentialfunktionen

S. 132 ***1*** Man kann vermuten: $\frac{f(x)}{g(x)} \to 0$ für $x \to \infty$, $\frac{g(x)}{f(x)} \to +\infty$ für $x \to \infty$,
$f(x) - g(x) \to -\infty$ für $x \to \infty$.

S. 136 ***2*** a) $f(x) \to 6$ für $x \to -\infty$; Asymptote: $y = 6$ für $x \to -\infty$
b) $|f(x)| \to \infty$ für $|x| \to \infty$; Asymptote: $y = \frac{1}{2}x + 3$
c) $f(x) \to 0$ für $x \to \infty$; Asymptote: $y = 0$ für $x \to \infty$
d) $f(x) \to \infty$ für $|x| \to \infty$; keine Asymptote

3 a), b)

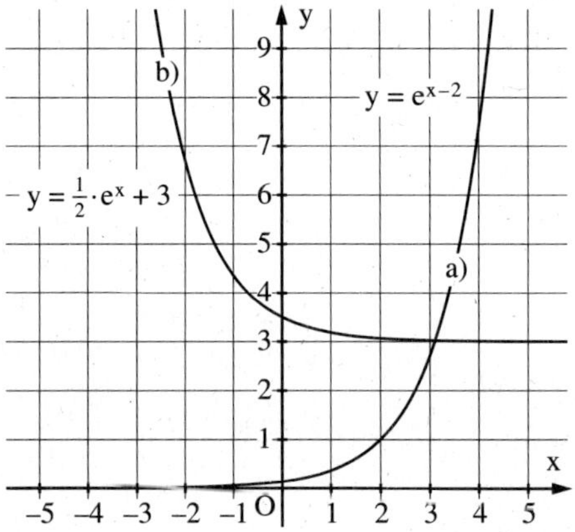

c), d)

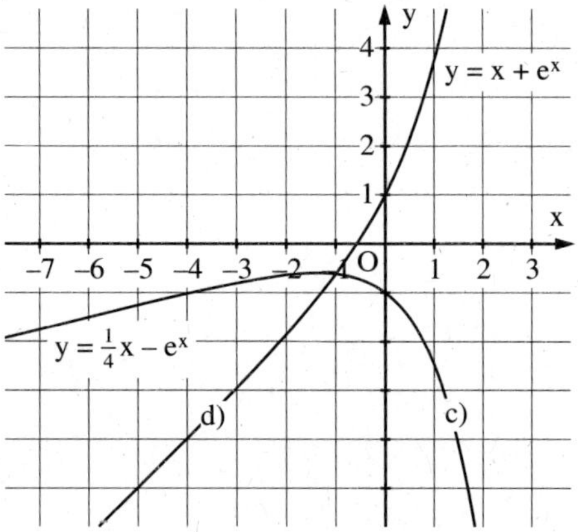

4 a) $x_0 \approx 12{,}713$; $f(x_0) = g(x_0) = 333\,105{,}11$ b) $x_0 \approx 35{,}772$; $f(x_0) = g(x_0) = 3{,}43 \cdot 10^{15}$
c) $x_0 \approx 89{,}995$; $f(x_0) = g(x_0) = 1{,}21 \cdot 10^{39}$

5 a) $f(x) = x + e^{-x}$
1. Symmetrie: keine
2. Schnittpunkte mit den Achsen:
x-Achse: keine; y-Achse: $S_y(0|1)$
3. Verhalten für $|x| \to \infty$:
$f(x) \to \infty$ für $|x| \to \infty$; $y = x$ Asymptote für $x \to \infty$
4. Ableitungen:
$f'(x) = 1 - e^{-x}$; $f''(x) = e^{-x}$
5. Extrempunkte:
$f'(x) = 0 \Leftrightarrow x = 0$; $f''(0) > 0$; also $T(0|1)$
6. Wendepunkte: keine
7. Graph: vgl. Figur rechts

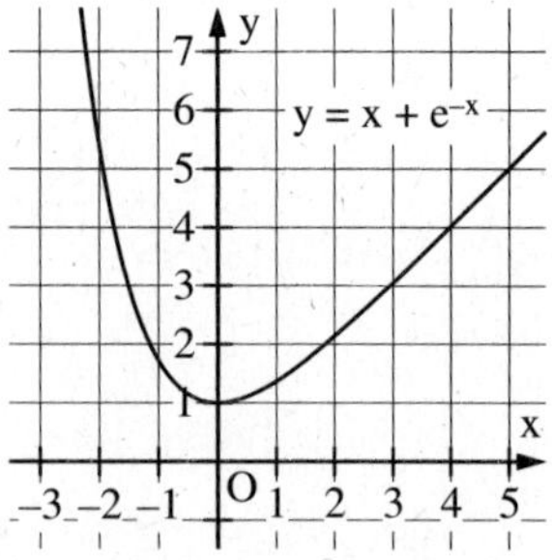

S. 136 **5** b) $f(x) = 0{,}5\,x - 0{,}5\,e^x$

1. Symmetrie: keine
2. Schnittpunkte mit den Achsen:
   x-Achse: keine; y-Achse: $S_y(0|-0{,}5)$
3. Verhalten für $|x| \to \infty$: $f(x) \to -\infty$ für $|x| \to \infty$;
   $y = 0{,}5\,x$ Asymptote für $x \to -\infty$
4. Ableitungen: $f'(x) = 0{,}5 - 0{,}5\,e^x$; $f''(x) = -0{,}5\,e^x$
5. Extrempunkte:
   $f'(x) = 0 \Leftrightarrow x = 0$; $f''(0) < 0$; also $H(0|-0{,}5)$
6. Wendepunkte: keine

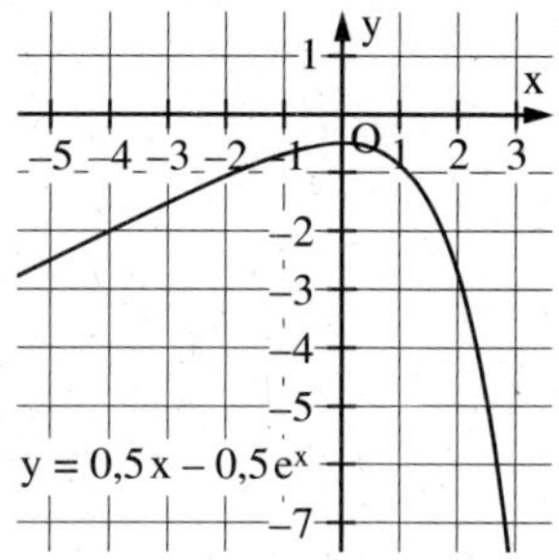

c) $f(x) = (2 - x) \cdot e^x$

1. Symmetrie: keine
2. Schnittpunkte mit den Achsen:
   x-Achse: $f(x) = 0 \Leftrightarrow x = 2$; also $N(2|0)$
   y-Achse: $S_y(0|2)$
3. Verhalten für $|x| \to \infty$:
   $f(x) \to 0$ für $x \to -\infty$; $f(x) \to -\infty$ für $x \to \infty$;
4. Ableitungen:
   $f'(x) = (1 - x) \cdot e^x$; $f''(x) = -x \cdot e^x$; $f'''(x) = (-x - 1) \cdot e^x$
5. Extrempunkte:
   $f'(x) = 0 \Leftrightarrow x = 1$; $f''(1) = -e < 0$; also $H(1|e)$
6. Wendepunkte: $f''(x) = 0 \Leftrightarrow x = 0$; $f'''(0) = -1$; also $W(0|2)$

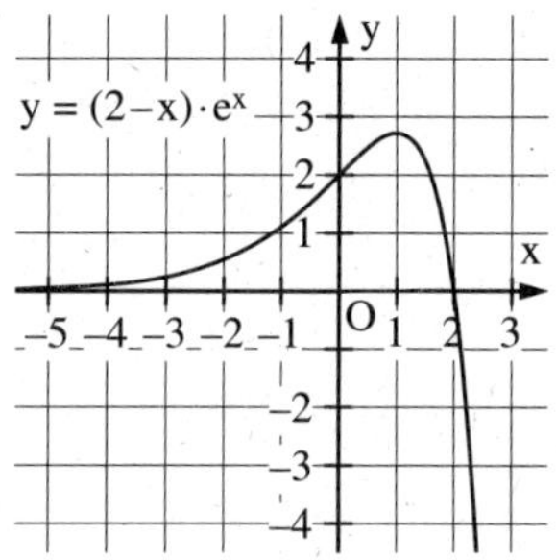

6 a) $f(x) = 2\,x - e^x$; Skizze vgl. Figur rechts

1. Symmetrie: keine, da $f(-x) \neq f(x)$ und $f(-x) \neq -f(x)$
2. Schnittpunkte mit den Achsen:
   x-Achse: keine, da $f(x) \neq 0$ für alle $x \in \mathbb{R}$
   y-Achse: $S_y(0|-1)$
3. Verhalten für $|x| \to \infty$: $f(x) \to -\infty$ für $x \to \pm\infty$;
   $y = 2\,x$ schiefe Asymptote für $x \to -\infty$
4. Extrempunkte: Mit GTR: $H(0{,}69|-0{,}61)$
   Ohne GTR: $f'(x) = 2 - e^x$; $f''(x) = -e^x$
   $f'(x) = 0 \Leftrightarrow x = \ln(2)$; $f''(\ln(2)) = -2 < 0$; also
   $H(\ln(2)|2\ln(2) - 2)$
5. Wendepunkte: keine

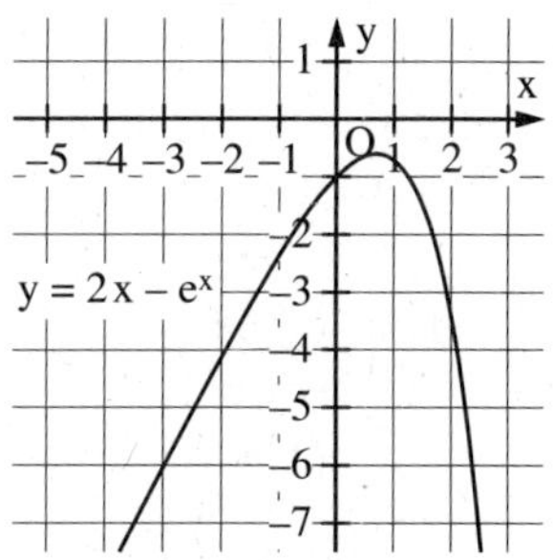

b) $f(x) = e^x + e^{-x}$; Skizze vgl. Figur rechts

1. Symmetrie: symmetrisch zur y-Achse, da $f(-x) = f(x)$
2. Schnittpunkte mit den Achsen:
   x-Achse: keine, da $f(x) \neq 0$ für alle $x \in \mathbb{R}$
   y-Achse: $S_y(0|2)$
3. Verhalten für $|x| \to \infty$: $f(x) \to \infty$ für $x \to \pm\infty$
4. Extrempunkte: Mit GTR: $T(0|2)$
   Ohne GTR: $f'(x) = e^x - e^{-x}$; $f''(x) = e^x + e^{-x}$
   $f'(x) = 0 \Leftrightarrow x = 0$; $f''(0) = 2 > 0$; also $T(0|2)$
5. Wendepunkte: keine

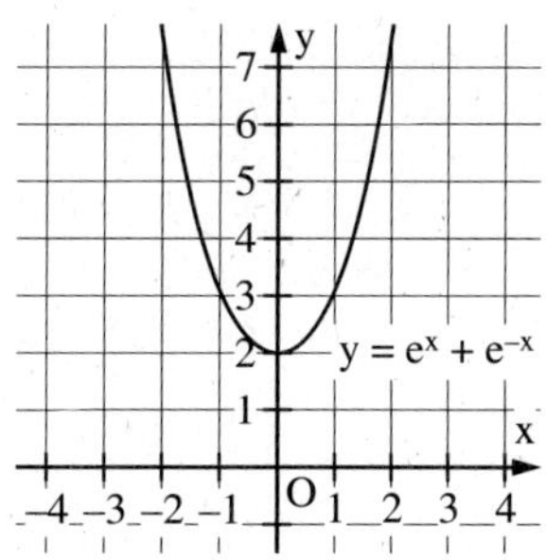

S. 136 **6** c) $f(x) = x \cdot e^{-0{,}5x+1}$; Skizze vgl. Figur rechts

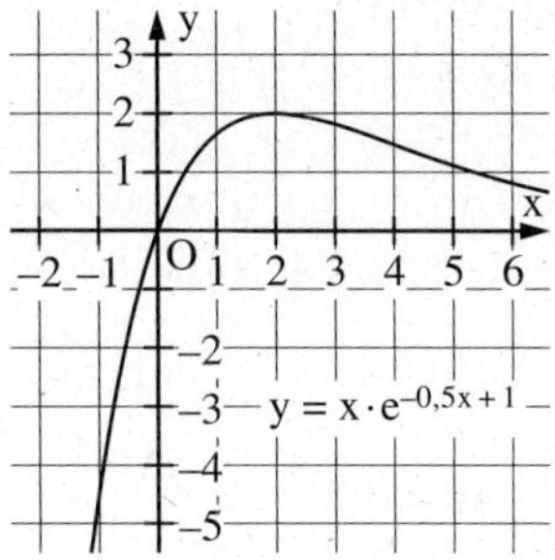

1. Symmetrie: keine, da $f(-x) \neq f(x)$ und $f(-x) \neq -f(x)$
2. Schnittpunkte mit den Achsen:
   x- und y-Achse: $N(0|0)$
3. Verhalten für $|x| \to \infty$:
   $f(x) \to 0$ für $x \to \infty$; $f(x) \to -\infty$ für $x \to -\infty$
   $y = 0$ Asymptote für $x \to \infty$
4. Extrempunkte:
   Mit GTR: $H(2|2)$
   Ohne GTR:
   $f'(x) = (1 - 0{,}5x) \cdot e^{-0{,}5x+1}$; $f''(x) = (0{,}25x - 1) \cdot e^{-0{,}5x+1}$
   $f'(x) = 0 \Leftrightarrow x = 2$; $f''(2) < 0$; also $H(2|2)$
5. Wendepunkte mit GTR: $W(4|1{,}47)$

d) $f(x) = 3 \cdot e^{-x^2}$, Skizze vgl. Figur rechts

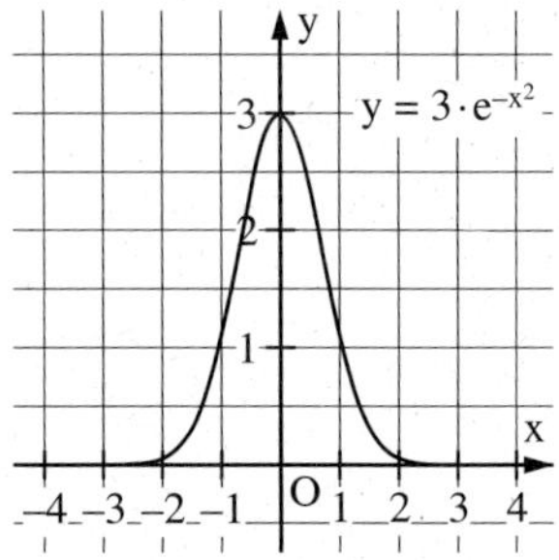

1. Symmetrie: symmetrisch zur y-Achse, da $f(-x) = f(x)$
2. Schnittpunkte mit den Achsen:
   x-Achse: keine, da $f(x) \neq 0$ für alle $x \in \mathbb{R}$
   y-Achse: $S_y(0|3)$
3. Verhalten für $|x| \to \infty$:
   $f(x) \to 0$ für $x \to \pm\infty$; $y = 0$ Asymptote für $x \to \pm\infty$
4. Extrempunkte:
   Mit GTR: $H(0|3)$
   Ohne GTR: $f'(x) = -6x \cdot e^{-x^2}$; $f''(x) = (12x^2 - 6) \cdot e^{-x^2}$
   $f'(x) = 0 \Leftrightarrow x = 0 \Leftrightarrow f''(0) < 0$; also $H(0|3)$
5. Wendepunkte mit GTR: $W_1(0{,}707|1{,}82)$ und
   $W_2(-0{,}707|1{,}82)$

e) $f(x) = 3x \cdot e^{-x+1}$; Skizze vgl. Figur rechts

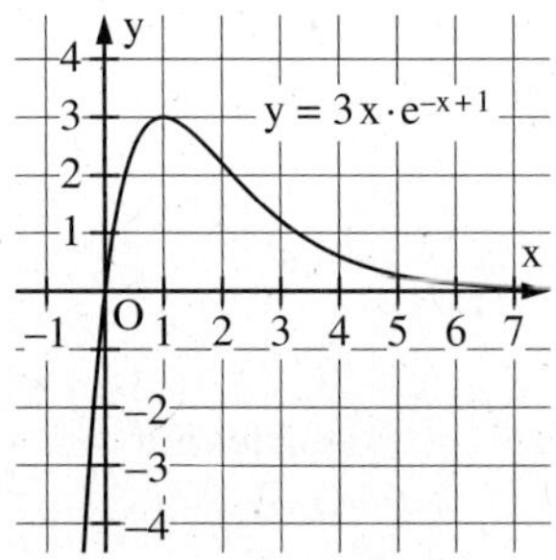

1. Symmetrie: keine, da $f(-x) \neq f(x)$ und $f(-x) \neq -f(x)$
2. Schnittpunkte mit den Achsen:
   x- und y-Achse: $N(0|0)$
3. Verhalten für $|x| \to \infty$:
   $f(x) \to 0$ für $x \to \infty$; $f(x) \to -\infty$ für $x \to -\infty$
   $y = 0$ Asymptote für $x \to \infty$
4. Extrempunkte:
   Mit GTR: $H(1|3)$
   Ohne GTR:
   $f'(x) = (3 - 3x) \cdot e^{-x+1}$; $f''(x) = (3x - 6) \cdot e^{-x+1}$
   $f'(x) = 0 \Leftrightarrow x = 1$; $f''(1) < 0$; also $H(1|3)$
5. Wendepunkte mit GTR: $W(2|2{,}21)$

S. 136 **6** f) $f(x) = x \cdot e^{-2x} + 2$; Skizze vgl. Figur rechts

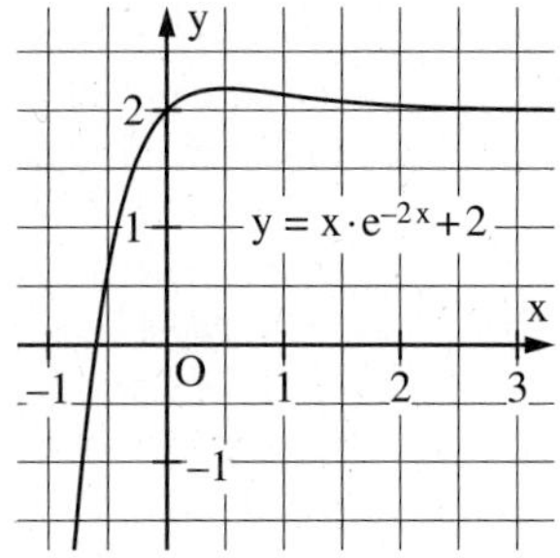

1. Symmetrie: keine, da $f(-x) \neq f(x)$ und $f(-x) \neq -f(x)$
2. Schnittpunkte mit den Achsen:
   x-Achse: existiert in $[-1; 0]$; y-Achse: $S_y(0|2)$
3. Verhalten für $|x| \to \infty$:
   $f(x) \to 2$ für $x \to \infty$; $f(x) \to -\infty$ für $x \to -\infty$
   $y = 2$ Asymptote für $x \to \infty$
4. Extrempunkte:
   Mit GTR: $H(0{,}5|2{,}18)$
   Ohne GTR:
   $f'(x) = (1 - 2x) \cdot e^{-2x}$; $f''(x) = (4x - 4) \cdot e^{-2x}$
   $f'(x) = 0 \Leftrightarrow x = \frac{1}{2}$; $f''\left(\frac{1}{2}\right) < 0$; also $H\left(\frac{1}{2}\middle|2 + \frac{1}{2e}\right)$
5. Wendepunkte mit GTR: $W(1|2{,}14)$
6. Schnittpunkte mit der x-Achse mit GTR: $N(-0{,}601|0)$

g) $f(x) = 4 \cdot e^{-\frac{1}{4}x^4}$; Skizze vgl. Figur rechts

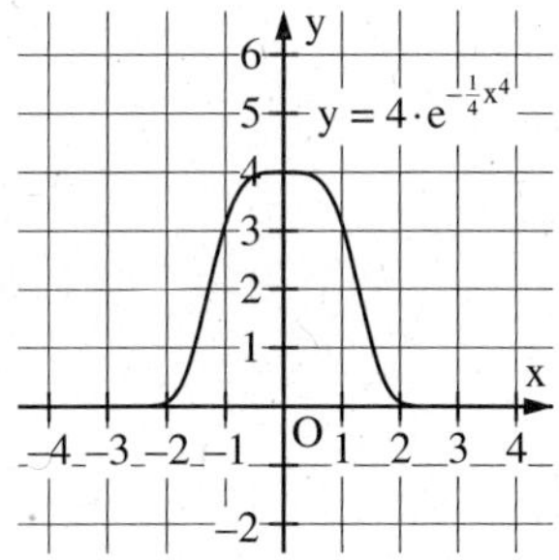

1. Symmetrie: symmetrisch zur y-Achse, da $f(-x) = f(x)$
2. Schnittpunkte mit den Achsen:
   x-Achse: keine; y-Achse: $S_y(0|4)$
3. Verhalten für $|x| \to \infty$:
   $f(x) \to 0$ für $x \to \pm\infty$; $y = 0$ Asymptote für $x \to \pm\infty$
4. Extrempunkte:
   Mit GTR: $H(0|4)$
   Ohne GTR:
   $f'(x) = -4x^3 \cdot e^{-\frac{1}{4}x^4}$; $f''(x) = (4x^6 - 12x^2) \cdot e^{-\frac{1}{4}x^4}$
   $f'(x) = 0 \Leftrightarrow x = 0$; $f''(0) = 0$; aber Vorzeichenwechsel an der Stelle 0 von + nach –; also $H(0|4)$
5. Wendepunkte mit GTR: $W_1(1{,}32|1{,}89)$;
   $W_2(-1{,}32|1{,}89)$

h) $f(x) = x^3 \cdot e^{-x}$; Skizze vgl. Figur rechts

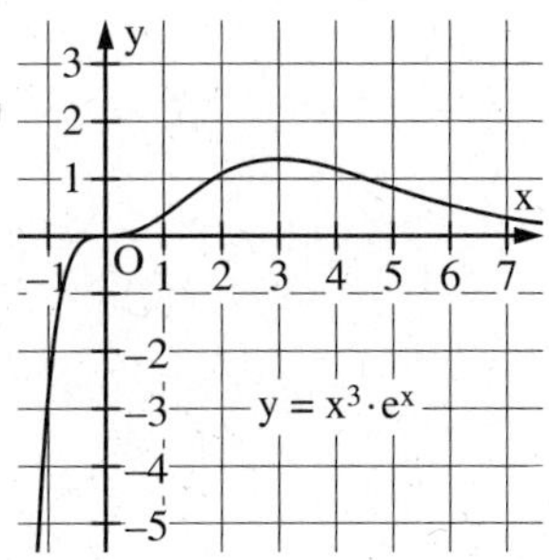

1. Symmetrie: keine, da $f(-x) \neq f(x)$ und $f(-x) \neq -f(x)$
2. Schnittpunkte mit den Achsen:
   x- und y-Achse: $N(0|0)$
3. Verhalten für $|x| \to \infty$:
   $f(x) \to 0$ für $x \to \infty$; $f(x) \to -\infty$ für $x \to -\infty$
   $y = 0$ Asymptote für $x \to \infty$
4. Extrempunkte:
   Mit GTR: $H(3|1{,}34)$
   Ohne GTR:
   $f'(x) = (3x^2 - x^3) \cdot e^{-x}$; $f''(x) = (x^3 - 6x^2 + 6x) \cdot e^{-x}$
   $f'(x) = 0 \Leftrightarrow x^2(3 - x) = 0 \Leftrightarrow x_1 = 0$; $x_2 = 3$;
   $f''(0) = 0$ (Graph zeigt einen Wendepunkt); $f''(3) < 0$;
   also $H(3|27 \cdot e^{-3})$
5. Wendepunkte mit GTR: $W_1(0|0)$; $W_2(1{,}27|0{,}57)$;
   $W_3(4{,}73|0{,}93)$

S. 136 **7** a) $f(x) = 5x \cdot e^x$; Skizze vgl. Figur rechts

Symmetrie: keine, da $f(-x) \neq f(x)$ und $f(-x) \neq -f(x)$

Schnittpunkte mit den Achsen:

x- und y-Achse: $N(0|0)$

Verhalten für $|x| \to \infty$:

$f(x) \to 0$ für $x \to -\infty$; $y = 0$ Asymptote für $x \to -\infty$

$f(x) \to \infty$ für $x \to \infty$

b) $f'(x) = (5x+5) \cdot e^x$; $f''(x) = (5x+10) \cdot e^x$

$f'(x) = 0 \Leftrightarrow x = -1$; $f''(-1) > 0$; also $T\left(-1 \,\middle|\, -\frac{5}{e}\right)$

c) $V = \pi \cdot \int_{-6}^{0} (f(x))^2 dx = \pi \cdot \int_{-6}^{0} (25x^2 \cdot e^{2x}) dx \approx 19{,}62$

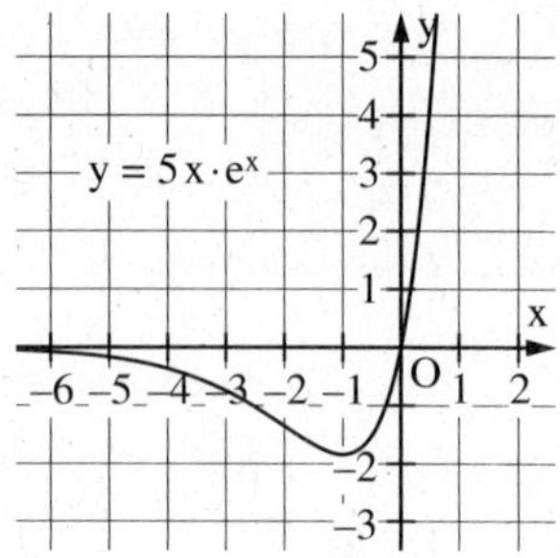

8 a) $f(x) = e \cdot x + e^{-x}$. Schnittpunkt mit der y-Achse $Y(0|1)$, Schnittpunkt mit der x-Achse $X(-1|0)$.

$A = \int_{-1}^{0} (e \cdot x + e^{-x}) dx = \left[e \cdot \frac{x^2}{2} - e^{-x}\right]_{-1}^{0} = (0-1) - \left(\frac{e}{2} - e\right)$

$= \frac{e}{2} - 1 \approx 0{,}3591$

b) Da $f(x) > x$ ist gilt:

$A = \int_{5}^{10} (x + e^{-x+2} - x) dx = \int_{5}^{10} e^{-x+2} dx = [-e^{-x+2}]_5^{10}$

$= -e^{-8} + e^{-3} \approx 0{,}049\,45.$

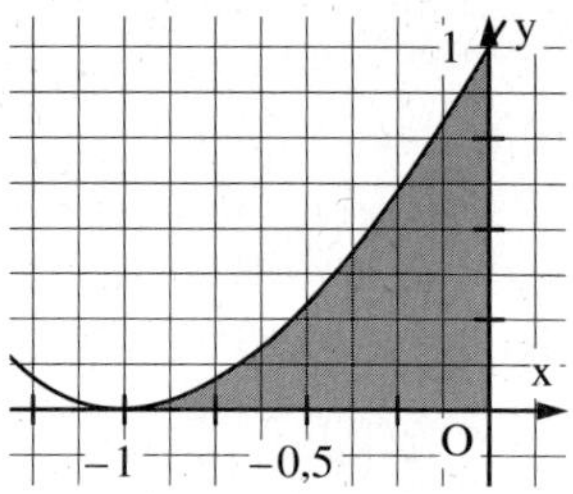

9 a) $f(x) = e^{tx} - x$; $t > 0$; $D_f = \mathbb{R}$

1. Keine Symmetrie.
2. Nullstellen nicht berechenbar.
3. Für $x \to -\infty$ gilt $f(x) + x = e^{tx} \to 0$; damit ist $y = -x$ Asymptote für $x \to -\infty$; für $x \to +\infty$ gilt $f(x) \to +\infty$
4. Ableitungen: $f'(x) = t \cdot e^{tx} - 1$; $f''(x) = t^2 \cdot e^{tx}$
5. Extremstellen: $f'(x) = 0$ liefert $x_1 = -\frac{\ln(t)}{t}$. Wegen $f''\left(\frac{\ln(t)}{t}\right) = t > 0$ liegt in $x_1 = -\frac{\ln(t)}{t}$ ein Tiefpunkt vor: $T\left(-\frac{\ln(t)}{t} \,\middle|\, \frac{1+\ln(t)}{t}\right)$.
6. Keine Wendepunkte

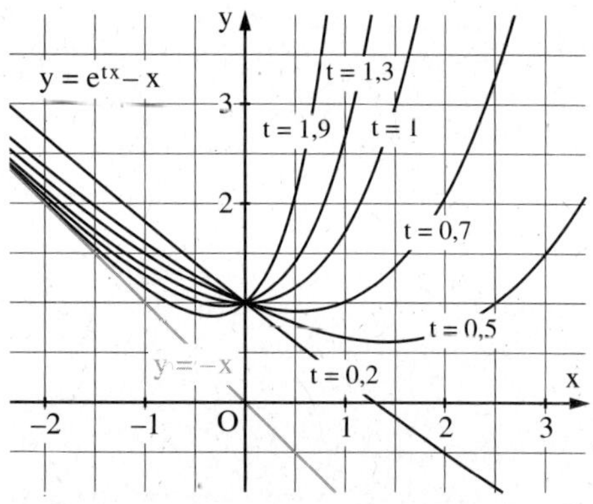

b) $f_t(x) = 5x^3 \cdot e^{-tx}$; $t > 0$. Die Figur auf der nächsten Seite zeigt die Graphen von f_t für $t = 1$; 1,5; 2 und 2,5.

Symmetrie: keine

Verhalten für $|x| \to \infty$: $f_t(x) \to 0$ für $x \to \infty$; d.h. $y = 0$ waagerechte Asymptote für $x \to \infty$.

Schnittpunkte mit den Achsen:

x- und y-Achse: $N(0|0)$

S. 136 **9** Ableitungen:

$f_t'(x) = (15x^2 - 5tx^3) \cdot e^{-tx}$

$f_t''(x) = (5t^2x^3 - 30tx^2 + 30x) \cdot e^{-tx}$

$= 5x \cdot (t^2x^2 - 6tx + 6) \cdot e^{-tx}$

Extrempunkte:

$f_t'(x) = 0 \Leftrightarrow 15x^2 - 5tx^3 = 0 \Leftrightarrow$

$5x^2 \cdot (3 - tx) = 0 \Leftrightarrow x_1 = 0$ bzw. $x_2 = \frac{3}{t}$

$f_t''(0) = 0;\ f_t''\left(\frac{3}{t}\right) = -\frac{45e^{-3}}{t} < 0$

Also Hochpunkt $H\left(\frac{3}{t} \middle| \frac{135e^{-3}}{t}\right)$

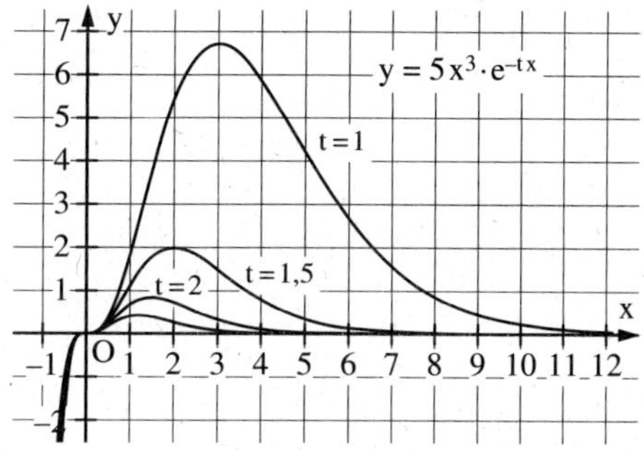

Wendepunkte:

$f_t''(x) = 0 \Leftrightarrow 5x \cdot (t^2x^2 - 6tx + 6) = 0 \Leftrightarrow$

$x_3 = 0;\ x_4 = \frac{3 + \sqrt{3}}{t};\ x_5 = \frac{3 - \sqrt{3}}{t}$. Aus dem VZW an den Stellen x_3, x_4 und x_5 folgt:

$W_1(0|0);\ W_2\left(\frac{3 - \sqrt{3}}{t} \middle| \frac{2{,}868}{t^3}\right);\ W_3\left(\frac{3 + \sqrt{3}}{t} \middle| \frac{4{,}667}{t^3}\right)$

c) $f_t(x) = tx^2 \cdot e^{-tx};\ t > 0$

Die Figur rechts zeigt die Graphen von f_t für $t = 0{,}25;\ 0{,}75;\ 1{,}25$ und $1{,}75$.

Symmetrie: keine

Verhalten für $|x| \to \infty$:

$f_t(x) \to 0$ für $x \to \infty$; d.h. $y = 0$ waagerechte Asymptote für $x \to \infty$.

Schnittpunkte mit den Achsen:

x- und y-Achse: $N(0|0)$

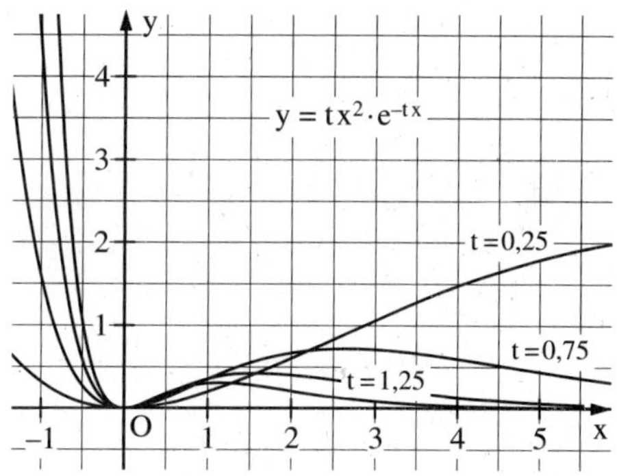

Ableitungen: $f_t'(x) = (2tx - t^2x^2) \cdot e^{-tx}$

$f_t''(x) = (t^3x^2 - 4t^2x + 2t) \cdot e^{-tx}$

Extrempunkte:

$f_t'(x) = 0 \Leftrightarrow tx \cdot (2 - tx) = 0 \Leftrightarrow x_1 = 0;\ x_2 = \frac{2}{t}$

$f_t''(0) = 2t > 0;\ f_t''\left(\frac{2}{t}\right) = -2te^{-2} < 0$; also $T(0|0)$ und $H\left(\frac{2}{t} \middle| \frac{4e^{-2}}{t}\right)$

Wendepunkte:

$f_t''(x) = 0 \Leftrightarrow t^3x^2 - 4t^2x + 2t = 0 \Leftrightarrow x_3 = \frac{2 + \sqrt{2}}{t};\ x_4 = \frac{2 - \sqrt{2}}{t}$

Aus dem VZW an den Stellen x_3 und x_4 folgt: $W_1\left(\frac{2 - \sqrt{2}}{t} \middle| \frac{0{,}191}{t}\right)$ und $W_2\left(\frac{2 + \sqrt{2}}{t} \middle| \frac{0{,}384}{t}\right)$

10 a) $f_k(x) = (k - x) \cdot e^x$; die Figur rechts zeigt die Graphen von f_k für $k = 0{,}5;\ 1;\ 1{,}5;\ 2$ und $2{,}5$.

Symmetrie: keine

Verhalten für $|x| \to \infty$:

$f_k(x) \to 0$ für $x \to -\infty$; d.h. $y = 0$ waagerechte Asymptote für $x \to -\infty$.

Schnittpunkte mit den Achsen:

x- Achse: $N_k(k|0)$

y-Achse: $S_y(0|k)$

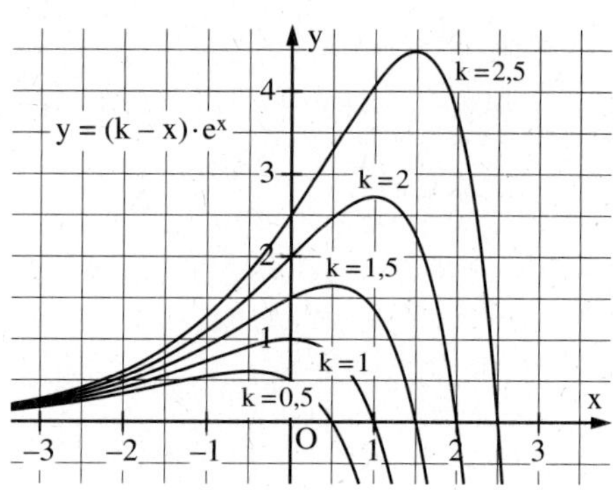

S. 136 **10** Ableitungen:
$f_k'(x) = (k - 1 - x) \cdot e^x$; $f_k''(x) = (k - 2 - x) \cdot e^x$; $f_k'''(x) = (k - 3 - x) \cdot e^x$
Extrempunkte:
$f_k'(x) = 0 \Leftrightarrow x_1 = k - 1$; aus $f_k''(k - 1) = -e^{k-1} < 0$ folgt $H(k - 1 \mid e^{k-1})$.
Wendepunkte:
$f_k''(x) = 0 \Leftrightarrow x_2 = k - 2$; aus $f_k'''(k - 2) = -e^{k-2}$ folgt $W(k - 2 \mid 2e^{k-2})$
Ortskurve der Extrempunkte:
Aus $y = e^{k-1}$ und $x = k - 1$ folgt $k = x + 1$ und eingesetzt $y = e^x$ als Ortskurve der Extrempunkte.
b) $f_k^{(n)}(x) = (k - n - x) \cdot e^x$ (Beweis mit vollständiger Induktion)
$F_k(x) = (k + 1 - x) \cdot e^x$

11 $f_k(x) = x - k \cdot e^x$; $k \neq 0$, $D_f = \mathbb{R}$

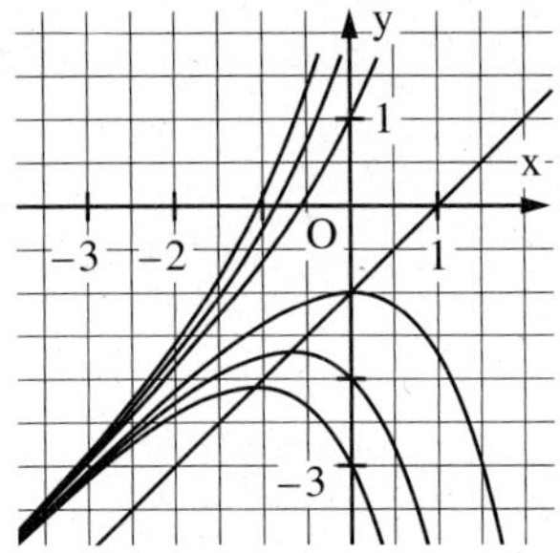

a) Funktionsuntersuchung:
1. Keine Symmetrie.
2. Nullstellen exakt nicht berechenbar.
3. Für $x \to -\infty$ geht $e^x \to 0$, also ist die Gerade mit der Gleichung $y = x$ Asymptote für $x \to -\infty$.
4. Ableitungen: $f_k'(x) = 1 - k \cdot e^x$, $f_k''(x) = -k \cdot e^x$, $f_k'''(x) = -k \cdot e^x$.
5. Extremstellen: $f_k'(x) = 0$ liefert $e^x = \frac{1}{k}$. Dies ergibt nur dann eine Lösung, wenn $k > 0$, nämlich $x_1 = -\ln(k)$. Wegen $f_k''(-\ln(k)) = -1 < 0$ liegt in $x_1 = -\ln(k)$ für $k > 0$ ein Hochpunkt vor: $H(-\ln(k) \mid -\ln(k) - 1)$.
6. Wendestellen existieren keine.
7. Graph rechts

Die Hochpunkte liegen auf $x = -\ln(k)$, $y = -\ln(k) - 1$, also auf $y = x - 1$.
b) Die Tangente in einem beliebigen Punkt $P(a \mid f_k(a))$ hat die Gleichung:
$\frac{y - (a - k \cdot e^a)}{x - a} = 1 - k e^a$. Da sie durch den Ursprung verlaufen soll, muss gelten:
$\frac{-(a - k \cdot e^a)}{-a} = 1 - k e^a$ oder $k \cdot e^a = a \cdot k \cdot e^a$, $a = 1$. Damit ist die Gleichung der Tangente:
$y = (1 - e \cdot k) \cdot x$. Der gesuchte Punkt ist $P(1 \mid 1 - k \cdot e)$.

S. 137 **12** $f_c(x) = \frac{a}{2c} \cdot (e^{cx} + e^{-cx})$, $a, c > 0$
a) $f_c(-x) = \frac{a}{2c} \cdot (e^{-cx} + e^{cx}) = \frac{a}{2c} \cdot (e^{cx} + e^{-cx}) = f_c(x)$, also achsensymmetrisch zur y-Achse.
$f_c'(x) = \frac{a}{2} \cdot (e^{cx} - e^{-cx})$; $f_c''(x) = \frac{ac}{2}(e^{cx} + e^{-cx})$.
$f_c'(x) = 0$ ergibt $x_0 = 0$. Da $f_c''(0) > 0$ ist, liegt ein Minimum vor. $f_c(0) = \frac{a}{c}$.
b) Es soll sein: I. $f_c(0) = \frac{a}{c} = 5$ und II. $f_c(100) = \frac{a}{2c}(e^{100c} + e^{-100c}) = 30$.
$a = 5c$ eingesetzt in I. ergibt: $\frac{5}{2}(e^{100c} + e^{-100c}) = 30$ oder $e^{100c} + e^{-100c} - 12 = 0$.
Die Substitution $u = e^{100c}$ ergibt: $u + u^{-1} - 12 = 0$ oder $u^2 - 12u + 1 = 0$, also $u_1 = 6 + \sqrt{35} \approx 11{,}9161$ und $u_2 = 6 - \sqrt{35} \approx 0{,}0839$. Aus $e^{100c} = u_1$ ergibt sich $c \approx 0{,}0247789$, aus $e^{100c} = u_2$ ergibt sich $c \approx -0{,}0247789$. Damit erhält man in beiden Fällen dieselbe Funktion. $a = 5c \approx 0{,}123894$. Gesuchte Funktion:
$f(x) = 2{,}5 \cdot (e^{0{,}024779 \cdot x} + e^{-0{,}024779 \cdot x})$.

S. 137 **12**

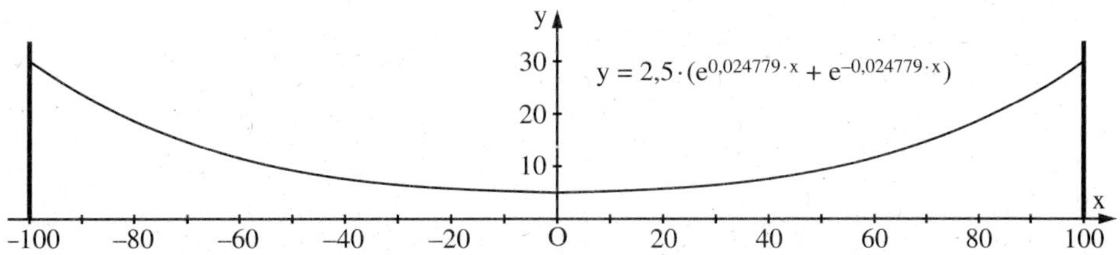

c) $f'(x) = 0{,}061\,947 \cdot (e^{0{,}024779 \cdot x} - e^{-0{,}024779 \cdot x})$. $f'(100) = 0{,}73298$. Mit $\tan(\varphi) = 0{,}732\,98$ erhält man ein Gefälle von ca. 73 %. Der zugehörige Winkel beträgt $\varphi \approx 36{,}2°$.
d) Bedingung ist $f(x) = 15$. Also erhält man aus $2{,}5 \cdot (e^{0{,}024779 \cdot x} + e^{-0{,}024779 \cdot x}) = 15$ nach Substitution $u = e^{0{,}024779 \cdot x}$: $u + u^{-1} - 6 = 0$ mit den Lösungen $u_1 = 3 + 2\sqrt{2} \approx 5{,}8284$ und $u_2 = 3 - 2 \cdot \sqrt{2} \approx 0{,}171\,57$. Daraus erhält man $e^{0{,}024779 \cdot x} = 5{,}8284$, also $x \approx 71{,}14$.
Damit beträgt im Abstand von ca. 71 m, gemessen von der tiefsten Stelle, die Seilhöhe 15 m.
e) Bedingung ist $f'(x) = 0{,}2$; also $0{,}061\,947 \cdot (e^{0{,}024779 \cdot x} - e^{-0{,}024779 \cdot x}) = 0{,}2$.
Daraus erhält man $x \approx 50{,}7$.
Ein Stuntman könnte das Seil auf einer Strecke von gut 100 m befahren.

13 a) Der Parameter a gibt die maximal erreichbare Grenzgeschwindigkeit an, da gilt: $\lim\limits_{t \to \infty} v(t) = a$.
Der Parameter b gibt an, wie schnell sich die Fallgeschwindigkeit der Grenzgeschwindigkeit nähert.
b) Der Graph von v wächst streng monoton, da $v'(t) = a \cdot b \cdot e^{-bt} > 0$ für alle t. Der Graph von v ist rechtsgekrümmt; $v''(t) = -a \cdot b^2 \cdot e^{-bt} > 0$ für alle t.
c) Aus $v(t) = \frac{a}{2}$ folgt $t = \frac{\ln\left(\frac{1}{2}\right)}{-b} = \frac{\ln(2)}{b}$.

14 a) $(500\,000 + 40\,000 \cdot 3) \cdot 1{,}05^7 = 872\,402$ (in €)
b) $f(t) = (500\,000 + 40\,000 \cdot t) \cdot 1{,}05^{10-t}$ (t in Jahren, f(t) gibt den Endbetrag nach 10 Jahren an, wenn das Bild nach t Jahren verkauft wird.)
Maximaler Ertrag:
Ohne GTR: $f'(t) = (40\,000 - 500\,000 \cdot \ln(1{,}05) - 40\,000 \cdot \ln(1{,}05) \cdot t) \cdot e^{(10-t)\ln(1{,}05)}$.
Aus $f'(t) = 0$ folgt $t_{max} \approx 7{,}996$; d. h. nach 8 Jahren sollte das Bild verkauft werden (Erlös insgesamt: 904 050 €).
(Lösungshinweis: Das Bild sollte dann verkauft werden, wenn der jährliche Zins höher ist als die jährliche Wertsteigerung.)
c) Wert des Bildes 200 000 €:
Durch die Wertsteigerung beträgt der Wert des Bildes nach 10 Jahren $(200\,000 + 10 \cdot 40\,000)$ € = 600 000 €. Die jährliche Zinszahlung beträgt dann 600 000 € · 0,05 = 30 000 €. Da dies unter der jährlichen Wertsteigerung liegt, sollte das Bild nicht vor dem Ablauf der 10 Jahre verkauft werden. (Die Lösung kann natürlich wie in a) berechnet werden: $t_{max} \approx 15{,}5$; t_{max} liegt aber nicht im Intervall [0; 10].)
Wert des Bildes 700 000 €:
$t_{max} \approx 2{,}99$; d. h. nach 3 Jahren sollte das Bild verkauft werden (Erlös insgesamt: 1 153 822 €).

S. 137 **15** a) 2005: $f(15) = 67{,}74$

b) $\int_0^5 z(t)\,dt = \left[\frac{32}{0{,}05} \cdot e^{0{,}05t}\right]_0^5 = 181{,}78$

Das Integral gibt den Mehrverbrauch an Öl von 1990–1995 an.

16 a) Geburtenrate: Durch Zellteilung vergrößert sich die Anzahl der Bakterien pro Zeiteinheit; alternativer Begriff: Vermehrungsrate.
Sterberate: Anzahl der Bakterien, die pro Zeiteinheit absterben.
Kurvenverlauf:
Innerhalb der ersten 5 h steigt die Geburtenrate stark an, d. h. die Bakterienzahl erhöht sich stark. Danach sinkt die Geburtenrate ab. Die Bakterienzahl würde sich ohne Sterberate asymptotisch einem maximalen Wert nähern.
Das Ansteigen der Sterberate behindert zunehmend die Vermehrung der Bakterien.
b) Für die Zunahme der Population z gilt $z(t) = G(t) - S(t)$. Maximum für $t \approx 4{,}02$; d. h. nach etwa 4 h (mit GTR). (Die Gleichung $z'(t) = 0$ mit $z'(t) = (10 - 2t) \cdot e^{-0{,}2t} + 0{,}08t - 1{,}2$ lässt sich elementar nicht lösen.)
c) $t_0 \approx 13{,}63$ (in h). Für $t > t_0$ nimmt die Population ab.
d) $B(t) = 15 + \int_0^t z(x)\,dx$.
Mit dem GTR: $B(25) = 15 + 73{,}226 = 88{,}226$; d. h. etwa 882 200 Bakterien.
e)

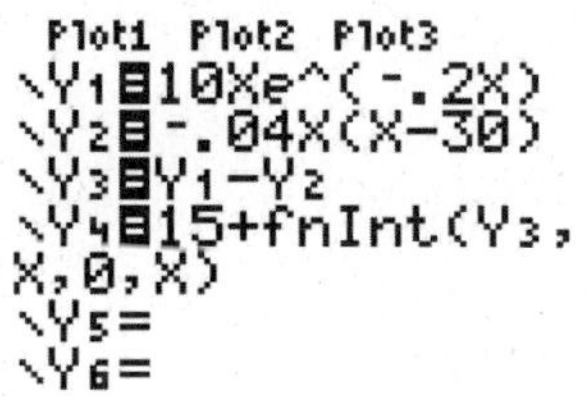

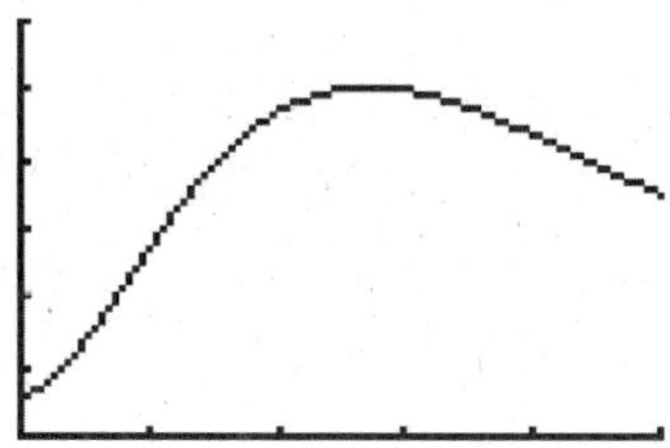

f) $t_{max} \approx 13{,}63$ (in h); maximale Anzahl: 1 263 000

11 Funktionsanpassung bei Exponentialfunktionen

S. 138 **1** a) Die Messpunkte $(x \mid \ln(y))$ liegen näherungsweise auf einer Geraden.
b) Aus $\ln(y) = kx + c$ erhält man $y = e^{kx+c} = e^c \cdot e^{kx} = a \cdot e^{kx}$; dies ist die Gleichung einer Exponentialfunktion.

S. 139 **2** a) Die Punkte liegen näherungsweise auf einer Geraden.
Exponentialfunktion: $z(t) = 4498 \cdot e^{0{,}2391t}$.
b) $z(48) \approx 432\,887\,100$

S. 139 **3** a) Transformation der Messwerte (wobei $x = 0$ dem Jahr 1900 entspricht):

x	0	40	50	60	70	80
w	33,0	69,8	88,6	122,4	142,6	174,2
ln (w)	3,496	4,246	4,484	4,807	4,960	5,160

Ansatz: $w = c \cdot e^{kx}$. Daraus folgt: $\ln(w) = k \cdot x + \ln(c)$.

$\ln(w) = m \cdot x + b$; $m = \frac{5{,}16 - 3{,}496}{80} \approx 0{,}0208$; $b \approx 3{,}496$.

Daraus folgt $k = m = 0{,}0209$. $\ln(c) = 3{,}49650 \Rightarrow c = 33$.

Die Funktionsanpassung liefert also: $w(x) = 33 \cdot e^{0{,}0208 \cdot x}$.

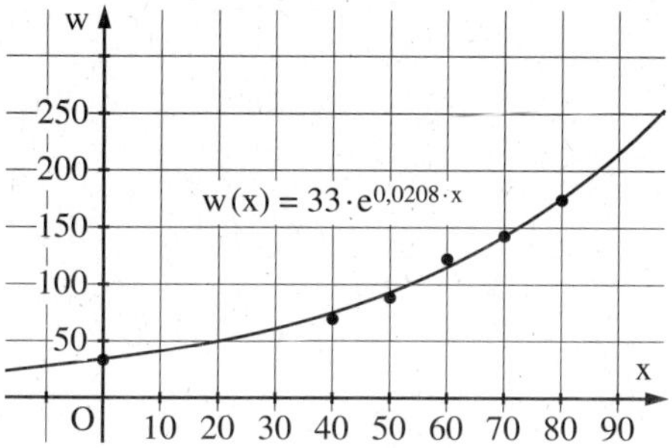

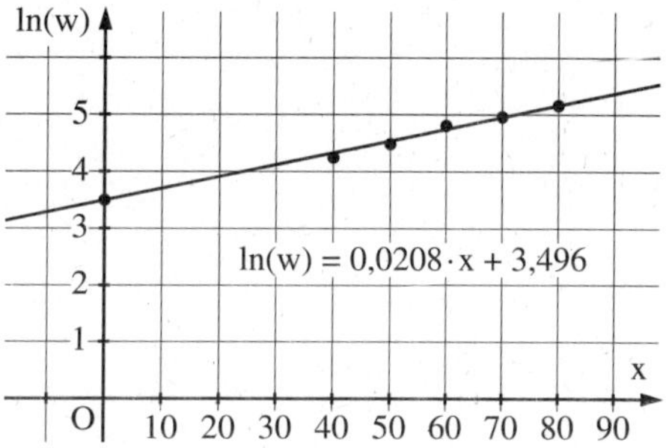

b) $T_V = \frac{\ln(2)}{0{,}0208} = 33{,}32$ (Jahre)

c) $w(95) = 238{,}05$ (km^3). In Wirklichkeit liegt der Wasserverbrauch bei $200{,}5\,km^3$; d.h., der Verbrauch steigt nicht mehr weiter exponentiell.

4 a) Trägt man die Umsatzzahlen y von 1994 bis 1998 in ein t, ln y-Koordinatensystem ein, so erhält man näherungsweise eine Ausgleichsgerade mit der Gleichung $y = 0{,}239t + 0{,}429$. Die Wachstumsfunktion ist damit f mit $f(t) = 1{,}536 \cdot e^{0{,}239t}$ (t in Jahren ab 1994, f(t) in Mrd. US-Dollar).

b)

Jahr ab 1994	5 (1999)	6 (2000)	7 (2001)	8 (2002)	9 (2003)	10 (2004)
Prognose	5,10	6,56	8,50	11,08	14,40	18,75
Anpassung f(t)	5,08	6,45	8,19	10,40	13,22	16,79
Abweichung in %	0,4	1,7	3,6	6,1	8,2	11,7

Offensichtlich gehen die Prognosen von einem noch stärker steigenden Wachstum aus.

c) Im Zeitraum von 1994 bis 1998 erhält man mithilfe der Funktionsanpassung aus der Gleichung $k = \ln\left(1 + \frac{p}{100}\right)$ mit $k = 0{,}239$ für $p \approx 27$, d.h. ein mittleres jährliches Wachstum von etwa 27 %. Für den gesamten Zeitraum folgt aus $\frac{18{,}75}{1{,}53} = \left(1 + \frac{p}{100}\right)^{10}$ für $p \approx 28{,}5$; d.h. über den gesamten Zeitraum ein mittleres jährliches Wachstum von etwa 28,5 %.

5 Zeitraum 1900–1960: Ausgleichsgerade mit der Gleichung: $y = 0{,}0455t + 5{,}6287$
Wachstumsfunktion f mit $f(t) = 278 \cdot e^{0{,}0455t}$ (t in Jahren ab 1900, f(t) in Tausend)
$f(90) = 16690{,}94 \approx 16691$ (in Tausend), d.h. 16,69 Millionen.
Zeitraum 1900–1980: Ausgleichsgerade mit der Gleichung: $y = 0{,}0475t + 5{,}5865$
Wachstumsfunktion g mit $g(t) = 266{,}8 \cdot e^{0{,}0475t}$ (t in Jahren ab 1900, g(t) in Tausend)
$g(90) = 19177{,}62 \approx 19178$ (in Tausend), d.h. 19,18 Millionen.

S. 139 **5** Die erste Anpassung liefert den besseren Wert (Abweichung 10,5 %).
Das Wachstum war in den Jahren von 1960 bis 1980 besonders stark. Inzwischen sind aber Abflachungen im Wachstum sichtbar – insgesamt ist sogar ein etwas schwächeres Wachstum als in den Jahren von 1900 bis 1960 zu beobachten.

6 a) Eine exponentielle Anpassung über den gesamten Zeitraum liefert f mit $f(t) = 36{,}582 \cdot e^{0{,}0856\,t}$ (t in Jahren ab 1907, f(t) in Tausend).
f beschreibt die Entwicklung unzureichend, z. B.
– der Abfall im Intervall zwischen 1939 und 1950 wird nicht berücksichtigt.
– die Entwicklung der letzten Jahrzehnte wird ganz falsch beschrieben.
b) Funktionsanpassung für den Zeitraum von 1907 bis 1939 ergibt die gute Anpassung g mit $g(t) = 14{,}046 \cdot e^{0{,}1456\,t}$ (t in Jahren ab 1907, g(t) in Tausend).
Mit $k \approx 0{,}1456$ folgt $p = 100 \cdot (e^k - 1) \approx 15{,}67$ als jährliche prozentuale Zunahme.
c) Eine Funktionsanpassung mit einer linearen Funktion erscheint angemessen. Die Gleichung lautet h mit $h(t) = 974{,}986 \cdot t + 5416{,}268$ (t in Jahren ab 1960, h(t) in Tausend) oder $\overline{h}(t) = 974{,}986 \cdot t - 46\,258$ (t in Jahren ab 1907, $\overline{h}(t)$ in Tausend).
Erwarteter Bestand im Jahr 2010: $h(50) \approx 54\,165{,}6$ (in Tausend).

Randspalte: Einwohnerzahl E in Deutschland z. B. 1999:
$E = \frac{42\,321 \cdot 10^3}{\frac{516}{1000}} \approx 82{,}023 \cdot 10^6$, d. h. etwa 82 Mio.

12 Die Differenzialgleichung des exponentiellen Wachstums

S. 140 **1** a) Die momentane Änderungsrate ist f′ mit $f'(t) = 5000 \cdot 0{,}02 \cdot e^{0{,}02t} = 100 \cdot e^{0{,}02t}$ und hieraus $f'(1) = 102{,}0$; $f'(2) = 104{,}1$; $f'(3) = 106{,}2$; $f'(5) = 110{,}5$; $f'(10) = 122{,}1$.
b) Es gilt der Zusammenhang $f'(t) = 0{,}02 \cdot f(t)$; d. h. die momentane Änderungsrate ist proportional zum momentanen Funktionswert.

S. 141 **2** a) $f(t) = 5000 \cdot e^{0{,}01 \cdot t}$; $f(50) = 8243{,}6$
b) Aus $10\,000 = 5000 \cdot e^{0{,}01t}$ folgt $t = 69{,}3$.

3 Es ist $g(t) = 2000 \cdot e^{-0{,}12t}$; damit ist $f(0) = g(-4) = 3232{,}1$ und $f(60) = g(56) = 2{,}4$.

4 Man entnimmt dem Graphen an einigen Stellen die Werte von f und f′:

a)

t	−2	0	4
f′(t)	−1,2	0,8	−0,3
f(t)	4,9	3	1,1
$\frac{f'(t)}{f(t)}$	−0,245	−0,267	−0,273

Die Differenzialgleichung scheint erfüllt zu sein. Gemittelt ist $k \approx -0{,}26$.

b)

t	−2	0	4
f′(t)	−0,9	−0,7	−0,4
f(t)	4,6	3	0,7
$\frac{f'(t)}{f(t)}$	−0,196	−0,233	−0,571

Die Differenzialgleichung ist nicht erfüllt.

S. 142 **5** a) Es ist $\frac{f'(t)}{f(t)} = -0{,}025$ für $t = 0, 1, 2, 3, 4$; also gilt $f'(t) = -0{,}025 \cdot f(t)$. Die Differenzialgleichung ist für $k = -0{,}025$ erfüllt.

b)

t	0	1	2	3	4
$\frac{f'(t)}{f(t)}$	0,040	0,040	0,047	0,034	0,070

Die Differenzialgleichung ist damit nicht erfüllt.

6 a) Es ist $u(t) = u(0) \cdot e^{kt}$ mit $u(0) = 800 - 20 = 780$. Aus $u(30) = 100 - 20 = 80$ erhält man $80 = 780 \cdot e^{k \cdot 30}$ und hieraus $k = -0{,}0759$, also $u(t) = 780 \cdot e^{-0{,}0759t}$ (t in Tagen, u(t) in °C).
b) Aus $u(t) = 1$ erhält man $1 = 780 \cdot e^{-0{,}0759t}$ und damit $t = 87{,}7$. Nach etwa 88 Tagen liegt die Spiegeltemperatur erstmals unter 21 °C.

7 Aus $T_H = -\frac{\ln 2}{k}$ folgt $k = -\frac{\ln 2}{28} = -0{,}0248$. Die Differenzialgleichung lautet $m'(t) = -0{,}0248 \cdot m(t)$.

8 a) Aus $f'(t) \sim f(t)$ und $f(0) = 3000$ folgt $f(t) = 3000 \cdot e^{kt}$.
Mit $f(20) = 50\,000 = 3000 \cdot e^{k \cdot 20}$ folgt $k = \frac{1}{20} \ln \frac{50\,000}{3000} = 0{,}1407$.
Die Differenzialgleichung lautet: $f'(t) = 0{,}1407 \cdot f(t)$. Die Wachstumsfunktion lautet $f(t) = 3000 \cdot e^{0{,}1407 \cdot t}$ (t in Stunden).
b) Aus $18\,000 = 3000 \cdot e^{0{,}1407 \cdot t}$ folgt $t = 12{,}3$ (in Stunden).
$T_V = \frac{\ln 2}{0{,}1407} \approx 4{,}9$ (in Stunden).

9 a) Die Wachstumsfunktion lautet $f(t) = 170 \cdot e^{0{,}07 \cdot t}$ (t in Monaten).
Aus $3000 = 180 \cdot e^{0{,}07 \cdot t}$ folgt $t = 41$ (in Monaten).
b) Zusammenbruch der Population auf $\frac{1}{30}$ von 3000 Mäusen = 100 Mäuse, also beschreibt die Funktion g mit $g(t) = 100 \cdot e^{0{,}07 \cdot t}$ die Entwicklung nach einem Zusammenbruch.
Aus $3000 = 100 \cdot e^{0{,}07 \cdot t}$ folgt $t = 48{,}59$, d. h., die Zeitdauer zwischen zwei Zusammenbrüchen beträgt etwa 49 Monate.

10 a) Aus $U(t) = -L \cdot I'(t)$ und $U(t) = R \cdot I(t)$ folgt die Differenzialgleichung $I'(t) = -\frac{R}{L} \cdot I(t)$.
Lösung dieser Differenzialgleichung ist die Funktion I mit $I(t) = I_0 \cdot e^{-\frac{R}{L} \cdot t}$.
b) $I(t) = 3 \cdot e^{-\frac{1}{4} \cdot t}$

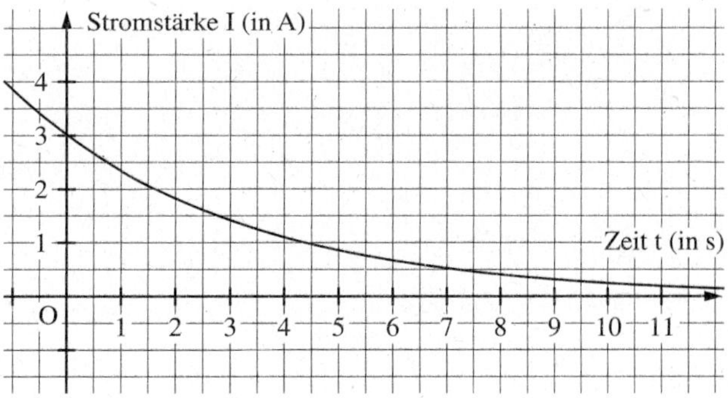

13 Beschränktes Wachstum

S. 143 **1** a)

Zeit t (in Jahren)	0	1	2	3	4	5
ökologisch genutzte Ackerfläche A (in ha)	80	142	197,8	248,0	293,2	333,9

b) ökologisch genutzte Anbaufläche:
f mit $f(t) = 700 - 620\,e^{-0{,}10536t}$

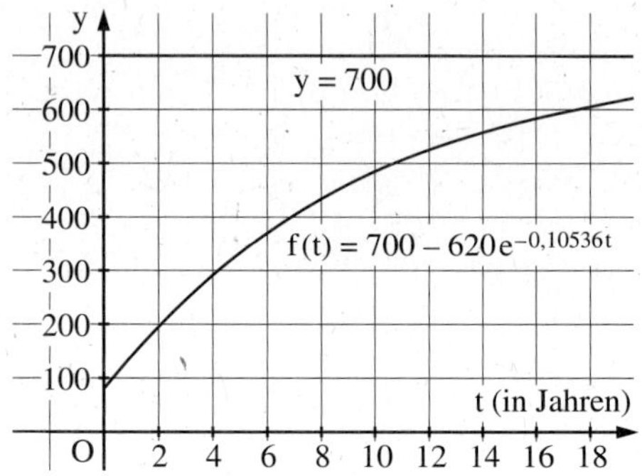

S. 145 **2** a)

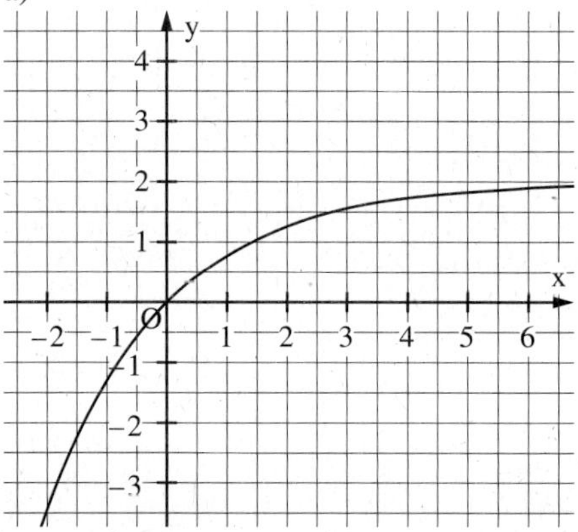

b)

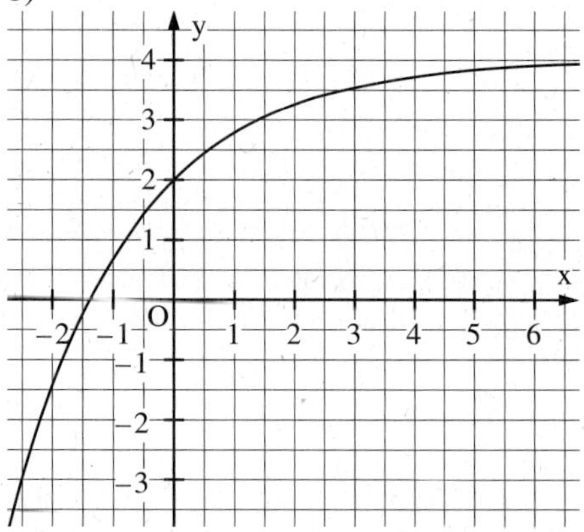

c)

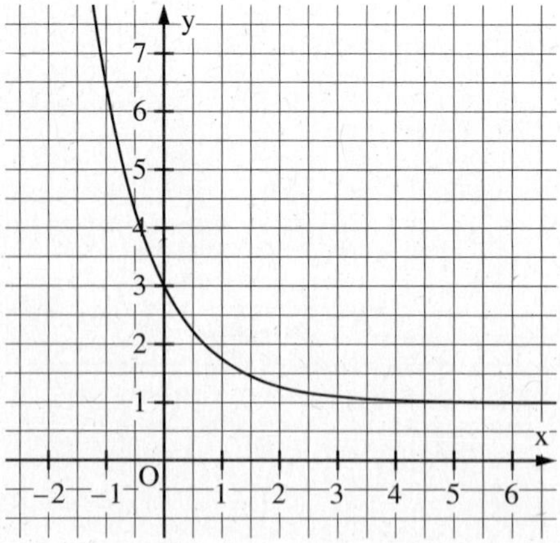

d)

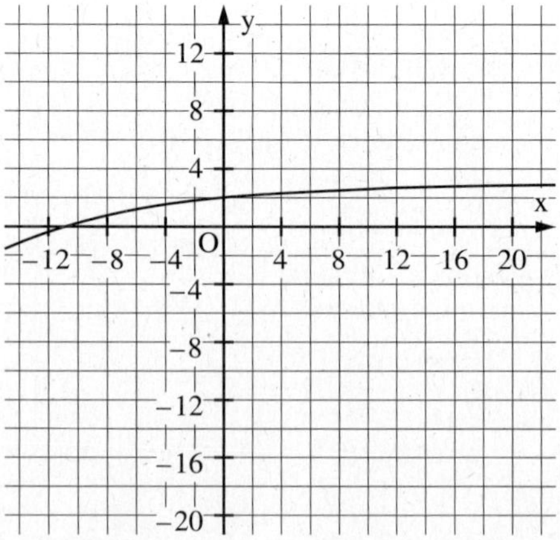

S. 145 **3** a) $f(0) = 8 - 3 \cdot e^{-0{,}02 \cdot 0} = 5$, $f(120) = 8 - 3 \cdot e^{-0{,}02 \cdot 120} \approx 7{,}73$

b) Schranke $S = 8$; damit sind 90 % von S gleich $0{,}9 \cdot 8 = 7{,}2$, also

$7{,}2 = 8 - 3 \cdot e^{-0{,}02 \cdot t}$ und hieraus $t = \frac{\ln \frac{0{,}8}{3}}{-0{,}02} \approx 66{,}08$ (t in min).

c) Der Ansatz $f(t+1) - f(t) = 0{,}01 \cdot f(t)$ führt auf

$3 \cdot e^{-0{,}02 \cdot t} \cdot (1 - e^{-0{,}02}) = 0{,}01 \cdot (8 - 3 \cdot e^{-0{,}02 \cdot t})$ und hieraus $t = \frac{\ln 0{,}8948}{-0{,}02} \approx 5{,}56$.

d) Bereits nach etwa 6 Minuten beträgt der Zuwachs pro Minute weniger als 1 %.

4 Für die Funktion f, die die Anzahl der verkauften Geräte zählt, ist der Ansatz $f(t) = S - a \cdot e^{-kt}$ (beschränktes Wachstum) sinnvoll.
Potentielle Käufer: $S = 40000 : 5 = 8000$, $f(0) = 0$, da das Produkt neu auf den Markt kommt; damit $f(t) = 8000 - 8000 \cdot e^{-kt} = 8000 \cdot (1 - e^{-kt})$. Aus $f(3) = 1700$ folgt $1700 = 8000 \cdot (1 - e^{-3k})$ und hieraus $k \approx 0{,}0796$. Damit ist $f(t) = 8000 \cdot (1 - e^{-0{,}0796t})$.
Aus $f(12) \approx 4922 < 5500$ folgt, dass die Annahme des Herstellers zu optimistisch ist.

5 a) $m'(t) = k \cdot (36 - m(t))$

b) Es ist $m(t) = 36 - c \cdot e^{-kt}$. Mit $f(0) = 0$ ist $m(t) = 36 \cdot (1 - e^{-kt})$. Aus $m(30) = 28$ folgt $36 \cdot (1 - e^{-k \cdot 30}) = 28$ und hieraus $k \approx 0{,}0501$, also $m(t) = 36 \cdot (1 - e^{-0{,}0501 \cdot t})$.

6 a) Aus $m \cdot a(t) = mg - c \cdot v(t)$ folgt mit $v'(t) = a(t)$ die Gleichung

$v'(t) = g - \frac{c}{m} v(t)$ bzw. $v'(t) = \frac{c}{m} \cdot \left(\frac{m \cdot g}{c} - v(t)\right)$.

Aus $v(0) = 0$ folgt als Lösung

$v(t) = \frac{m \cdot g}{c}\left(1 - e^{-\frac{c}{m}t}\right)$.

b) $v_{max} = \frac{m \cdot g}{c}$; mit $v_{max} = 5$ folgt

$c \approx 186{,}39 \left(\text{in } \frac{kg}{s}\right)$ und $v(t) = 5 \cdot (1 - e^{-1{,}962t})$.

Aus $v(t) = 2{,}5$ folgt $t \approx 0{,}35$ (in s).

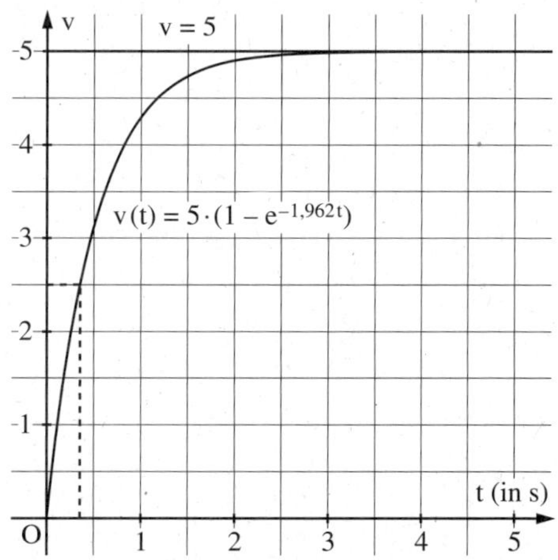

7 a) Betrachtet man einen kleinen Zeitraum h, so gilt näherungsweise für
– die zugeführte Medikamentenmenge in diesem Zeitraum: $4 \cdot h$
– die ausgeschiedene Medikamentenmenge in diesem Zeitraum: $0{,}05 \cdot m(t) \cdot h$
Für die Änderung der im Blut vorhandenen Medikamentenmenge erhält man:
$m(t+h) - m(t) \approx 4 \cdot h - 0{,}05 \cdot m(t) \cdot h$, also $\frac{m(t+h) - m(t)}{h} \approx 4 - 0{,}05 \cdot m(t)$
Für $h \to 0$ ergibt sich die Differenzialgleichung
$m'(t) = 4 - 0{,}05 \cdot m(t) = 0{,}05 \cdot (80 - m(t))$.

b) $m(t) = 80 \cdot (1 - e^{-0{,}05 \cdot t})$. Es ist $\lim\limits_{t \to \infty} m(t) = \lim\limits_{t \to \infty} 80 \cdot (1 - e^{-0{,}05t}) = 80$, d. h. auf lange Sicht ist eine Konzentration von 80 mg im Blut zu erwarten.
Aus $80 \cdot (1 - e^{-0{,}05 \cdot t}) = 0{,}9 \cdot 80$ folgt $t \approx 46{,}05$, d. h., nach etwa 46 min ist die maximale Konzentration bereits zu 90 % erreicht.

14 Vermischte Aufgaben

S. 146 **1** a) $f(x) = e^{-2} \cdot e^{0,5 \cdot x}$ b) $f(x) = e^4 \cdot e^{2 \cdot x}$

c) $f(x) = \left(\frac{1}{2}\right)^x \cdot \left(\frac{1}{2}\right)^2 = \frac{1}{4} \cdot e^{x \cdot \ln(0,5)} = \frac{1}{4} e^{-x \cdot \ln(2)}$ d) $f(x) = e^x$

2 a) $f'(x) = e^{x-1}$; $F(x) = e^{x-1}$ b) $f'(x) = -e^{-x} + 1$; $F(x) = -e^{-x} + \frac{x^2}{2}$

c) $f'(x) = 2e^{2x-0,5}$; $F(x) = \frac{1}{2}e^{2x-0,5}$ d) $f'(x) = 0,5 \cdot e^{0,5x-2}$; $F(x) = 2 \cdot e^{0,5x-2} + x$

e) $f'(x) = \ln(2) \cdot e^{x \cdot \ln(2)} = 2^x \cdot \ln(2)$; $F(x) = \frac{1}{\ln(2)} \cdot e^{x \cdot \ln(2)} = \frac{1}{\ln(2)} \cdot 2^x$

f) $f'(x) = \ln(2) \cdot e^{(x+2) \cdot \ln(2)} = 2^{x+2} \cdot \ln(2)$; $F(x) = \frac{1}{\ln(2)} \cdot e^{(x+2) \cdot \ln(2)} = \frac{1}{\ln(2)} \cdot 2^{x+2}$

g) $f(x) = 2^3 \cdot 2^{-x-2} = 2^{-x+1} = e^{(-x+1) \cdot \ln(2)}$; $f'(x) = -\ln(2) \cdot e^{(-x+1) \cdot \ln(2)} = -2^{-x+1} \cdot \ln(2)$;
$F(x) = -\frac{1}{\ln(2)} \cdot e^{(-x+1) \cdot \ln(2)} = -\frac{1}{\ln(2)} \cdot 2^{-x+1}$

h) $f'(x) = \ln(0,4) \cdot e^{x \cdot \ln(0,4)} = 0,4^x \cdot \ln(0,4)$; $F(x) = \frac{1}{\ln(0,4)} \cdot e^{x \cdot \ln(0,4)} + 2x = \frac{1}{\ln(0,4)} \cdot 0,4^x + 2x$

3 a) $f'(x) = 2x + e^x$; $f''(x) = 2 + e^x$

b) $f'(x) = (3x + 1) \cdot e^{3x}$; $f''(x) = (9x + 6) \cdot e^{3x}$

c) $f'(x) = (3x^2 - 2x^3) \cdot e^{-2x}$; $f''(x) = (4x^3 - 12x^2 + 6x) \cdot e^{-2x}$

d) $f'(x) = 2x \cdot e^{x^2-1}$; $f''(x) = (4x^2 + 2) \cdot e^{x^2-1}$

4 a)

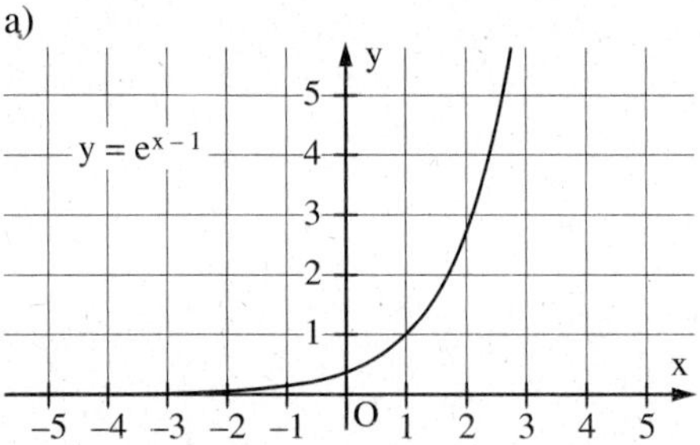

b)

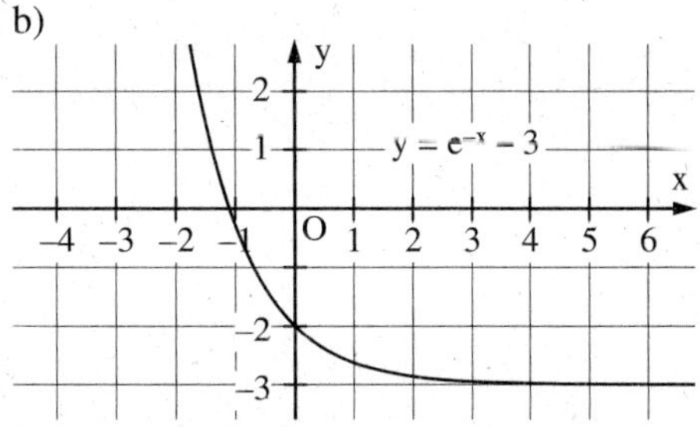

c)

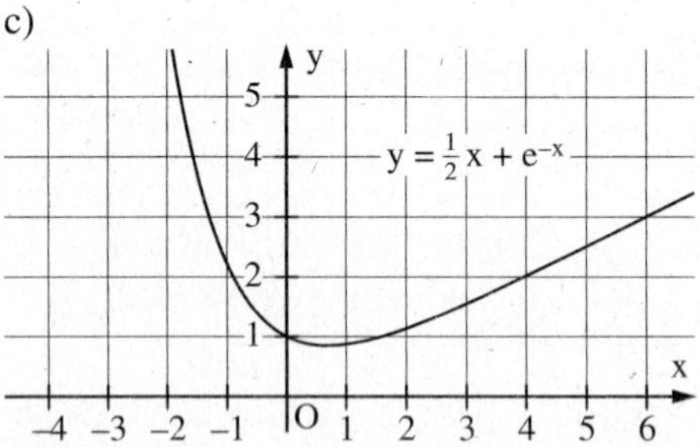

d)

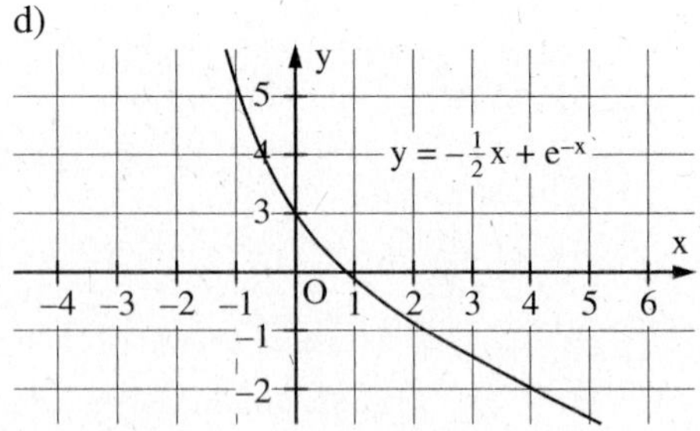

5 a) Fig. 3 b) Fig. 4 c) Fig. 2 d) Fig. 1

6 a) $x \approx 0,225$

b) Aus $x^2 - 5x = -3x^2 + 4$ folgt $x_1 \approx -0,554$ bzw. $x_2 \approx 1,804$.

S. 146 **7** a) Schnittpunkt auf der y-Achse ($x = 0$): $f_1(0) = f_2(0)$, also $a = 1$. Steigungen im Schnittpunkt: $f_1'(0) = a$; $f_2'(0) = b$. Senkrechter Schnitt, wenn $f_1'(0) \cdot f_2'(0) = -1$ ist, d.h. $1 \cdot b = -1$, also $b = -1$. Gesuchte Funktionen: $f_1(x) = e^x$, $f_2(x) = e^{-x}$.
b) $f_1(0) = 0$, also $1 + b = 0$, d.h. $b = -1$. $f_1'(0) = a$; $f_2'(0) = 1$. Senkrechter Schnitt, wenn $f_1'(0) \cdot f_2'(0) = -1$ ist, d.h. $1 \cdot a = -1$, also $a = -1$. Gesuchte Funktionen: $f_1(x) = e^{-x} - 1$, $f_2(x) = 1 - e^{-x}$.

8 a) $\int_1^4 \frac{2}{x}\,dx = [2 \cdot \ln(x)]_1^4 = 4 \cdot \ln(2) \approx 2{,}7726$

b) $\int_2^{10} \frac{2}{3x}\,dx = \left[\frac{2}{3} \cdot \ln(3x)\right]_2^{10} = \frac{2}{3} \cdot (\ln(30) - \ln(6)) \approx 1{,}0730$

c) $\int_0^1 \frac{6}{4 + 12x}\,dx = \int_0^1 \frac{3}{2 + 6x}\,dx = \left[\frac{1}{2} \cdot \ln(2 + 6x)\right]_0^1 = \ln(2) \approx 0{,}6931$

d) $\int_1^3 \frac{5x + 1}{x}\,dx = \int_1^3 \left(5 + \frac{1}{x}\right)dx = [5x + \ln(x)]_1^3 = 10 + \ln(3) \approx 11{,}0986$

e) $\int_1^2 \frac{2x^2 - 3x + 4}{x}\,dx = \int_1^2 \left(2x - 3 + \frac{4}{x}\right)dx = [x^2 - 3x + 4 \cdot \ln(x)]_1^2 = 4 \cdot \ln(2) \approx 2{,}7726$

9 a) Schnittpunkt mit der x-Achse: $e^x = 4e$, also $x_1 = 1 + \ln(4)$. Demnach gilt:

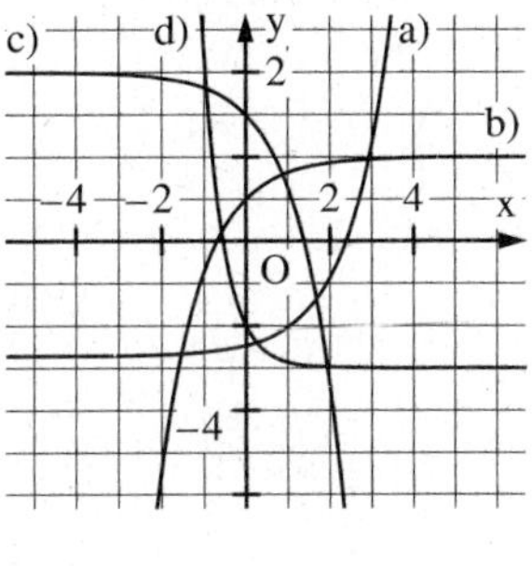

$A_1 = -\int_0^{1+\ln(4)} \left(\frac{1}{4}e^x - e\right)dx = -\left[\frac{1}{4}e^x - ex\right]_0^{1+\ln(4)} =$

$= -\left(\frac{1}{4}e^{1+\ln(4)} - e \cdot (1 + \ln(4)) - \frac{1}{4}\right) = e \cdot \ln(4) + \frac{1}{4} \approx 4{,}01833.$

$V_1 = \pi \cdot \int_0^{1+\ln(4)} \left(\frac{1}{4}e^x - e\right)^2 dx = \pi \cdot \int_0^{1+\ln(4)} \left(\frac{1}{16}e^{2x} - \frac{1}{2}e^{x+1} + e^2\right)dx =$

$= \pi \cdot \left[\frac{1}{32}e^{2x} - \frac{1}{2}e^{x+1} + e^2 \cdot x\right]_0^{1+\ln(4)} \approx \pi \cdot 7{,}8768 \approx 24{,}746$

b) Schnittpunkt mit der x-Achse: $e^{-x} = 2$, also $x_1 = -\ln(2)$. Demnach gilt:

$A_2 = \int_{-\ln(2)}^0 (2 - e^{-x})\,dx = [2x + e^{-x}]_{-\ln(2)}^0 = 1 - (-2 \cdot \ln(2) + 2)$

$= 2\ln(2) - 1 \approx 0{,}3863.$

$V_2 = \pi \cdot \int_{-\ln(2)}^0 (2 - e^{-x})^2 dx = \pi \cdot \int_{-\ln(2)}^0 (4 - 4e^{-x} + e^{-2x})\,dx = \pi \cdot \left[4x + 4e^{-x} - \frac{1}{2}e^{-2x}\right]_{-\ln(2)}^0 =$

$= \pi \cdot \left(4\ln(2) - \frac{5}{2}\right) \approx 0{,}2726 \cdot \pi \approx 0{,}8564$

c) Schnittpunkt mit der x-Achse: $e^x = 4$, also ist $x_1 = \ln(4)$. Demnach gilt:

$A_3 = \int_0^{\ln(4)} (4 - e^x)\,dx = [4x - e^x]_0^{\ln(4)} = (4 \cdot \ln(4) - 4) - 1 = 8 \cdot \ln(2) - 3 \approx 2{,}5452.$

$V_3 = \pi \cdot \int_0^{\ln(4)} (4 - e^x)^2 dx = \pi \cdot \int_0^{\ln(4)} (16 - 8e^x + e^{2x})\,dx = \pi \cdot \left[16x - 8e^x + \frac{1}{2}e^{2x}\right]_0^{\ln(4)} \approx$

$\approx \pi \cdot 5{,}6807 \approx 17{,}8465$

S. 146 **9** d) Schnittpunkt mit der x-Achse: $e^{-2x} = 3$, also $x_1 = -\frac{\ln(3)}{2}$. Demnach gilt:

$$A_3 = -\int_{-\frac{\ln(3)}{2}}^{0} (e^{-2x} - 3)\,dx = -\left[-\tfrac{1}{2}e^{-2x} - 3x\right]_{-\frac{\ln(3)}{2}}^{0} = \frac{3\cdot\ln(3)}{2} - 1 \approx 0{,}6479.$$

$$V_4 = \pi\cdot\int_{-0{,}5\ln(3)}^{0} (e^{-2x} - 3)^2\,dx = \pi\cdot\int_{-0{,}5\ln(3)}^{0} (e^{-4x} - 6e^{-2x} + 9)\,dx = \pi\cdot\left[-\tfrac{1}{4}e^{-4x} + 3e^{-2x} + 9x\right]_{-0{,}5\ln(3)}^{0} \approx$$

$$\approx \pi\cdot 0{,}9438 \approx 2{,}9649$$

10 a) $f'(x) = 4e^{2x-3}$; $P(2|2e)$; Tangente $y = 4e\cdot x - 6e$; $Q(1{,}5|0)$; $R(0|-6e)$

b) $A(k) = \int_k^2 2e^{2x-3}\,dx = [e^{2x-3}]_k^2 = e - e^{2k-3}$; $A = \lim_{k\to-\infty} A(k) = e$

c) $\int_h^2 2e^{2x-3}\,dx = \frac{1}{2}e$ ergibt $h \approx 1{,}653$.

11 $f_k(x) = e^{kx}$, $f_k'(x) = k\cdot e^{kx}$. Tangente in $P(0|1)$:
$y = kx + 1$; Normale in $P(0|1)$: $y = -\frac{1}{k}\cdot x + 1$;
Schnittpunkt der Tangente mit der x-Achse $A\left(-\frac{1}{k}\middle|0\right)$.
Schnittpunkt der Normale mit der x-Achse $A(k|0)$.
Inhalt des Dreiecks: $A(k) = k + \frac{1}{k}$; $A'(k) = 1 - \frac{1}{k^2}$; $A''(k) = \frac{2}{k^3}$.
Extremstelle für $k = 1$ $(k > 0!)$. $A''(1) = 2 > 0$; also
Minimum für $k = 1$. Minimaler Dreiecksinhalt $A_{min} = 2$.

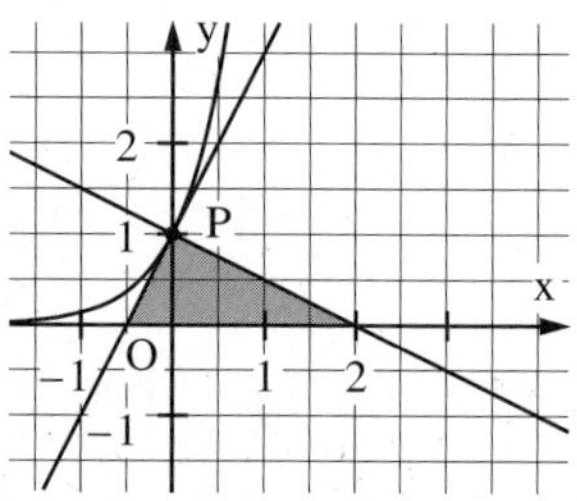

12 Ist f differenzierbar, so ist auch g differenzierbar, da $g'(x) = f'(x)\cdot e^{f(x)}$ ist.
Ist f differenzierbar und monoton steigend, so ist auch g differenzierbar und monoton steigend, da aus $f'(x) \geqq 0$ folgt $g'(x) = f'(x)\cdot e^{f(x)} \geqq 0$.
Ist f zweimal differenzierbar und liegt in x_0 ein relatives Maximum (Minimum) vor, so gilt das Gleiche für g, da aus $f'(x_0) = 0$ und $f''(x_0) < 0$ folgt: $g'(x_0) = f'(x_0)\cdot e^{f(x_0)} = 0$ und $g''(x_0) = (f''(x_0) + (f'(x_0))^2)\cdot e^{f(x_0)} = f''(x_0)\cdot e^{f(x_0)} < 0$.

S. 147 **13** a) $f(x) = 2x\cdot e^{1-x}$, $D_f = \mathbb{R}$

1. Keine Symmetrie.
2. $x_1 = 0$ ist einzige Nullstelle.
3. Für $x \to \infty$ geht $x\cdot e^{1-x} \to 0$, also ist die Gerade mit der Gleichung $y = 0$ Asymptote.
4. Ableitungen:
   $f'(x) = 2e^{-x+1} - 2x\cdot e^{-x+1} = 2\cdot e^{-x+1}\cdot(1 - x)$,
   $f''(x) = 2\cdot e^{-x+1}\cdot(x - 2)$, $f'''(x) = 2\cdot e^{-x+1}\cdot(3 - x)$
5. Extremstellen: $f'(x) = 0$ liefert $x_2 = 1$. Wegen $f''(1) = -2 < 0$ liegt in $x_2 = 1$ ein Maximum vor. Hochpunkt ist $H(1|2)$.
6. Wendestellen: $f''(x) = 0$ liefert $x_3 = 2$. Wegen $f'''(2) = 2e^{-1} \neq 0$ liegt in $x_3 = 2$ eine Wendestelle vor. Wendepunkt ist $W\left(2\middle|\frac{4}{e}\right) = W(2|\approx 1{,}4715)$.
7. Graph rechts

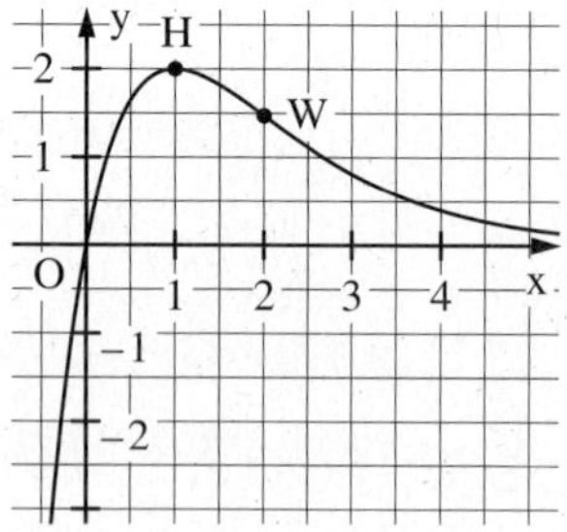

S. 147 **13** b) $f(x) = x^2 \cdot e^{-x}$

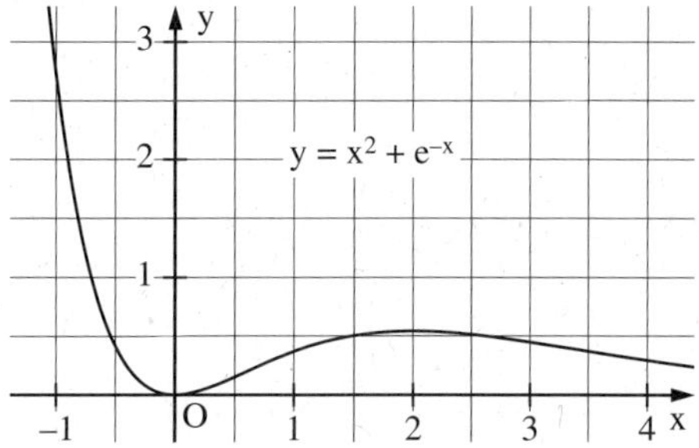

1. Symmetrie: keine
2. Schnittpunkt mit den Achsen: $N(0|0)$
3. Verhalten für $|x| \to \infty$: $f(x) \to 0$ für $x \to \infty$; also ist die Gerade mit der Gleichung $y = 0$ waagerechte Tangente.
4. Ableitungen: $f'(x) = (2x - x^2) \cdot e^{-x}$; $f''(x) = (x^2 - 4x + 2) \cdot e^{-x}$; $f'''(x) = (-x^2 + 6x - 6) \cdot e^{-x}$
5. Extrempunkte: $f'(x) = 0$ liefert $x_1 = 0$ und $x_2 = 2$; wegen $f''(0) = 2$ und $f''(2) = -2 \cdot e^{-2} < 0$ gilt: Tiefpunkt $T(0|0)$ und Hochpunkt $H(2|4e^{-2}) \approx (2|0{,}54)$.
6. Wendepunkte: $f''(x) = 0$ liefert $x_3 = 2 + \sqrt{2}$ und $x_4 = 2 - \sqrt{2}$; wegen $f'''(x_3) \neq 0$ und $f'''(x_4) \neq 0$ gilt: Wendepunkt $W_1\left(2 + \sqrt{2}\,|\,0{,}38\right) \approx (3{,}41|0{,}38)$ und $W_2\left(2 - \sqrt{2}\,|\,0{,}19\right) \approx (0{,}59|0{,}19)$
7. Graph rechts

c) $f(x) = 3x \cdot e^{-\frac{1}{2}x^2}$; $D_f = \mathbb{R}$

1. Punktsymmetrie zum Ursprung, da $f(-x) = -f(x)$ ist.
2. Einzige Nullstelle ist $x_0 = 0$.
3. Für $x \to \pm\infty$ geht $3x \cdot e^{-\frac{1}{2}x^2} \to 0$, also ist $y = 0$ Asymptote.
4. Ableitungen: $f'(x) = 3 \cdot (1 - x^2) \cdot e^{-\frac{1}{2}x^2}$, $f''(x) = 3x \cdot e^{-\frac{1}{2}x^2} \cdot (x^2 - 3)$; $f'''(x) = -3 \cdot e^{-\frac{1}{2}x^2} \cdot (x^4 - 6x^2 + 3)$

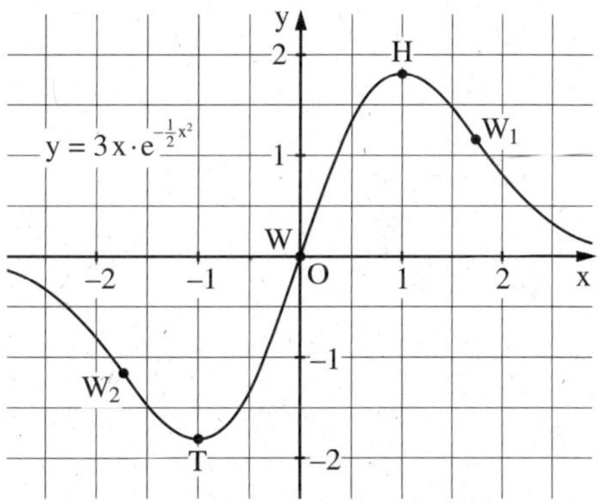

5. Extremstellen: $f'(x) = 0$ liefert $x_1 = -1$ und $x_2 = 1$. Wegen $f''(1) = -6 \cdot x^{-0{,}5} < 0$ liegt in $x_2 = 1$ ein Maximum vor. Hochpunkt ist $H(1|3 \cdot e^{-\frac{1}{2}}) \approx H(1|1{,}8196)$. Wegen der Punktsymmetrie zum Ursprung ist $T(-1|-3 \cdot e^{-\frac{1}{2}})$ ein Tiefpunkt.
6. Aus $f''(x) = 0$ ergeben sich die Stellen $x_3 = -\sqrt{3}$, $x_4 = \sqrt{3}$ und $x_0 = 0$. Wegen $f'''(0) = -9 \neq 0$ ist der Ursprung ein Wendepunkt. Wegen $f'''\left(\sqrt{3}\right) = 18 \cdot e^{-1{,}5} \neq 0$ ist auch $W_1\left(\sqrt{3}\,|\,3\sqrt{3} \cdot e^{-1{,}5}\right) \approx W_1(1{,}7321|1{,}1594)$ Wendepunkt. Aus Symmetriegründen ist $W_2\left(-\sqrt{3}\,|-3\sqrt{3} \cdot e^{-1{,}5}\right)$ ebenfalls Wendepunkt.
7. Graph rechts

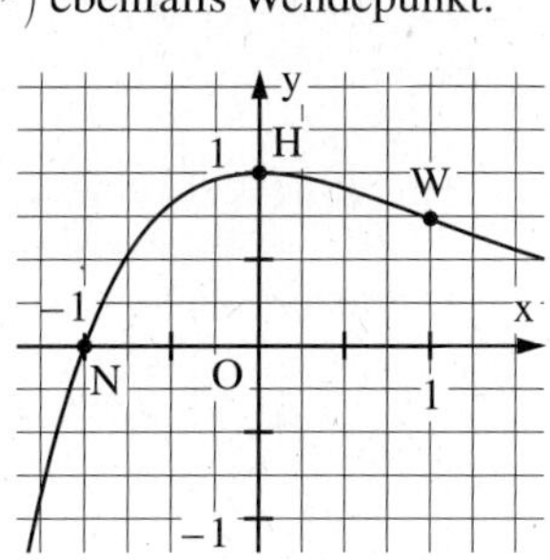

d) $f(x) = (x + 1) \cdot e^{-x}$; $D_f = \mathbb{R}$

1. Keine Symmetrie.
2. $x_1 = -1$ ist einzige Nullstelle. Schnittpunkt mit der y-Achse $Y(0|1)$.
3. Für $x \to \infty$ gilt: $x \cdot e^{-x} \to 0$ und $e^{-x} \to 0$, also ist die Gerade mit der Gleichung $y = 0$ Asymptote.

S. 147 **13** 4. Ableitungen: $f'(x) = e^{-x} - (x+1) \cdot e^{-x} = -x \cdot e^{-x}$,
$f''(x) = (x-1) \cdot e^{-x}$, $f'''(x) = (2-x) \cdot e^{-x}$

5. Extremstellen: $f'(x) = 0$ liefert $x_2 = 0$. Wegen $f''(0) = -1 < 0$ liegt in $x_2 = 0$ ein Maximum vor. Hochpunkt ist $H(0|1)$.
6. Wendestellen: $f''(x) = 0$ liefert $x_3 = 1$. Wegen $f'''(1) = e^{-1} \neq 0$ liegt in $x_3 = 1$ eine Wendestelle vor. Wendepunkt ist $W\left(1 \middle| \frac{2}{e}\right)$.
7. Graph Seite davor

14 a) vgl. Figur rechts

b) $I(-3) = 0$; da $\int_{-3}^{-3} f(t)\,dt = 0$

Es gilt: $f(t) > 0$ für alle $t \in \mathbb{R}$.
Damit steigt $I(x)$ für alle $x \geqq -3$ streng monoton an, also sind keine weiteren Nullstellen und auch keine innere Extremstelle möglich. (Hinweis: Für $x = -3$ hat I ein Randextremum (Minimum).)
Wendestelle für $x = 0$, da f an dieser Stelle ein Maximum besitzt.

c) Näherungswert (mit Tabelle): $a \approx 1{,}7724$

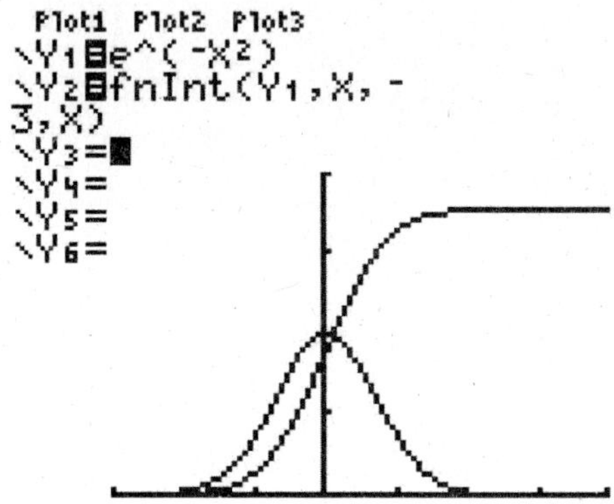

15 a) $f(x) = e^x + e^{-x} - 2$; $D_f = \mathbb{R}$

1. Da $f(-x) = f(x)$ ist, ist der Graph von f symmetrisch zur y-Achse.
2. $x_1 = 0$ ist einzige Nullstelle. Schnittpunkt mit der y-Achse $A(0|0)$.
3. Für $x \to \infty$ geht $e^x \to 0$, aber $e^{-x} \to +\infty$, also keine Asymptoten, analog für $x \to -\infty$.
4. Ableitungen: $f'(x) = e^x - e^{-x}$, $f''(x) = e^x + e^{-x}$
5. Extremstellen: $f'(x) = 0$ liefert $e^{-x} = e^x$, also $-x = x$ oder $x_1 = 0$. Wegen $f''(0) = 2 > 0$ liegt in $x_1 = 0$ ein Minimum vor. Tiefpunkt ist $T(0|0)$.
6. Wegen $f''(x) \neq 0$ gibt es keine Wendestellen.
7. Graph rechts

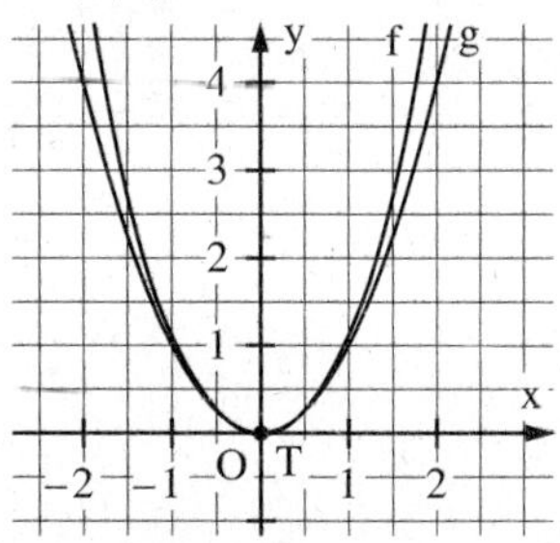

b) $g(x) = ax^2 + bx + c$, $g'(x) = 2ax + b$, $g''(x) = 2a$.

I. $g(0) = f(0)$: $c = 0$

II. $g'(0) = f'(0)$: $b = 0$

III. $g''(0) = f''(0)$: $2a = 2$, also $a = 1$.

Gesuchte Funktion $g(x) = x^2$.

16 a) $f(x) = 5 \cdot (e^{-x} - 2e^{-2x}) = 5e^{-x} \cdot (1 - 2e^{-x})$

Graph: vgl. Figur rechts

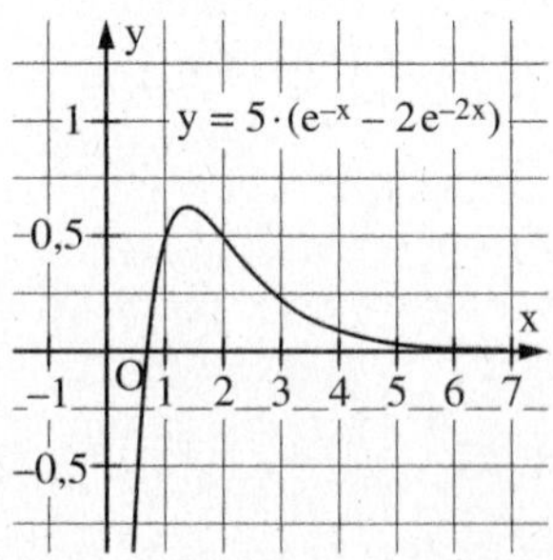

1. Symmetrie: keine
2. Schnittpunkte mit den Achsen:
   x-Achse: $N(0{,}693|0)$ (GTR)
   y-Achse: $S_y(0|-5)$
3. Verhalten für $|x| \to \infty$
   $f(x) \to 0$ für $x \to \infty$; $y = 0$ waagerechte Asymptote

S. 147 **16** 4. Extrempunkte: $H(1{,}386\,|\,0{,}625)$ (GTR)

5. Wendepunkte: $W(2{,}079\,|\,0{,}469)$ (GTR)

b) $f'(x) = 5\cdot(-e^{-x} + 4e^{-2x})$; $f''(x) = 5\cdot(e^{-x} - 8e^{-2x})$; $f'''(x) = 5\cdot(-e^{-x} + 16e^{-2x})$

Extremstelle:

$f'(x) = 0 \Leftrightarrow e^{-x}\cdot(-1 + 4e^{-x}) = 0 \Leftrightarrow x_1 = \ln(4)$; $f''(\ln(4)) < 0$; also Extremstelle $x_1 = \ln(4)$

Wendestelle:

$f''(x) = 0 \Leftrightarrow e^{-x}\cdot(1 - 8e^{-x}) = 0 \Leftrightarrow x_2 = \ln(8)$; $f'''(\ln(8)) \neq 0$; also Wendestelle $x_2 = \ln(8)$

c) $F(x) = 5\cdot(-e^{-x} + e^{-2x})$

$\int_0^{\ln(2)} f(x)\,dx = 5\cdot[-e^{-x} + e^{-2x}]_0^{\ln(2)} = -\frac{5}{4}$; also $A = \frac{5}{4}$.

17 a) Richtig, da $f'(-2) = 0$ und f' einen Vorzeichenwechsel von + nach – besitzt.

b) Richtig, da $f'(-2) = 0$ und f' einen Vorzeichenwechsel von – nach + besitzt.

c) Falsch; f' ist zwar für $x > 2$ positiv, dies lässt jedoch keine Rückschlüsse auf das Vorzeichen von f zu.

d) Richtig, da $f'(x) > 0$ für $x > 2$ gilt.

e) Falsch, da sich der Graph von f durch Addition einer Konstanten entlang der y-Achse beliebig verschieben lässt, ohne dass f' sich ändert.

f) Richtig, da f' genau zwei Extremstellen besitzt.

18 $f_t(x) = e^{tx - \frac{1}{2}x^2}$

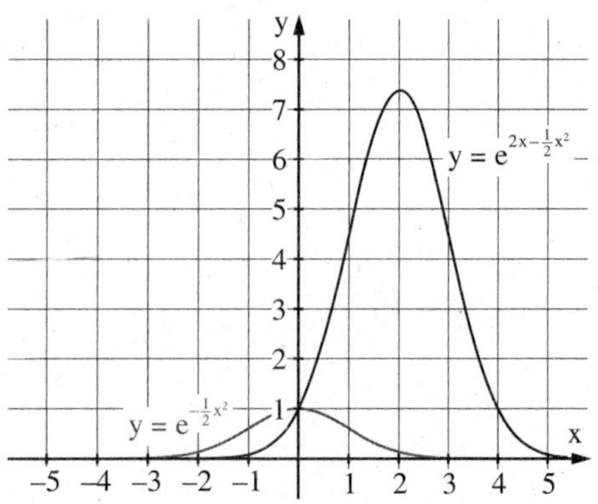

a) Vgl. Figur rechts

b) Symmetrie:

Achsensymmetrisch zur Geraden mit der Gleichung $x = x_h$ (Nachweis s. u.).

Schnittpunkte mit den Achsen:

x-Achse: keine

y-Achse: $S_y(0\,|\,1)$

Verhalten für $|x| \to \infty$

$f(x) \to 0$ für $|x| \to \infty$; d. h. die x-Achse ist waagerechte Asymptote für $|x| \to \infty$.

Ableitungen:

$f_t'(x) = (t - x)\cdot e^{tx - \frac{1}{2}x^2}$;

$f_t''(x) = (x^2 - 2tx + t^2 - 1)\cdot e^{tx - \frac{1}{2}x^2}$

Extrempunkte:

$f_t'(x) = 0 \Leftrightarrow x_1 = t$. Mit $f_t''(t) = -e^{\frac{1}{2}t^2} < 0$ gilt $H(t\,|\,e^{\frac{1}{2}t^2})$

Wendepunkte:

$f_t''(x) = 0 \Leftrightarrow x_2 = t - 1$ und $x_3 = t + 1$. Da f_t'' beim Durchgang durch x_2 und x_3 einen Vorzeichenwechsel erfährt, sind die Wendepunkte: $W_1(t-1\,|\,e^{\frac{1}{2}t^2 - \frac{1}{2}})$ und $W_2(t+1\,|\,e^{\frac{1}{2}t^2 - \frac{1}{2}})$

Symmetrie zu $x = x_h = t$ liegt vor, wenn gilt $f_t(t - h) = f_t(t + h)$ für alle $h \in \mathbb{R}$.

Nachweis:

$f_t(t - h) = e^{t(t-h) - \frac{1}{2}(t-h)^2} = e^{t^2 - th - \frac{1}{2}t^2 + th - \frac{1}{2}h^2} = e^{t^2 + th - \frac{1}{2}t^2 - th - \frac{1}{2}h^2} = e^{t(t+h) - \frac{1}{2}(t+h)^2} = f_t(t + h)$.

S. 147 **19** $f(x) = 10x \cdot e^{-x^2}$. Wegen der Punktsymmetrie des Graphen zum Ursprung genügt es, $a > 0$ zu wählen. $A(a) = \frac{1}{2} \cdot a \cdot 10a \cdot e^{-a^2} = 5a^2 \cdot e^{-a^2}$. Es ist $\lim\limits_{a \to 0} A(a) = 0$ und $\lim\limits_{a \to \infty} A(a) = 0$. Damit muss ein relatives Maximum auch ein absolutes Maximum sein.
Es ist $A'(a) = 10a \cdot e^{-a^2} - 10a^3 \cdot e^{-a^2} = 10a \cdot e^{-a^2}(1 - a^2)$; $A''(a) = 10 \cdot e^{-a^2}(2a^4 - 5a^2 + 1)$.
Aus $A'(a) = 0$ folgt $a = 1$ (wegen $a > 0$ kommt $a = -1$ als Lösung nicht in Frage).
Wegen $A''(1) = -20e^{-1} < 0$ erhält man einen maximalen Dreiecksinhalt von $A(1) = 5 \cdot e^{-1} \approx 1{,}8394$.

20 a) $f_0(x) = 10x \cdot e^{-x}$; Graph vgl. Figur rechts

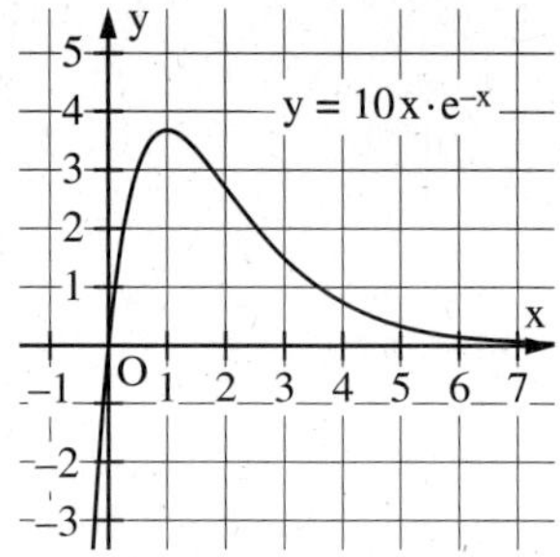

1. Symmetrie: keine, da $f(-x) \neq f(x)$ und $f(-x) \neq -f(x)$
2. Schnittpunkte mit den Achsen:
   x- und y-Achse: $N(0|0)$
3. Verhalten für $|x| \to \infty$:
   $f(x) \to 0$ für $x \to \infty$; $f(x) \to -\infty$ für $x \to -\infty$
   $y = 0$ Asymptote für $x \to \infty$
4. Extrempunkte:
   Mit GTR: $H(1|3{,}679)$
   Ohne GTR:
   $f'(x) = (10 - 10x) \cdot e^{-x}$; $f''(x) = (10x - 20) \cdot e^{-x}$
   $f'(x) = 0 \Leftrightarrow x = 1$; $f''(1) = -10e^{-1} < 0$; also $H\left(1 \middle| \frac{10}{e}\right)$
5. Wendepunkte mit GTR: $W(2|2{,}707)$
   Ohne GTR: $f''(x) = 0 \Leftrightarrow x = 2$
   Aus $f'''(x) = (30 - 10x) \cdot e^{-x}$ mit $f'''(2) \neq 0$ folgt $W\left(2 \middle| \frac{20}{e^2}\right)$

Gemeinsame Eigenschaften:
Keine Symmetrie, genau ein gemeinsamer Punkt mit der x-Achse; x-Achse als waagerechte Asymptote für $x \to \infty$; genau ein Hochpunkt und genau ein Wendepunkt.
b) $f_a(x) = 10(x + a) \cdot e^{-(x+a)}$, damit entsteht K_a aus K_0 durch Verschiebung entlang der x-Achse um a nach links, also:
Schnittpunkt mit den Achsen: $N(-a|0)$; $S_y(0|10a \cdot e^{-a})$
Extrempunkt $H\left(1 - a \middle| \frac{10}{e}\right)$, Wendepunkt $W\left(2 - a \middle| \frac{20}{e^2}\right)$

S. 148 **21** $f(x) = x + e^{-0{,}5x}$. Für den Aushub auf einer Breite von 4 m gilt:

$$A(a) = \int_a^{a+4} \left(x + e^{-\frac{1}{2}x}\right) dx = \left[\frac{1}{2}x^2 - 2 \cdot e^{-\frac{1}{2}x}\right]_a^{a+4} = \frac{1}{2}(a+4)^2 - 2 \cdot e^{-\frac{1}{2}(a+4)} - \left(\frac{1}{2}a^2 - 2e^{-\frac{1}{2}a}\right) =$$
$$= 4a + 8 + 2 \cdot e^{-\frac{1}{2}a - 2}(e^2 - 1).$$

Es ist $A'(a) = 4 - e^{-\frac{1}{2}a - 2}(e^2 - 1)$, $A''(a) = \frac{1}{2} \cdot e^{-\frac{1}{2}a - 2}(e^2 - 1)$. Aus $A'(a) = 0$ ergibt sich $a_1 = 2 \cdot \ln\left(\frac{e^2 - 1}{4e^2}\right) - 4 \approx -3{,}06$ und $A''(a_1) > 0$.
Man müsste demnach bei $x = -3{,}06\,\text{m}$ beginnen.

S. 148 **22** a) $\frac{f(t+1)}{f(t)}$ = konstant; dies ist eine Möglichkeit, um exponentielles Wachstum zu beschreiben.
b) Falsch.
c) Richtig, dies ist das Vorgehen bei einer Funktionsanpassung.
d) Nicht präzise genug; aufeinander folgende Funktionswerte müssen einen festen Zeitschritt auseinander liegen.

23 $K(t) = 25 \cdot (e^{-0,2t} - e^{-0,6t})$

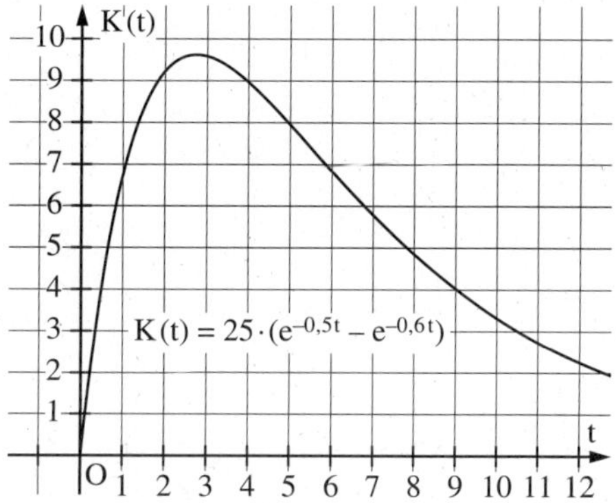

a) Starker Anstieg der Medikamentenkonzentration im Blut in den ersten 3 Stunden. Danach wird das Medikament langsam wieder abgebaut.
b) Mit GTR: Nach $t_{max} \approx 2{,}75\,h$ beträgt die Konzentration etwa $9{,}62\,\frac{mg}{l}$.
Ohne GTR: $K'(t) = 15\,e^{-0,6t} - 5\,e^{-0,2t}$;
$K'(t) = 0 \Leftrightarrow x = \frac{\ln(3)}{0,4} \approx 2{,}75$.
Aus $K''(t) = e^{-0,2t} - 9\,e^{-0,6t}$ und $K''(0) < 0$ folgt $H(2{,}75\,|\,9{,}62)$.
c) Mit GTR: $t \approx 27{,}61$; d.h. nach etwa 27 Stunden und 37 Minuten
Ohne GTR ist die Gleichung $e^{-0,2t} - e^{-0,6t} = 0{,}004$ nicht lösbar.
d) Die Aufnahme- bzw. Ausscheidungsrate wird durch K' beschrieben.
Aufnahme des Medikamentes für $0 \leqq t \leqq t_{max}$; Ausscheidung für $t > t_{max}$.
Maximum der Aufnahmerate K' für $t = 0$
Maximum der Ausscheidungsrate an der Wendestelle von K.
Mit GTR: $W(5{,}49\,|\,7{,}41)$
Ohne GTR:
$K''(t) = 0 \Leftrightarrow e^{-0,2t} = 9\,e^{-0,6t} \Leftrightarrow t = \frac{\ln(9)}{0,4} \approx 5{,}49$
Mit VZW von K'' gilt $W(5{,}49\,|\,7{,}41)$
e) Mit GTR: $1{,}06 \leqq t \leqq 5{,}86$

24 Der Graph ist achsensymmetrisch zur Geraden mit der Gleichung $t = 40$. Der gesuchte Zeitpunkt, ab dem die Fichte nicht mehr wächst, sei s. Es ist also das Integral $\int_s^{\infty} w_1(t)\,dt$ zu berechnen und das Ergebnis 2 zu setzen. Wegen der Symmetrie des Graphen kann man aber auch $\int_{-\infty}^{s^*} w_1(t)\,dt$ berechnen und mit 2 gleichsetzen. Man erhält dann einen Wert s*, der zu s symmetrisch liegt bzgl. der Geraden $t = 40$. Für ihn gilt daher: $40 - s^* = s - 40$, also $s = 80 - s^*$.

$$2 = \int_s^{\infty} w_1(t)\,dt = \lim_{a \to -\infty} \int_a^{s^*} 0{,}24 \cdot e^{0,04 \cdot t}\,dt = \lim_{a \to -\infty} \left[6 \cdot e^{0,04 \cdot t}\right]_a^{s^*} = \lim_{a \to -\infty} \left(6 \cdot e^{0,04 \cdot s^*} - 6 \cdot e^{0,04 \cdot a}\right)$$
$$= 6 \cdot e^{0,04 \cdot s^*}.$$

Aus $6 \cdot e^{0,04 \cdot s^*} = 2$ folgt $s^* = -27{,}5$. Damit ist $s = 80 - (-27{,}5) = 107{,}5$.
Damit ist eine Fichte nach ca. 107 Jahren ausgewachsen.

S. 148 **25** a) $f(t) = 0{,}5 \cdot e^{-0{,}1715t}$; t in h, f(t) in g

$T_H = \frac{-\ln(2)}{k} = 4{,}04$ (in h). Aus $f(t) = 0{,}1$ folgt $t \approx 13{,}43$.

b) $g(t) = 0{,}5 \cdot e^{-0{,}1715t} + 1 \cdot e^{-0{,}1715 \cdot (t-6)}$ für $t \geqq 6$ (in h)

$g(11) \approx 0{,}50$ (in g)

26 a) Eine Funktionsanpassung mit ExpReg liefert f mit

$f(t) = 1{,}045 \cdot 1{,}5423^t = 1{,}045 \cdot e^{t \cdot \ln(1{,}5423)}$.

b) 2002: $f(10) \approx 79{,}61$ (in Mio.)

2005: $f(15) \approx 694{,}70$ (in Mio.)

Kann nicht realistisch sein, da ein Wachstum nicht längere Zeit exponentiell ablaufen kann (zum Vergleich: Einwohnerzahl von Deutschland: etwa 82 Millionen).

S. 149 **27** a) $V'(t) = 150 - 0{,}0025 \cdot V(t) = 0{,}0025 \cdot (60\,000 - V(t))$; V(t) in *l*; V'(t) in $\frac{l}{\text{min}}$.

(Differenzialgleichung des beschränkten Wachstums)

b) $V(t) = 60\,000 - c \cdot e^{-0{,}0025t}$; mit $c = 60\,000 - V(0) = -20\,000$ gilt:

$V(t) = 60\,000 + 20\,000 \cdot e^{-0{,}0025t}$

Es gilt: $\lim\limits_{t \to \infty} V(t) = 60\,000$, also sind langfristig $60\,000\,l = 60\,\text{m}^3$ im Behälter zu erwarten.

Aus $V(t) = 65\,000$ folgt $t \approx 554{,}52$; also nach 9 Stunden und etwa 15 Minuten.

28 Beschränktes Wachsen: $f(t) = 39 - 19 \cdot e^{-0{,}2140t}$ (t in s, f(t) in °C)

Aus $f(t) \geqq 38{,}9$ folgt $t \geqq 262{,}4$; d.h., man muss etwa $4\frac{1}{2}$ min warten.

29 a) Aus $T_H = 5730$ erhält man $k = -1{,}2097 \cdot 10^{-4}$.

Aus $f(t) = 15{,}3 \cdot e^{-1{,}2097 \cdot 10^{-4} \cdot t} = 13{,}84$ folgt $t \approx 829{,}06$, d.h., das Grabtuch hat ein Alter von etwa 830 Jahren.

b) $k = -1{,}2097 \cdot 10^{-4}$; aus $53{,}3\,\% = 100\,\% \cdot e^{-1{,}2097 \cdot 10^{-4} \cdot t}$ folgt $t = 5201{,}65 \approx 5200$ (in Jahren).

30 a) Die Geschwindigkeit U', mit der die Spannung zunimmt, wird immer kleiner, je mehr sich die Spannung U dem Endwert von 400 V nähert. Dies bringt der Ansatz mithilfe seiner proportionalen Zuordnung zum Ausdruck.

$U'(t) = k \cdot (400 - U(t))$

(beschränktes Wachstum)

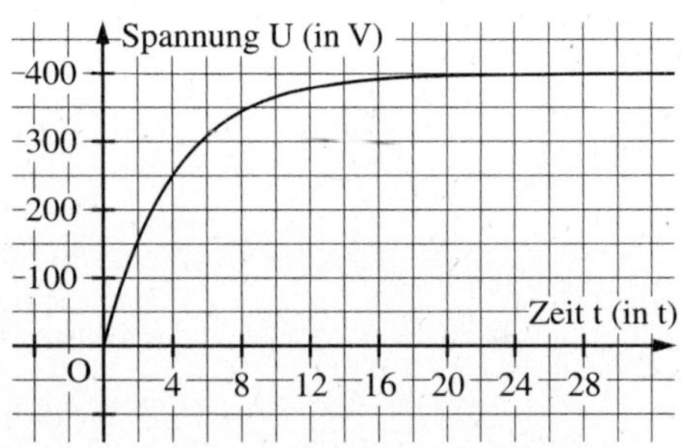

b) $U(t) = 400 - c \cdot e^{-kt} = 400 \cdot (1 - e^{-kt})$, da

$U(0) = 0$. Aus $U(4) = 250$ folgt $250 = 400 \cdot (1 - e^{-kt})$ und hieraus $k \approx 0{,}2452$.

c) Aus $350 = 400 \cdot (1 - e^{-0{,}2452 \cdot t})$ folgt $t \approx 8{,}48$, d.h. nach etwa 8,5 s ist das Blitzgerät einsatzbereit.

S. 149 **31** a) Jod 131: $k_J = -\frac{\ln 2}{8} \approx -0{,}086\,64$;
Strontium 89: $k_S = -\frac{\ln 2}{50} \approx -0{,}013\,86$.
75 % der anfänglichen Aktivität von 600 Bq stammt vom Jod, d. h. 450 Bq; der Rest von 150 Bq wird vom Strontium beigetragen.
Die einzelnen Aktivitätsfunktionen lauten:
Jod 131: $f(t) = 450 \cdot e^{-0{,}08664 \cdot t}$; Strontium: $g(t) = 150 \cdot e^{-0{,}01386 \cdot t}$.
Aktivitätsfunktion M für die Milch:
$M(t) = f(t) + g(t) = 450 \cdot e^{-0{,}08664 \cdot t} + 150 \cdot e^{-0{,}01386 \cdot t}$.
Also $M(15) \approx 122{,}69 + 121{,}84 = 244{,}53$.
$M(180) \approx 7{,}6 \cdot 10^{-5} + 12{,}38 \approx 12{,}38$

b)

Zeit t (in Tagen)	Jodaktivität (in Bq)	Strontiumaktivität (in Bq)	Gesamtaktivität (in Bq)
77	0,57	51,59	52,16
78	0,52	50,88	51,41
79	0,48	50,18	50,66
80	0,44	49,49	49,93

Am 80. Tag fällt die Aktivität erstmals unter 50 Bq.

32 a) $f(t) = 1000 \cdot e^{\ln(1{,}2)t} = 1000 \cdot e^{0{,}1823\,t}$ (t in h); $T_V \approx 3{,}8$ (in h)
b) $f(10) \approx 6192$. Wachstumsgesetz nach der 10. Stunde: $g(t^*) = 6192 \cdot e^{\ln(0{,}75) \cdot t^*}$.
Aus $g(t^*) = 1000$ folgt $t^* \approx 6{,}3$ (in h), d. h. nach 6,3 h sind wieder etwa 1000 Bakterien vorhanden.

V Gebrochenrationale und trigonometrische Funktionen – Grundkompetenzen

1 Die Grundfunktionen $x \mapsto x^{-n}$; $n \in \mathbb{N}$ und $x \mapsto \sin(x)$

S. 158 **1** a) Wiegt jemand 72 kg bei einer Größe von 180 cm, so ergibt sich ein BMI von $22{,}2\,\frac{\text{kg}}{\text{m}^2}$. Damit gilt ein 19- bis 24-jähriger Mensch als normalgewichtig; sein BMI kann nämlich laut Tabelle zwischen 19 und 24 liegen.
b) Aus dem Graphen zu dem eigenen Körpergewicht in kg (hier: 72 kg) kann man zusammen mit dem Alter zugehörigen BMI-Wert (hier: 19 bis 24; im Graphen als Parallele zur x-Achse gezeichnet) die Körpergröße ermitteln. Im vorliegenden Beispiel liegt sie zwischen 1,73 m und 1,95 m.

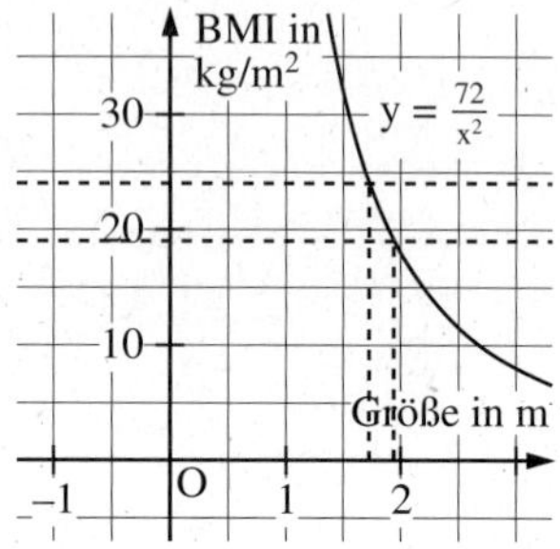

2 Periodische Verläufe sind z. B. die Tageslänge in Abhängigkeit von den Tagen innerhalb eines Jahres, die Position des kleinen Zeigers einer Uhr in Abhängigkeit von der Tageszeit oder die Temperatur einer Tiefkühltruhe in Abhängigkeit von der Zeit. Es treten bei allen Wiederholungen, d. h. in allen Perioden, z. B. gleich große Extremwerte auf. Innerhalb jeder Periode zeigt der Graph der Funktion den gleichen Verlauf.

S. 160 **3** a) $x = 0$; $y = 0$ b) $x = 0$; $y = 0$ c) siehe a) d) $x = 0$; $x = 0$
e) keine Asymptoten

4 a) $f'(x) = 3x^2 - \frac{2}{x^2}$ b) $f'(x) = x^4 - \frac{1}{x^6}$ c) $f'(x) = -\frac{12}{x^5} + \frac{20}{x^6}$ d) $f'(x) = \frac{a}{2\sqrt{x}} - \frac{2}{kx^3}$

5 a) $f(x) = x^{-1} \cdot (x^2 - 1) = x - x^{-1}$; $f'(x) = 1 + x^{-2}$; $F(x) = \frac{x^2}{2} - \ln(|x|)$

b) $f(x) = \frac{x^2 + x + 1}{x} = x + 1 + x^{-1}$; $f'(x) = 1 - x^{-2}$; $F(x) = \frac{x^2}{2} + x + \ln(|x|)$

c) $f(x) = \frac{x^3 - 6x^2 + 2x - 4}{x^2} = x - 6 + 2 \cdot x^{-1} - 4 \cdot x^{-2}$; $f'(x) = 1 - 2x^{-2} + 8x^{-3} = \frac{x^3 - 2x + 8}{x^3}$;
$F(x) = \frac{x^2}{2} - 6x + 2 \cdot \ln(|x|) + \frac{4}{x}$

d) $f(x) = \left(2x + \frac{1}{x}\right)^2 = 4x^2 + 4 + x^{-2}$; $f'(x) = 8x - 2x^{-3} = \frac{2(4x^4 - 1)}{x^3}$; $F(x) = \frac{4}{3}x^3 + 4x - \frac{1}{x}$

6 In der Figur sind die Graphen der Funktionen f mit $f(x) = x^{-3}$ (dünne Linie) und g mit $g(x) = x^{-3} + 2$ (dicke Linie) gezeichnet. Der Graph von g entsteht aus dem von f durch Verschiebung um zwei Einheiten in positive y-Richtung. Damit sind die Tangenten in den entsprechenden Punkten parallel, d. h. die Steigung der Tangente an einer Stelle x ist für beide Graphen gleich. Algebraisch sind damit die Steigungen von f und g an jeder Stelle x identisch.

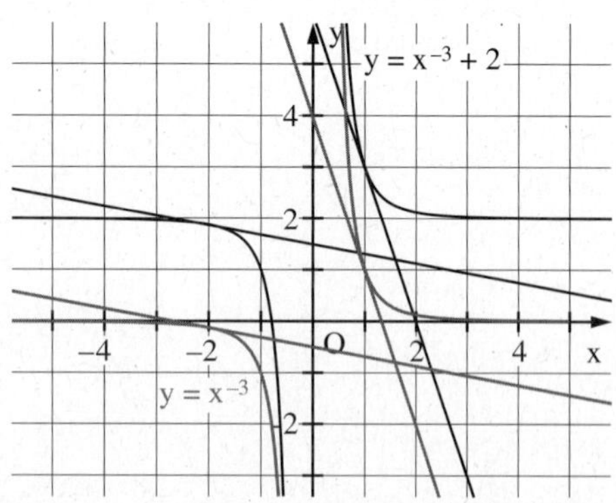

S. 160 **7** Es kann nur für $x < 0$ einen Schnittpunkt der Graphen von f und f′ geben, da für $x > 0$ $f(x)$ positiv und $f'(x) < 0$ ist. Zoomen der Graphen von f und f′ mit $f(x) = x^{-4}$ zeigt einen Schnittpunkt bei $x_0 = -4$.

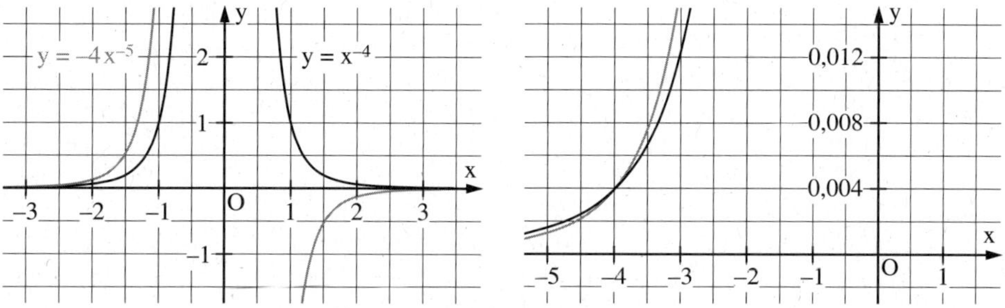

In dem Schnittpunkt stimmt die Steigung des Graphen von f mit dem y-Wert des Punktes $P\left(-4\,\middle|\,\frac{1}{256}\right)$ überein. Aus $f(x) = x^{-n}$ und $f'(x) = -n \cdot x^{-n-1}$ ergibt sich durch Gleichsetzen: $x^{-n} = -n \cdot x^{-n-1}$, was wegen $x^{-n} \neq 0$ zu $1 = -n \cdot x^{-1}$ äquivalent ist. Daraus ergibt sich $x = -n$. Damit gibt es nur einen Schnittpunkt, nämlich $S(-n\,|\,(-n)^{-n})$.

8 a) $\frac{\pi}{2} \approx 1{,}5708$; $\frac{\pi}{4} \approx 0{,}7854$; $\frac{\pi}{8} \approx 0{,}3927$; $\frac{\pi}{12} \approx 0{,}2618$
b) $\frac{\pi}{180} \approx 0{,}0175$; $\frac{3\pi}{10} \approx 0{,}9425$; $\frac{\pi}{5} \approx 0{,}6283$; $\frac{10\pi}{9} \approx 3{,}4907$
c) $\frac{47}{600}\pi \approx 0{,}2461$; $\frac{37}{1800}\pi \approx 0{,}0646$; $\frac{1}{2} = 0{,}5000$; $1 = 1{,}0000$; $\frac{1}{180} \approx 0{,}0056$

9 a) 22,5°; 15°; 70°; 240°; 840°; 48°; 55°
b) 29,8°; 49,3°; 77,3°; 85,9°; 182,2°; 343,2°; 349,5°

10 a) $\sin(2{,}3) \approx 0{,}7457$ b) $\cos(40°) \approx 0{,}7660$ c) $\sin(e) \approx 0{,}4107$
d) $\sin(e^2) \approx 0{,}8938$ e) $\cos(1{,}59 \cdot \pi) \approx 0{,}2789$ f) $\cos(0{,}41°) \approx 0{,}0071$

11 a) $\frac{\pi}{6}$; $\frac{5\pi}{6}$ b) $\frac{\pi}{3}$; $\frac{5\pi}{3}$ c) $\frac{\pi}{2}$ d) $\frac{2\pi}{3}$; $\frac{4\pi}{3}$
e) $\frac{\pi}{4}$; $\frac{3\pi}{4}$ f) $\frac{\pi}{6}$; $\frac{11\pi}{6}$ g) π h) $\frac{4\pi}{3}$; $\frac{5\pi}{3}$

12 a) $f(x) = -9 \cdot \sin(x)$; $f'(x) = -9 \cdot \cos(x)$; $F(x) = 9 \cdot \cos(x)$
b) $f(x) = 5 + \cos(x)$; $f'(x) = -\sin(x)$; $F(x) = 5x + \sin(x)$
c) $f(x) = x^2 - \frac{1}{2}\cos(x)$; $f'(x) = 2x + \frac{1}{2} \cdot \sin(x)$; $F(x) = \frac{1}{3}x^3 - \frac{1}{2} \cdot \sin(x)$
d) $f(x) = \frac{1}{x} + \frac{\sin(x)}{2}$; $f'(x) = -\frac{1}{x^2} + \frac{1}{2} \cdot \cos(x)$; $F(x) = \ln(|x|) - \frac{1}{2} \cdot \cos(x)$

13 a) Falsch, da für $f(x) = \sin(x)$ gilt: $f^{(4)}(x) = \sin(x)$
b) Falsch, da für $f(x) = \sin(x)$ gilt: $f^{(9)}(x) = \cos(x)$

14 $d = 50 \cdot \tan(40°) \approx 41{,}95$. Damit ist der Abstand 41,95 m.

15 Neigungswinkel α: $\sin(\alpha) = \frac{1{,}2}{4}$; also $\alpha \approx 17{,}46°$. $x = 1{,}2 \cdot (\cos(\alpha))^4 \approx 0{,}994$.
Damit ist diese Strebe knapp 1 m lang.

2 Verschieben von Graphen von Funktionen

S. 161 **1** a) Die Graphen von g entstehen aus dem Graphen von f durch Verschiebung um $|b|$ in y-Richtung. Die Verschiebung erfolgt für $b > 0$ in positive y-Richtung, für $b < 0$ entgegen der positiven Richtung.
b) Die Graphen von g entstehen aus dem Graphen von f durch Verschiebung um $|a|$ in x-Richtung. Die Verschiebung erfolgt für $a > 0$ in positive x-Richtung, für $a < 0$ entgegen der positiven x-Richtung.
c) Die Graphen von g entstehen aus dem Graphen von f durch Verschiebung um $|a|$ in x-Richtung und um $|b|$ in y-Richtung. Die Verschiebung erfolgt für $a > 0$ in positive x-Richtung, für $a < 0$ entgegen der positiven x-Richtung, für $b > 0$ in positive y-Richtung, für $b < 0$ entgegen der positiven y-Richtung.
d) Die Graphen von g entstehen aus dem Graphen von f durch Stauchung $(0 < |c| < 1)$ oder Streckung $(|c| > 1)$ in y-Richtung. Ist $c < 0$, so erfolgt noch zusätzlich eine Spiegelung des erhaltenen Graphen an der x-Achse. Für $c = 0$ erhält man die x-Achse.

2 Fig. 1: blauer Graph: $g(x) = 2^{x-2}$; grüner Graph: $h(x) = 2^{x+1}$
Fig. 2: blauer Graph: $g(x) = 2^x + 1$; grüner Graph: $h(x) = 2^{x-1} + 2$

S. 163 **3** a) blauer Graph: $g(x) = \frac{1}{x+1} - 2$; roter Graph: $h(x) = \frac{1}{x-2} + 1$
b) blauer Graph: $g(x) = \frac{1}{(x-2)^4} + 3$; roter Graph: $h(x) = \frac{1}{(x+3)^4} - 2$
c) blauer Graph: $g(x) = (x + 3) - 2 \cdot \sqrt{x + 3}$;
roter Graph: $h(x) = x - 1 + 2 \cdot \sqrt{x - 1} + 4 = x + 3 + 2 \cdot \sqrt{x - 1}$
d) blauer Graph: $g(x) = \sin(x + 1)$; roter Graph: $h(x) = \sin(x + 1) - 1$
e) blauer Graph: $g(x) = 2 \cdot \cos(x + 2) + 1$; roter Graph: $h(x) = 2 \cdot \cos(x - 2) - 1$
f) blauer Graph: $g(x) = e^{x-2} - 1$; roter Graph: $h(x) = e^{x-2} - 0{,}5$

4 a) $g(x) = (x - 4)^2 + 1$
b) $g(x) = x + 1 + \frac{2}{x+1} + 6 = x + 7 + \frac{2}{x+1}$
c) $g(x) = e^{-(x+1)^2} - 1$
d) $g(x) = \sin(x - \pi) + \pi$
e) $g(x) = 2 + 3 = 5$
f) $g(x) = 2^{x+3} - 2$

5 a) Asymptoten: $x = 1$; $y = 4$; $g(x) = \frac{1}{x^2}$; Graphen von f und g (Fig. 1 nächste Seite)
b) Asymptoten: $x = -2$; $y = -1{,}5$; $g(x) = x^{-3}$; Graphen von f und g (Fig. 2 nächste Seite)
c) Asymptoten: $x = 0{,}5$; $y = 2$; $g(x) = \frac{3}{x}$; Graphen von f und g (Fig. 3 nächste Seite)
d) Asymptoten: $x = 1$; $y = 0$; $g(x) = e^{-x} + \frac{1}{x}$; Graphen von f und g (Fig. 4 nächste Seite)

S. 163 **5**

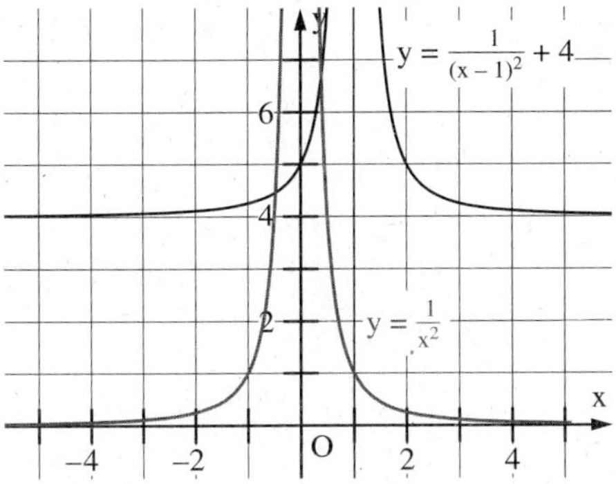

Fig. 1

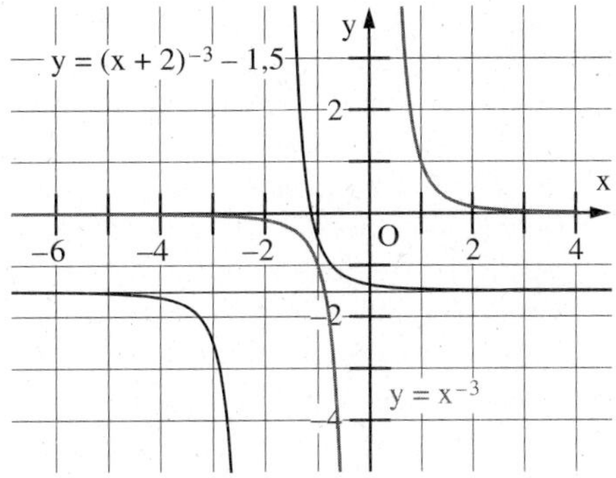

Fig. 2

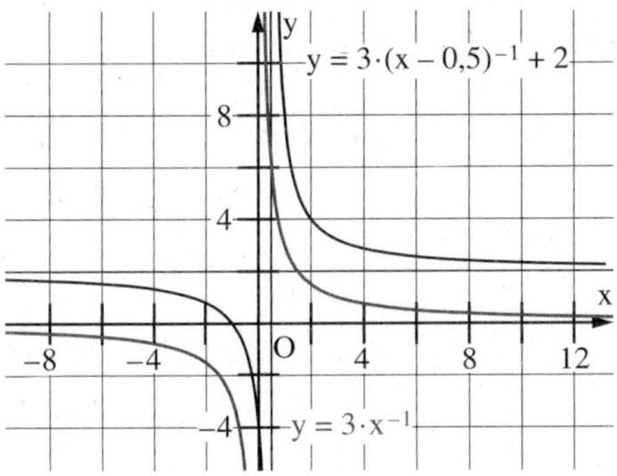

Fig. 3

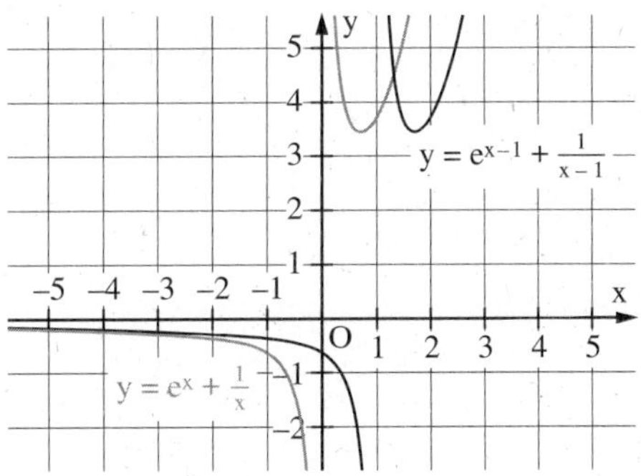

Fig. 4

6 a) $g(x) = \sin(x)$

$N\left(\frac{\pi}{2} + 2 \,\middle|\, 0\right)$; $H = N$;

$T_1\left(\frac{3}{2}\pi + 2 - 2\pi \,\middle|\, -2\right) = T_1\left(2 - \frac{1}{2}\pi \,\middle|\, -2\right)$

(Fig. 5)

b) $g(x) = \sin(x)$; Keine Nullstelle;

$H(\pi|-1)$; $T(0|-3)$; (Fig. 6)

c) $g(x) = -\sin(x)$

Keine Nullstelle; $T\left(\frac{\pi}{2} - 1 \,\middle|\, 1\right)$; $H\left(\frac{3\pi}{2} - 1 \,\middle|\, 3\right)$

(Fig. 7)

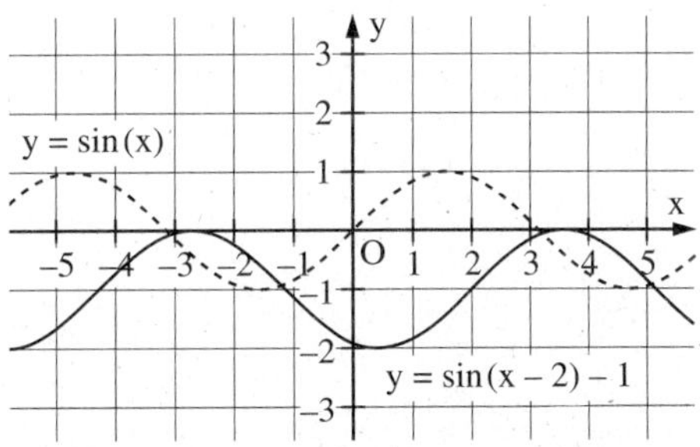

Fig. 5

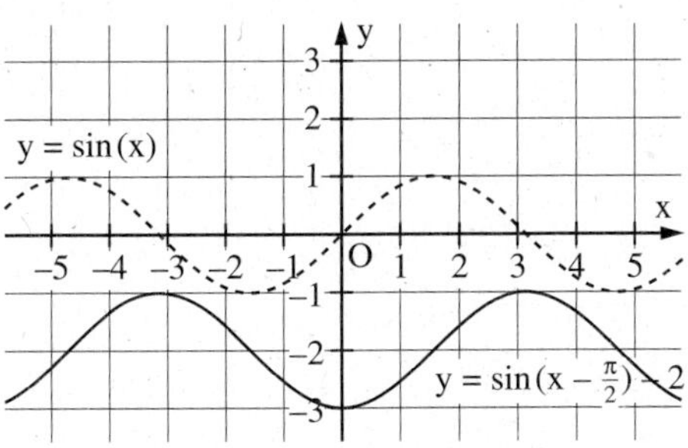

Fig. 6

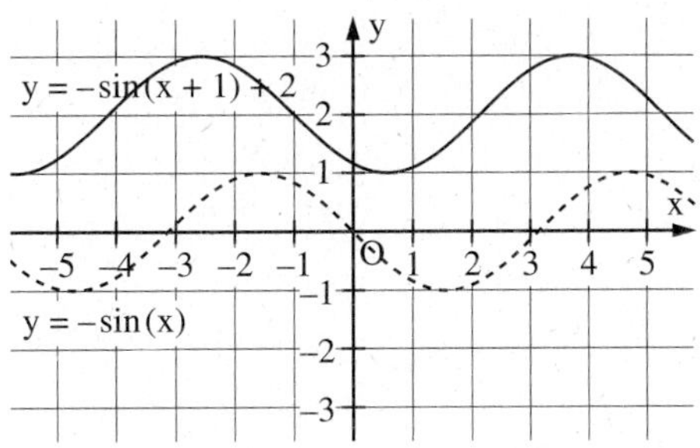

Fig. 7

S. 163 **7** a) Durch eine Verschiebung des Graphen von g um 2 nach rechts und um 3 nach oben ergibt sich der Graph der Funktion f mit $f(x) = 2 \cdot \sin(x - 2) + 3$.
b) Durch eine Verschiebung des Graphen von g um 1 nach links und um 4 nach unten ergibt sich der Graph der Funktion f mit $f(x) = (x + 1)^2 - 4 = x^2 + 2x - 3$.
c) Man erkennt aus Fig. 1, dass die Graphen von f und g nicht durch Verschiebung auseinander hervorgehen.
d) Durch eine Verschiebung des Graphen von g um 2 nach links und um 2 nach oben ergibt sich der Graph der Funktion f mit $f(x) = (x + 2)^{-1} + (x + 2) + 2$
$= (x + 2)^{-1} + x + 4$.

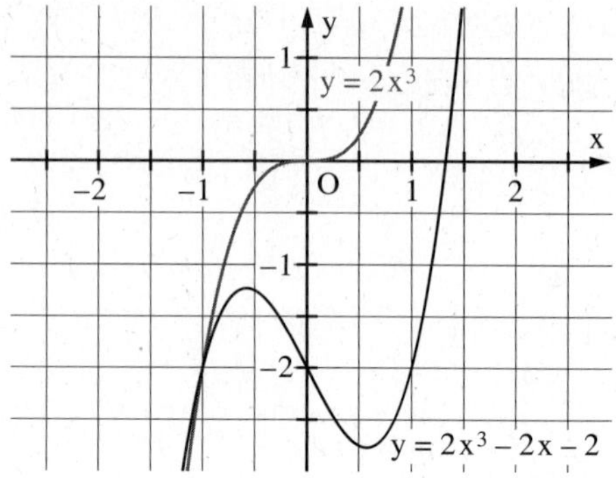

Fig. 1

8 a) Die gesuchte Funktion g ist $g(x) = 2 \cdot (x + 2)^{-3} + 3$ (Fig. 2).
b) Die gesuchte Funktion g ist $g(x) = 2 \cdot (x - 3)^{-3} + 1$. Die Zwischenfunktion h ist $h(x) = 2 \cdot (x - 1)^{-3} - 2$ (Fig. 3).
c) $g(x) = 2 \cdot (x + 2)^{-3} + 0{,}75$, da $\vec{v} = \begin{pmatrix} 0 - 2 \\ 1 - 0{,}75 \end{pmatrix} = \begin{pmatrix} -2 \\ 0{,}25 \end{pmatrix}$ ist (Fig. 1 n. Seite).

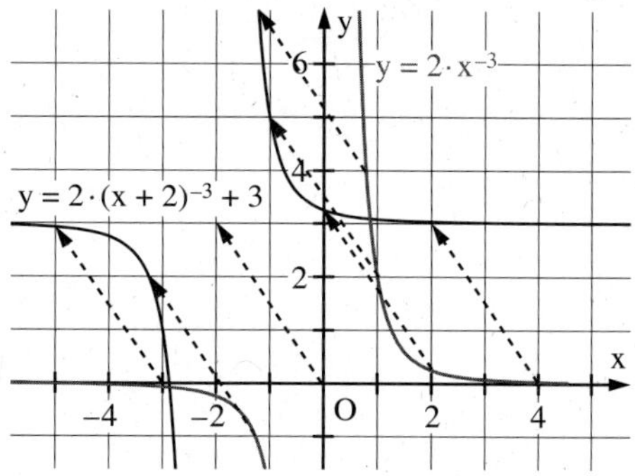

Fig. 2

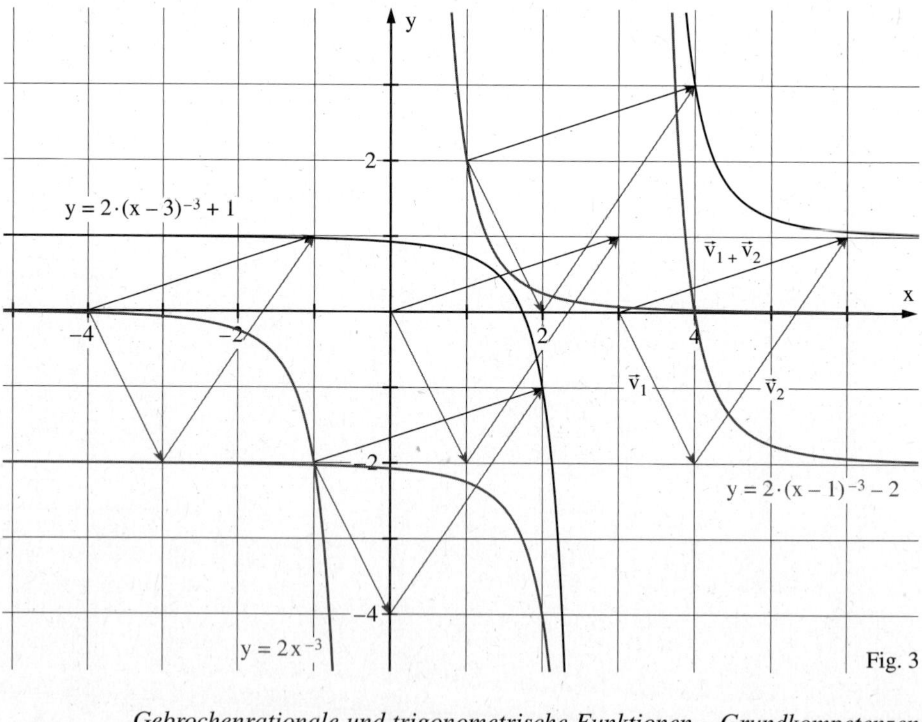

Fig. 3

S. 163 **8**

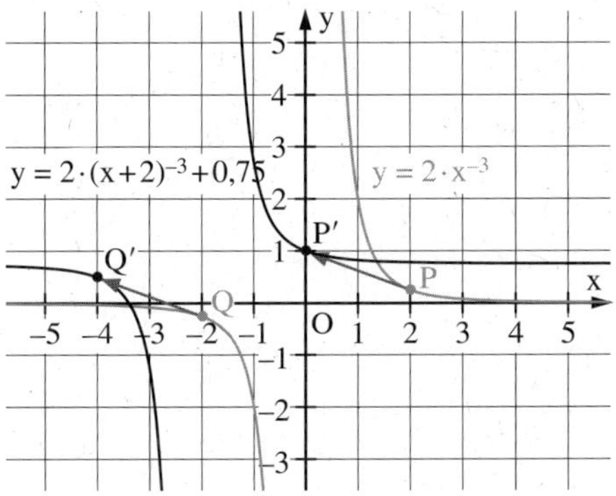

Fig. 1

3 Die Quotientenregel

S. 164 **1**

a) $f(x) = (2x+1)^{-4}$
$f'(x) = 2\cdot(-4)\cdot(2x+1)^{-5}$
$= -\frac{8}{(2x+1)^5}$

b) $f(x) = x\cdot(x+1)^{-1}$
$f'(x) = (x+1)^{-1} + (-x)\cdot(x+1)^{-2}$
$= \frac{(x+1)-x}{(x+1)^2} = \frac{1}{(x+1)^2}$

c) $f(x) = (x+2)^4\cdot x^{-1}$
$f'(x) = 4(x+2)^3\cdot x^{-1} + (x+2)^4\cdot(-1)\cdot x^{-2}$
$= \frac{4(x+2)^3}{x} - \frac{(x+2)^4}{x^2}$

d) $f(x) = \sin(x)\cdot x^{-1}$
$f'(x) = \cos(x)\cdot x^{-1} + \sin(x)\cdot(-1)\cdot x^{-2}$
$= \frac{\cos(x)}{x} - \frac{\sin(x)}{x^2}$

S. 165 **2** $h'(2) = \frac{g(2)\cdot f'(2) - g'(2)\cdot f(2)}{(g(2))^2} = \frac{2\cdot 3 - 4\cdot 1}{2^2} = \frac{1}{2}$; $k'(2) = \frac{f(2)\cdot g'(2) - g(2)\cdot f'(2)}{(f(2))^2} = \frac{1\cdot 4 - 2\cdot 3}{1^2} = -2$;
damit ist $k'(2) \neq \frac{1}{h'(2)}$.

3

a) $f'(x) = \frac{1}{(x+1)^2}$
b) $f'(x) = \frac{3}{(2x+3)^2}$
c) $f'(x) = \frac{2}{(1+3x)^2}$
d) $f'(x) = \frac{-6}{(3+x)^2}$
e) $f'(x) = -\frac{(x+3)\cdot e^x}{(x+4)^2}$
f) $f'(x) = \frac{2\cdot e^x}{(e^x+1)^2}$
g) $f'(x) = -\frac{\cos(x)}{(\sin(x))^2}$
h) $f'(t) = \frac{\cos(t) + t\cdot\sin(t)}{(\cos(t))^2}$

4

a) $f'(x) = \frac{90+6x^2}{(15-x^2)^2}$
b) $s'(t) = 2\cdot\frac{4t^2+4t+5}{(2t+1)^2}$
c) $h'(a) = \frac{2\cdot(a^3-6a^2-4)}{(3a-4)^2}$
d) $z'(t) = \frac{0{,}8t^2+2t-1{,}5}{(1+0{,}8t)^2}$

5

a) $f'(x) = \frac{1-x}{2\sqrt{x}\cdot(x+1)^2}$
b) $f'(x) = \frac{-x-2\sqrt{x}+1}{2\sqrt{x}\cdot(x+1)^2}$
c) $g'(x) = \frac{x\cdot\cos(x)-\sin(x)}{x^2}$
d) $h'(t) = -\frac{x\cdot\sin(t)}{\cos^2(t)}$
e) $f'(x) = \frac{-\sin(x)}{\sin(t)} = -\frac{\sin(x)}{\sin(t)}$
f) $g'(x) = \frac{\cos^2(x) + (a+\sin(x))\cdot\sin(x)}{\cos^2(x)} = \frac{a\cdot\sin(x)+1}{\cos^2(x)}$

S. 165 **6** a) g ist nicht der Graph der Ableitungsfunktion von f, da sich der Graph von g dem Wert 0 annähert für große $|x|$, jedoch die Asymptote $y = 1$ haben müsste.
b) g ist nicht der Graph der Ableitungsfunktion von f, da der Graph von g für $x < 0$ unterhalb der x-Achse verläuft, die Steigungen von f dort aber positiv sind.
c) g ist nicht der Graph der Ableitungsfunktion von f, da der Graph von g an der Stelle $x_0 = 2$ eine Steigung größer als 1 hat, $g(2)$ jedoch kleiner 1 ist.

7 a) $f(x) = (x^2 - 5)^{-1};\ f'(x) = -2x \cdot (x^2 - 5)^{-2} = -\frac{2x}{(x^2 - 5)^2}$

b) $f(x) = 4 \cdot (7 - 2x^2)^{-1};\ f'(x) = 16x \cdot (7 - 2x^2)^{-2} = \frac{16x}{(7 - 2x^2)^2}$

c) $f(x) = \frac{1}{\tan(x)} = \frac{\cos(x)}{\sin(x)} = \cos(x) \cdot (\sin(x))^{-1};$

$f'(x) = -\sin(x) \cdot (\sin(x))^{-1} + \cos(x) \cdot (-1) \cdot (\sin(x))^{-2} \cdot \cos(x) = -1 - \frac{(\cos(x))^2}{(\sin(x))^2} =$

$-\frac{(\sin(x))^2 + (\cos(x))^2}{(\sin(x))^2} = -\frac{1}{(\sin(x))^2}$

d) $f(x) = \frac{e^x + e^{-x}}{e^x} = 1 + e^{-2x};\ f'(x) = -2 \cdot e^{-2x} = -\frac{2}{e^{2x}}$

8 a) $F(x) = -\frac{1}{x}$
b) $F(x) = \frac{1}{2}x^2 - \frac{3}{4x^4}$
c) $F(x) = x + \frac{4}{x}$
d) $F(x) = \frac{1}{4}x^4 - \frac{1}{6}x^2 + 2 \cdot \ln(|x|)$

9 a) $f'(x) = \frac{2}{(x + 1)^2};\ x_1 = -2;\ x_2 = 0$
b) $f'(x) = -\frac{x^2 + 1}{x^2};\ x_1 = -\frac{1}{2};\ x_2 = \frac{1}{2}$
c) $f'(x) = -\frac{1}{\sin^2(x)};\ x_1 = \frac{\pi}{2};\ x_2 = \frac{3\pi}{2}$

10 An diesen Stellen haben die Graphen parallele Tangenten.
a) $f'(x) = 2x;\ g'(x) = \frac{2}{x^3};$
$x_1 = -1;\ x_2 = 1$

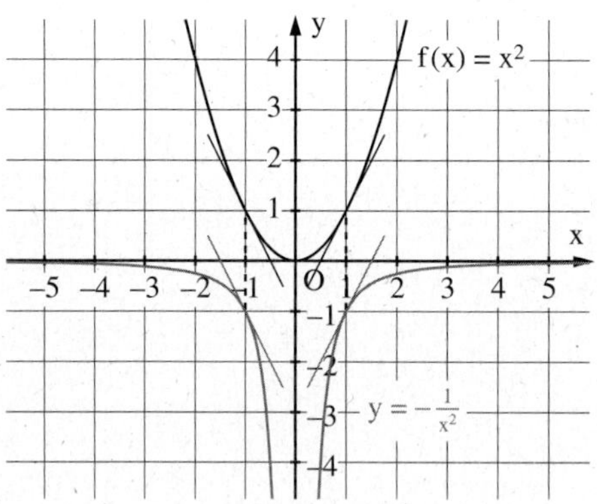

b) $f'(x) = -\frac{1}{(x + 1)^2};\ g'(x) = -\frac{1}{(x - 1)^2};$
$x_1 = 0$

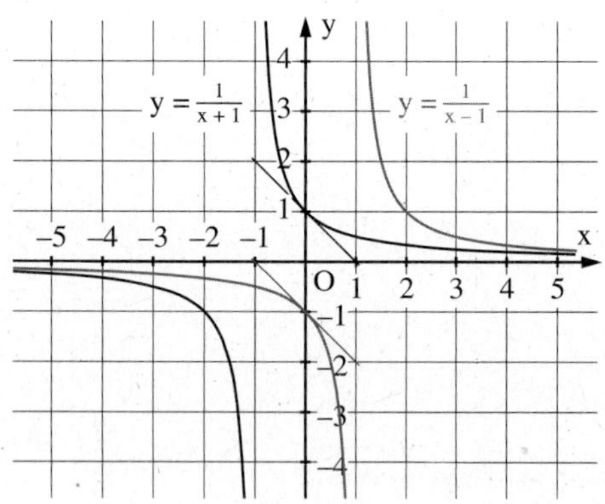

S. 165 **10** c) $f'(x) = -2$; $g'(x) = \frac{2x^2 + 4x}{(x+1)^2}$;
$x_1 = -1 - \frac{1}{2}\sqrt{2}$; $x_2 = -1 + \frac{1}{2}\sqrt{2}$

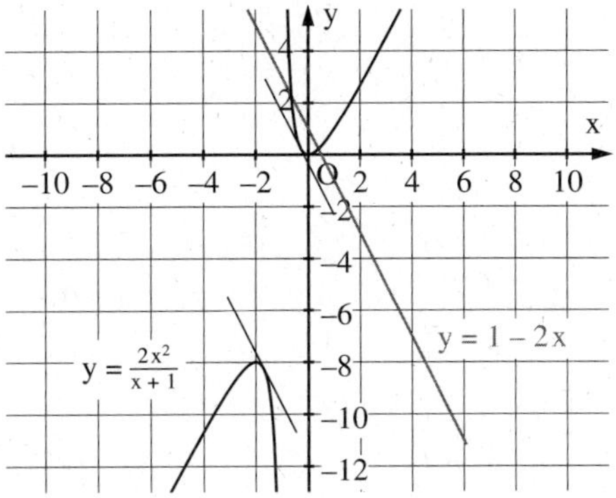

11 a) $f'(x) = \frac{x \cdot e^x - 2 \cdot e^x}{x^3} = \frac{x-2}{x^3} \cdot e^x$

b) $f'(x) = \frac{(x+1)^2 \cdot 1 - (x-1) \cdot 2 \cdot (x+1)}{(x+1)^4} = \frac{(x+1) \cdot 1 - 2(x-1)}{(x+1)^3} = -\frac{x-3}{(x+1)^3} = \frac{3-x}{(x+1)^3}$

c) $f'(x) = \frac{(2x+1)^2 \cdot 1 - x \cdot 2(2x+1) \cdot 2}{(2x+1)^4} = \frac{(2x+1) - 4x}{(2x+1)^3} = \frac{1-2x}{(2x+1)^3}$

4 *Eigenschaften gebrochenrationaler Funktionen*

S. 166 **1** a) f mit $f(x) = 3{,}5\,x + 400$

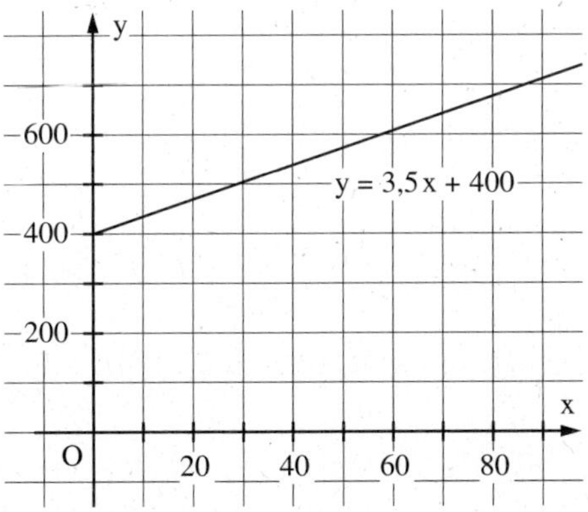

b) g mit $g(x) = 3{,}5 + \frac{400}{x}$

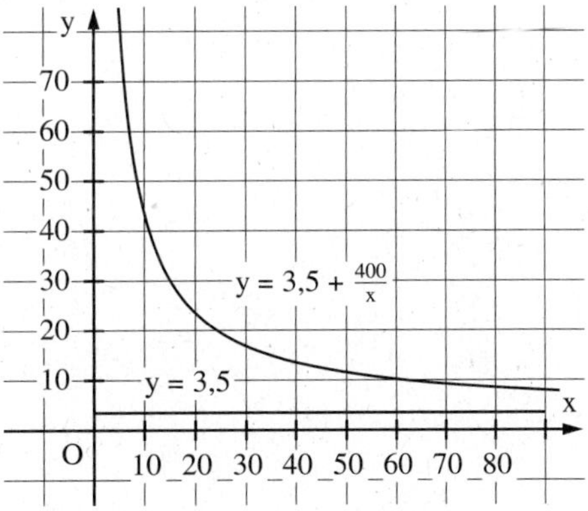

c) Die Funktion f ist eine ganzrationale Funktion.
Es ist $D_f = \{x \mid x \geqq 0\}$; $D_g = \{x \mid x > 0\}$.
Für $x \to +\infty$ gilt $f(x) \to +\infty$; für $x \to +\infty$ gilt dagegen $g(x) \to +3{,}5$.
d) Bei einem Stückpreis von 3,60 € müsste man 4000 Kalender verkaufen, um die Unkosten zu decken.
Bei einem Stückpreis von 3,50 € kommt die Arbeitsgemeinschaft nie auf ihre Kosten.

S. 168 **2** Zu den Funktionen (3) und (4) liegen keine Graphen vor, da bei diesen in $x_0 = 2$ ein Pol ohne VZW vorliegt, ein solcher Graph aber nicht vorkommt.
Zu Graph (a) gehört die Funktion (2), zu (b) die Funktion (4) und zu (c) die Funktion (1).

3 a) $f(x) = \frac{-2}{x-4}$; $D_f = \mathbb{R} \setminus \{4\}$; Polstelle mit VZW $x_0 = 4$; keine Schnittpunkte mit der x-Achse; Asymptoten $x = 4$ und $y = 0$.
b) $f(x) = \frac{-4}{x-2}$; $D_f = \mathbb{R} \setminus \{2\}$; Polstelle mit VZW $x_0 = 2$; keine Schnittpunkte mit der x-Achse; Asymptoten $x = 2$ und $y = 0$.
c) $f(x) = \frac{1}{(x-2)^2}$; $D_f = \mathbb{R} \setminus \{2\}$; Polstelle ohne VZW $x_0 = 2$; keine Schnittpunkte mit der x-Achse; Asymptoten $x = 2$ und $y = 0$.
d) $f(x) = \frac{x}{x-3}$; $D_f = \mathbb{R} \setminus \{3\}$; Polstelle mit VZW $x_0 = 3$; Schnittpunkt mit der x-Achse $X(0|0)$; Asymptoten $x = 3$ und $y = 1$.
e) $f(x) = \frac{x+2}{x}$; $D_f = \mathbb{R} \setminus \{0\}$; Polstelle mit VZW $x_0 = 0$; Schnittpunkt mit der x-Achse $X(-2|0)$; Asymptoten $x = 0$ und $y = 1$.
f) $f(x) = \frac{x+2}{x+4}$; $D_f = \mathbb{R} \setminus \{-4\}$; Polstelle mit VZW $x_0 = -4$; Schnittpunkt mit der x-Achse $X(-2|0)$; Asymptoten $x = -4$ und $y = 1$.
g) $f(x) = \frac{x+1}{x}$; $D_f = \mathbb{R} \setminus \{0\}$; Polstelle mit VZW $x_0 = 0$; Schnittpunkt mit der x-Achse $X(-1|0)$; Asymptoten $x = 0$ und $y = 1$.
h) $f(x) = \frac{x+2}{x-4}$; $D_f = \mathbb{R} \setminus \{4\}$; Polstelle mit VZW $x_0 = 4$; Schnittpunkt mit der x-Achse $X(-2|0)$; Asymptoten $x = 4$ und $y = 1$.
i) $f(x) = \frac{x-1}{(x-4)^2}$; $D_f = \mathbb{R} \setminus \{4\}$; Polstelle mit VZW $x_0 = 4$; Schnittpunkt mit der x-Achse $X(1|0)$; Asymptoten $x = 4$ und $y = 0$.
j) $f(x) = \frac{x^2}{2(x-3)}$; $D_f = \mathbb{R} \setminus \{3\}$; Polstelle ohne VZW $x_0 = 3$; Schnittpunkt mit der x-Achse $X(0|0)$; Asymptote $x = 3$.

4 a) $f(x) = \frac{(x-4)-4}{(x-1)(x+1)}$ hat die Nullstelle $x_0 = 8$ und die Polstellen $x_1 = -1$ und $x_2 = 1$.
b) $f(x) = \frac{(x+4)^2}{(x-1)(x+1)}$ hat die Nullstelle $x_0 = -4$ und die Polstellen $x_1 = -1$ und $x_2 = 1$.
c) $f(x) = \frac{x^2-4}{x^2-1}$ hat die Nullstellen $x_0 = -2$ und $x_1 = 2$ und die Polstellen $x_2 = -1$ und $x_3 = 1$.
d) $f(x) = \frac{x^2-1}{x^2-16}$ hat die Nullstellen $x_0 = -1$ und $x_1 = 1$ und die Polstellen $x_2 = -4$ und $x_3 = 4$.
e) $f(x) = \frac{x^2-16}{x^2-1}$ hat die Nullstellen $x_0 = -4$ und $x_1 = 4$ und die Polstellen $x_2 = -1$ und $x_3 = 1$.

S. 168 **5** a) $f(x) = \frac{x}{x^2+1}$; $g(x) = \frac{x^2-1}{4x^4+9}$ b) $f(x) = \frac{1}{x-3}$; $g(x) = \frac{x^2-1}{(x-3)^3}$

c) $f(x) = \frac{1}{(x-3)^2}$; $g(x) = \frac{x^2-10}{(x-3)^{10}}$ d) $f(x) = \frac{x^2-1}{(x-3)^2}$; $g(x) = \frac{2x^2-2}{(x-3)^4}$

e) $f(x) = \frac{x-1}{x^2+1}$; $g(x) = \frac{x^2-1}{5x^6+23}$ f) $f(x) = \frac{(x-1)\cdot(x+1)}{(x-2)^2(x+2)^2}$

6 a) $x = 0$; $y = 0$ b) $x = 0$; $y = 0$ c) $x = 1$; $y = 0$

d) $x = \frac{4}{3}$; $y = 0$ e) $x = 0$; $y = 2$

7 a) $f(x) = \frac{x}{x-2}$ b) $f(x) = \frac{-2x}{x+1}$ c) $f(x) = \frac{1}{(x-2)^2} + 1$

8 a) $f(x) = \frac{(x-1)\cdot(x+1)}{(x-2)^2}$ b) $f(x) = \frac{2\cdot(x-1)}{x+3}$ c) $f(x) = \frac{2}{x^2+1}$

5 *Skizzieren von Graphen – Funktionsuntersuchungen*

S. 169 **1** Schnittpunkte mit der x-Achse; Schnittpunkt mit der y-Achse.

2 Man wählt eine Stelle in der Nähe der Asymptote links von ihr und bestimmt den Funktionswert bzw. sein Vorzeichen. Dasselbe wiederholt man für eine Stelle rechts von der Asymptote. Zum Beispiel wählt man bei der Funktion f mit $f(x) = \frac{x-1}{(x-2)(x+2)}$ bei der Asymptote $x = -2$ die Werte $x_0 = -2{,}1$ ($f(-2{,}1) \approx -7{,}5 < 0$) und $x_1 = -1{,}9$ ($f(-1{,}9) \approx 7{,}4 > 0$). Damit verläuft der Graph von links gegen $-\infty$ und von rechts gegen $+\infty$.

S. 171 **3** a) keine Symmetrie
$x_0 = 2$ Pol mit VZW von – nach +
$N(0|0)$; Asymptoten: $x = 2$; $y = 1$

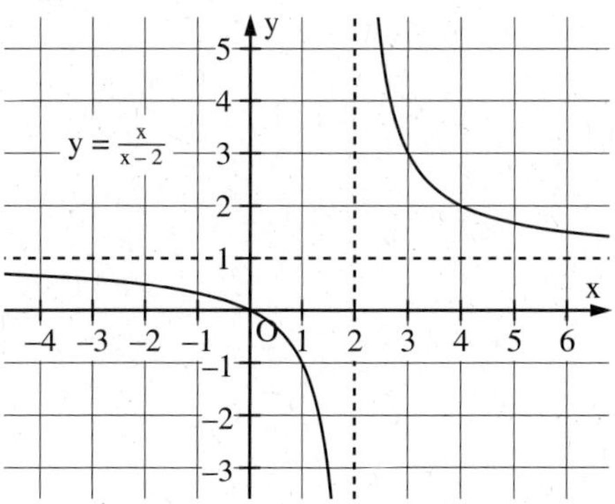

b) keine Symmetrie
$x_0 = 2$ Pol ohne VZW von + nach +
$N(0|0)$; Asymptoten: $x = 2$; $y = 0$

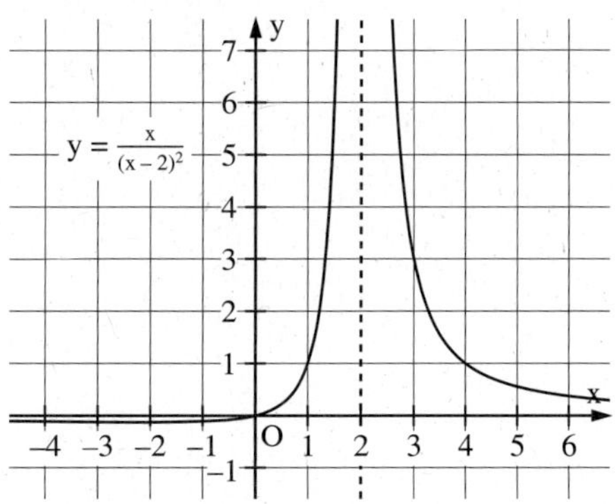

S. 171 **3** c) keine Symmetrie
$x_0 = 0$ Pol ohne VZW von – nach –
N(1|0); kein Schnittpunkt mit der y-Achse; Asymptoten: $x = 0$; $y = 0$

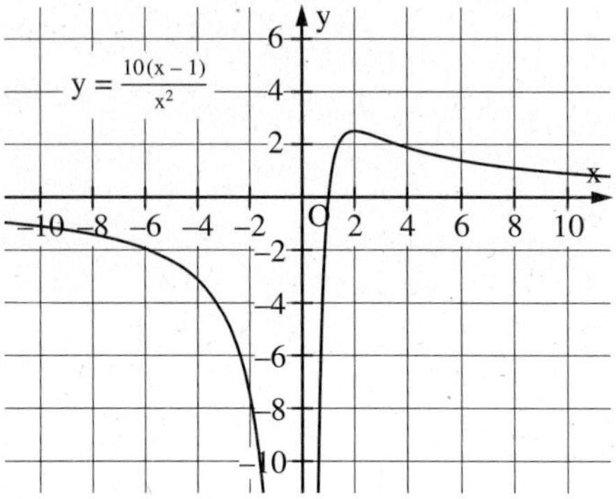

d) Symmetrie zur y-Achse
kein Pol
S(0|2,5); kein Schnittpunkt mit der x-Achse; Asymptote: $y = 0$

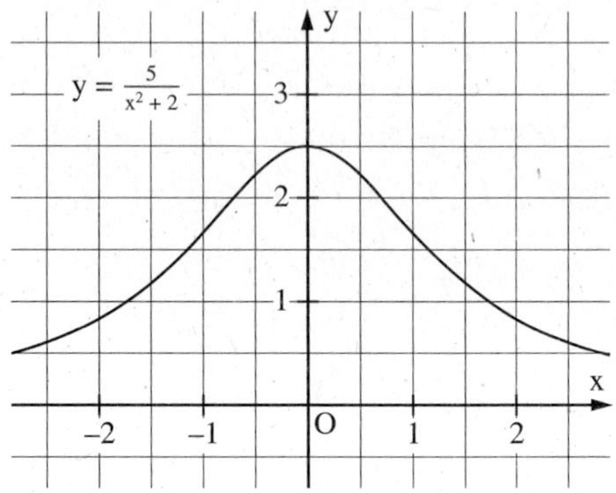

4 a)

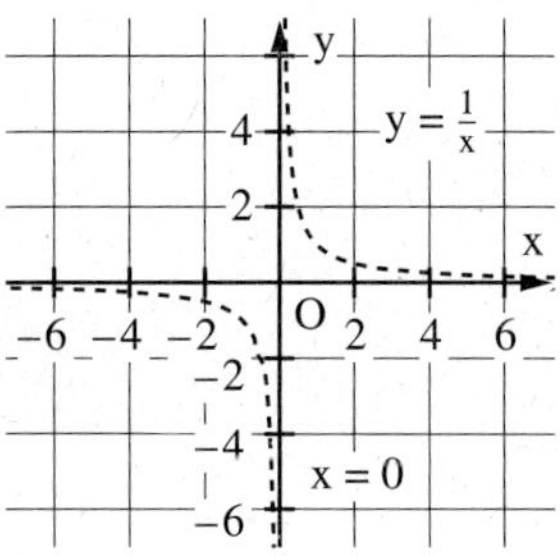

Graph der Funktion f.

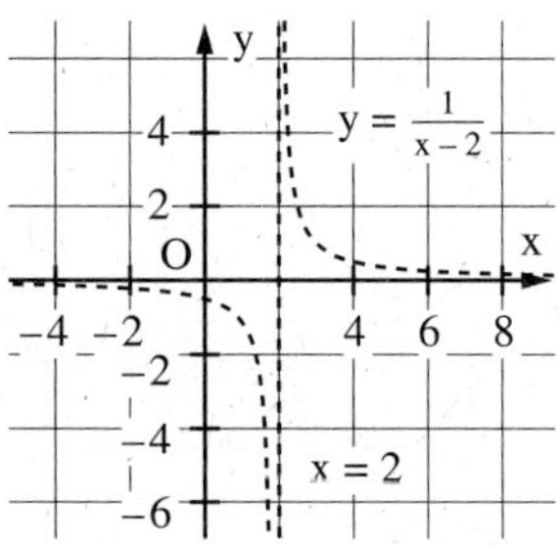

Verschiebung des Graphen der Funktion f um 2 Einheiten nach rechts crgibt den Graphen von g. Die Stelle $x_1 = 2$ ist eine Polstelle mit VZW.

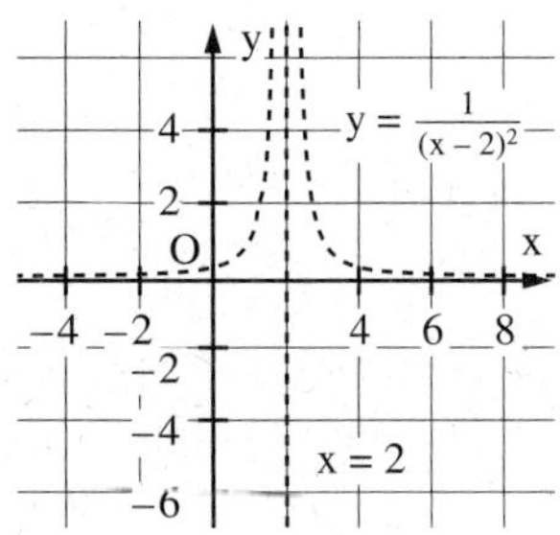

Graph von h:
Durch das Quadrieren wird die Stelle $x_1 = 2$ zu einer Polstelle ohne VZW.

b)

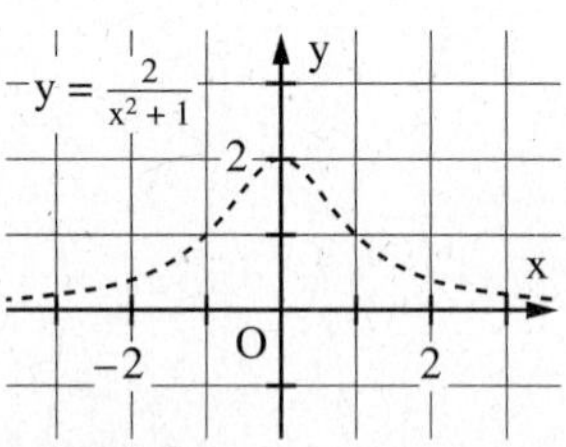

$f(x) = \frac{2}{x^2+1}$
Achsensymmetrie zur y-Achse.

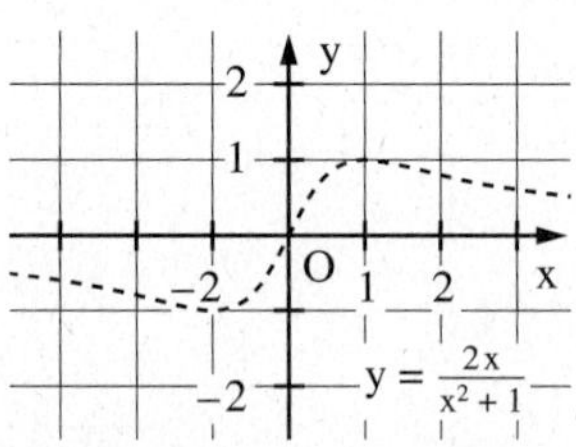

$g(x) = \frac{2x}{x^2+1}$
Punktsymmetrie zum Ursprung.

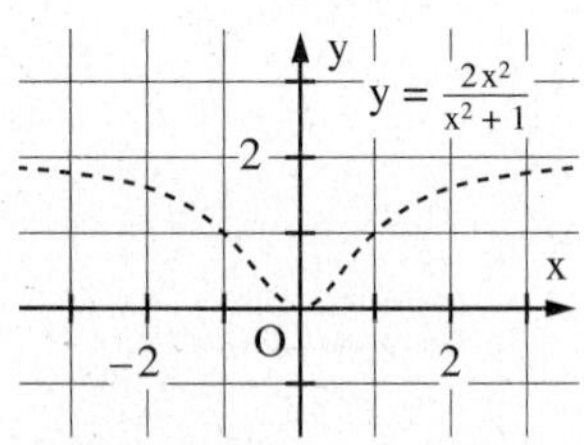

$h(x) = \frac{2x^2}{x^2+1} = 2 - \frac{2}{x^2+1}$
Wieder Achsensymmetrie zur y-Achse;
Asymptote: $y = 2$

S. 171 **5** a) $f(x) = \frac{x^2+1}{x} = x + \frac{1}{x}$
Punktsymmetrie zum Ursprung
$x = 0$; $y = x$

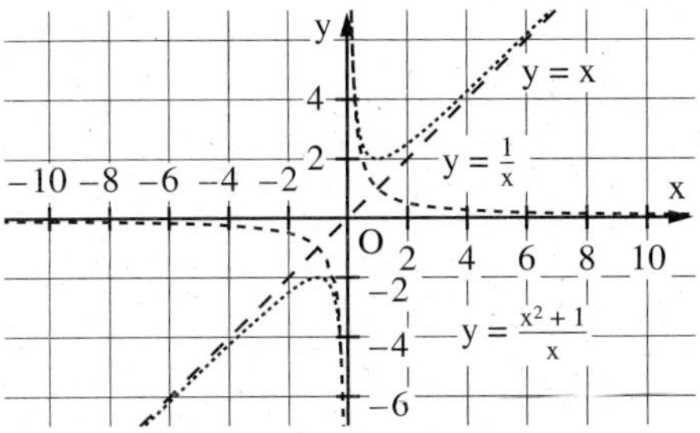

b) $f(x) = \frac{1-x^2}{2x} = -\frac{1}{2}x + \frac{1}{2x}$
Punktsymmetrie zum Ursprung
$N_1(-1|0)$; $N_2(1|0)$; $x = 0$; $y = -\frac{1}{2}x$

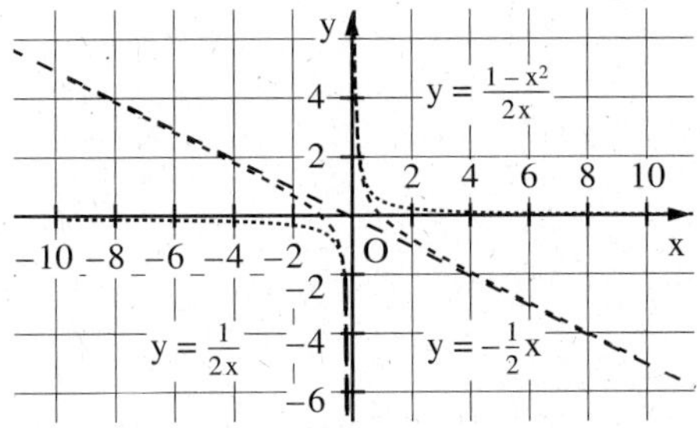

c) $f(x) = \frac{2x^2+x-1}{x} = 2x + 1 - \frac{1}{x}$; keine Symmetrie; $N_1(-1|0)$; $N_2\left(\frac{1}{2}\middle|0\right)$; $x = 0$; $y = 2x + 1$

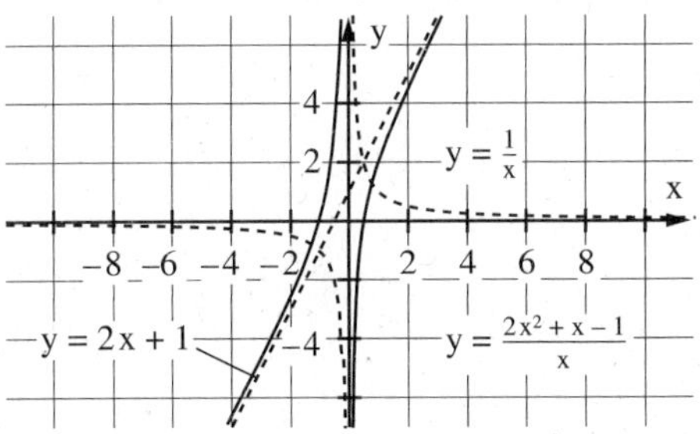

d) $f(x) = \frac{2-x^3}{x^2} = -x + \frac{2}{x^2}$
keine Symmetrie; $N\left(\sqrt[3]{2}\,|\,0\right)$; $x = 0$; $y = -x$

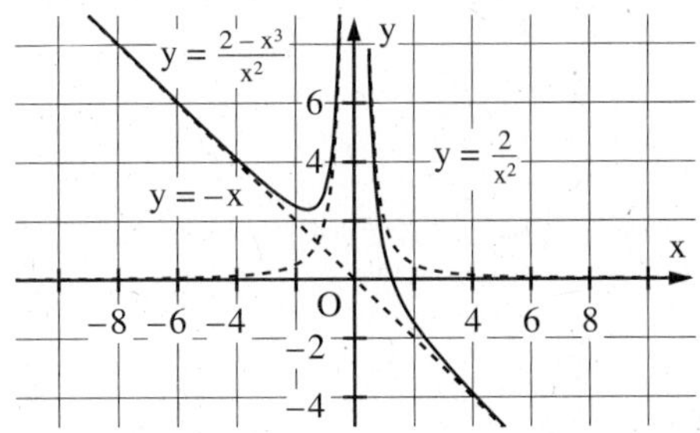

6 a)

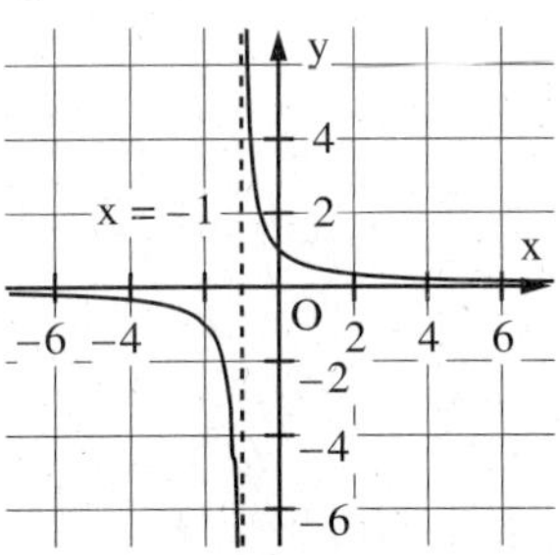

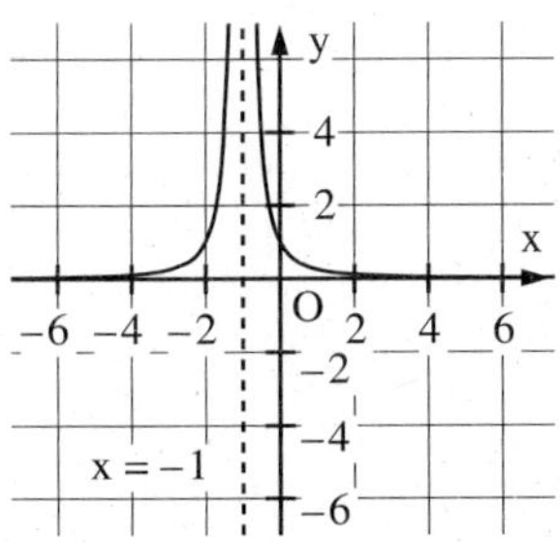

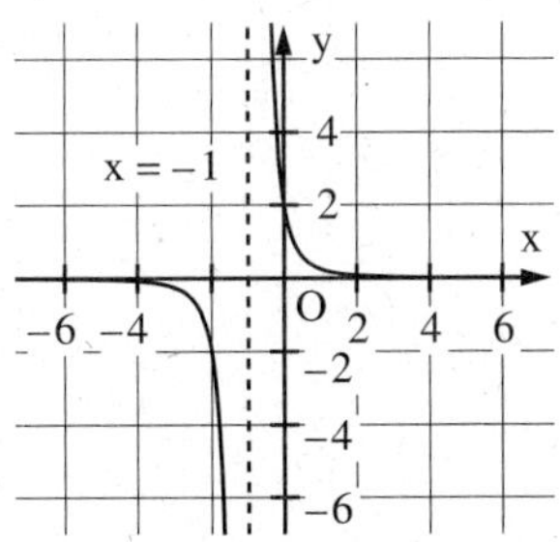

b)

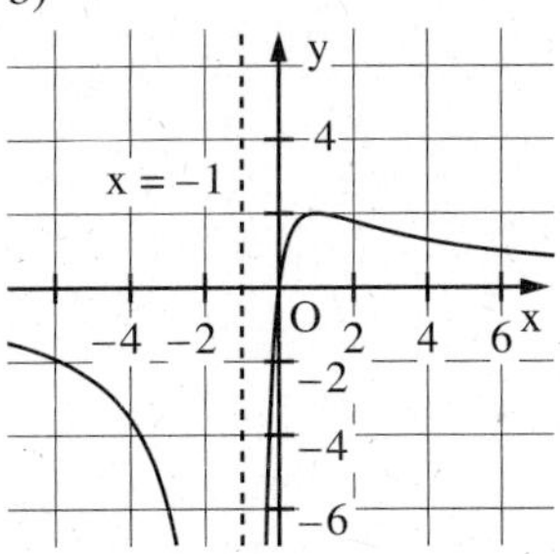

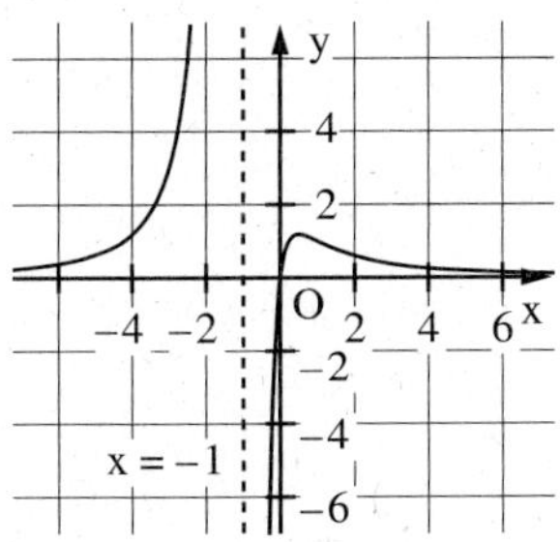

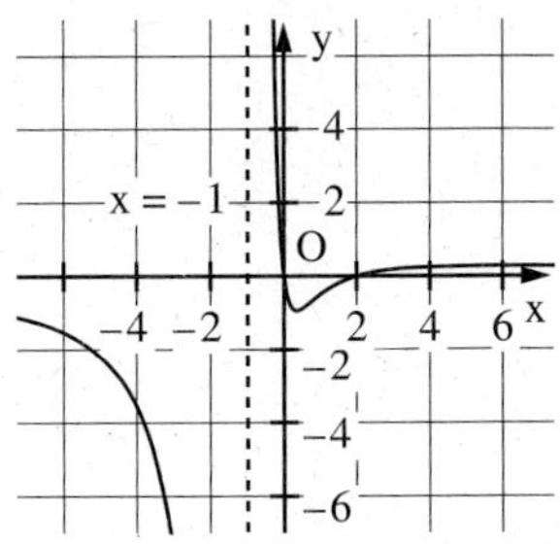

S. 171 Randspalte:

Es ist $f(x) = \frac{x^2-1}{x^2} = 1 - \frac{1}{x^2}$. Damit gehört der untere Graph zu f.

S. 172 **7** a) $f(x) = -\frac{x-2}{x+2}$ b) $f(x) = \frac{28x}{x^2+4}$ c) $f(x) = \frac{x-2}{x+1}$

8 a) $D_f = \mathbb{R} \setminus \{1\}$; gemeinsame Punkte mit den Koordinatenachsen: $X(0|0)$;
Polstelle mit VZW: $x_0 = 1$. Senkrechte Asymptote: $x = 1$.
Annäherung von links gegen $-\infty$, von rechts gegen $+\infty$.
Waagerechte Asymptote: $x = 1$. Graph unten.
b) $D_f = \mathbb{R} \setminus \{2\}$; gemeinsame Punkte mit den Koordinatensystem: $X\left(-\frac{1}{2}\middle|0\right)$; $Y\left(0\middle|-\frac{1}{2}\right)$;
Polstelle mit VZW: $x_0 = 2$. Senkrechte Asymptote: $x = 2$.
Annäherung von links gegen $-\infty$, von rechts gegen $+\infty$.
Waagerechte Asymptote: $x = 2$. Graph unten.
c) $D_f = \mathbb{R} \setminus \{-2; 2\}$; Symmetrie zur y-Achse; gemeinsame Punkte mit den Koordinatenachsen: $Y(0|2)$; Polstellen mit VZW: $x_0 = -2$ und $x_1 = 2$. Senkrechte Asymptoten: $x = -2$ und $x = 2$. Graph unten.
Annäherung an $x_0 = -2$: von links gegen $-\infty$, von rechts gegen $+\infty$.
Annäherung an $x_1 = 2$: von links gegen $+\infty$, von rechts gegen $-\infty$.
Bei Y muss demnach ein Tiefpunkt vorliegen.
Waagerechte Asymptote: $x = 0$. Graph unten.
d) $D_f = \mathbb{R} \setminus \{-3; 3\}$. Symmetrie zur y-Achse; gemeinsame Punkte mit den Koordinatenachsen: $X_1\left(-\sqrt{2}\,|\,0\right)$; $X_2\left(\sqrt{2}\,|\,0\right)$; $Y\left(0\middle|-\frac{2}{9}\right)$
Polstellen mit VZW: $x_0 = -3$ und $x_1 = 3$. Senkrechte Asymptoten: $x = -3$ und $x = 3$.
Annäherung an $x_0 = -3$: von links gegen $-\infty$, von rechts gegen $+\infty$.
Annäherung an $x_1 = 3$: von links gegen $+\infty$, von rechts gegen $-\infty$.
Bei Y muss demnach ein Tiefpunkt vorliegen.
Waagerechte Asymptote: $x = -1$. Graph unten.
e) $D_f = \mathbb{R}$; Symmetrie zur y-Achse; gemeinsame Punkte mit den Koordinatenachsen: $Y(0|4)$; keine Polstellen; keine senkrechten Asymptoten
Waagerechte Asymptote: $x = 0$. Bei Y muss demnach ein Hochpunkt vorliegen.

zu a):

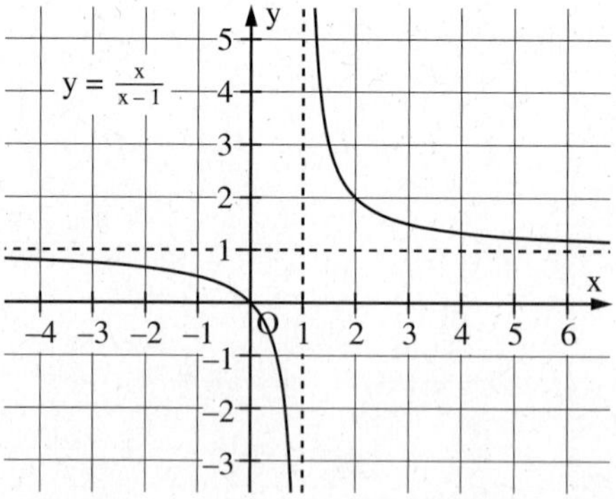

zu b):

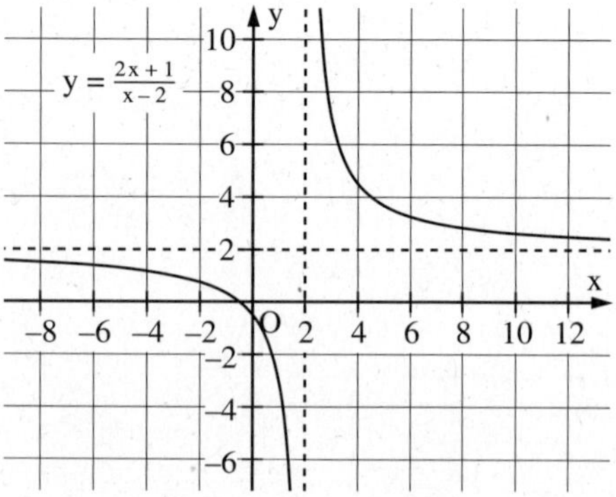

S. 172 **8** zu c):

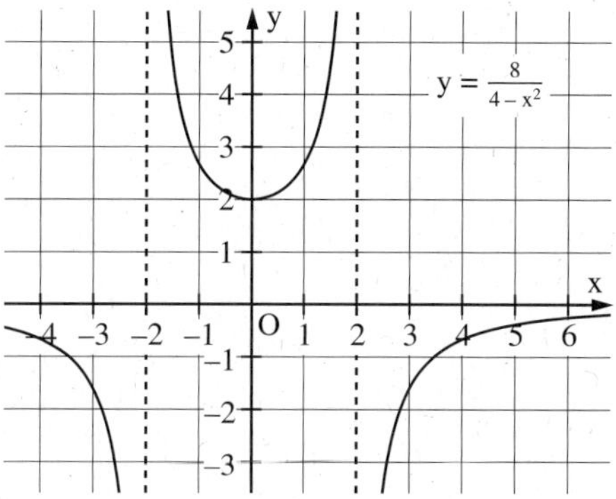

zu d):

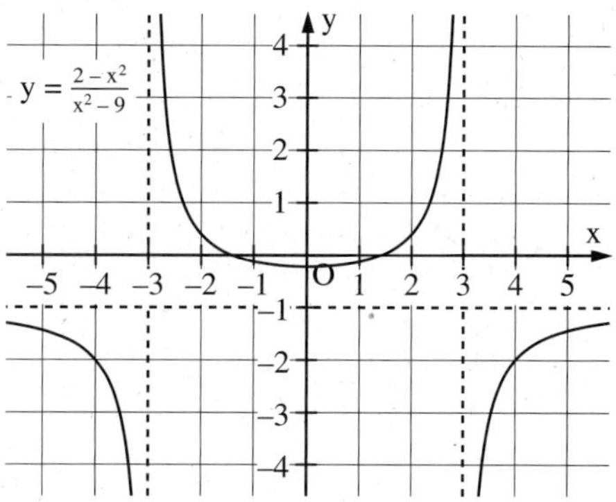

zu e):

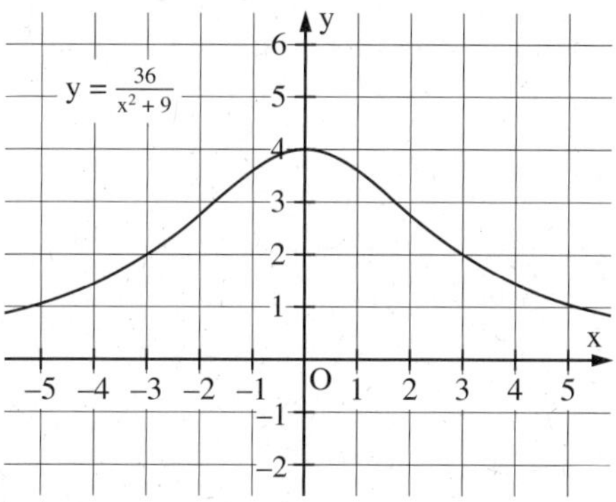

9 Fig. 1 gehört zu IV; Fig. 2 gehört zu III; Fig. 3 gehört zu I; Fig. 4 gehört zu II.

10 a) $D_f = \mathbb{R} \setminus \{-1; 1\}$; Punktsymmetrie zum Ursprung; gemeinsame Punkte mit den Koordinatenachsen: $X(0|0)$; Polstellen mit VZW: $x_0 = -1$ und $x_1 = 1$; senkrechte Asymptoten: $x = -1$ und $x = 1$.
Annäherung an $x_0 = -1$ von links: $f(x) \to -\infty$, von rechts $f(x) \to +\infty$.
Annäherung an $x_1 = 1$ von links: $f(x) \to -\infty$, von rechts $f(x) \to +\infty$.
Waagerechte Asymptote: $x = 0$
$f'(x) = -\frac{x^2 + 1}{(x^2 - 1)^2}$; also keine Extremwerte. Wendepunkt $W(0|0)$. Graph nächste Seite

b) $D_f = \mathbb{R} \setminus \{-1; 1\}$; Punktsymmetrie zum Ursprung; gemeinsame Punkte mit den Koordinatenachsen: $X(0|0)$; Polstellen mit VZW: $x_0 = -1$ und $x_1 = 1$; senkrechte Asymptoten: $x = -1$ und $x = 1$.
Annäherung an $x_0 = -1$ von links: $f(x) \to -\infty$, von rechts $f(x) \to +\infty$.
Annäherung an $x_1 = 1$ von links: $f(x) \to -\infty$, von rechts $f(x) \to +\infty$.
$f(x) \to +\infty$ für $x \to +\infty$; $f(x) \to -\infty$ für $x \to -\infty$;
$f'(x) = \frac{x^2(x^2 - 3)}{(x^2 - 1)^2}$; Hochpunkt $H\left(-\sqrt{3}\,\middle|\,\frac{3\sqrt{3}}{2}\right) \approx H(-1{,}735|2{,}598)$; Tiefpunkt $T\left(-\sqrt{3}\,\middle|\,-\frac{3\sqrt{3}}{2}\right)$ $\approx T(-1{,}735|-2{,}598)$; Wendepunkt $W(0|0)$. Graph nächste Seite

S. 172 **10** c) $D_f = \mathbb{R}$; Punktsymmetrie zum Ursprung; gemeinsamer Punkt mit den Koordinatenachsen: $X(0|0)$; keine Polstellen und keine senkrechten Asymptoten;
$f(x) \to +\infty$ für $x \to +\infty$; $f(x) \to -\infty$ für $x \to -\infty$;
$f'(x) = \frac{x^2 \cdot (x^2+18)}{(x^2+6)^2}$; keine Extrempunkte; Wendepunkt $W(0|0)$. Graph unten

d) $D_f = \mathbb{R} \setminus \{0\}$; Achsensymmetrie zur y-Achse; keine gemeinsamen Punkte mit den Koordinatenachsen; Polstelle ohne VZW ist $x_0 = 0$; senkrechte Asymptote ist $x = 0$.
$f(x) \to +\infty$ für $x \to +\infty$; $f(x) \to +\infty$ für $x \to -\infty$;
$f'(x) = \frac{2 \cdot (x^4 - 1)}{x^3}$; $f''(x) = \frac{2 \cdot (x^4 + 3)}{x^4}$; $T_1(-1|2)$; $T_2(1|2)$; kein Wendepunkte. Graph unten

zu a):

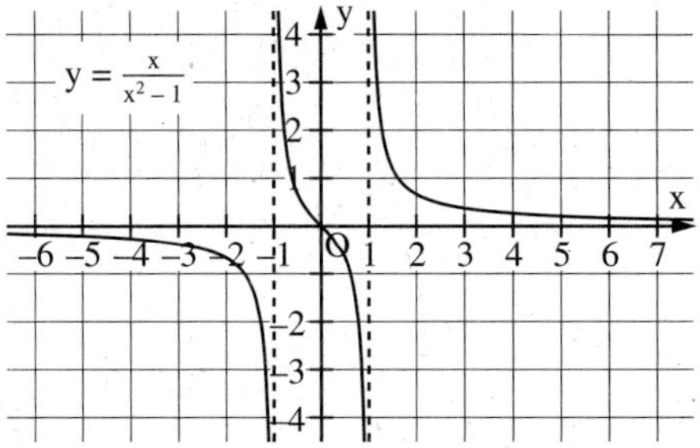

zu b):

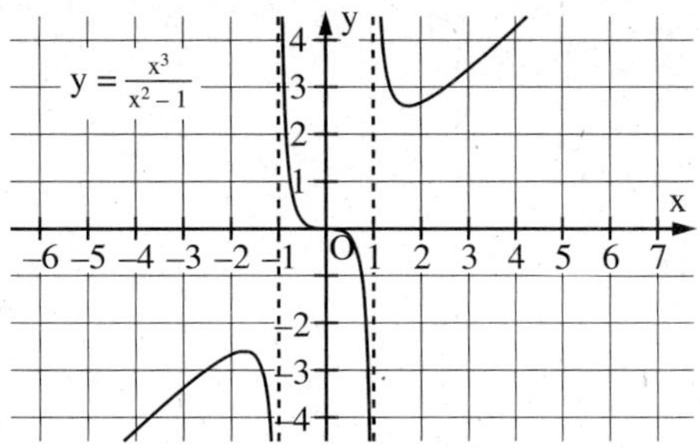

zu c):

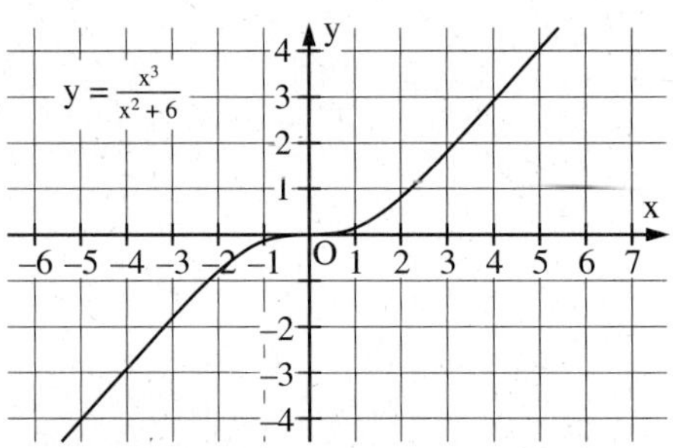

zu d):

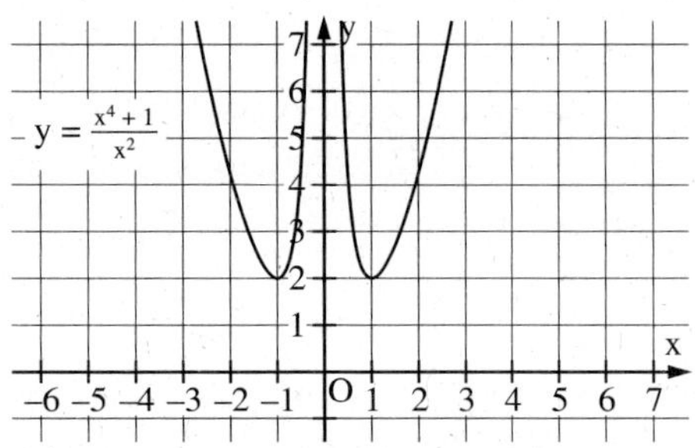

11 a) $f_t(x) = x + \frac{t}{x}$; $D_f = \mathbb{R} \setminus \{0\}$;
Punktsymmetrie zum Ursprung;
keine gemeinsamen Punkte mit den Koordinatenachsen;
Polstelle mit VZW ist $x_0 = 0$;
senkrechte Asymptote ist $x = 0$;
$f(x) \to +\infty$ für $x \to +\infty$;
$f(x) \to -\infty$ für $x \to -\infty$;
$f'(x) = 1 - \frac{t}{x^2}$; $f''(x) = \frac{2t}{x^3}$;
$T(\sqrt{t}|2\sqrt{t})$; $H(-\sqrt{t}|2-\sqrt{t})$;
kein Wendepunkt.
Graph rechts

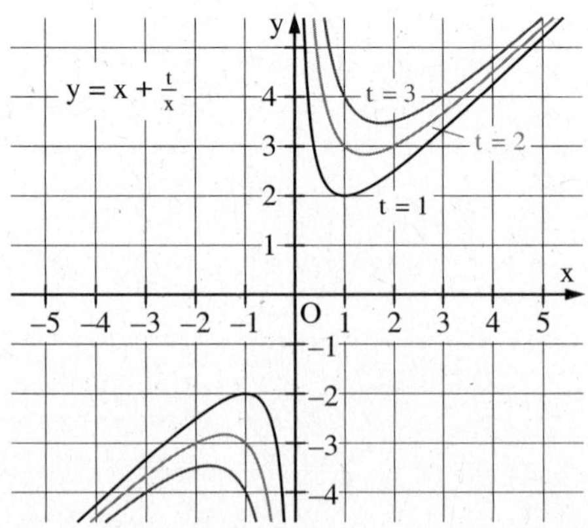

S. 172 **11** b) $D = \mathbb{R} \setminus \{0\}$; keine Symmetrie;
Asymptoten: $x = 0$; $y = 0$; $N_t(t|0)$;
$f_t'(x) = \frac{-10(x-2t)}{x^3}$; $f_t''(x) = \frac{20(x-3t)}{x^4}$;
$H_t\left(2t\,\middle|\,\frac{5}{2t}\right)$; $W_t\left(3t\,\middle|\,\frac{20}{9t}\right)$

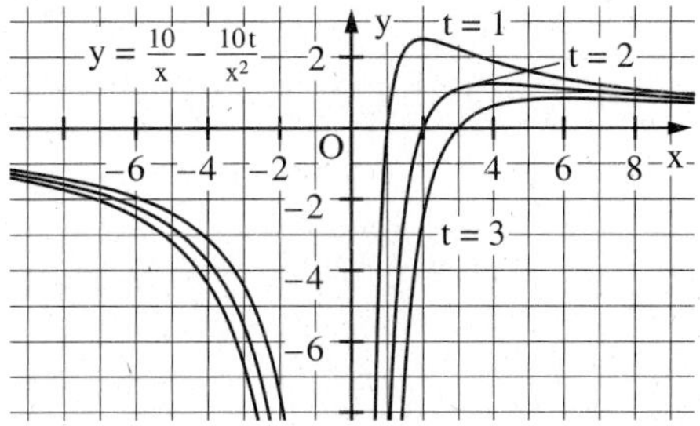

c) $D = \mathbb{R}$; Symmetrie zum Ursprung;
Asymptoten: $y = 0$; $N(0|0)$;
$f_t'(x) = \frac{-6(x^2-t^2)}{(x^2+t^2)^2}$; $f_t''(x) = \frac{12x(x^2-3t^2)}{(x^2+t^2)^3}$;
$T_t\left(-t\,\middle|\,-\frac{3}{t}\right)$; $H_t\left(t\,\middle|\,\frac{3}{t}\right)$;
$W_1\left(-\sqrt{3}\cdot t\,\middle|\,-\frac{3\sqrt{3}}{2t}\right)$; $W_2(0|0)$; $W_3\left(\sqrt{3}\cdot t\,\middle|\,\frac{3\sqrt{3}}{2t}\right)$

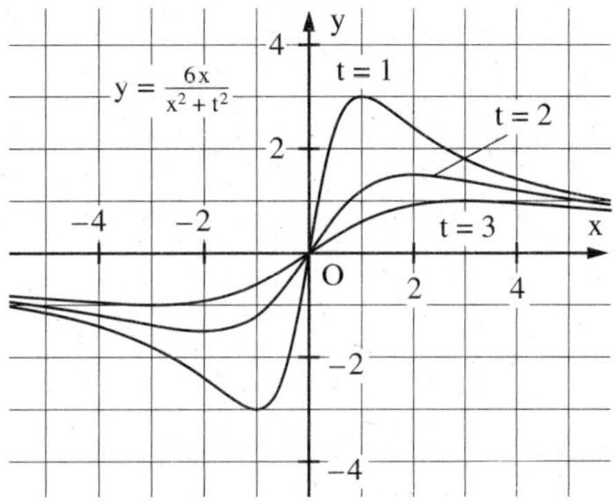

d) $D = \mathbb{R}$; Symmetrie zum Ursprung;
Asymptoten: $y = 0$; $N(0|0)$;
$f_t'(x) = \frac{-10(3x^2-t)}{(x^2+t)^3}$; $f_t''(x) = \frac{120x(x^2-t)}{(x^2+t)^4}$;
$T_t\left(-\sqrt{\frac{t}{3}}\,\middle|\,-\frac{45}{8\sqrt{3}}\cdot t^{-1{,}5}\right)$; $H_t\left(\sqrt{\frac{t}{3}}\,\middle|\,\frac{45}{8\sqrt{3}}\cdot t^{-1{,}5}\right)$
$W_1\left(-\sqrt{t}\,\middle|\,-\frac{5}{2}\cdot t^{-1{,}5}\right)$; $W_2(0|0)$; $W_3\left(\sqrt{t}\,\middle|\,\frac{5}{2}\cdot t^{-1{,}5}\right)$

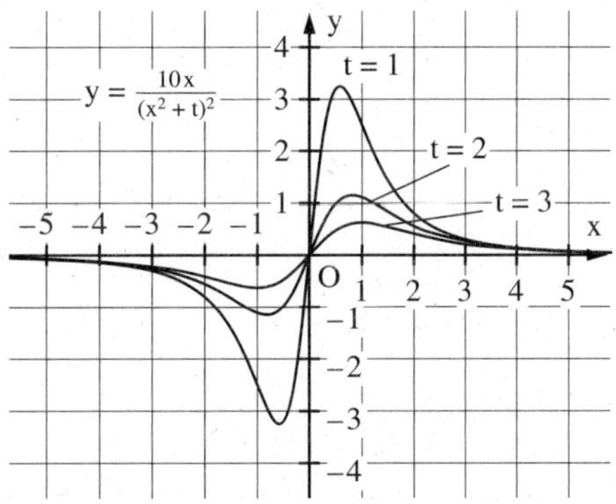

12 $f(x) = \frac{a+bx}{x^2}$; $f'(x) = \frac{-2a-bx}{x^3}$.
Aus $f(1) = 2$ folgt $a + b = 2$;
aus $f'(1) = 0$ folgt $-2a - b = 0$ $\Rightarrow$
$a = -2$; $b = 4$.
$f(x) = \frac{4x-2}{x^2}$; $f'(x) = \frac{4-4x}{x^3}$; VZW bei $x_1 = 1$ von + nach –; also Maximum.

13 a) Graph rechts
b) $A(u) = \frac{u^2}{u-2}$; $u > 2$
$A'(u) = \frac{u(u-4)}{(u-2)^2}$; $A''(u) = \frac{8}{(u-2)^3}$
$(u_1 = 0)$; $u_2 = 4$. $A''(u_2) > 0$; $T(4|8)$
Für $u \to 2$ gilt $A(u) \to \infty$;
für $u \to \infty$ gilt $A(u) \to \infty$.
Also wird der Inhalt für $u = 4$ minimal.
Es handelt sich um ein absolutes Maximum.

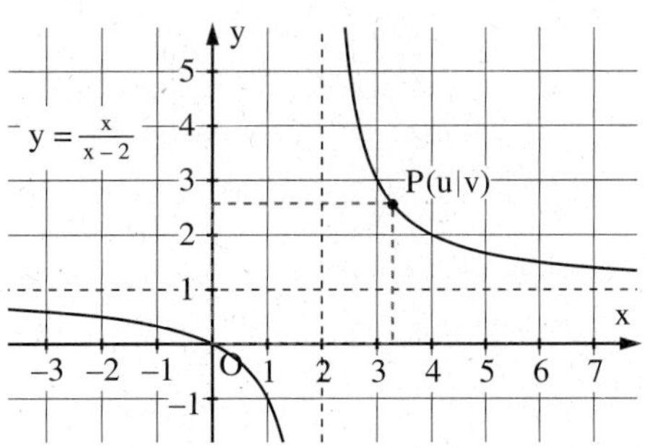

S. 172 **14** a) Graph rechts

b) $A(z) = \int_z^0 \frac{4}{(x-2)^2}\,dx = \left[\frac{-4}{x-2}\right]_z^0$

$= 2 + \frac{4}{z-2}$; $z < 0$. $\lim\limits_{z \to -\infty} A(z) = 2$

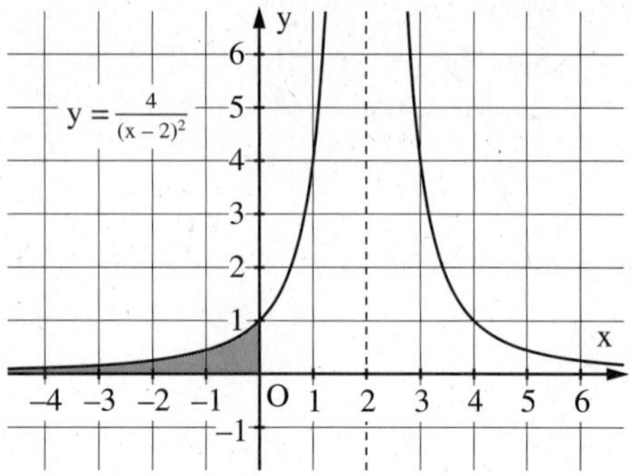

6 *Amplituden und Perioden von Sinusfunktionen*

S. 173 **1** a) z.B. a = 2: Streckung in y-Richtung mit Faktor 2
b) z.B. d = 2: Verschiebung in y-Richtung um 2
c) z.B. b = 2: Streckung in x-Richtung mit Faktor $\frac{1}{2}$
d) z.B. c = 2: Verschiebung in x-Richtung um 2

2 Links oben: z.B. $f(x) = \sin(x-2)$; rechts oben: z.B. $f(x) = \sin(x) + 1$
links unten: z.B. $f(x) = 3 \cdot \sin(x)$; rechts unten: z.B. $f(x) = \sin(2x)$

S. 174 **3** a) $f(x) = 2 \cdot \sin(x)$; Streckung des Graphen der Sinusfunktion um den Faktor 2 in y-Richtung. $p = 2\pi$; $N_1(0|0)$; $N_2(\pi|0)$

b) $f(x) = \sin(x - \pi)$; Verschiebung des Graphen der Sinusfunktion um π in positive x-Richtung. $p = 2\pi$; $N_1(0|0)$; $N_2(\pi|0)$

c) $f(x) = -2 \cdot \sin(x) + 1$; Streckung des Graphen der Sinusfunktion um den Faktor 2 in y-Richtung mit anschließender Spiegelung an der x-Achse und Verschiebung um 1 in positive y-Richtung. $p = 2\pi$. Zwei Schnittpunkte mit der x-Achse.

d) $f(x) = \sin(1{,}5 \cdot x) - 3$; Stauchung des Graphen der Sinusfunktion um den Faktor $\frac{1}{1{,}5} = \frac{2}{3}$ in x-Richtung mit anschließender Verschiebung um 3 Einheiten in negativer y-Richtung. $p = \frac{2\pi}{1{,}5} = \frac{4\pi}{3}$; keine Schnittpunkte mit der x-Achse.

e) $f(x) = \sin(2 \cdot (x - 1))$; Stauchung des Graphen der Sinusfunktion um den Faktor 2 in x-Richtung mit anschließender Verschiebung in positiver x-Richtung um 1. $p = \pi$; $N_1(1|0)$; $N_2\left(\frac{\pi}{2} + 1\middle|0\right) = N_2(2{,}571|0)$

f) $f(x) = 3 \cdot \sin(x + 3)$; Streckung des Graphen der Sinusfunktion um den Faktor 3 in y-Richtung mit anschließender Verschiebung um 3 in negativer x-Richtung. $p = 2\pi$; $N_1(3|0)$; $N_2(\pi + 3|0) = N_2(6{,}142|0)$

S. 174 **3** g) $f(t) = \sin\left(\frac{\pi}{2} \cdot t\right) - 2$; Stauchung des Graphen der Sinusfunktion um den Faktor $\frac{2}{\pi}$ in x-Richtung mit anschießender Verschiebung in negativer y-Richtung um 2.
$p = \frac{2\pi}{\frac{\pi}{2}} = 4$; keine Schnittpunkte mit der x-Achse.

h) $f(t) = \frac{1}{2} \cdot \cos(2\pi \cdot t - \pi) = \frac{1}{2} \cdot \cos\left(2\pi \cdot \left(t - \frac{1}{2}\right)\right)$; Stauchung des Graphen der Kosinusfunktion um den Faktor $\frac{1}{2}$ in y-Richtung mit anschließender Stauchung um den Faktor $\frac{1}{2\pi}$ in x-Richtung mit anschließender Verschiebung in positiver x-Richtung um 0,5.
$p = \frac{2\pi}{2\pi} = 1$; $N_1\left(\frac{1}{4}\middle|0\right)$; $N_2\left(\frac{3}{4}\middle|0\right)$

a), b)

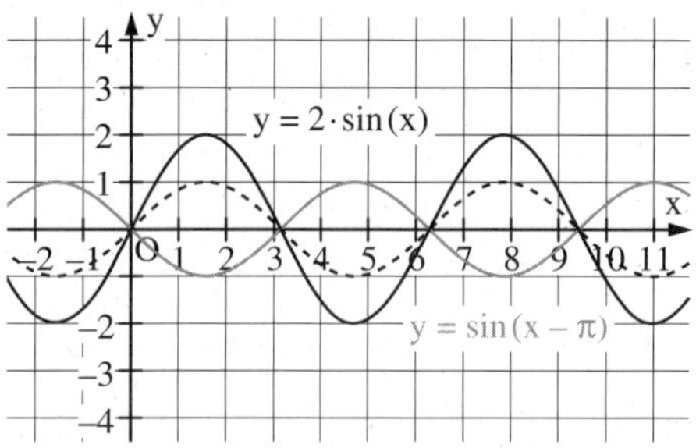

c), d)

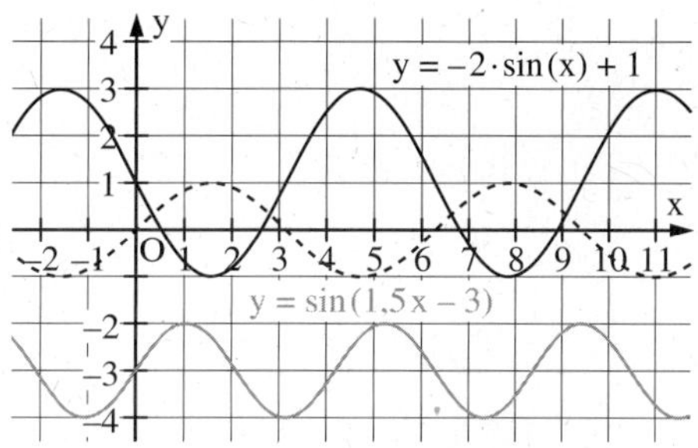

e), f)

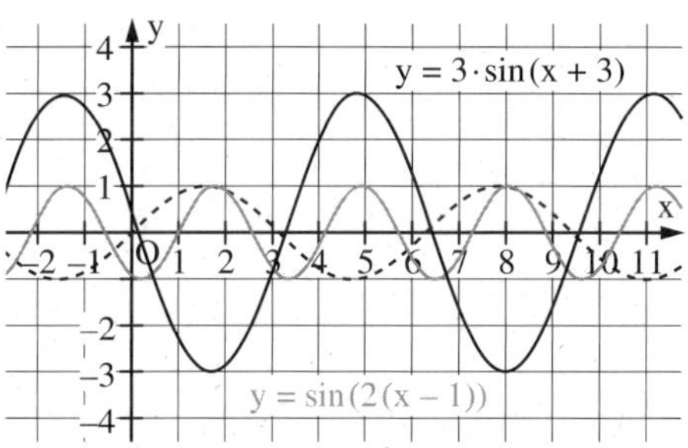

g), h)

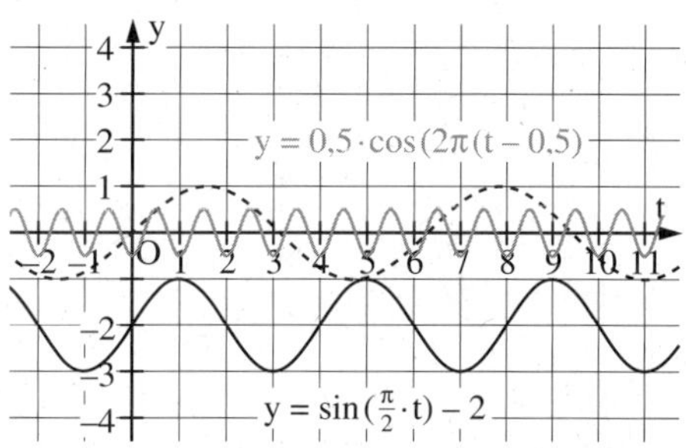

4 a) Amplitude $a = 1$; Periode $p = \pi$; $f(x) = \sin(2x)$

b) Amplitude $a = 1$; Periode $p = 6$; also $b = \frac{2\pi}{6} = \frac{\pi}{3}$; $f(x) = 2 \cdot \sin\left(\frac{\pi}{3} \cdot x\right)$

c) Amplitude $a = 1{,}5$; Periode $p = 4$; also $b = \frac{2\pi}{4} = \frac{\pi}{2}$; $f(x) = 1{,}5 \cdot \sin\left(\frac{\pi}{2} \cdot x\right)$

d) Amplitude $a = 1$; Periode $p = 2\pi$; $f(x) = \sin(x + 1) + 1$

e) Amplitude $a = 1$; Periode $p = 4$; also $b = \frac{2\pi}{4} = \frac{\pi}{2}$; $f(x) = \sin\left(\frac{\pi}{2} \cdot (x - 0{,}7)\right)$

f) Amplitude $a = 1$; Periode $p = 1$; also $b = \frac{2\pi}{1} = 2\pi$; $f(x) = \sin(2\pi \cdot x)$

7 Funktionsuntersuchungen bei trigonometrischen Funktionen

S. 175 **1** Der Graph der Funktion $f(x) = 3 \cdot \sin\left(\frac{1}{2}x\right)$ ist gegenüber dem von $s(x) = \sin(x)$ um den Faktor 3 in y-Richtung und um den Faktor 2 in x-Richtung gestreckt.
Periode $p = \frac{2\pi}{\frac{1}{2}} = 4\pi$. Damit gilt für das Periodenintervall $[0;\ 4\pi[$: Hochpunkt $H\left(2 \cdot \frac{\pi}{2} \middle| 3 \cdot 1\right) = H(\pi|3)$; Tiefpunkt $T\left(2 \cdot \frac{3\pi}{2} \middle| 3 \cdot (-1)\right) = T(3\pi|-3)$; Wendepunkte sind $W_1(0|0)$ und $W_2(2\pi|0)$.

S. 176 **2** a) Aus $p = \frac{2\pi}{b} = 1$ ergibt sich $b = 2\pi$; also $f(x) = 4 \cdot \sin(2\pi \cdot x)$.
b) Aus $p = \frac{2\pi}{b} = 100 \cdot \pi$ ergibt sich $b = \frac{1}{50}$; also $f(x) = 0{,}8 \cdot \sin\left(\frac{1}{50} \cdot x\right)$.

3 a) $f(x) = \sin(x - 1)$. $p = 2\pi$; gemeinsame Punkte mit der x-Achse $N_1(1|0)$; $N_2(1 + \pi|0)$; Hochpunkt $H\left(1 + \frac{\pi}{2} \middle| 1\right)$; Tiefpunkt $T\left(1 + \frac{3\pi}{2} \middle| -1\right)$; Wendepunkte sind N_1 und N_2.
b) $f(x) = 10 \cdot \sin(x)$. $p = 2\pi$; gemeinsame Punkte mit der x-Achse $N_1(0|0)$; $N_2(\pi|0)$; Hochpunkt $H\left(\frac{\pi}{2} \middle| 10\right)$; Tiefpunkt $T\left(\frac{3\pi}{2} \middle| -10\right)$; Wendepunkte sind N_1 und N_2.
c) $f(x) = \sin(5 \cdot x)$. $p = \frac{2\pi}{5} \approx 1{,}257$; gemeinsame Punkte mit der x-Achse $N_1(0|0)$; $N_2\left(\frac{\pi}{5} \approx 0{,}628 \middle| 0\right)$; Hochpunkt $H\left(\frac{\pi}{10} \approx 0{,}314 \middle| 1\right)$; Tiefpunkt $T\left(\frac{3\pi}{10} \approx 0{,}942 \middle| -1\right)$; Wendepunkte sind N_1 und N_2.
d) $f(x) = \sin(3 \cdot (x + 1))$. $p = \frac{2\pi}{3} \approx 2{,}094$; gemeinsame Punkte mit der x-Achse $N_1(1|0)$ bzw. im Intervall $[0;\ p[$: $N_1\left(-1 + \frac{\pi}{3} \approx 0{,}041 \middle| 0\right)$; $N_2\left(-1 + \frac{2\pi}{3} \approx 1{,}094 \middle| 0\right)$;
Hochpunkt $H\left(-1 + \frac{\pi}{6} \approx -0{,}476 \middle| 1\right)$ bzw. im Intervall $[0;\ p[$:
Hochpunkt $H\left(-1 + \frac{\pi}{6} + \frac{2\pi}{3} = -1 + \frac{5\pi}{6} \approx 1{,}618 \middle| 1\right)$; Tiefpunkt $T\left(-1 + \frac{\pi}{2} \approx 0{,}571 \middle| -1\right)$;
Wendepunkte sind N_1 und N_2.
e) $f(x) = 3 \cdot \sin(x + 3)$. $p = 2\pi$; gemeinsame Punkte mit der x-Achse $N_1(-3|0)$ bzw. in $[0;\ 2\pi[$: $N_1(-3 + \pi|0)$ und $N_2(-3 + 2\pi|0)$; Hochpunkt $H\left(-3 + \frac{\pi}{2} \middle| 3\right)$ bzw. in $[0;\ 2\pi[$: $H\left(-3 + \frac{\pi}{2} + 2\pi \middle| 3\right) = H\left(\frac{5\pi}{2} - 3 \middle| 3\right)$; Tiefpunkt $T\left(\frac{3\pi}{2} - 3 \middle| -3\right)$;
Wendepunkte sind N_1 und N_2.
f) $f(t) = \sin(\pi t) - 2$. $p = 2$; keine gemeinsamen Punkte mit der x-Achse; Hochpunkt $H(0{,}5|-1)$; Tiefpunkt $T(1{,}5|-3)$; Wendepunkte sind $W_1(0|-2)$ und $W_2(1|-2)$.
g) $f(t) = \frac{1}{2} \cdot \cos(2\pi \cdot t)$. $p = 1$; gemeinsame Punkte mit der x-Achse $N_1(0{,}25|0)$ und $N_2(0{,}75|0)$; Hochpunkt $H(0|0{,}5)$; Tiefpunkt $T(0{,}5|-0{,}5)$.
Wendepunkte sind N_1 und N_2.
h) $f(t) = \cos\left(\frac{\pi}{2}t\right) + 1$. $p = 4$; gemeinsame Punkte mit der x-Achse $N(2|0)$; Hochpunkt $H(0|2)$; Tiefpunkt $T(2|0)$; Wendepunkte sind $W_1(1|1)$ und $W_2(3|1)$.

S. 176 **4** a) $f'(x) = \cos(x) - \sin(x)$; $F(x) = -\cos(x) + \sin(x)$

b) $f'(x) = 2 \cdot \sin(2x)$; $F(x) = -\frac{1}{2} \cdot \sin(2x)$

c) $f'(x) = 2\pi \cdot \cos\left(\frac{\pi}{8} \cdot x\right)$; $F(x) = -\frac{128}{\pi} \cdot \cos\left(\frac{\pi}{8} \cdot x\right)$

d) $f'(x) = \frac{\pi}{2} \cdot \cos\left(\frac{\pi}{2}(x-2)\right)$; $F(x) = -\frac{2}{\pi} \cdot \cos\left(\frac{\pi}{2} \cdot (x-2)\right)$

5 a) Amplitude $a = 3$; Periode $p = 6$.
Graph rechts

b) $H(1{,}5\,|\,3)$; $T(4{,}5\,|\,-3)$; $W_1(0\,|\,0)$; $W_2(3\,|\,0)$.

c) $A = \int_0^3 3 \cdot \sin\left(\frac{\pi}{3} \cdot x\right) dx = \left[-\frac{9}{\pi} \cdot \cos\left(\frac{\pi}{3} \cdot x\right)\right]_0^3$
$= \frac{9}{\pi} - \left(-\frac{9}{\pi}\right) = \frac{18}{\pi}$

Oder: Die Fläche unter dem Graphen der normalen Sinusfunktion ist 2; daraus wird durch Streckung in y-Richtung um 3 und bei Stauchung in x-Richtung um $\frac{1}{\frac{\pi}{3}} = \frac{3}{\pi}$ der Wert $A^* = 2 \cdot 3 \cdot \frac{3}{\pi} = \frac{18}{\pi}$.

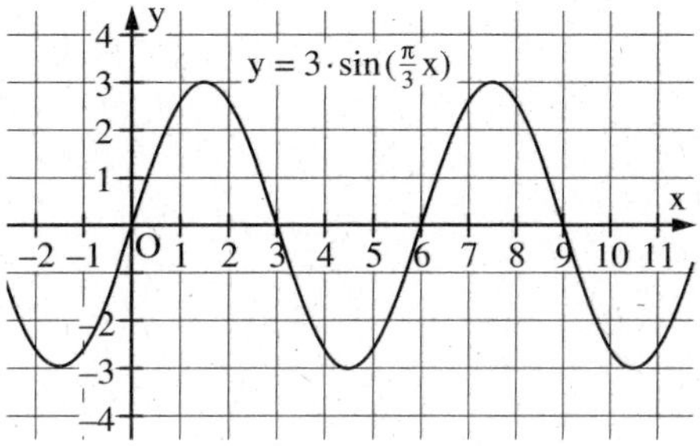

6 a) Streckung in x-Richtung um $\frac{1}{4}$; keine Streckung in y-Richtung: $A = 2 \cdot \frac{1}{4} = 0{,}5$

b) Streckung in y-Richtung um 5; Streckung in x-Richtung um $\frac{5}{4}$: $A = 2 \cdot \frac{5}{4} \cdot 5 = 12{,}5$

c) Streckung in y-Richtung um 0,5; Streckung in x-Richtung um $\frac{4}{3\pi}$; $A = 2 \cdot \frac{1}{2} \cdot \frac{4}{3\pi} = \frac{4}{3\pi}$

d) Keine Streckung in y-Richtung; Streckung in x-Richtung um $\frac{1}{100}$:
$A = 2 \cdot \frac{1}{100} = \frac{1}{50} = 0{,}02$

7 a) $f(x) = \sin(1{,}5 \cdot x)$; $f'(x) = 1{,}5 \cdot \cos(1{,}5 \cdot x)$; damit $f'(0) = 1{,}5$. Gesuchte Gerade:
$g\colon y = 1{,}5 \cdot x$.

b) $p = \frac{2\pi}{1{,}5} = \frac{4\pi}{3}$; $A = \int_0^{\frac{\pi}{3}} \sin\left(\frac{3}{2}x\right) dx = \left[-\frac{2}{3} \cdot \cos\left(\frac{3}{2}x\right)\right]_0^{\frac{\pi}{3}} = 0 - \left(-\frac{2}{3}\right) = \frac{2}{3}$

8 a) f ist periodisch und nimmt Werte zwischen -10 und 10 an.

b) $f(6) = 0$; $10 \cdot \sin[b(6-c)] = 0$ gilt z. B. für $b \cdot (6-c) = 0$ bzw. $c = 6$.
$f(0) = -10$; $10 \cdot \sin[b(0-6)] = -10$ gilt z. B. für $b(-6) = -\frac{1}{2}\pi$ bzw. $b = \frac{1}{12}\pi$.
Der Ansatz $f(t) = 10 \cdot \sin\left[\frac{1}{12}\pi(t-6)\right]$ wird durch weitere Punktproben bestätigt.

8 *Vermischte Aufgaben*

S. 177 **1** a) $f(x) = \frac{x+1}{x} = 1 + \frac{1}{x} = 1 + x^{-1}$; $f'(x) = \frac{x \cdot 1 - (x+1)}{x^2} = -\frac{1}{x^2}$ oder $f'(x) = -1 \cdot x^{-2} = -\frac{1}{x^2}$; $D_f = \mathbb{R} \setminus \{0\}$

b) $f(x) = \frac{x^2 + x}{x^3} = \frac{1}{x} + \frac{1}{x^2} = x^{-1} + x^{-2}$; $f'(x) = \frac{x^3 \cdot (2x+1) - 3x^2 \cdot (x^2 + x)}{x^6} = \frac{2x^2 + x - 3x^2 - 3x}{x^4} = \frac{-x^2 - 2x}{x^4}$ $= -\frac{x+2}{x^3}$ oder $f'(x) = -x^{-2} - 2x^{-3} = -\frac{1}{x^2} + \frac{2}{x^3} = -\frac{x+2}{x^3}$; $D_f = \mathbb{R} \setminus \{0\}$

c) $f(x) = \frac{\sin(x)}{x} = \sin(x) \cdot x^{-1}$; $f'(x) = \frac{x \cdot \cos(x) - \sin(x)}{x^2}$ oder
$f'(x) = \cos(x) \cdot x^{-1} - 1 \cdot \sin(x) \cdot x^{-2} = \frac{\cos(x)}{x} - \frac{\sin(x)}{x^2} = \frac{x \cdot \cos(x) - \sin(x)}{x^2}$; $D_f = \mathbb{R} \setminus \{0\}$

d) $f(x) = \frac{\cos(x)}{1-x} = \cos(x) \cdot (1-x)^{-1}$; $f'(x) = \frac{-(1-x) \cdot \sin(x) - \cos(x) \cdot (-1)}{(1-x)^2} = \frac{(x-1) \cdot \sin(x) + \cos(x)}{(1-x)^2}$
oder $f'(x) = -\sin(x) \cdot (1-x)^{-1} - \cos(x) \cdot (1-x)^{-2} \cdot (-1) = -\frac{\sin(x)}{1-x} + \frac{\cos(x)}{(1-x)^2} =$
$\frac{(x-1) \cdot \sin(x) + \cos(x)}{(1-x)^2}$; $D_f = \mathbb{R} \setminus \{0\}$

2 a) $f(x) = \frac{x^2 - 4}{x}$; $f'(x) = \frac{4}{x^2} + 1$ richtig

b) $f(x) = \frac{x^2 + x}{x - 4}$; $f'(x) = \frac{x^2 - 8x + 4}{(x-4)^2}$ falsch, da $f'(x) = \frac{x^2 - 8x - 4}{(x-4)^2}$ ist.

c) $f(x) = \frac{x^3}{4} - \frac{2}{x}$; $f'(x) = \frac{6x^4 + 8}{4x^2}$ falsch, da $f'(x) = \frac{3}{4}x^2 + \frac{2}{x^2} = \frac{3x^4 + 8}{4x^2}$ ist.

d) $f(x) = \frac{\sin(x) + x}{\sin(x)}$; $f'(x) = \frac{\sin(x) + x \cdot \cos(x)}{(\sin(x))^2}$ falsch, da $f'(x) = \frac{\sin(x) - x \cdot \cos(x)}{(\sin(x))^2}$ ist.

3 a) $f(x) = 4\cos(x)$; $f'(x) = -4 \cdot \sin(x)$; $f''(x) = -4 \cdot \cos(x)$

b) $f(x) = \sin\left(\frac{2}{3}x\right)$; $f'(x) = \frac{2}{3} \cos\left(\frac{2}{3}x\right)$; $f''(x) = -\frac{4}{9} \cdot \sin\left(\frac{2}{3}x\right)$

c) $f(x) = \cos(-2x)$; $f'(x) = 2 \cdot \sin(-2x) = -2 \cdot \sin(2x)$;
$f''(x) = -4 \cdot \cos(-2x) = -4 \cdot \cos(2x)$

d) $f(x) = \sin\left(x - \frac{\pi}{4}\right)$; $f'(x) = \cos\left(x - \frac{\pi}{4}\right)$; $f''(x) = -\sin\left(x - \frac{\pi}{4}\right)$

e) $f(x) = 2\cos(1-x)$; $f'(x) = 2 \cdot \sin(1-x)$; $f''(x) = -2 \cdot \cos(1-x)$

f) $f(x) = 3\cos\left(\frac{\pi}{2} - 4x\right)$; $f'(x) = 12 \cdot \sin\left(\frac{\pi}{2} - 4x\right)$; $f''(x) = -48 \cdot \cos\left(\frac{\pi}{2} - 4x\right)$

g) $f(x) = \sin(x) - \cos(x)$; $f'(x) = \cos(x) + \sin(x)$; $f''(x) = -\sin(x) + \cos(x)$

h) $f(x) = (\sin(x))^2$; $f'(x) = 2 \cdot \sin(x) \cdot \cos(x)$; $f''(x) = 2 \cdot (\cos^2(x) - \sin^2(x))$

i) $f(x) = (\cos(2x))^2$;
$f'(x) = 2 \cdot \cos(2x) \cdot (-2) \cdot \sin(2x) = -4 \cdot \sin(2x) \cdot \cos(2x) = -2 \cdot \sin(4x)$;
$f''(x) = -4 \cdot (2 \cdot \cos^2(2x) - 2 \cdot \sin^2(2x)) = 8 \cdot (\sin^2(2x) - \cos^2(2x)) = -8 \cdot \cos(4x)$

4 a) $f'(x) = 2 \cdot \cos(2x)$; $F(x) = -\frac{1}{2} \cdot \cos(2x)$

b) $f'(x) = \cos\left(x - \frac{\pi}{2}\right)$; $F(x) = -\cos\left(x - \frac{\pi}{2}\right) = -\sin(x)$

c) $f'(x) = 3 \cdot \cos(3 \cdot (x-1))$; $F(x) = -\frac{1}{3} \cdot \cos(3 \cdot (x-1))$

d) $f'(x) = -2 \cdot \sin(2x)$; $F(x) = \frac{1}{2} \cdot \sin(2x) + x$

e) $f'(x) = 1 - \frac{2}{x^3}$; $F(x) = \frac{1}{2}x^2 - \frac{1}{x}$

S. 177 **4** f) $f'(x) = 3x^2 - \frac{1}{x^2} = \frac{3x^4 - 1}{x^2}$; $F(x) = \frac{1}{4}x^4 + \ln(|x|)$

g) $f'(x) = -\frac{2}{x^2} - \frac{24}{x^7} = -\frac{2x^5 + 24}{x^7}$; $F(x) = x + 2 \cdot \ln(|x|) - \frac{4}{5x^5}$

h) $f'(x) = 10 \cdot \left(1 + \frac{3}{x^4}\right)$; $F(x) = 10 \cdot \left(\frac{1}{2}x^2 + \frac{1}{2x^2}\right) = 5 \cdot \frac{x^4 + 1}{x^2}$

i) $f'(x) = 2 + \cos(x)$; $F(x) = x^2 - \cos(x)$

5 a) $f(x) = \frac{x+3}{x-2}$; $D_f = \mathbb{R} \setminus \{2\}$;
keine Symmetrie zur y-Achse oder zum Ursprung;
Schnittpunkt mit der x-Achse: $X(-3|0)$;
Schnittpunkt mit der y-Achse: $Y(0|-1{,}5)$;
Asymptoten: $x = 2$ und $y = 1$.
Graph rechts

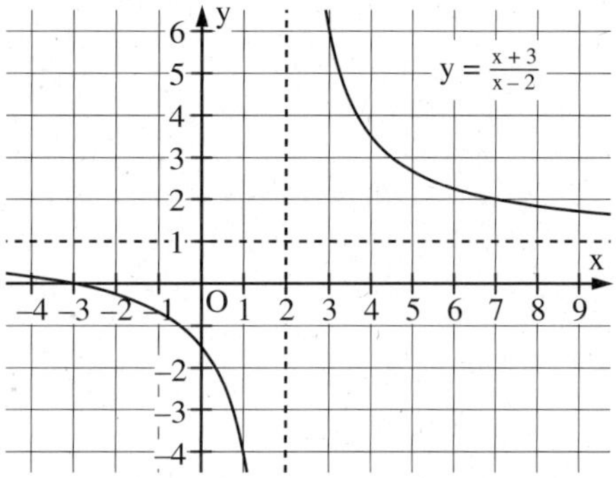

b) $f(x) = \frac{10}{x^2 + 1}$; $D_f = \mathbb{R}$;
Symmetrie zur y-Achse;
kein Schnittpunkt mit der x-Achse;
Schnittpunkt mit der y-Achse: $Y(0|10)$
Asymptote: $y = 0$

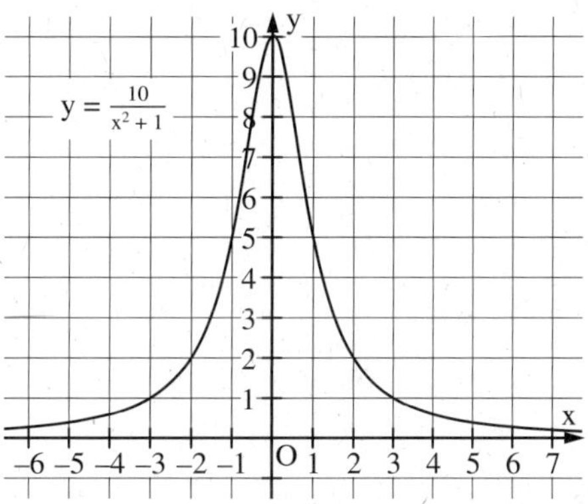

c) $f(x) = \frac{x^2 - 4}{x^2} = 1 - \frac{4}{x^2}$; $D_f = \mathbb{R} \setminus \{0\}$;
Symmetrie zur y-Achse;
Schnittpunkte mit der x-Achse:
$X_1(-2|0)$ und $X_2(2|0)$;
kein Schnittpunkt mit der y-Achse;
Asymptoten: $x = 0$ und $y = 1$

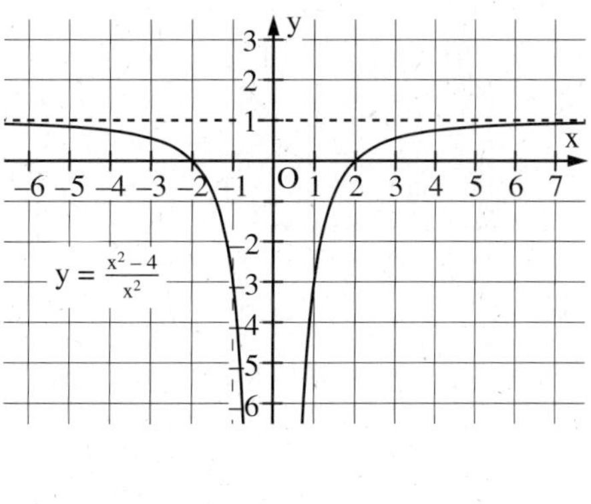

S. 177 **5** d) $f(x) = \frac{(x-1)(x-2)}{x-3}$; $D_f = \mathbb{R} \setminus \{3\}$;
keine Symmetrie zur y-Achse oder zum Ursprung;
Schnittpunkte mit der x-Achse: $X_1(1|0)$ und $X_2(2|0)$;
Schnittpunkt mit der y-Achse: $Y\left(0\middle|-\frac{2}{3}\right)$
Asymptote: $x = 3$

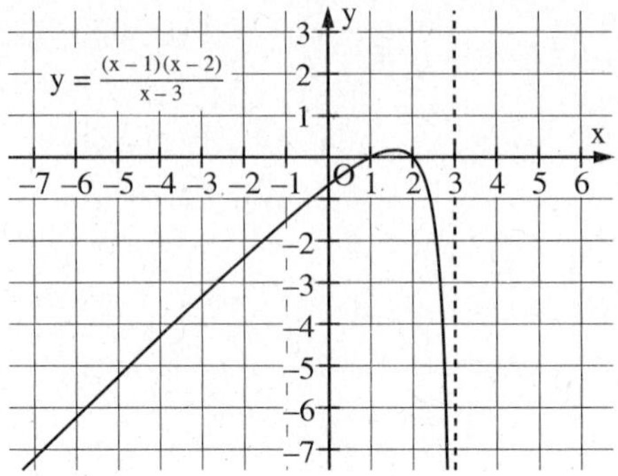

6 a) $f(x) = \frac{x-1}{x+1}$; $D_f = \mathbb{R} \setminus \{-1\}$;
keine Symmetrie zur y-Achse oder zum Ursprung;
Schnittpunkt mit der x-Achse: $X_1(1|0)$;
Schnittpunkt mit der y-Achse: $Y(0|-1)$
Asymptoten: $x = -1$ und $y = 1$
$f'(x) = \frac{2}{(x+1)^2}$; $f''(x) = \frac{-4}{(x+1)^3}$
Wegen $f'(x) > 0$ für alle $x \in D_f$ ist f streng monoton steigend und besitzt keine Extremwerte. Wegen $f''(x) \neq 0$ besitzt der Graph von f auch keine Wendepunkte.

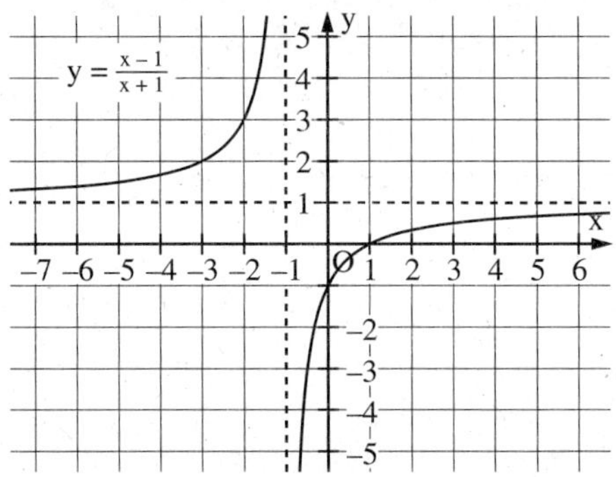

b) $f(x) = \frac{2-x}{x^2}$; $D_f = \mathbb{R} \setminus \{0\}$;
keine Symmetrie zur y-Achse oder zum Ursprung; Schnittpunkt mit der x-Achse $X(2|0)$; Asymptoten: $x = 0$; $y = 0$
Aus $f'(x) = 0$ ergibt sich $x_1 = 4$; wegen $f''(4) > 0$ liegt in $T\left(4\middle|-\frac{1}{8}\right)$ ein Tiefpunkt vor.
Aus $f''(x) = 0$ ergibt sich $x_2 = 6$; wegen $f'''(6) \neq 0$ ist der Wendepunkt $W\left(6\middle|-\frac{1}{9}\right)$.

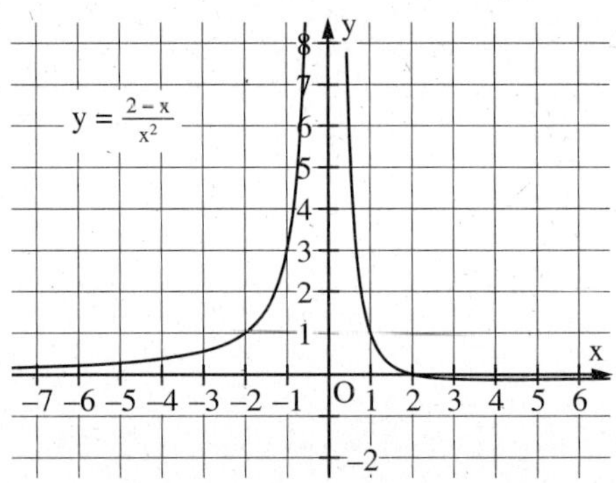

c) $f(x) = x + \frac{1}{x-1}$; $D_f = \mathbb{R} \setminus \{1\}$;
keine Symmetrie zur y-Achse oder zum Ursprung; kein Schnittpunkt mit der x-Achse; Schnittpunkt mit der y-Achse $Y(0|-1)$; Asymptoten: $x = 1$ (und $y = x$)
$f'(x) = 1 - \frac{1}{(x-1)^2} = \frac{x(x-2)}{(x-1)^2}$; $f''(x) = \frac{2}{(x-1)^3}$
Aus $f'(x) = 0$ ergibt sich $x_1 = 0$ und $x_2 = 2$; wegen $f''(0) = -2$ liegt in $H(0|-1)$ ein Hochpunkt vor; wegen $f''(2) = 2$ liegt in $T(2|3)$ ein Tiefpunkt vor;
wegen $f''(x) \neq 0$ besitzt der Graph von f keine Wendepunkte.

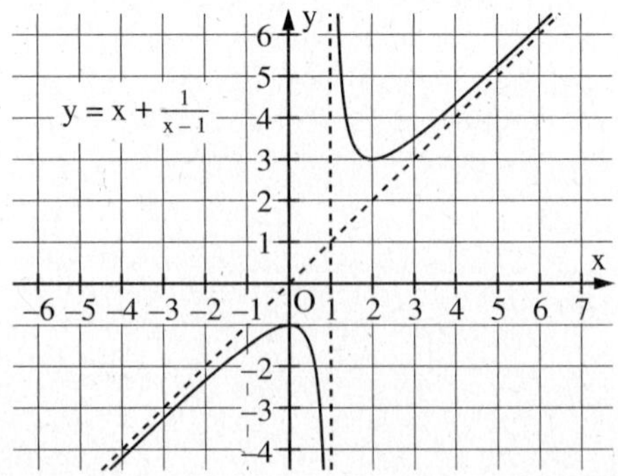

S. 177 **6** d) $f(x) = \frac{x+1}{(x-1)^2}$; $D_f = \mathbb{R} \setminus \{1\}$;
in $x_1 = 1$ Pol ohne VZW;
keine Symmetrie zu y-Achse oder zum Ursprung;
Schnittpunkt mit der x-Achse: $X_1(-1|0)$;
Schnittpunkt mit der y-Achse: $Y(0|1)$;
Asymptoten: $x = 1$ und $y = 0$;
$f'(x) = -\frac{x+3}{(x-1)^3}$; $f''(x) = \frac{2 \cdot (x+5)}{(x-1)^4}$.
Aus $f'(x) = 0$ ergibt sich $x_2 = -3$;
wegen $f''(-3) = \frac{1}{64}$ liegt in $T\left(-3 \middle| -\frac{1}{8}\right)$ ein Tiefpunkt vor.
Wegen $f''(-5) = 0$ und VZW beim Durchgang durch $x_3 = -5$ besitzt der Graph von f den Wendepunkt $W\left(-5 \middle| -\frac{1}{9}\right)$.

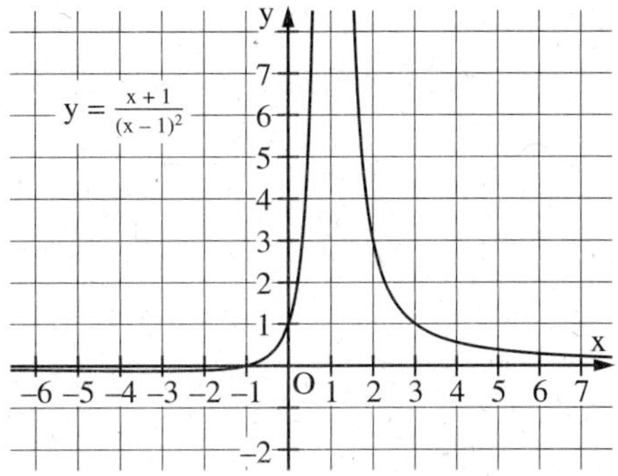

7 a) $f(x) = \sin(x-1) + 1$; Periode $p = 2\pi$
Graph der Sinusfunktion ist um 1 nach rechts und um 1 in positive y-Richtung verschoben;
Extrempunkte: $H\left(\frac{\pi}{2} + 1 \middle| 2\right)$; $T\left(\frac{3}{2}\pi + 1 \middle| 0\right)$;
Wendepunkte: $W_1(1|1)$; $W_2(\pi + 1|1)$

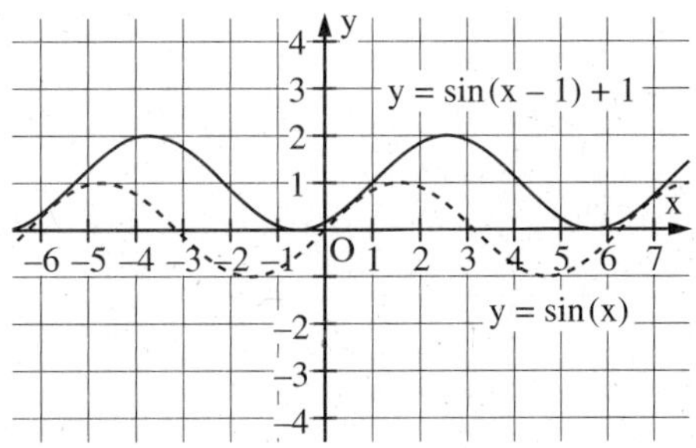

b) $f(x) = -\sin(2{,}5\,x)$; Periode $p = \frac{2\pi}{2{,}5} = \frac{4}{5}\pi$
Graph der Sinusfunktion ist in x-Richtung um $\frac{1}{2{,}5} = \frac{2}{5}$ gestaucht und anschließend an der x-Achse gespiegelt.
Extrempunkte: $H\left(\frac{3\pi}{2} \cdot \frac{2}{5} \middle| 1\right) = H\left(\frac{3\pi}{5} \middle| 1\right)$;
$T\left(\frac{\pi}{2} \cdot \frac{2}{5} \middle| -1\right) = T\left(\frac{\pi}{5} \middle| -1\right)$
Wendepunkte: $W_1(0|0)$; $W_2\left(\frac{2\pi}{5} \middle| 0\right)$

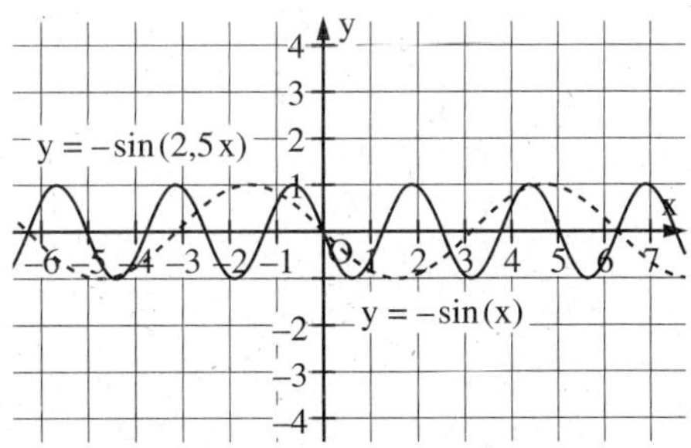

c) $f(x) = \sin(\pi x) + 2$; Periode $p = \frac{2\pi}{\pi} = 2$
Graph der Sinusfunktion ist in x-Richtung um $\frac{1}{\pi}$ gestaucht und anschließend um 2 Einheiten in y-Richtung verschoben.
Extrempunkte: $H\left(\frac{1}{2} \middle| 3\right)$; $T\left(\frac{3}{2} \middle| 1\right)$
Wendepunkte: $W_1(0|2)$; $W_2(1|2)$

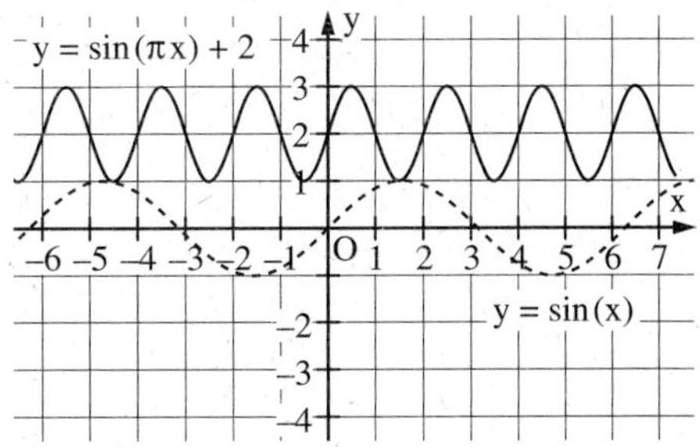

S. 177 **7** d) $f(t) = 3 \cdot \sin(0{,}5\,t)$; Periode $p = \frac{2\pi}{0{,}5} = 4\pi$
Graph der Sinusfunktion ist in t-Richtung um 2 und in y-Richtung um 3 gestreckt.
Extrempunkte: $H(\pi|3)$; $T(3\pi|-3)$
Wendepunkte: $W_1(0|0)$; $W_2(2\pi|0)$

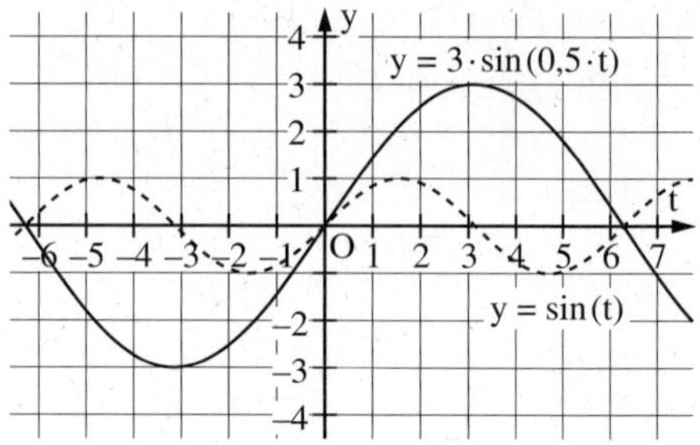

e) $f(t) = \sin(2t) + 3$;
Periode: $p = \frac{2\pi}{2} = \pi$
Graph der Sinusfunktion ist in x-Richtung um $\frac{1}{2}$ gestaucht und anschließend um 3 in positiver x-Richtung verschoben.
Extrempunkte: $H\left(\frac{\pi}{4}\middle|4\right)$; $T\left(\frac{3\pi}{4}\middle|2\right)$;
Wendepunkte: $W_1(0|3)$; $W_2\left(\frac{\pi}{2}\middle|3\right)$

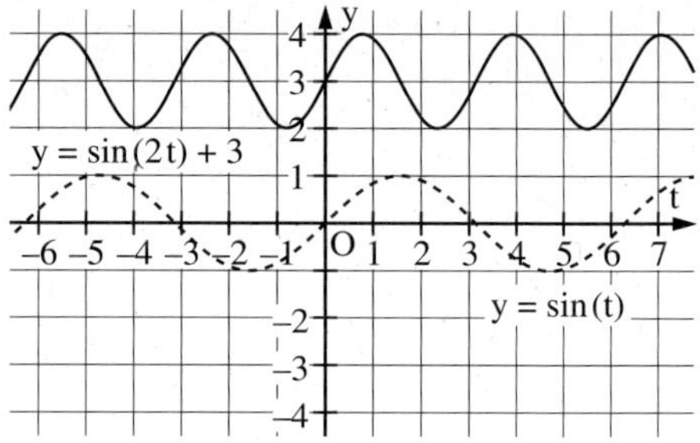

f) $f(x) = a \cdot \sin(bx)$;
Periode $p = \frac{2\pi}{b}$; $a, b > 0$.
Graph der Sinusfunktion ist in x-Richtung um $\frac{1}{b}$ und in y-Richtung um a gestreckt bzw. gestaucht.
Extrempunkte: $H\left(\frac{\pi}{2b}\middle|a\right)$; $T\left(\frac{3\pi}{2b}\middle|-a\right)$
Wendepunkte: $W_1(0|0)$; $W_2\left(\frac{\pi}{b}\middle|0\right)$

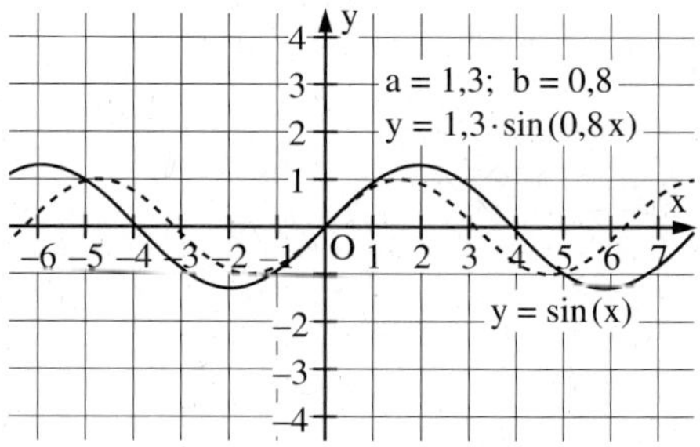

8 a) Gemeinsame Eigenschaften:
Definitionsmenge: $D = \mathbb{R} \setminus \{-1\}$;
Polstelle: $x_1 = -1$ (Pol mit VZW);
alle Graphen haben die gleichen Asymptoten: $x = -1$; $y = 0$;
alle Graphen sind punktsymmetrisch;
keine Nullstellen;
keine Extremstellen;
keine Wendestellen.

Unterschiede:
Schnittpunkte mit der y-Achse:
$S_f(0|1)$; $S_g(0|2)$; $S_h(0|3)$

b) Gemeinsame Eigenschaften:
Definitionsmenge $D = \mathbb{R} \setminus \{1\}$;
Polstelle $x_1 = 1$ (Pol mit VZW);
keine Wendestellen.
Alle Graphen sind punktsymmetrisch.
Unterschiede:
Verhalten für $x \to \pm\infty$:
$\lim\limits_{x \to \pm\infty} f(x) = 0$; $\lim\limits_{x \to \pm\infty} g(x) = 1$;
$\lim\limits_{x \to \pm\infty} (h(x) - (x + 1)) = 0$.

Nullstellen:
f hat keine Nullstellen
g und h haben die Nullstelle $x_1 = 0$
Extremstellen:
f und g haben keine Extremstellen
h hat die Extremstellen $x_1 = 0$ und $x_2 = 2$.

S. 177 **8** c) Gemeinsame Eigenschaften:
Polstelle $x_1 = 1$;
Verhalten für $x \to \pm\infty$:
$\lim\limits_{x\to\pm\infty} f(x) = \lim\limits_{x\to\pm\infty} g(x) = \lim\limits_{x\to\pm\infty} h(x) = 0$;
keine Nullstellen; keine Wendestellen.
Unterschiede:
Definitionsmenge:
$D_f = \mathbb{R}\setminus\{1\}$; $D_g = \mathbb{R}\setminus\{1\}$; $D_h = \mathbb{R}\setminus\{-1;\,1\}$;
Anzahl der Polstellen:
f, g haben $x_1 = 1$ als Polstelle,
h hat die Polstellen $x_1 = 1$ und $x_2 = -1$;
Extremstellen:
f, g haben keine Extremstellen, h hat die Extremstellen $x_3 = 0$. Der Graph von f ist punktsymmetrisch, die Graphen von g und h sind achsensymmetrisch.

d) Gemeinsame Eigenschaften:
Definitionsmenge: $D = \mathbb{R}\setminus\{0\}$
Polstelle: $x_1 = 0$; alle Graphen haben die gleiche senkrechte Asymptote $x = 0$.
Alle Graphen haben den gleichen Schnittpunkt mit der x-Achse: $N(-1\,|\,0)$.
Unterschiede:
Der Graph von f ist punktsymmetrisch; f und h haben je einen Pol mit VZW, g hat einen Pol ohne VZW; der Graph von f hat die waagerechte Asymptote $y = 1$, die Graphen von g und h haben die waagerechte Asymptote $y = 0$; f hat weder Extrem- noch Wendestellen; g und h haben je eine Extrem- und eine Wendestelle.

9 a) Achsensymmetrie zur y-Achse;
Asymptoten: $x = 0$; $y = 0$;
vgl. Figur
b) $g(x) = -\frac{1}{4}x^2 + 2$
c) $y = -x + 3$
d) $Q(-1\,|\,4)$

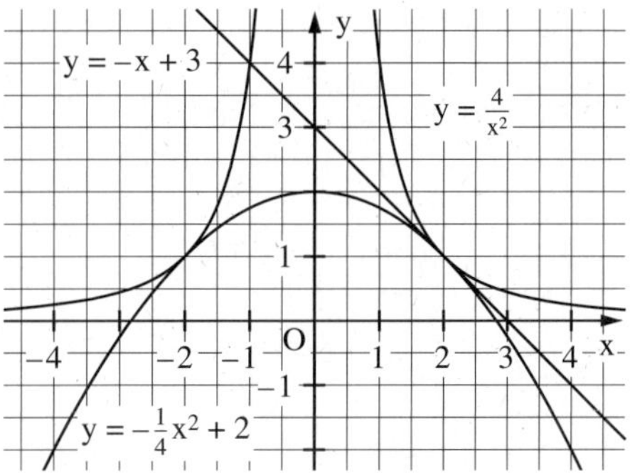

S. 178 **10** a) $f(x) = \frac{2}{x^2+1}$; $D_f = \mathbb{R}$;
Achsensymmetrie zur y-Achse;
Asymptote $y = 0$ für $|x| \to \infty$;
keine Nullstellen; Hochpunkt $H(0\,|\,2)$;
2 Wendepunkte.
b) $f'(x) = -\frac{4x}{(x^2+1)^2}$; $f'(-1) = 1$; also
Tangentengleichung: $y - 1 = x + 1$ oder $y = x + 2$.

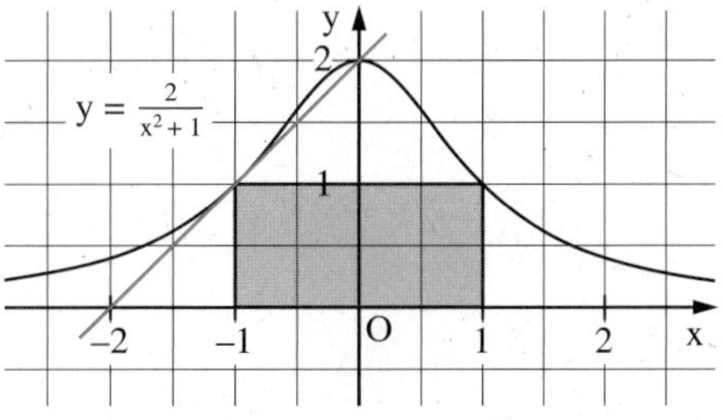

c) $Q\left(u\,\middle|\,\frac{2}{u^2+1}\right)$ mit $u > 0$: Mit $A = 2u\cdot v$ ergibt sich
$A(u) = 2u\cdot\frac{2}{u^2+1} = \frac{4u}{u^2+1}$; $A'(u) = -\frac{4(u^2-1)}{(u^2+1)^2}$.
$A'(u) = 0$ ergibt $u_1 = 1$. Da $A'(u)$ beim Durchgang durch 1 einen Vorzeichenwechsel von + nach – erfährt, liegt für $u_1 = 1$ ein Maximum vor.

S. 178 ***11*** a) Periode $p = 4$; $f(122) = f(122 - 4 \cdot n) = f(2) = 0$
b) (Druckfehler in der 1. Auflage des Schülerbuchs)
Periode $p = 6$; $f(122) = f(122 - 6 \cdot n) = f(2) = 1$
c) Periode $p = 4$; $f(122) = f(122 - 4 \cdot n) = f(2) = -2$

12 a) $f(x) = \frac{x^3+1}{x^2} = x + \frac{1}{x^2}$; $D_f = \mathbb{R} \setminus \{0\}$
Polstelle ohne VZW bei $x = 0$
Asymptote: $x = 0$
Schnittpunkt mit der x-Achse: $X(-1|0)$
Der Graph geht für $x \to -\infty$ gegen $-\infty$
und für $x \to +\infty$ gegen $+\infty$.

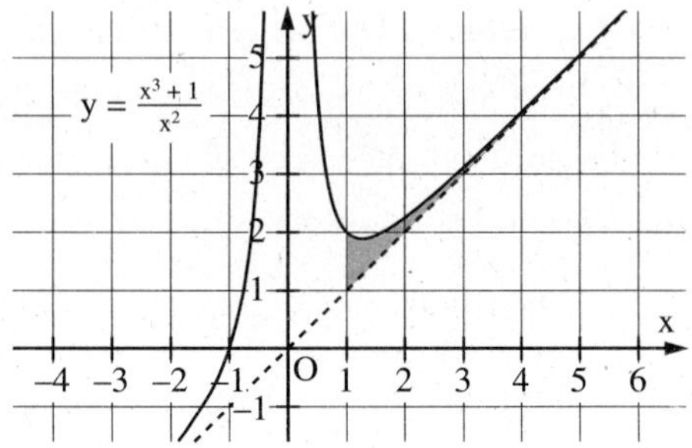

b) Da für große $|x|$ der Term $\frac{1}{x^2}$ keinen nennenswerten Anteil am Funktionswert von $f(x)$ besitzt, kann man f durch g mit $g(x) = x$ annähern.
$|f(10) - g(10)| = 0{,}01$; $|f(100) - g(100)| = 0{,}0001$; $|f(1000) - g(1000)| = 0{,}000001 = 10^{-6}$
c) $A(k) = \int_1^k \left(x + \frac{1}{x^2} - x\right)dx = \int_1^k \frac{1}{x^2}dx = \left[-\frac{1}{x}\right]_1^k = -\frac{1}{k} + 1.$ $\lim\limits_{x \to \infty} A(k) = 1.$
Die „ins Unendliche" reichende Fläche zwischen den Graphen von f und g hat den Inhalt 1.

13 a) $f(x) = \frac{x^2-1}{x} = x - \frac{1}{x}$; $D = \mathbb{R} \setminus \{0\}$
Graph rechts

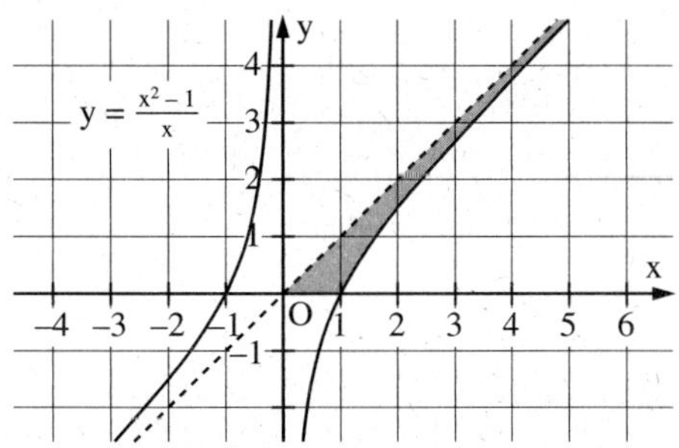

b) Da für große $|x|$ der Term $\frac{1}{x}$ keinen nennenswerten Anteil am Funktionswert von $f(x)$ besitzt, kann man f durch g mit $g(x) = x$ annähern.
c) $A(k) = \frac{1}{2} + \int_1^k \left(x - \frac{1}{x} - x\right)dx =$
$\frac{1}{2} + \int_1^k \frac{1}{x}dx = \frac{1}{2} + [\ln(|x|)]_1^k = \ln(k).$
$\lim\limits_{x \to \infty} A(k)$ existiert nicht, da $\ln(k)$ über alle Grenzen wächst mit $k \to \infty$.
Die „ins Unendliche" reichende Fläche zwischen den Graphen von f und g hat keinen endlichen Inhalt.

14 a) wahr, da wegen $f(x+p) = f(x)$ auch $c \cdot f(x+p) = c \cdot f(x)$ ist.
b) falsch, da aus $f(x+p) = f(x)$ folgt $(x+p) \cdot f(x+p) = (x+p) \cdot f(x) \neq x \cdot f(x)$.
c) wahr, da wegen $f(x+p) = f(x)$ auch $g(x+p) = \frac{1}{f(x+p)} = \frac{1}{f(x)} = g(x)$ ist.
d) wahr, da sich aus $f'(x_0) = 0$ und $f''(x_0) \neq 0$ für $g(x) = \frac{1}{f(x)}$ $(f(x_0) \neq 0)$ ergibt:
$g'(x_0) = -(f(x_0))^{-2} \cdot f'(x_0) = -\frac{f'(x_0)}{(f(x_0))^2} = 0$ und
$g''(x_0) = -\frac{(f(x_0))^2 \cdot f''(x_0) - 2 \cdot f(x_0) \cdot f'(x_0) \cdot f'(x_0)}{(f(x_0))^4} = -\frac{f''(x_0)}{(f(x_0))^2} \neq 0.$

S. 178 **14** e) wahr, da sich aus $f'(x_0) = 0$; $f''(x_0) = 0$ und $f'''(x_0) \neq 0$ für $g(x) = \frac{1}{f(x)}$ $(f(x_0) \neq 0)$ ergibt:

$g'(x_0) = -(f(x_0))^{-2} \cdot f'(x_0) = -\frac{f'(x_0)}{(f(x_0))^2}$; $g''(x) = -\frac{f''(x_0)}{(f(x_0))^2} = 0$ und

$g'''(x_0) = -\frac{(f(x_0))^2 \cdot f'''(x_0) - 2 \cdot f'(x_0) \cdot f'(x_0) \cdot f''(x_0)}{(f(x_0))^4} = -\frac{f'''(x_0)}{(f(x_0))^2} \neq 0$

15 a) Temperatur um 14.00 Uhr: $T(6) = 5{,}2$; also 5,2°.
$T(x) = -2$ ergibt etwa $x_1 \approx -1{,}5$; also 6.30 Uhr und $x_2 \approx 13{,}5$; also 21.30 Uhr.
$T(x) < 0$ bis 8.00 Uhr und ab 20.00 Uhr.
b) Im 1. Wendepunkt des Graphen stieg die Temperatur am stärksten, also in $W(0|0)$, also um 8.00 Uhr; am stärksten fiel sie um 20.00 Uhr.
c) Die Durchschnittstemperatur an diesem Tag betrug 0 °C, da die Flächen oberhalb und unterhalb der x-Achse gleich groß sind.
d) Man muss den Graphen um 8 Einheiten nach rechts verschieben:
$S(x) = 5{,}2 \cdot \sin\left(\frac{1}{12}\pi \cdot (x - 8)\right)$.

S. 179 **16** a) $A = u \cdot v$ mit $2u + 2v = 40$; also $v = 20 - u$; $A(u) = u \cdot (20 - u) = 20u - u^2$.
$A'(u) = 20 - 2u$; $A''(u) = -2$. Maximaler Inhalt für $u = 10$. Damit sind die Seiten des Rechtecks je 10 m lang; es liegt also ein Quadrat vor.
b) $u_{Kreis} = 2\pi \cdot r$; also wegen $u = 40$ und $u = u_{Kreis}$ erhält man $r = \frac{20}{\pi} \approx 6{,}366$ und damit den Inhalt $A_{Kreis} = \left(\frac{20}{\pi}\right)^2 \cdot \pi = \frac{400}{\pi} \approx 127{,}3$.
c) Die Kreisfläche ist damit um etwas mehr als 27 % größer als die Quadratfläche bei gleichem Umfang.

17 $d(t) = \frac{62 - 2t}{t + 1}$; Polynomdivision ergbt $d(t) = -2 + \frac{64}{t + 1}$. Es ist der Zeitpunkt zu bestimmen, zu dem kein Wasser mehr fließt: $d(t) = 0$ ergibt $2t + 2 = 64$; also $t = 31$.
Abgeflossene Wassermenge in Liter:

$W = \int_1^{31}\left(-2 + \frac{64}{t + 1}\right)dt = [-2t + 64 \cdot \ln(t + 1)]_1^{31} = -60 + 64 \cdot (\ln(32) - \ln(2))$
$= -60 + 64 \cdot \ln(16) \approx 117{,}5$.

18 a) Ganzrationale Funktion 3. Grades, da zwei Extremstellen und eine Nullstelle vorliegen und auch das Verhalten für große $|x|$ dem einer ganzrationalen Funktion entspricht.
b) Trigonometrische Funktion: Sinusfunktion mit Periode 2, verschoben um 2 Einheiten in y-Richtung.
c) Gebrochenrationale Funktion mit Polstelle 2.
d) Entweder gebrochenrationale Funktion, etwa f mit $f(x) = \frac{4}{x^2 + 1}$, oder Exponentialfunktion, etwa g mit $g(x) = 4 \cdot e^{-kx^2}$ mit $k > 0$.
e) Exponentialfunktion, etwa f mit $f(x) = e^{-x}$, da sie für $x < 0$ positiv ist und sich der Null annähert für $x \to \infty$.
f) Ganzrationale Funktion wegen des Verhaltens für große $|x|$, keine Periode, keinen Pol, kein asymptotisches Verhalten.

S. 179 **19** (a) $y = \cos\left(\frac{1}{2}x\right)$ (b) $y = 2 \cdot \sin\left(\frac{1}{2}x\right)$ (c) $y = \cos\left(\frac{\pi}{2}x\right)$

(d) $y = -\frac{\pi}{2} \cdot \sin\left(\frac{\pi}{2}x\right)$ (e) $y = \sin(2x) + 1$

(f) $y = 2 \cdot \cos(2x)$ (Fehler in der 1. Auflage des Schülerbuches: Der Graph muss um $\frac{\pi}{4}$ nach rechts verschoben werden.)

Damit ist (a) der Graph der Ableitungsfunktion von (b), (d) der Graph der Ableitungsfunktion von (c) und (f) der Graph der Ableitungsfunktion von (e).

VI Gebrochenrationale und trigonometrische Funktionen – Vertiefungen

1 Hebbare Lücken, schiefe Asymptoten, Näherungsfunktionen

S. 182 **1** a) Es ist $D_f = \mathbb{R}$ und $D_g = \mathbb{R} \setminus \{2\}$. In D_g sind beide Funktionen gleich, damit sind beide Graphen identisch außer an der Stelle $x_0 = 2$. Dort hat der Graph von f den Wert 3, während der Graph von g keinen Funktionswert annimmt.
b) Es ist $D_f = \mathbb{R}$ und $D_g = \mathbb{R} \setminus \{-2\}$. In D_g sind beide Funktionen gleich, damit sind beide Graphen identisch außer an der Stelle $x_0 = -2$. Dort hat der Graph von f den Wert 4, während der Graph von g keinen Funktionswert annimmt.

2 a) $f(x) = g(x)$, da gilt: $g(x) = x + 1 + \frac{2}{x-1} = \frac{(x+1)\cdot(x-1)}{x-1} + \frac{2}{x-1} = \frac{x^2-1+2}{x-1} = \frac{x^2+1}{x-1} = f(x)$.
b) Polynomdivision ergibt:

$$\begin{array}{l} (x^2 + 1) : (x - 1) = x + 1 + \frac{2}{x-1} \\ \underline{-(x^2 - x)} \\ \quad\quad x + 1 \\ \quad \underline{-(x - 1)} \\ \quad\quad\; +2 \end{array}$$

S. 184 **3** a) $g(x) = \frac{(x^2+1)\cdot(x+2)}{x+2} = \frac{x^3+2x^2+x+2}{x+2}$
b) $g(x) = \frac{(x^2+1)\cdot(x-1)\cdot(x+1)}{(x-1)\cdot(x+1)} = \frac{(x^2+1)\cdot(x^2-1)}{x^2-1} = \frac{x^4-1}{x^2-1}$
c) $g(x) = \frac{(x^2+1)\cdot x\cdot(x-3)}{x\cdot(x-3)} = \frac{(x^2+1)\cdot(x^2-3x)}{x^2-3x} = \frac{x^4-3x^3+x^2-3x}{x^2-3x}$
d) $g(x) = \frac{(x^2+1)\cdot(x-2)\cdot(x-3)\cdot(x-4)}{(x-2)\cdot(x-3)\cdot(x-4)}$

4 a) $f(x) = \frac{x-1}{x-1}$; in $x_0 = 1$ hebbare Definitionslücke; hebbar durch $f(1) = 1$.
b) $f(x) = \frac{(x-1)^2}{x-1}$; in $x_0 = 1$ hebbare Definitionslücke; hebbar durch $f(1) = 0$.
c) $f(x) = \frac{x(x-1)}{x}$; in $x_0 = 0$ hebbare Definitionslücke; hebbar durch $f(0) = -1$.
d) $f(x) = \frac{x^2(x-1)}{x-1}$; in $x_0 = 1$ hebbare Definitionslücke; hebbar durch $f(1) = 1$.

5 a) $f(x) = \frac{3x-3}{x-1} = \frac{3(x-1)}{x-1}$; hebbare Definitionslücke: $x_1 = 1$; $\lim\limits_{x\to 1} f(x) = 3$
Schnittpunkt mit der y-Achse: $S(0|3)$
b) $f(x) = \frac{x^2+x}{x+1} = \frac{x(x+1)}{x+1}$; hebbare Definitionslücke: $x_1 = -1$; $\lim\limits_{x\to -1} f(x) = -1$
Nullstelle: $x_2 = 0$; $N(0|0)$
c) $f(x) = \frac{x^2-9}{x-3} = \frac{(x+3)(x-3)}{x-3}$; hebbare Definitionslücke: $x_1 = 3$; $\lim\limits_{x\to 3} f(x) = 6$
Nullstelle: $x_2 = -3$; $N(-3|0)$; Schnittpunkt mit der y-Achse: $S(0|3)$
d) $f(x) = \frac{x^2-2x-15}{x-5} = \frac{(x-5)(x+3)}{x-5}$; hebbare Definitionslücke: $x_1 = 5$; $\lim\limits_{x\to 5} f(x) = 8$
Nullstelle: $x_2 = -3$; $N(-3|0)$; Schnittpunkt mit der y-Achse: $S(0|3)$

S. 184 **5** e) $f(x) = \frac{0{,}5x^2 + 2x - 6}{x - 2} = \frac{0{,}5(x - 2)(x + 6)}{x - 2}$; hebbare Definitionslücke: $x_1 = 2$; $\lim\limits_{x \to 2} f(x) = 4$
Nullstelle: $x_2 = -6$; $N(-6|0)$; Schnittpunkt mit der y-Achse: $S(0|3)$

f) $f(x) = \frac{x^2 - 2x - 3}{x^2 - 1} = \frac{(x - 3)(x + 1)}{(x - 1)(x + 1)}$; hebbare Definitionslücke: $x_1 = -1$; $\lim\limits_{x \to -1} f(x) = 2$
Nullstelle: $x_2 = 3$; $N(3|0)$
Polstelle: $x_3 = 1$; $x = 1$; für $x \to 1$ gilt: $|f(x)| \to +\infty$; Polstelle mit VZW
Schnittpunkt mit der y-Achse: $S(0|3)$

g) $f(x) = \frac{x + 4}{x^2 + 3x - 4} = \frac{x + 4}{(x + 4)(x - 1)}$; hebbare Definitionslücke: $x_1 = -4$; $\lim\limits_{x \to -4} f(x) = -\frac{1}{5}$
Nullstelle: keine
Polstelle: $x_2 = 1$; $x = 1$; für $x \to 1$ gilt: $|f(x)| \to +\infty$; Polstelle mit VZW
Schnittpunkt mit der y-Achse: $S(0|-1)$

h) Nullstellen: $x_1 = -\frac{5}{2} - \frac{1}{2}\sqrt{17}$; $x_2 = -\frac{5}{2} + \frac{1}{2}\sqrt{17}$;
$N_1\left(-\frac{5}{2} - \frac{1}{2}\sqrt{17}\,\middle|\,0\right) \approx N_1(-4{,}56|0)$; $N_2\left(-\frac{5}{2} + \frac{1}{2}\sqrt{17}\,\middle|\,0\right) \approx N_1(-0{,}44|0)$
Polstelle: $x_3 = -1$; $x = -1$; für $x \to -1$ gilt: $f(x) \to +\infty$; Polstelle ohne VZW
Schnittpunkt mit der y-Achse: $S(0|2)$

6 Der Graph (1) gehört zur Funktion a), da $f(0) = 0$ ist; zudem ist $x = 1$ senkrechte Asymptote. Da nach Polynomdivision $f(x) = \frac{x^2}{4} + \frac{1}{4} + \frac{1}{4(x - 1)}$ ist, ist die Parabel mit der Gleichung $y = \frac{x^2}{4} + \frac{1}{4}$ Näherungskurve für große $|x|$. Damit ist (1) auch der Graph der Funktion zu a) identischen Funktion e).
Der Graph (2) kann wegen der senkrechten Asymptote $x = 3$ nur zu Funktion d) gehören; zudem liegen zwei Nullstellen vor bei $x_1 = 1$ und $x_2 = 2$.
Der Graph (3) gehört zu Funktion c), da der Graph die Asymptoten $x = -2$ und $y = 1$ und die Nullstelle $x_1 = 0$ besitzt.

7 a) wahr
b) falsch; z. B. hat die Funktion f mit $f(x) = \frac{x - 1}{(x - 1)^2}$ an der Stelle $x_1 = 1$ eine Polstelle.

8

a) $x = 0$; $y = x$	b) $x = 0$; $y = \frac{1}{2}x + 1$	c) $x = -1$; $y = 2x$
d) $x = 0$; $y = \frac{1}{2}x$	e) $x = 0$; $y = \frac{1}{2}x - 1$	f) $x = 1$; $y = x + 1$
g) $x = -1$; $y = x - 2$	h) $x = -1$; $y = -2x + 2$	

Randspalte: Der Graph von f schneidet die Asymptote mit der Gleichung $y = 1$ im Punkt $P(1|1)$. Die angegebene Aussage stimmt also so nicht. Mithilfe von Asymptoten wird das Verhalten eines Graphen für $|x| \to \infty$ beschrieben.

9 a) $y = x^2$ b) $y = 2x^2$ c) $y = x^2 + 1$ d) $y = x^2 - 2x + 8$

10 a) $f(x) = \frac{x^2 - 1}{x}$ b) $f(x) = \frac{-x^2 + 1}{x}$ c) $f(x) = \frac{1}{2}x + \frac{1}{x - 2}$ d) $f(x) = 2x + 1 + \frac{1}{x - 1}$

S. 184 **11** Vermutung:
Senkrechte Asymptote: $x = t;\ t \in \mathbb{R} \setminus \{0\}$
Schiefe Asymptote: $y = 2x - 1;\ t \in \mathbb{R} \setminus \{0\}$
Beweis:
Polynomdivision ergibt:
$f_t(x) = 2x - 1 - \frac{t}{x-t}$;
hieraus folgen die Gleichungen für die Asymptoten:
$x = t;\ t \in \mathbb{R} \setminus \{0\}$
$y = 2x - 1;\ t \in \mathbb{R} \setminus \{0\}$

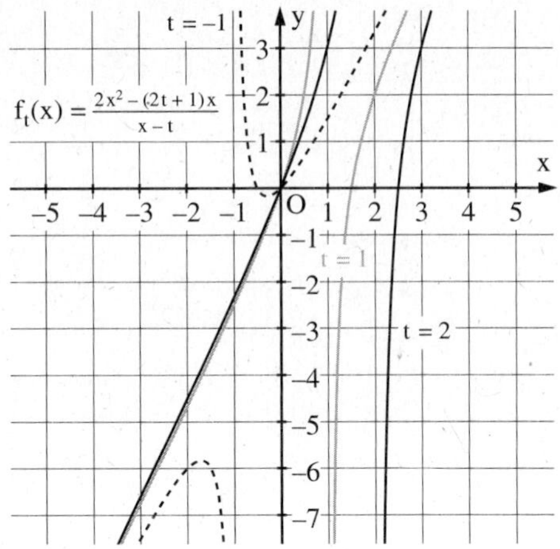

2 *Funktionsuntersuchungen gebrochenrationaler Funktionen*

S. 185 **1** Es kommen hinzu die Untersuchung auf hebbare Lücken und auf Näherungsfunktionen für $|x|$.

2 (1) Man gibt die Funktionen einzeln ein und zeichnet gleichzeitig ihre Graphen.
(2) Man gibt die Werte für den Parameter in einer Liste ein und gibt anschließend die Funktion ein, wobei t durch L_1 zu ersetzen ist (Fig. 1; Fig. 2).
(3) Man gibt die Funktion mit Parameter mehrmals ein (Fig. 3) und belegt anschließend die Parameter mit verschiedenen Werten. Auf diese Weise erreicht man eine große Flexibilität.

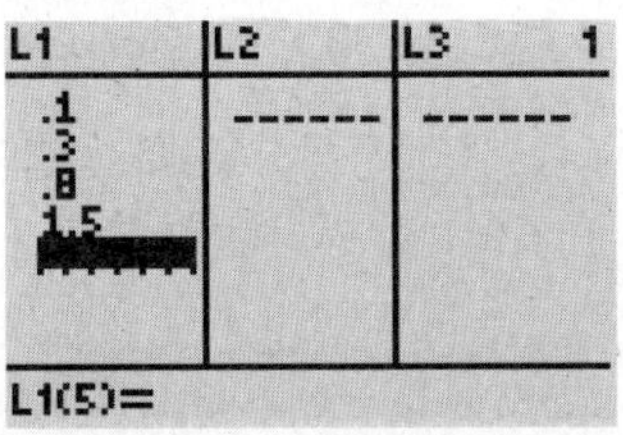

Fig. 1

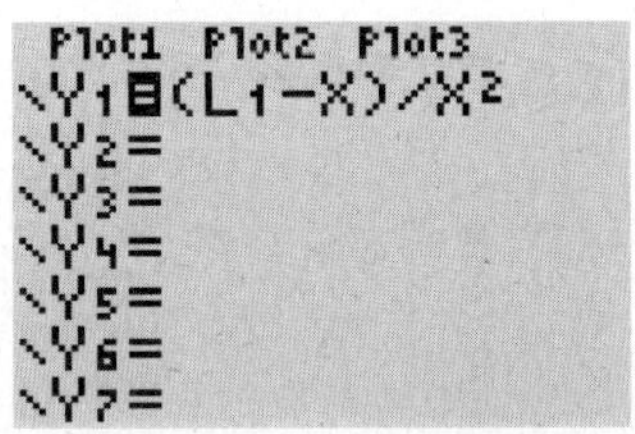

Fig. 2

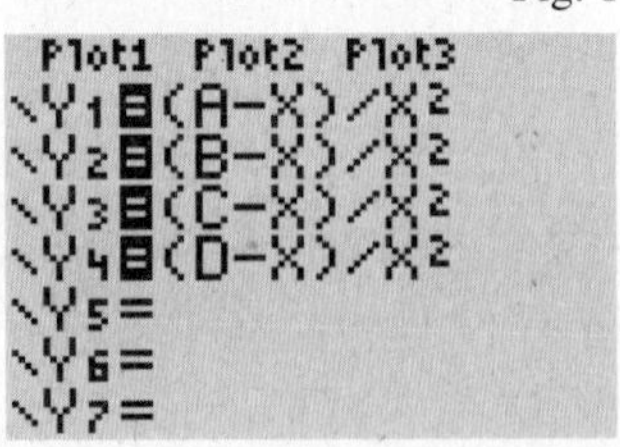

Fig. 3

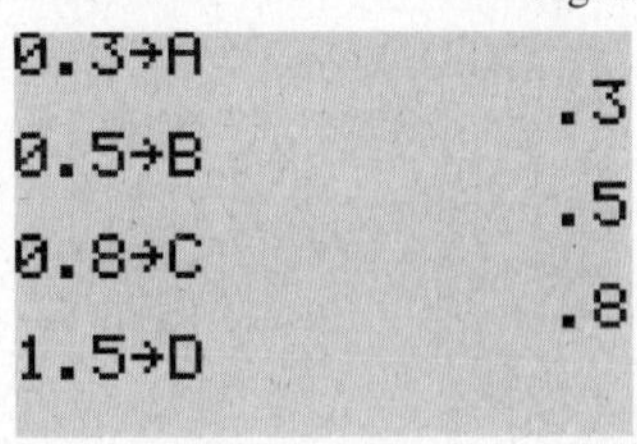

Fig. 4

S. 187 **3** a) Die Figur rechts zeigt den Graphen von $f(x) = \frac{2 - x^2}{x^2 - 9}$.

b) $D_f = \mathbb{R} \setminus \{-3; 3\}$.
Da $f(-x) = \frac{2 - (-x)^2}{(-x)^2 - 9} = \frac{2 - x^2}{x^2 - 9} = f(x)$, ist der Graph achsensymmetrisch zur y-Achse.
Polstellen mit VZW sind $x_0 = -3$ und $x_1 = 3$.
Nullstellen sind $x_2 = -\sqrt{2}$ und $x_3 = \sqrt{2}$.
Asymptoten sind die Geraden mit den Gleichungen $x = -\sqrt{2}$; $x = \sqrt{2}$ und $y = -1$.

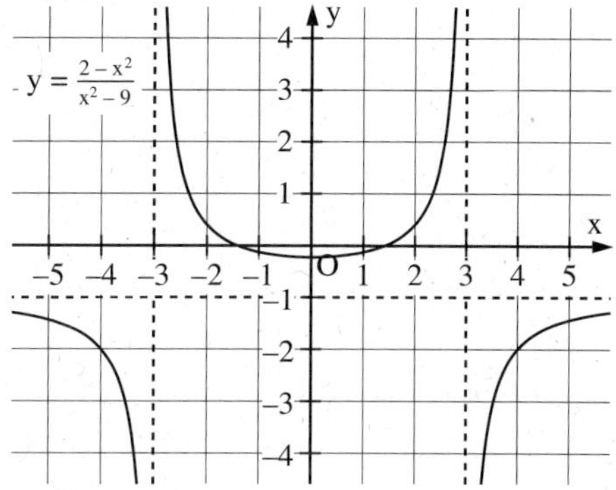

c) $f'(x) = \frac{(x^2 - 9)\cdot(-2x) - 2x\cdot(2 - x^2)}{(x^2 - 9)^2} = \frac{-2x^3 + 18x - 4x + 2x^3}{(x^2 - 9)^2} = \frac{14x}{(x^2 - 9)^2}$;

$f''(x) = \frac{(x^2 - 9)^2\cdot 14 - 14x\cdot 4x(x^2 - 9)}{(x^2 - 9)^4} = 14\cdot\frac{x^2 - 9 - 4x^2}{(x^2 - 9)^3} = -42\cdot\frac{x^2 + 3}{(x^2 - 9)^3}$.

$f'(x) = 0$ für $x_0 = 0$; $f''(0) = 0$ für $x_0 = 0$; $f''(0) > 0$; also $T\left(0\,\middle|\,-\frac{2}{9}\right)$. Damit ist $-\frac{2}{9}$ ein relativer Extremwert. Absolute Extremwerte besitzt f nicht.

d) Wegen $f''(x) \neq 0$ für alle $x \in D_f$ gibt es keine Wendestellen.

4 a) $f(x) = \frac{x}{x - 1}$; $D_f = \mathbb{R} \setminus \{1\}$.
Graph rechts
Keine Symmetrie; Polstelle mit VZW ist $x_0 = 1$; Nullstelle ist $x_1 = 0$; Asymptoten sind die Geraden mit den Gleichungen $x = 1$ und $y = 1$.
$f'(x) = \frac{x - 1 - x}{(x - 1)^2} = \frac{-1}{(x - 1)^2} < 0$ für alle $x \in D_f$, damit ist f in ganz D_f streng monoton fallend und besitzt keine Extremwerte.

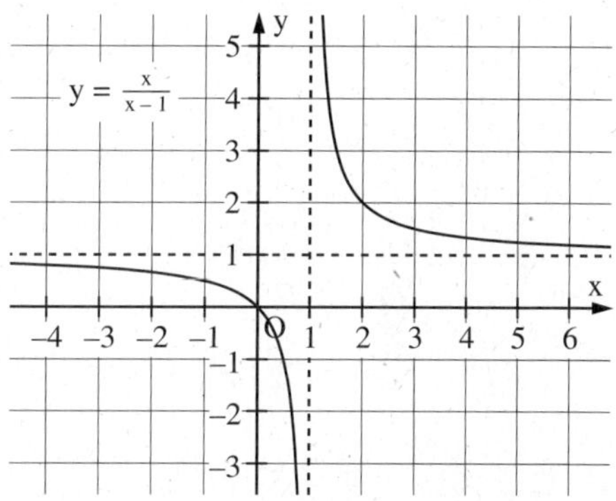

b) $f(x) = \frac{2x + 1}{x - 2}$; $D_f = \mathbb{R} \setminus \{2\}$.
Graph rechts
Keine Symmetrie; Polstelle mit VZW ist $x_0 = 2$; Nullstelle ist $x_1 = -0{,}5$; Asymptoten sind die Geraden mit den Gleichungen $x = 2$ und $y = 2$.
$f'(x) = \frac{(x - 2)\cdot 2 - (2x + 1)}{(x - 2)^2} = -\frac{5}{(x - 2)^2} < 0$;
damit ist f streng monoton fallend in D_f.

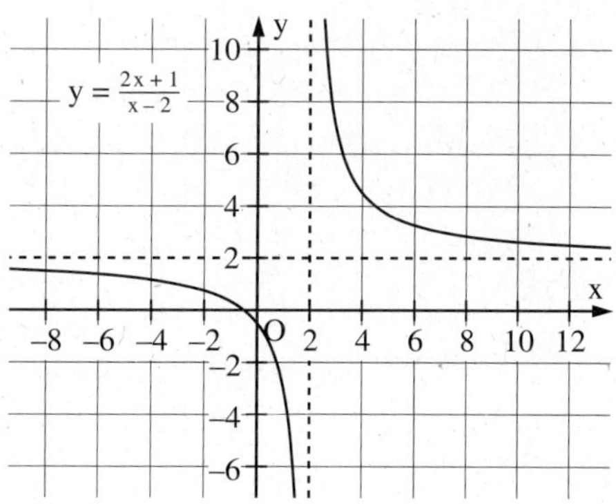

S. 187 **4** c) $f(x) = \frac{x^2 + 2x + 5}{2(x + 1)}$; $D_f = \mathbb{R} \setminus \{-1\}$.
Graph rechts

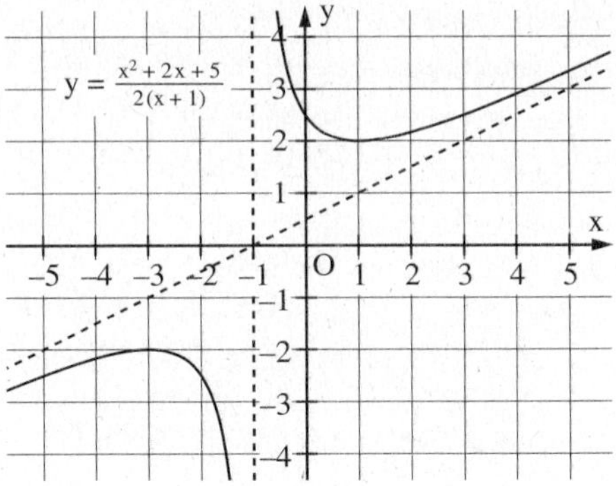

Keine Symmetrie; Polstelle mit VZW ist $x_0 = -1$; keine Nullstelle; senkrechte Asymptote ist die Gerade mit der Gleichung $x = -1$.
Polynomdivision ergibt:
$f(x) = \frac{x}{2} + \frac{1}{2} + \frac{2}{x + 1}$; damit ist die Gerade mit der Gleichung $y = 0{,}5x + 0{,}5$ Asymptote für $|x| \to \infty$.
$f'(x) = \frac{1}{2} - \frac{2}{(x + 1)^2}$; $f''(x) = \frac{4}{(x + 1)^3}$.
Aus $f'(x) = 0$ erhält man $(x + 1)^2 = 4$; also $x_1 = -3$; $x_2 = 1$. Wegen $f''(-3) < 0$ ist $f(-3) = -2$ relatives Maximum der Funktion und wegen $f''(1) > 0$ ist $f(1) = 2$ relatives Minimum der Funktion.

d) $f(x) = \frac{x^2 - 4}{x^2 + 1}$; $D_f = \mathbb{R}$. Graph rechts

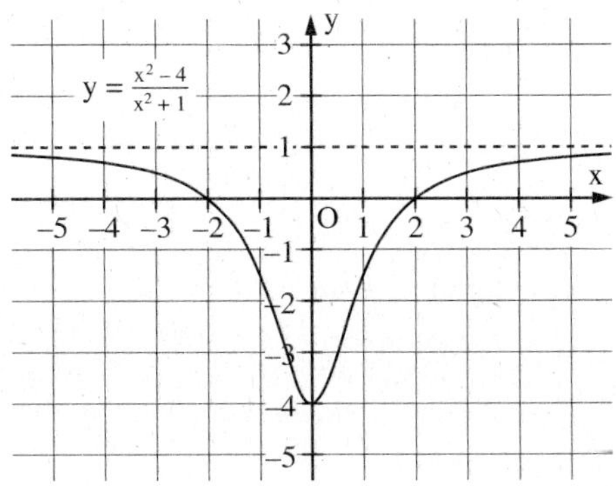

Wegen $f(-x) = f(x)$ Symmetrie zur y-Achse; keine Polstelle; Nullstellen sind $x_0 = -2$ und $x_1 = 2$. Asymptote $y = 1$ für $|x| \to \infty$.
$f'(x) = \frac{(x^2 + 1) \cdot 2x - (x^2 - 4) \cdot 2x}{(x^2 + 1)^2} = \frac{10x}{(x^2 + 1)^2}$;
$f''(x) = 10 \cdot \frac{(x^2 + 1)^2 - x \cdot 4x \cdot (x^2 + 1)}{(x^2 + 1)^4} = 10 \cdot \frac{1 - 3x^2}{(x^2 + 1)^3}$
$f'''(x) = 120 \cdot \frac{x^3 - x}{(x^2 + 1)^4}$
Aus $f''(x) = 0$ ergibt sich $x_2 = -\frac{1}{\sqrt{3}}$ und $x_3 = \frac{1}{\sqrt{3}}$. Wegen $f'''\left(\frac{1}{\sqrt{3}}\right) \neq 0$ und der Symmetrie zur y-Achse sind $W_1\left(-\frac{1}{\sqrt{3}} \middle| -\frac{11}{4}\right)$ und $W_2\left(\frac{1}{\sqrt{3}} \middle| -\frac{11}{4}\right)$ Wendepunkte.

5 a) $f(x) = \frac{8}{4 - x^2}$; $D_f = \mathbb{R} \setminus \{-2; 2\}$; Graph unten Fig. 1. Symmetrie zur y-Achse; Polstellen $x_0 = -2$; $x_1 = 2$. Gleichungen der Asymptoten $x = -2$; $x = 2$; $y = 0$. Tiefpunkt $T(0|2)$. Da der Graph von f'' keine Nullstelle besitzt (Fig. 2 und Fig. 3), liegt kein Wendepunkt vor.

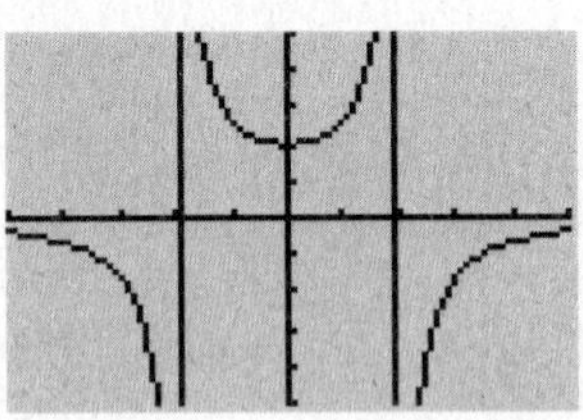
Fig. 1

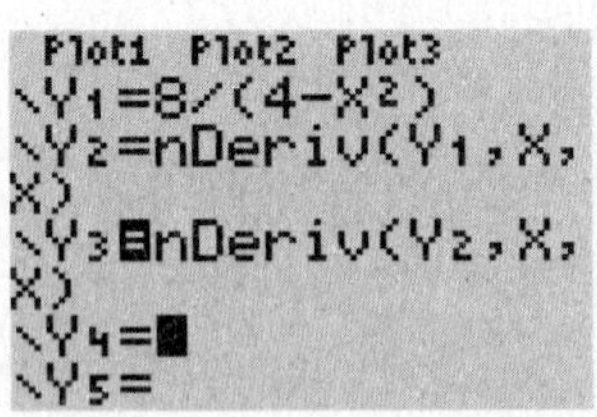

Fig. 2

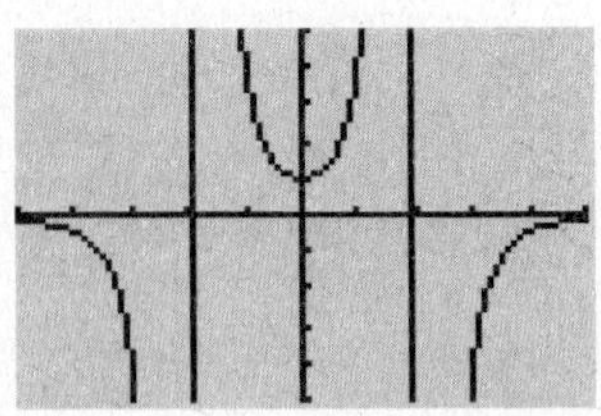
Fig. 3

S. 187 **5** b) $f(x) = \frac{4 + x^2}{x^2 - 9}$; $D_f = \mathbb{R} \setminus \{-3; 3\}$; Graph unten Fig. 1. Symmetrie zur y-Achse; Polstellen $x_0 = -3$; $x_1 = 3$; keine Nullstellen; Gleichungen der Asymptoten $x = -3$; $x = 3$; $y = 1$. Hochpunkt $H(0|-0{,}444)$. Da der Graph von f″ keine Nullstelle besitzt (Fig. 2), liegt kein Wendepunkt vor.

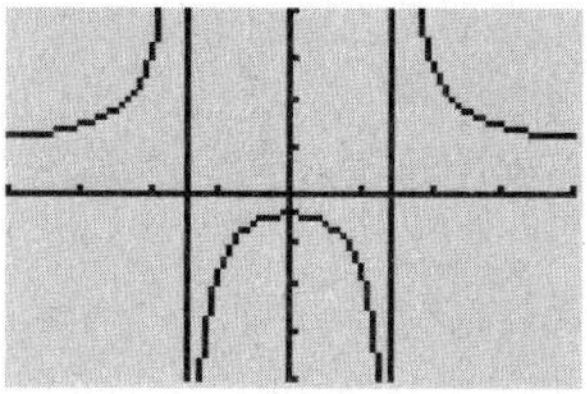

Fig. 1

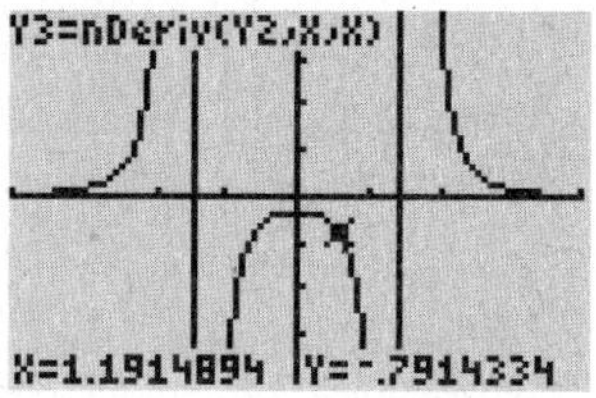

Fig. 2

c) $f(x) = \frac{x^2 - 4}{x^2 + 2}$; $D_f = \mathbb{R}$; Graph unten Fig. 3. Symmetrie zur y-Achse; keine Polstellen; Nullstellen $x_0 = -2$; $x_1 = 2$. Gleichung der Asymptote $y = 1$. Tiefpunkt $T(0|-2)$. Da der Graph von f″ die Nullstellen $x_2 \approx -0{,}8165$ und $x_3 \approx 0{,}8165$ besitzt (Fig. 4), liegen zwei Wendepunkte vor: $W_1(-0{,}8165|-1{,}25)$; $W_2(0{,}8165|1{,}25)$ (Fig. 5).

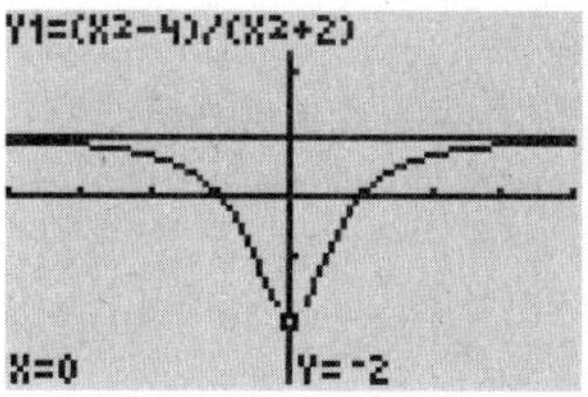

Fig. 3

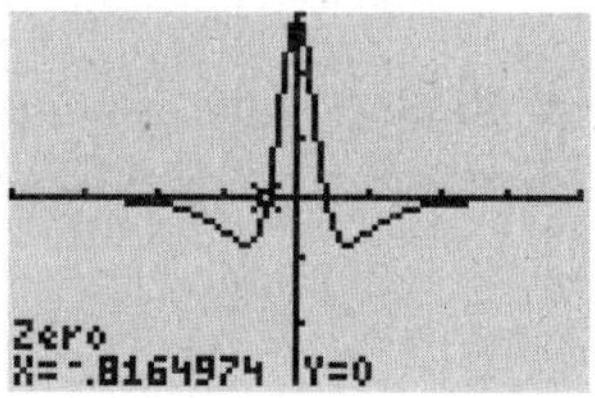

Fig. 4

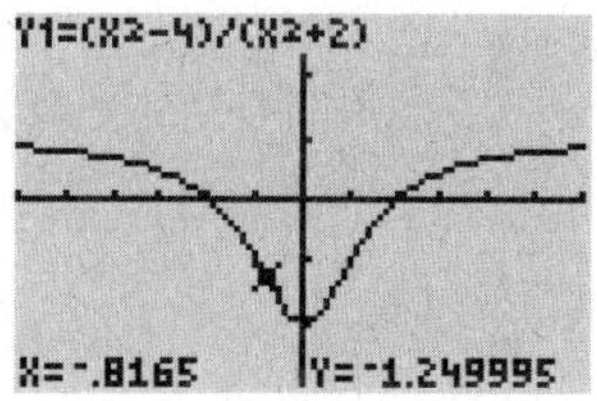

Fig. 5

d) $f(x) = \frac{3x^2 - 3x}{(x - 2)^2}$; $D_f = \mathbb{R} \setminus \{2\}$; Graph unten Fig. 6. Keine Symmetrie; Polstelle ohne VZW $x_0 = 2$; Nullstellen $x_1 = 0$; $x_2 = 1$. Gleichungen der Asymptoten $x = 2$; $y = 3$. Tiefpunkt $T(0{,}6667|-0{,}375)$.
Da der Graph von f″ die Nullstelle $x_3 \approx 0$ besitzt (Fig. 7), liegt ein Wendepunkt vor: $W(0|0)$ (Fig. 8).

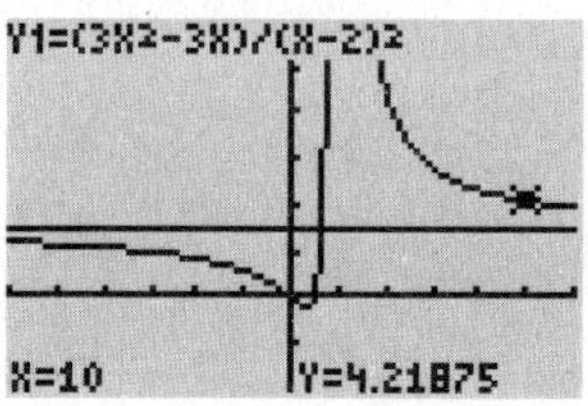

Fig. 6

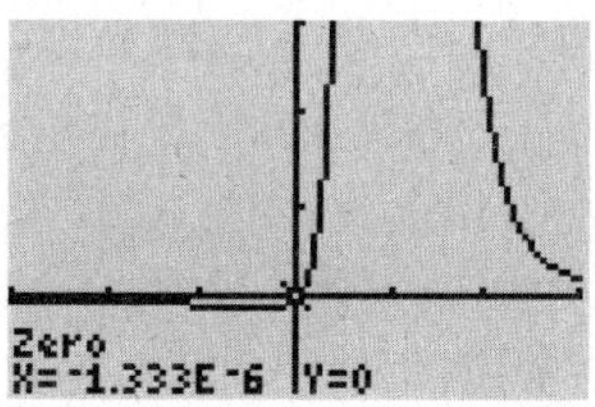

Fig. 7

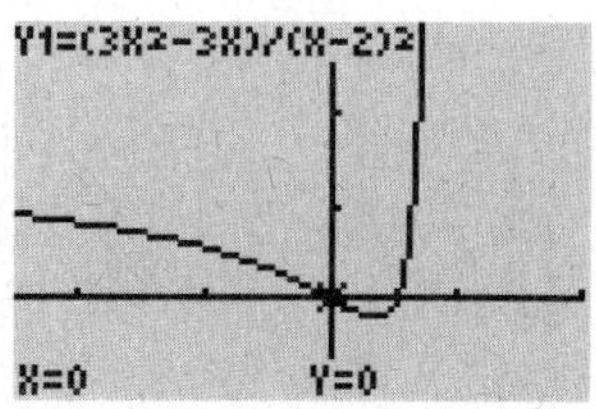

Fig. 8

S. 187 **6** a) $D = \mathbb{R} \setminus \{1\}$; keine Symmetrie;
Polstellen: $x_1 = 1$;
$f(x) = \frac{x^2}{x-1} = x + 1 + \frac{1}{x-1}$;
$N(0|0)$;
Asymptoten: $x = 1$; $y = x + 1$;
$f'(x) = \frac{x(x-2)}{(x-1)^2}$; $f''(x) = \frac{2}{(x-1)^3}$;
$H(0|0)$; $T(2|4)$;
keine Wendestellen

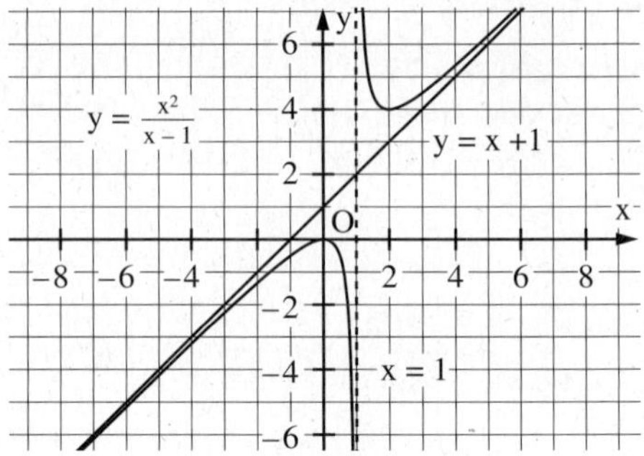

b) $D = \mathbb{R} \setminus \{-1; 1\}$; Punktsymmetrie zum Ursprung;
Polstellen: $x_1 = -1$; $x_2 = 1$; $N(0|0)$;
$f(x) = \frac{x^3}{x^2-1} = x + \frac{x}{x^2-1}$;
Asymptoten: $x = -1$; $x = 1$; $y = x$;
$f'(x) = \frac{x^2(x^2-3)}{(x^2-1)^2}$; $f''(x) = \frac{2x(x^2+3)}{(x^2-1)^3}$;
$H\left(-\sqrt{3}\,\middle|\,-\frac{3}{2}\sqrt{3}\right)$; $T\left(\sqrt{3}\,\middle|\,\frac{3}{2}\sqrt{3}\right)$; $W(0|0)$

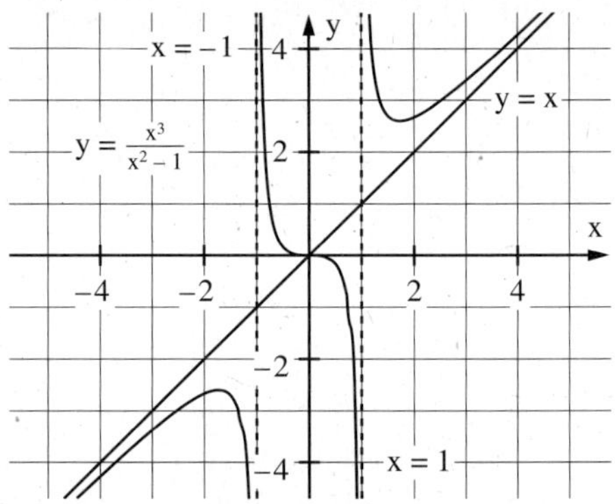

c) $D = \mathbb{R} \setminus \{2\}$; keine Symmetrie;
Polstellen: $x_1 = 2$;
$f(x) = \frac{(1-x)^2}{2-x} = -x + \frac{1}{2-x}$;
$N(1|0)$; $S\left(0\,\middle|\,\frac{1}{2}\right)$;
Asymptoten: $x = 2$; $y = -x$;
$f'(x) = \frac{(x-3)(-x+1)}{(2-x)^2}$; $f''(x) = \frac{2}{(2-x)^3}$;
$T(1|0)$; $H(3|-4)$;
keine Wendestellen

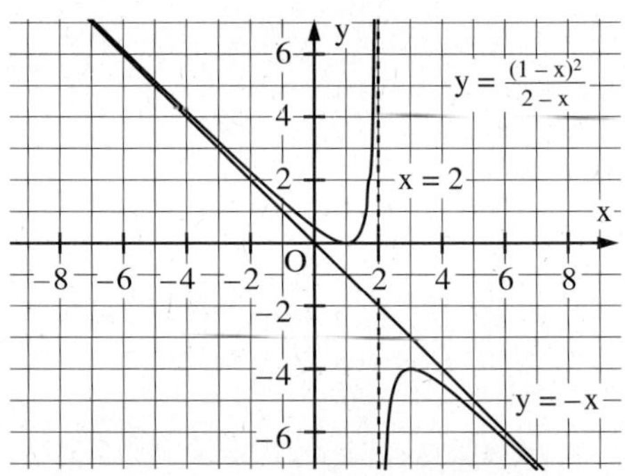

d) $D = \mathbb{R}$; Punktsymmetrie zum Ursprung; keine Polstellen; $N(0|0)$;
$f(x) = \frac{x^3}{x^2+6} = x - \frac{6x}{x^2+6}$;
Asymptoten: $y = x$;
$f'(x) = \frac{x^2(x^2+18)}{(x^2+6)^2}$; $f''(x) = \frac{-12x(x^2-18)}{(x^2+6)^3}$;
$W_1\left(-3\sqrt{2}\,\middle|\,-\frac{9}{4}\sqrt{2}\right)$; $W_2(0|0)$; $W_3\left(3\sqrt{2}\,\middle|\,\frac{9}{4}\sqrt{2}\right)$

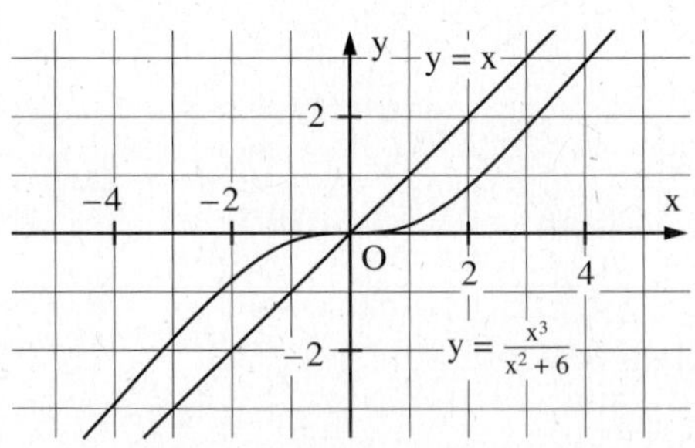

S. 187 **7** a) $D = \mathbb{R} \setminus \{0\}$; keine Symmetrie;
Polstellen: $x_1 = 0$; $N(1|0)$;
Asymptoten: $x = 0$;
Näherungskurve: $y = x^2$;
$f'(x) = \frac{2x^3+1}{x^2}$; $f''(x) = \frac{2(x^3-1)}{x^3}$;
$T\left(-\sqrt[3]{\frac{1}{2}}\,\middle|\,3\cdot\sqrt[3]{\frac{1}{4}}\right)$; $W(1|0)$
$f'(x) > 0$ für $x > 0$; also ist f für $x > 0$ streng monoton steigend.

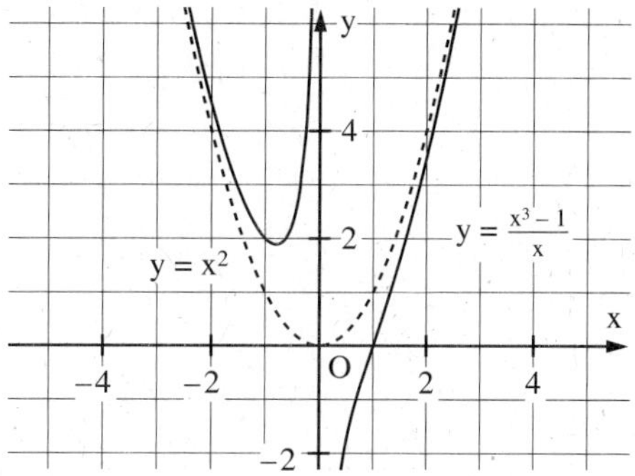

b) $D = \mathbb{R} \setminus \{0\}$; keine Symmetrie;
Polstellen: $x_1 = 0$; $N\left(\sqrt[3]{2}\,|\,0\right)$;
Asymptoten: $x = 0$;
Näherungskurve: $y = -\frac{1}{2}x^2$;
$f'(x) = \frac{-x^3-1}{x^2}$; $f''(x) = \frac{-x^3+2}{x^3}$;
$H\left(-1\,\middle|\,-\frac{3}{2}\right)$; $W\left(\sqrt[3]{2}\,|\,0\right)$

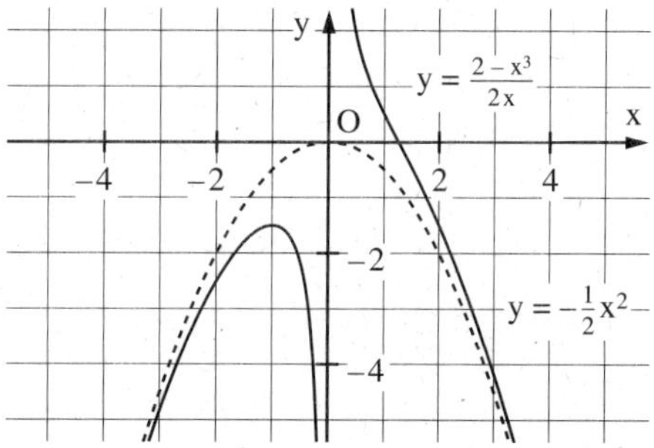

c) $D = \mathbb{R} \setminus \{0\}$; Achsensymmetrie zur y-Achse;
Polstellen: $x_1 = 0$;
Asymptoten: $x = 0$;
Näherungskurve: $y = \frac{1}{4}x^2$;
$f'(x) = \frac{x^4-16}{2x^3}$; $f''(x) = \frac{x^4+48}{2x^4}$;
$T_1(-2|2)$; $T_2(2|2)$;
keine Wendestellen

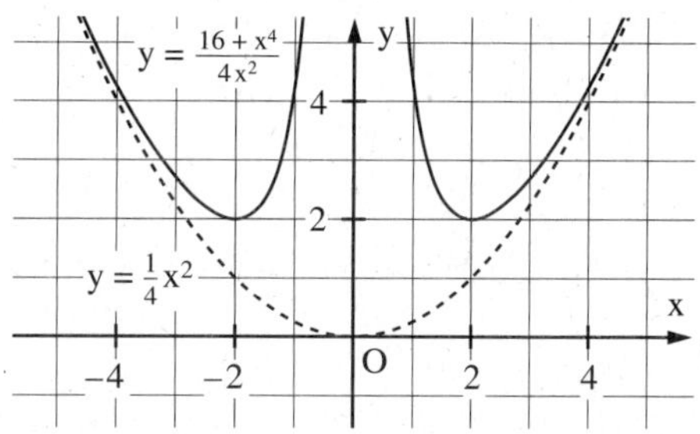

$A = \int_1^4 \frac{16+x^4}{4x^2}\,dx = \int_1^4 \left(\frac{4}{x^2} + \frac{1}{4}x^2\right)dx = \int_1^4 \left(4\cdot x^{-2} + \frac{1}{4}x^2\right)dx = \left[-\frac{4}{x} + \frac{1}{12}x^3\right]_1^4 = \left(-\frac{4}{3} + \frac{9}{4}\right) - \left(-4 + \frac{1}{12}\right)$
$= \frac{33}{4}$.

8 a) $D = \mathbb{R} \setminus \{0\}$; keine Symmetrie;
Asymptoten: $x = 0$; $y = x$; $N_t(t|0)$;
$f_t'(x) = \frac{x^3+2t^3}{x^3}$; $f_t''(x) = \frac{-6t^3}{x^4}$;
$H_t\left(-\sqrt[3]{2}\cdot t\,\middle|\,-\frac{3}{2}\cdot\sqrt[3]{2}\cdot t\right)$;
keine Wendestellen

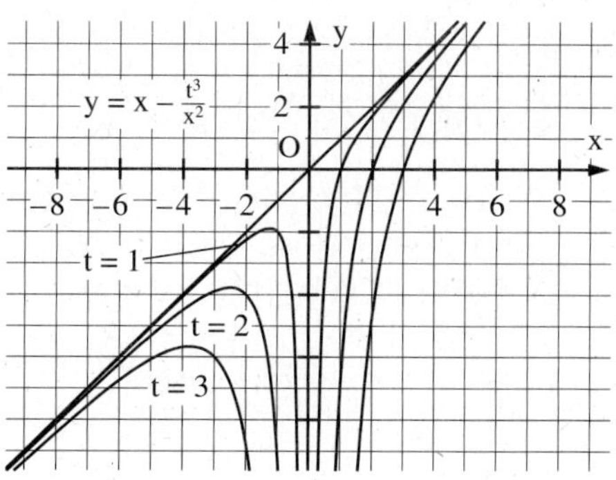

S. 187 **8** b) $D = \mathbb{R} \setminus \{0\}$; keine Symmetrie;
Asymptoten: $x = 0$; $y = 0$; $N_t(t|0)$;
$f_t'(x) = \frac{-10(x-2t)}{x^3}$; $f_t''(x) = \frac{20(x-3t)}{x^4}$;
$H_t\left(2t \,\middle|\, \frac{5}{2t}\right)$; $W_t\left(3t \,\middle|\, \frac{20}{9t}\right)$

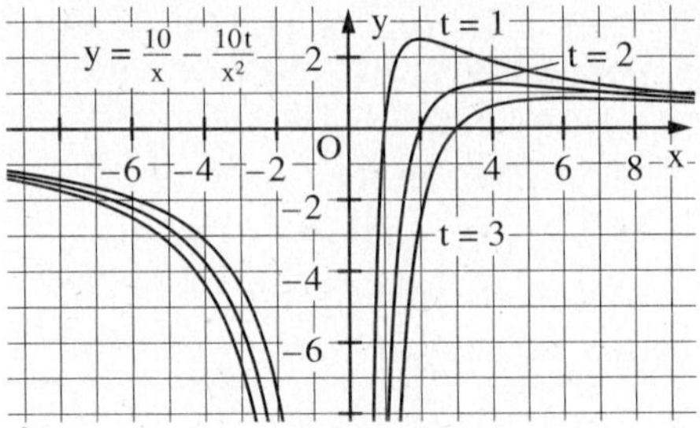

c) $D = \mathbb{R}$; Symmetrie zum Ursprung;
Asymptoten: $y = 0$; $N(0|0)$;
$f_t'(x) = \frac{-6(x^2-t^2)}{(x^2+t^2)^2}$; $f_t''(x) = \frac{12x(x^2-3t^2)}{(x^2+t^2)^3}$;
$T_t\left(-t \,\middle|\, -\frac{3}{t}\right)$; $H_t\left(t \,\middle|\, \frac{3}{t}\right)$;
$W_1\left(-\sqrt{3}\cdot t \,\middle|\, -\frac{3\sqrt{3}}{2t}\right)$; $W_2(0|0)$; $W_3\left(\sqrt{3}\cdot t \,\middle|\, \frac{3\sqrt{3}}{2t}\right)$

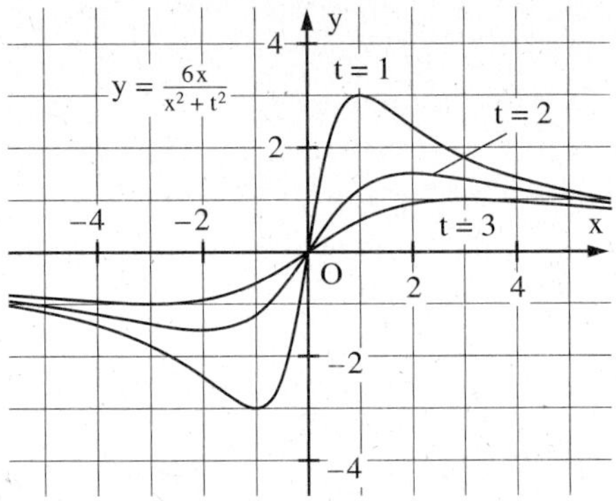

d) $D = \mathbb{R}$; Symmetrie zum Ursprung;
Asymptoten: $y = 0$; $N(0|0)$;
$f_t'(x) = \frac{-10(3x^2-t)}{(x^2+t)^3}$; $f_t''(x) = \frac{120x(x^2-t)}{(x^2+t)^4}$;
$T_t\left(-\sqrt{\frac{t}{3}} \,\middle|\, -\frac{45}{8\sqrt{3}}\cdot t^{-1,5}\right)$; $H_t\left(\sqrt{\frac{t}{3}} \,\middle|\, \frac{45}{8\sqrt{3}}\cdot t^{-1,5}\right)$
$W_1\left(-\sqrt{t} \,\middle|\, -\frac{5}{2}\cdot t^{-1,5}\right)$; $W_2(0|0)$; $W_3\left(\sqrt{t} \,\middle|\, \frac{5}{2}\cdot t^{-1,5}\right)$

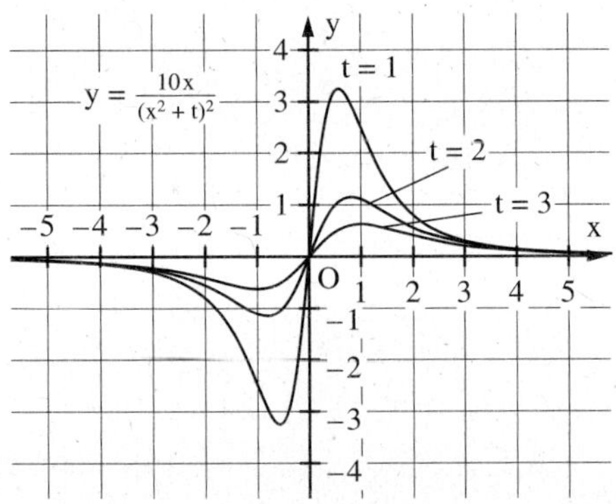

9 $f(x) = \frac{a + bx + x^2}{x^3}$; $a, b \in \mathbb{R}$.
$f(x) = a\cdot x^{-3} + b\cdot x^{-2} + x^{-1}$;
$f'(x) = -3a\cdot x^{-4} - 2b\cdot x^{-3} - x^{-2} = -\frac{3a + 2bx + x^2}{x^4}$;
$f''(x) = 12a\cdot x^{-5} + 6b\cdot x^{-4} + 2\cdot x^{-3} = \frac{12a + 6bx + 2x^2}{x^5}$.
Es muss gelten:
$f'(1) = 0$: $-3a - 2b - 1 = 0$ und
$f''(1) = 0$: $12a + 6b + 2 = 0$.
Daraus erhält man $a = \frac{1}{3}$ und $b = -1$.
Gesuchte Funktion: $f(x) = \frac{\frac{1}{3} - x + x^2}{x^3} = \frac{1 - 3x + 3x^2}{3x^3}$.

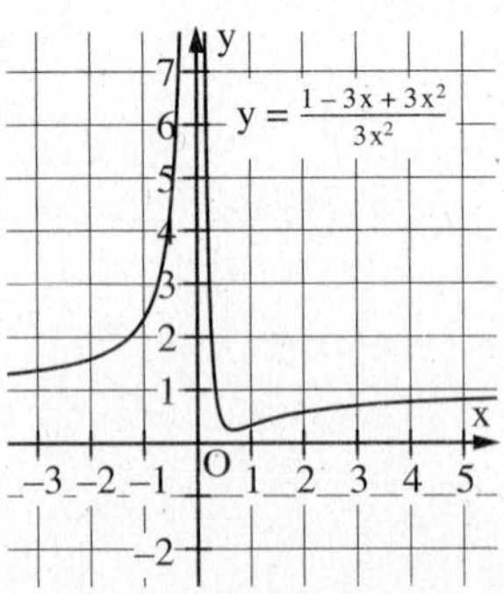

S. 187 **10** a) N(0|0)

b) Achsensymmetrie zur y-Achse;
N(0|0) = H;
Asymptoten: $x = -2$; $x = 2$; $y = t$;
$f_t'(x) = \frac{-8tx}{(x^2-4)^2}$; $f_t''(x) = \frac{24tx^2+32t}{(x^2-4)^3}$;
keine Wendestellen. Graph rechts

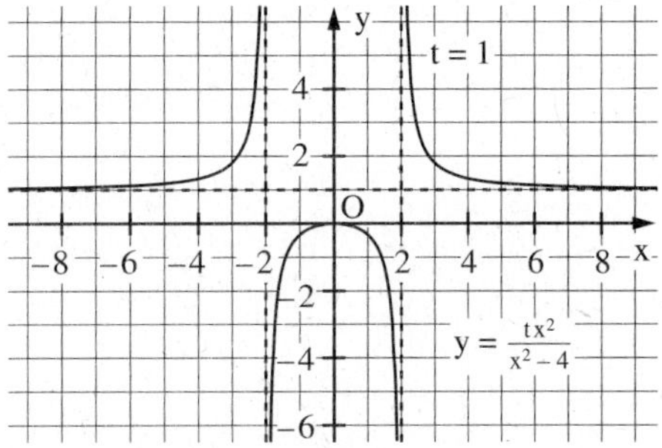

S. 188 **11** a) Achsensymmetrie zur y-Achse;
keine Nullstellen;
Asymptoten:
$t < 0$: $x = -\sqrt{-\frac{1}{t}}$; $x = +\sqrt{-\frac{1}{t}}$; $y = 0$
$t > 0$: $y = 0$
$f_t'(x) = \frac{-8tx}{(tx^2+1)^2}$; $f_t''(x) = \frac{8t(3tx^2-1)}{(tx^2+1)^3}$
Extrempunkte:
$t < 0$: T(0|4); $t > 0$: H(0|4);
Wendepunkte: $t < 0$: keine;
$t > 0$: $W_1\left(-\sqrt{\frac{1}{3t}}\middle|3\right)$; $W_2\left(+\sqrt{\frac{1}{3t}}\middle|3\right)$

b) $y = 3$ (vgl. Fig.)

c) $t = \frac{12}{81}$

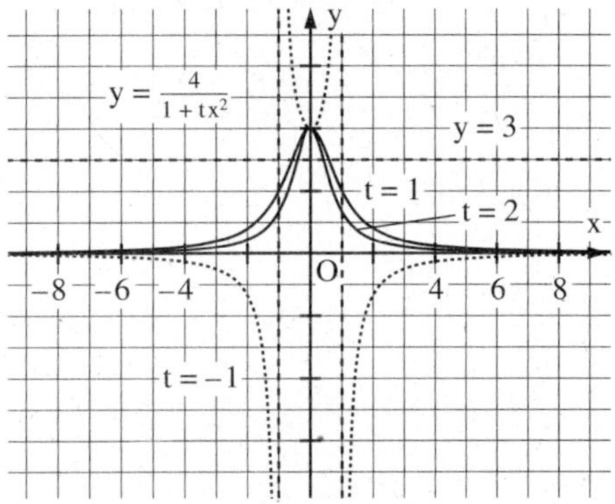

12 a) Vermutung:
Alle Graphen gehen durch den Punkt
$P\left(4\middle|\frac{1}{2}\right)$; $t \neq 0$.
Beweis:
Punktprobe für $P\left(4\middle|\frac{1}{2}\right)$ ergibt:
$\frac{1}{2} = \frac{4}{2t} - \frac{2}{t} + \frac{2}{4}$; $t \neq 0$. $\frac{1}{2} = \frac{1}{2}$; also gehen alle Graphen durch den Punkt $P\left(4\middle|\frac{1}{2}\right)$.

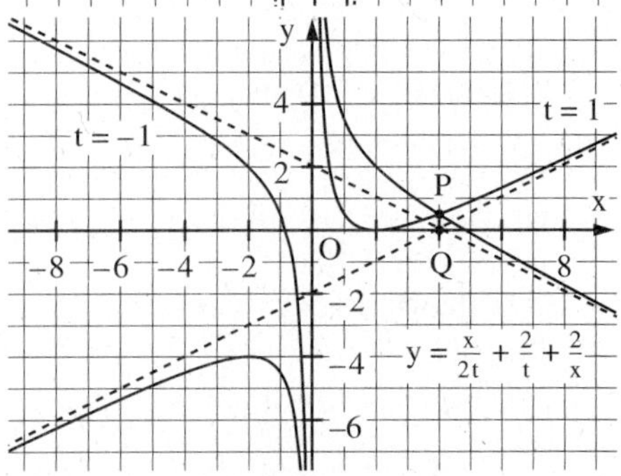

b) Vermutung:
Für $t > 0$ hat der Graph K_t einen Tiefpunkt. Beweis:
$f_t'(x) = \frac{1}{2t} - \frac{2}{x^2}$. $\frac{1}{2t} - \frac{2}{x^2} = 0$ ergibt
$x_1 = -2\sqrt{t}$; $x_2 = +2\sqrt{t}$; $f_t''(x) = \frac{4}{x^3}$;
$f_t''(x) > 0$.
$f_t(x_2) = \frac{2\sqrt{t}}{t} - \frac{2}{t}$; aus $\frac{\sqrt{t}}{t} - \frac{1}{t} = 0$ folgt $t = 1$.
Also hat K_1 einen Tiefpunkt auf der x-Achse.

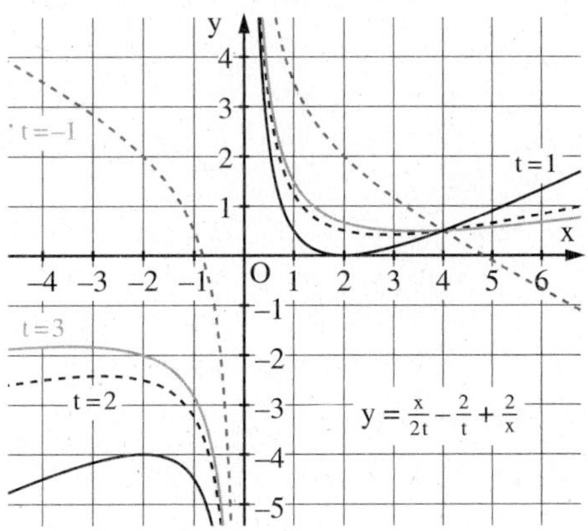

S. 188 **13** a) Die Graphen sind symmetrisch zur y-Achse, haben die x-Achse als Asymptote und bei $H\left(0\left|\frac{1}{t}\right.\right)$ einen Hochpunkt. Je kleiner der positive Parameter t ist, umso höher liegt der Hochpunkt und umso rascher nähert sich der Graph der x-Achse an. Bei größer werdendem t wird der Graph flacher.

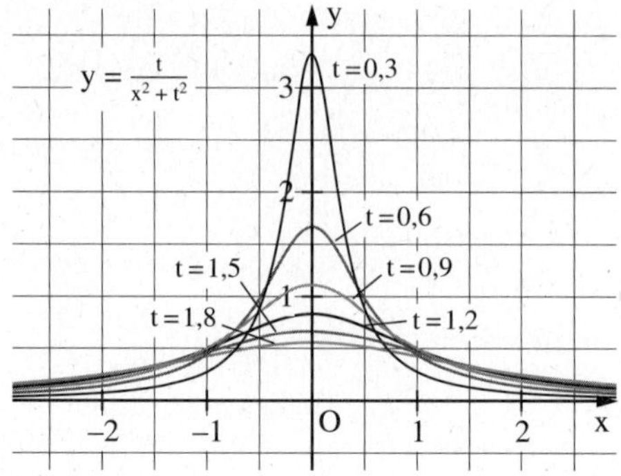

b) $f'(x) = -\frac{2t \cdot x}{(x^2 + t^2)^2}$; $f''(x) = -\frac{2t \cdot (3x^2 - t^2)}{(x^2 + t^2)^3}$

$f''(x) = 0$ ergibt $x_0 = -\frac{t}{\sqrt{3}}$ und $x_1 = \frac{t}{\sqrt{3}}$.

Da in x_0 und x_1 ein Vorzeichenwechsel von f″ erfolgt, sind $W_1\left(-\frac{t}{\sqrt{3}}\left|\frac{3}{4t}\right.\right)$ und $W_2\left(\frac{t}{\sqrt{3}}\left|\frac{3}{4t}\right.\right)$ Wendepunkte.

Ortslinie C_t der Wendepunkte: $x = \pm\frac{t}{\sqrt{3}}$; $y = \frac{3}{4t}$; also $y = \frac{\sqrt{3}}{4 \cdot x}$ für $x > 0$ und $y = -\frac{\sqrt{3}}{4 \cdot x}$ für $x < 0$.

c) Wegen der Symmetrie zur y-Achse berechnet man für verschiedene Werte von t das Integral über ein großes Intervall [0; a] und verdoppelt dieses. Je größer t, umso größer sollte a sein. Man erhält dann den Flächeninhalt $A(t) \approx 3{,}14$. Man kann nachweisen, dass der Inhalt π ist.

14 a) $D = \mathbb{R} \setminus \{0\}$; keine Symmetrie.
Polstellen: $x_1 = 0$
Zur Berechnung der Nullstellen:
$x^3 + 3x^2 - 4 = x^3 - x^2 + 4x^2 - 4$
$= x^2(x - 1) + 4(x + 1)(x - 1)$
$= (x - 1)(x + 2)^2$; $N_1(-2|0)$; $N_2(1|0)$
Asymptoten: $x = 0$; $y = x + 3$
$f'(x) = \frac{x^3 + 8}{x^3}$; $f''(x) = -\frac{24}{x^4}$
$H(-2|0)$; keine Wendepunkte

b) $A(z) = \int_1^z \frac{4}{x^2}\,dx = 4 - \frac{4}{z}$. $\lim_{z \to \infty} A(z) = 4$

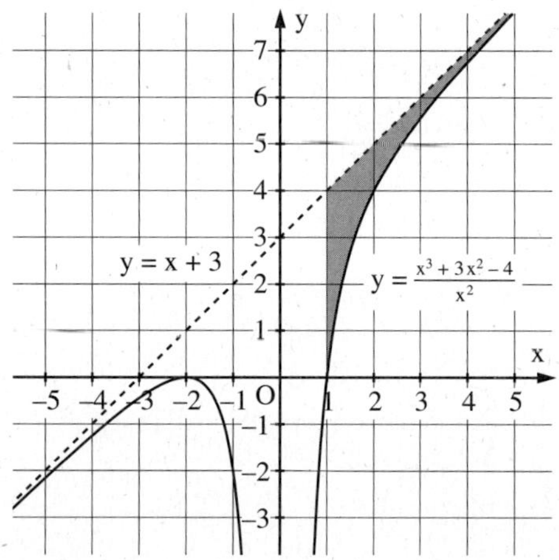

15 $f(x) = \frac{x^4 - 1}{x^2}$; Näherungskurve für große $|x|$: $y = x^2$.
Schnittstellen mit der x-Achse: $x_0 = -1$ und $x_1 = 1$.

$A = \int_0^1 x^2\,dx + \int_1^k (x^2 - (x^2 - x^{-2}))\,dx = \left[\frac{1}{3}x^3\right]_0^1 + \left[-x^{-1}\right]_1^k = \frac{1}{3} + \left(-\frac{1}{k} + 1\right) = \frac{4}{3} - \frac{1}{k}$.

Damit gilt $\lim_{k \to \infty}\left(\frac{4}{3} - \frac{1}{k}\right) = \frac{4}{3}$.

Graph siehe nächste Seite.

S. 188 **15**

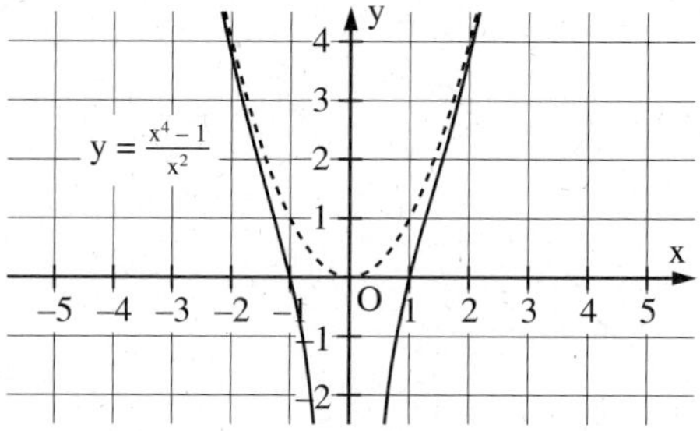

16 a) $D = \mathbb{R} \setminus \{0\}$; keine Symmetrie;
Polstellen: $x_1 = 0$; $N\left(\frac{1}{2}\middle|0\right)$;
Asymptoten: $x = 0$; $y = 0$
$f'(x) = -\frac{4(x-1)}{x^3}$; $f''(x) = \frac{4(2x-3)}{x^4}$;
$H(1|2)$; $W\left(\frac{3}{2}\middle|\frac{16}{9}\right)$

b) $A(z) = \int_{\frac{1}{2}}^{z}\left(\frac{4}{x} - \frac{2}{x^2}\right)dx = \left[4 \cdot \ln|x| + \frac{2}{x}\right]_{\frac{1}{2}}^{z}$
$= 4 \cdot \ln|z| + \frac{2}{z} + 4 \cdot \ln(2) - 4.$
Für $z \to \infty$ gilt $A(z) \to \infty$.

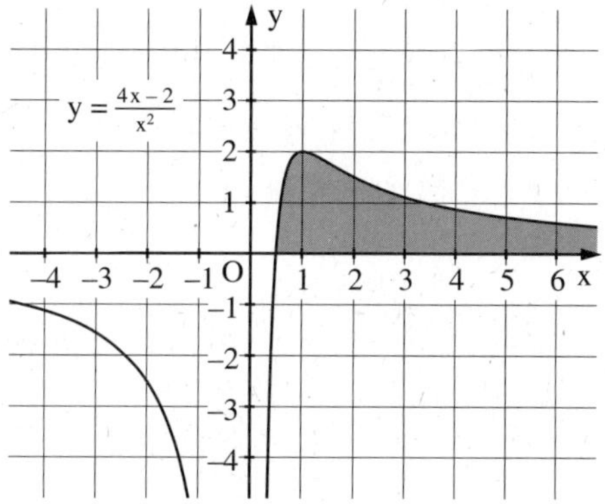

17 Graph rechts
$A(u) = \frac{u^2}{u-2}$; $u > 2$
$A'(u) = \frac{u(u-4)}{(u-2)^2}$; $A''(u) = \frac{8}{(u-2)^3}$
$(u_1 = 0)$; $u_2 = 4$. $A''(u_2) > 0$; $T(4|8)$
Für $u \to 2$ gilt $A(u) \to \infty$;
für $u \to \infty$ gilt $A(u) \to \infty$.
Also wird der Inhalt für $u = 4$ minimal.
Es handelt sich um ein absolutes Maximum.

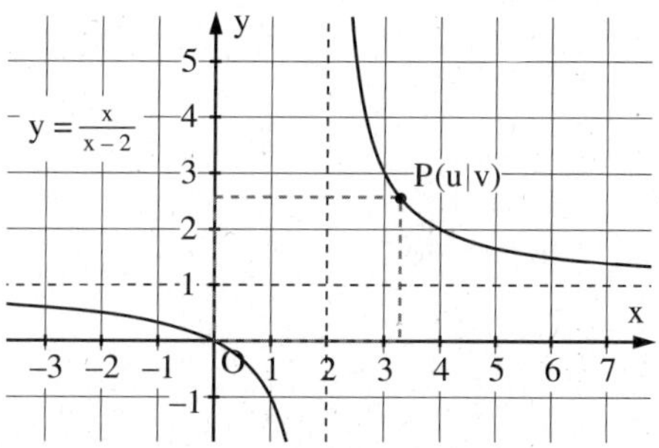

18 Graph rechts
$A(u) = \frac{4u}{u^2 + 2}$; $u > 0$
$A'(u) = \frac{-4(u^2 - 2)}{(u^2 + 2)^2}$; $A''(u) = \frac{8u(u^2 - 6)}{(u^2 + 2)^3}$
$\left(u_1 = -\sqrt{2}\right)$; $u_2 = +\sqrt{2}$; $A''(u_2) < 0$;
$H\left(+\sqrt{2}\,\middle|+\sqrt{2}\right)$
Für $u \to 0$ gilt $A(u) \to 0$;
für $u \to \infty$ gilt $A(u) \to 0$.
Also wird der Inhalt des Dreiecks für $u = +\sqrt{2}$ maximal. Es handelt sich um ein absolutes Maximum.

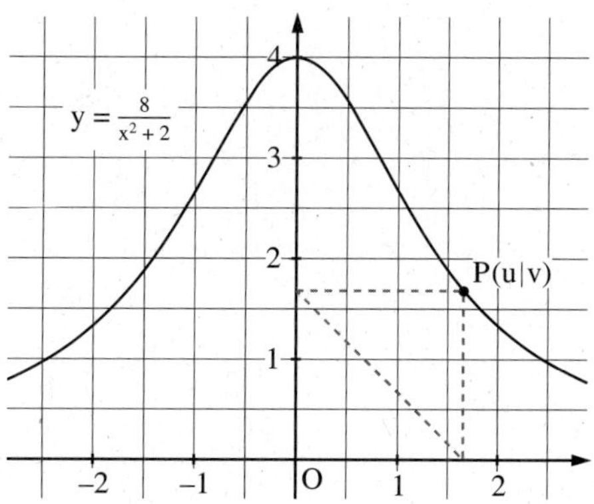

3 *Anwendungen gebrochenrationaler Funktionen*

S. 189 **1** $A = x \cdot y$; Nebenbedingung: $(x + 2)(y + 3) = 6000$.
$A(x) = x \cdot \left(\frac{6000}{x+2} - 3\right) = \frac{5994x - 3x^2}{x+2}$; $A'(x) = \frac{-3(x^2 + 4x - 3996)}{(x+2)^2}$; $A''(x) = \frac{-24\,000}{(x+2)^3}$;
$x^2 + 4x - 3996 = 0$ ergibt $x_{1/2} = -2 + 20\sqrt{10}$; $(x_1 \approx -65{,}2)$; $x_2 \approx 61{,}2$
$A''(x_2) < 0$; $A(x_2) \approx 5626{,}5$
Der maximale Flächeninhalt des Geheges beträgt ungefähr $5626{,}5\,m^2$.

2 $U = u\left(1 + \frac{\pi}{2}\right) + 2v$; $A = u \cdot v + \frac{\pi}{8} \cdot u^2$; $v = \frac{8}{u} - \frac{\pi}{8} \cdot u$;
$U(u) = \left(1 + \frac{\pi}{4}\right) \cdot u + \frac{16}{u}$; $U'(u) = 0$ gibt $u_1 = \frac{8}{\sqrt{4+\pi}}$; $v_1 = \frac{4}{\sqrt{4+\pi}} = \frac{1}{2}u_1$;
$u_{min} \approx 3\,m$; $v_{min} \approx 1{,}5\,m$. Aus $U'(u) = \left(1 + \frac{\pi}{4}\right) - \frac{16}{u^2}$ folgt mit VWK, dass ein Minimum vorliegt; auch $U''(u) = \frac{32}{u^3} > 0$; $U_{min} = 4 \cdot \sqrt{4 + \pi} \approx 10{,}69$

S. 190 **3** a) $\frac{100a}{100^2 + b} = 25$; $\frac{600a}{600^2 + b} = 20$; dieses Gleichungssystem wird näherungsweise erfüllt durch $a \approx 13\,462$; $b \approx 43\,846$.
b) $f(x) = \frac{13\,462x}{x^2 + 43\,846}$; $x \geqq 0$
$f'(x) = \frac{-13\,462x^2 + 590\,254\,852}{(x^2 + 43\,846)^2}$
Die optimale Düngerzugabe beträgt also rund $209\,\frac{kg}{ha}$.

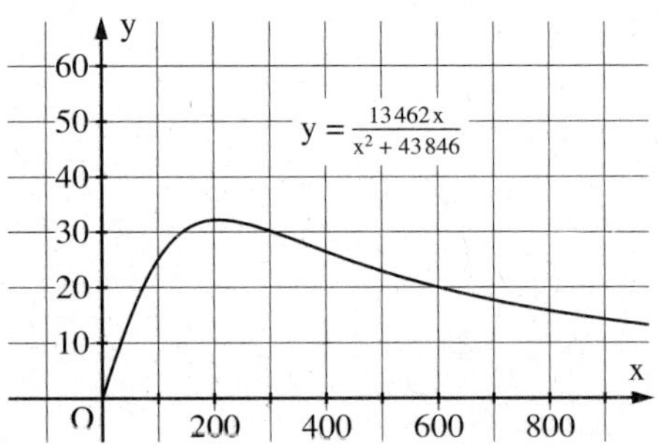

4 a) $v = \frac{c}{F + a} - b$
b) $v = \frac{370}{F + 40} - 1{,}5$
Graph rechts
c) $v(50) = \frac{370}{50 + 40} - 1{,}5 \approx 2{,}6$ (in $\frac{m}{s}$)

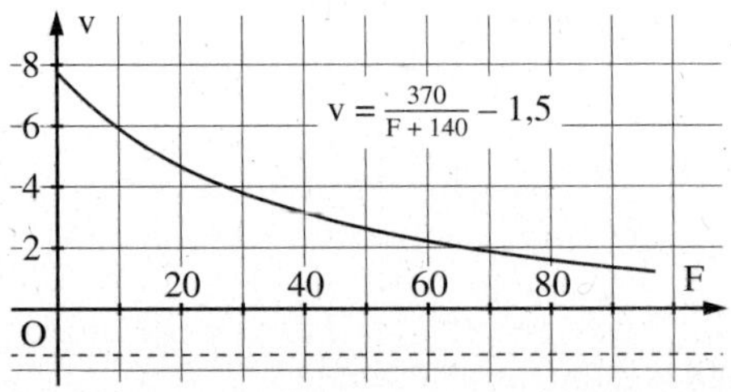

5 $E(25) = 4{,}92 \left(\frac{J}{g \cdot km}\right)$; $E'(v) = \frac{0{,}31v^2 - 471{,}75}{v^2}$; $E''(v) = \frac{943{,}5}{v^3}$. Bei einer Geschwindigkeit von ungefähr 39 km pro Stunde ist der Energieverbrauch dieses Vogels am geringsten.

6 a) Schwimmgeschwindigkeit relativ zum Land (in $\frac{m}{s}$): $x - 2$; Schwimmzeit (in s): $\frac{100}{x-2}$
Energieaufwand (in J): $E(x) = 100c \cdot \frac{x^k}{x-2}$; $E'(x) = 100c \cdot x^{k-1} \cdot \frac{(k-1)x - 2k}{(x-2)^2}$
Minimaler Energieaufwand bei $x_{min} = \frac{2k}{k-1}$
b) $x_{min} = \frac{2k}{k-1}$; $x'_{min}(k) = \frac{-2}{(k-1)^2} < 0$ für $k > 2$. x_{min} ist also streng monoton abnehmend; d.h. je größer k, desto kleiner ist die energiesparendste Geschwindigkeit.

S. 190 **7** Die Figur rechts zeigt den Graphen der Funktion und den Punkt H. Es ist die kürzeste Entfernung eines Punktes der Kurve von H zu ermitteln.
Entfernung von H(1|1) zu einem beliebigen Kurvenpunkt $P(x \mid x - x^{-1})$:
$d(x) = \sqrt{(x-1)^2 + (x - x^{-1} - 1)^2}$.
d(x) ist minimal, wenn $(d(x))^2$ minimal ist, d.h. es ist das Minimum von
$D(x) = (x-1)^2 + (x - 1 - x^{-1})^2$ zu bestimmen. Man zeichnet mit dem GTR den Graphen von D im positiven Definitionsbereich und ermittelt das Minimum der Funktion.
Der Punkt P(1,4215|0,7180) des Graphen der Funktion $f(x) = x + x^{-1}$ liegt dem Punkt H am nächsten. Das Quadrat seines Abstands von H beträgt 0,2572. Damit ist der Abstand d = 0,5071.
Die Trasse läuft also in etwas mehr als 500 m Entfernung am Haus vorbei. Damit haben die Bewohner keinen Grund zu klagen.

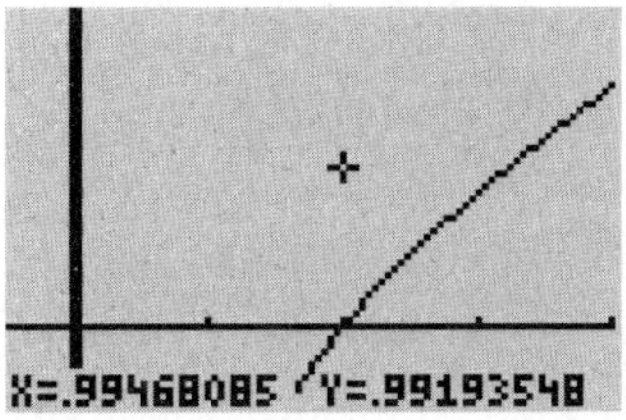

Fig. 1

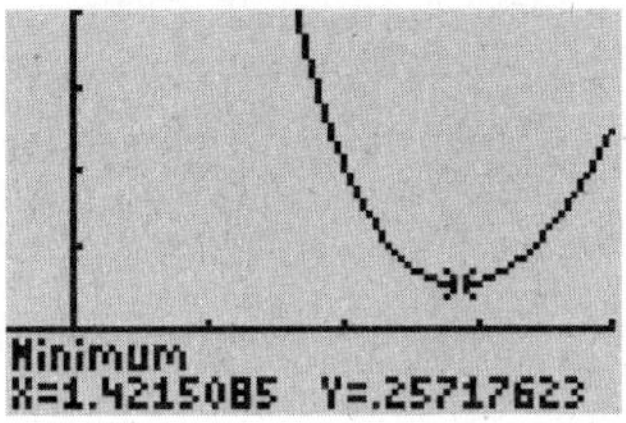

Fig. 2

4 *Funktionsanpassungen gebrochenrationaler Funktionen*

S. 191 **1** $h(x) = \frac{ax}{x+b}$

S. 192 **2** Graph rechts
Ausgleichsgerade:
y = 0,22x + 0,35
Hieraus folgt: a = 4,55
b = 1,59
$f(x) = \frac{4,55}{x+1,59}$
(vgl. Figur)

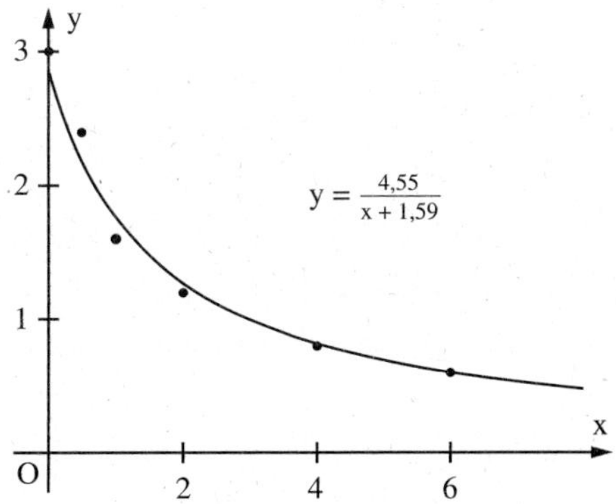

S. 192 **3**

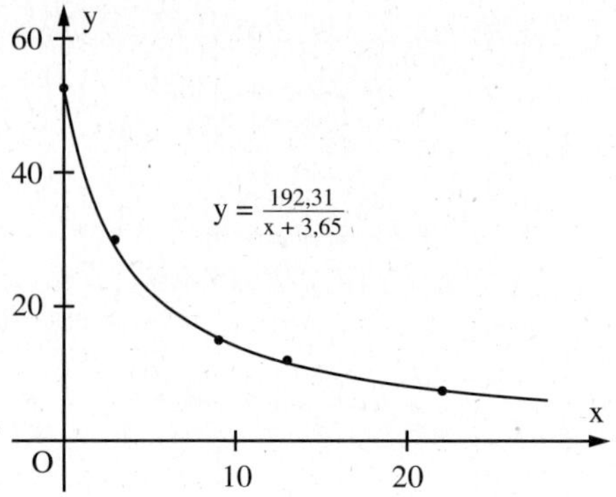

$y = \frac{a}{x + b}$

Ausgleichsgerade:

$y = 0{,}0052\,x + 0{,}019$

Hieraus folgt: $a \approx 192{,}31$; $b \approx 3{,}65$

$f(x) = \frac{192{,}31}{x + 3{,}65}$

(vgl. Figur)

Da $f(x) \to 0$ für $x \to \infty$, würde dies bedeuten, dass die Flugzeit in ferner Zukunft fast 0 wird. Dies ist natürlich utopisch. Die Funktionsanpassung gilt nur im angegebenen Bereich.

4 a) Vgl. Figur

b) $y = \frac{cx}{x + d}$

$\frac{1}{y} = \frac{x + d}{cx}$

$\frac{1}{y} = \frac{1}{c} + \frac{d}{c} \cdot \frac{1}{x}$; $\frac{1}{y} = y^*$; $\frac{1}{x} = x^*$

$y^* = \frac{d}{c} \cdot x^* + \frac{1}{c}$

c) Ausgleichsgerade:

$y^* = 0{,}51\,x^* + 0{,}27$

$\frac{d}{c} \approx 0{,}51$; $\frac{1}{c} \approx 0{,}27$

$c \approx 3{,}70$; $d \approx 1{,}89$

$f(x) = \frac{3{,}70 \cdot x}{x + 1{,}89}$ (vgl. Figur)

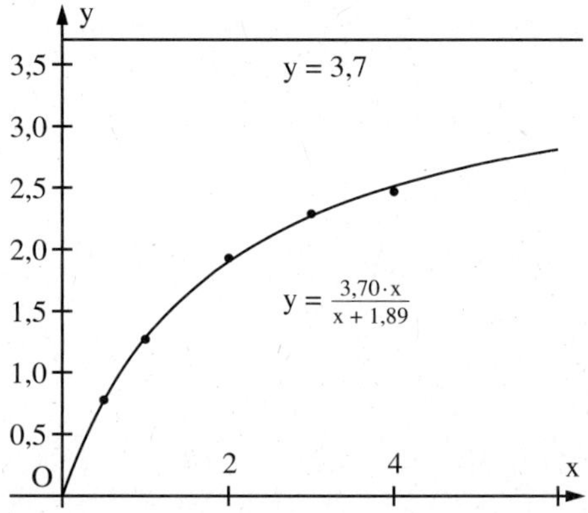

5 a)

x	0	30	60	90	120	150	180	210	240	270	300	330	360
y	14,5	12,3	10,5	9,0	7,6	6,5	5,6	4,7	4,0	3,4	2,9	2,5	2,1
$\frac{1}{y}$	0,07	0,08	0,095	0,11	0,13	0,15	0,18	0,21	0,25	0,29	0,34	0,4	0,48

In einem x, $\frac{1}{y}$-Koordinatensystem liegen die Punkte nicht näherungsweise auf einer Geraden. Der angegebene Ansatz ist also nicht sinnvoll.

b) Ansatz: $y = c \cdot e^{kx}$; $x \geqq 0$

Ausgleichsgerade: $y^* = -0{,}0054\,x + 2{,}67$

$k = m = -0{,}0054$; $c = e^{2{,}67} \approx 14{,}44$

$f(x) = 14{,}44 \cdot e^{-0{,}0054x}$

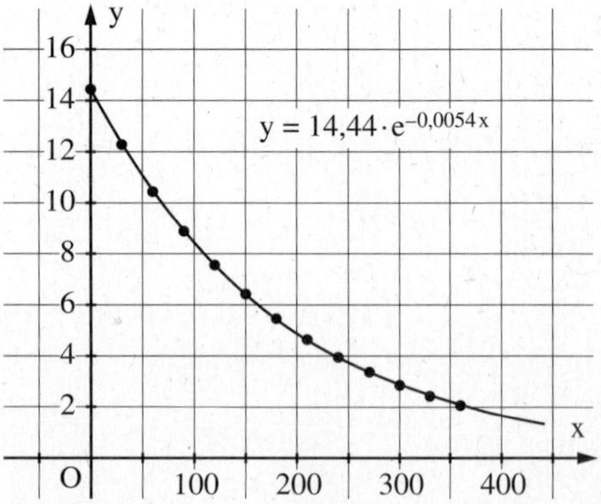

5 Trigonometrische Gleichungen

S. 193 **1** Kosinussatz im Dreieck MGK: $3^2 = 1^2 + y^2 - 2 \cdot 1 \cdot y \cdot \cos(x)$.

$y = 2$: $\cos(x) = -1$; $x = \pi + 2k \cdot \pi$; $k \in \mathbb{Z}$

$y = \sqrt{8}$: $\cos(x) = 0$; $x = \frac{1}{2}\pi + k \cdot \pi$; $k \in \mathbb{Z}$

$y = 3$: $\cos(x) = \frac{1}{6}$; $x \approx 1{,}403 + 2k \cdot \pi$; $k \in \mathbb{Z}$ oder $x \approx -1{,}403 + 2k \cdot \pi$; $k \in \mathbb{Z}$

$y = \sqrt{10}$: $\cos(x) = \frac{1}{\sqrt{10}}$; $x \approx 1{,}249 + 2k \cdot \pi$; $k \in \mathbb{Z}$ oder $x \approx -1{,}249 + 2k \cdot \pi$; $k \in \mathbb{Z}$

$y = 4$: $\cos(x) = 1$; $x = 2k \cdot \pi$; $k \in \mathbb{Z}$

$y = 5$: keine Lösungen

Zum Teil lassen sich die x-Werte direkt der Anschauung entnehmen.

S. 194 **2** a) $\frac{7}{6}\pi$; $\frac{11}{6}\pi$ b) $\frac{1}{2}\pi$; $\frac{3}{2}\pi$ c) $\frac{1}{4}\pi$; $\frac{5}{4}\pi$ d) $\frac{1}{4}\pi$; $\frac{3}{4}\pi$; $\frac{5}{4}\pi$; $\frac{7}{4}\pi$

3 a) $L = \{\ \}$ b) $L = \{0{,}983;\ 4{,}124\}$ c) $L = \{2{,}532\}$

d) $L = \left\{\frac{\pi}{12} + \frac{1}{3} \approx 0{,}595;\ \frac{5}{12}\pi + \frac{1}{3} \approx 1{,}642;\ \frac{3}{4}\pi + \frac{1}{3} \approx 2{,}690;\ \frac{13\pi}{12} + \frac{1}{3} \approx 3{,}737;\ \frac{17}{12}\pi + \frac{1}{3} \approx 4{,}784;\ \frac{7}{4}\pi + \frac{1}{3} \approx 5{,}831\right\}$

4 a) $L = \{-5{,}176;\ -2{,}034;\ 1{,}107;\ 4{,}249\}$

b) $L = \left\{-\frac{7}{4}\pi;\ -\frac{5}{4}\pi;\ -\frac{3}{4}\pi;\ -\frac{1}{4}\pi;\ \frac{1}{4}\pi;\ \frac{3}{4}\pi;\ \frac{5}{4}\pi;\ \frac{7}{4}\pi\right\}$

c) $L = \{-2{,}366;\ -0{,}775;\ 3{,}917;\ 5{,}508\}$

d) $L = \left\{-\frac{3}{2}\pi;\ -\frac{1}{2}\pi;\ \frac{1}{2}\pi;\ \frac{3}{2}\pi\right\}$

e) $L = \left\{-\frac{7}{4}\pi;\ -\frac{3}{4}\pi;\ \frac{1}{4}\pi;\ \frac{5}{4}\pi;\ -4{,}613;\ -1{,}471;\ 1{,}670;\ 4{,}812\right\}$

f) $L = \left\{-\frac{4}{3}\pi;\ -\frac{2}{3}\pi;\ \frac{2}{3}\pi;\ \frac{4}{3}\pi;\ -4{,}914;\ -1{,}369;\ 1{,}369;\ 4{,}914\right\}$

5 a) $L = \{1{,}570\,796;\ 3{,}665\,191;\ 4{,}712\,389;\ 5{,}759\,587\}$

b) $L = \{1{,}570\,801;\ 3{,}665\,191;\ 5{,}759\,587\}$

c) $L = \{4{,}090\,561;\ 5{,}840\,042\}$

d) $L = \{0;\ 2{,}094\,395;\ 2{,}513\,274;\ 5{,}026\,548;\ 6{,}283\,185\}$

6 a) z. B. $\sin\left[\frac{1}{4}(x - \pi)\right] = 0$ b) z. B. $\sin^2(x) = \frac{3}{4}$

7 a) $S(1{,}897 \mid 1{,}897)$ b) $S_{1,2}(\pm 0{,}824 \mid 0{,}679)$ c) $S_1(0 \mid 0)$; $S_{2,3}(\pm 0{,}929 \mid \pm 0{,}801)$

S. 194 **8** Man zeichnet den Graphen für das Intervall [0; 0,1]. Dann bestimmt man die x-Werte der Schnittpunkte dieses Graphen mit den Geraden $y = 200$ im Intervall [0; 0,005[: $t_1 = 0{,}002\,108$ und mit der Geraden $y = 150$ im Intervall [0,005; 0,01]: $t_2 = 0{,}008\,474$.
Die Differenz der x-Werte der Schnittpunkte beträgt 0,006 366. Damit leuchtet die Glimmlampe ca. 0,006 366 Sekunden im Zeitintervall [0; 0,01]. Diese Zeitspanne tritt im Bereich [0; 0,1] 10-mal auf, so dass die Lampe im Zeitintervall [0; 0,1] insgesamt ca. 0,064 Sekunden leuchtet.

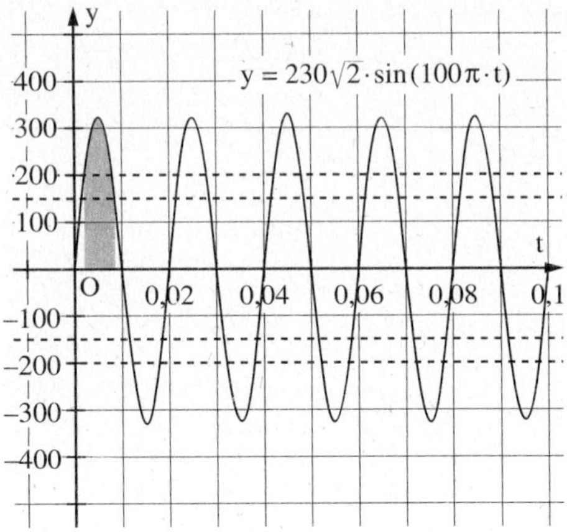

9 a) Kreissektor $F^* = \frac{1}{2}r^2\cdot x$; x ist der Winkel α im Bogenmaß.
Kreisabschnitt $F(x) = \frac{1}{2}r^2 x - \frac{1}{2}r^2\sin(x)$. Man erkennt, dass die momentane Änderungsrate sehr klein ist für x-Werte nahe $x = 0$ und $x = 2\pi$.
b) Es gilt für das Verhältnis $\frac{\text{Inhalt des Kreissektors } F^*}{\text{Inhalt des Kreises A}}$ eines Kreises mit dem Radius r und dem Mittelpunktswinkel x: $\frac{F^*}{r^2\pi} = \frac{x}{2\pi}$; also $F^* = \frac{1}{2}r^2 x$.
Bei einem Kreisabschnitt ist von F^* der Inhalt des Dreiecks zu subtrahieren:
$0 \leqq x \leqq \pi$: Es gilt: $\sin\left(\frac{x}{2}\right) = \frac{a}{2r}$; also $a = 2r\cdot\sin\left(\frac{x}{2}\right)$ und $\cos\left(\frac{x}{2}\right) = \frac{h}{r}$; also $h = r\cdot\cos\left(\frac{x}{2}\right)$; Inhalt des Dreiecks $\frac{1}{2}a\cdot h = \frac{1}{2}\cdot 2r^2\cdot\sin\left(\frac{x}{2}\right)\cdot\cos\left(\frac{x}{2}\right) = \frac{1}{2}r^2\cdot\sin(x)$;
also $F = \frac{1}{2}r^2 x - \frac{1}{2}r^2\cdot\sin(x) = \frac{1}{2}r^2\cdot(x - \sin(x))$.
$\pi \leqq x \leqq 2\pi$: Es gilt: $\sin\left(\frac{2\pi - x}{2}\right) = \frac{a}{2r}$; also $a = 2r\cdot\sin\left(\frac{2\pi - x}{2}\right)$ und $\cos\left(\frac{2\pi - x}{2}\right) = \frac{h}{r}$;
also $h = r\cdot\cos\left(\frac{2\pi - x}{2}\right)$; Inhalt des Dreiecks $\frac{1}{2}a\cdot h = \frac{1}{2}\cdot 2r^2\cdot\sin\left(\frac{2\pi - x}{2}\right)\cdot\cos\left(\frac{2\pi - x}{2}\right) =$
$= \frac{1}{2}r^2\cdot\sin(2\pi - x) = -\frac{1}{2}r^2\cdot\sin(x)$; also
$F = \frac{1}{2}r^2 x + \frac{1}{2}r^2\cdot\sin(2\pi - x) = \frac{1}{2}r^2 x - \frac{1}{2}r^2\cdot\sin(x) = \frac{1}{2}r^2\cdot(x - \sin(x))$.
c) $0{,}70\cdot r^2\cdot\pi = \frac{1}{2}r^2\cdot(x - \sin(x))$; also $x - \sin(x) = 1{,}4\cdot\pi$. Man zeichnet dazu mit dem GTR den Graphen von g mit $g(x) = \sin(x) - 1{,}4\cdot\pi$ und bestimmt seine Schnittstelle mit der x-Achse: $x \approx 3{,}7924$. Der gesuchte Winkel beträgt also im Gradmaß 217,29°.

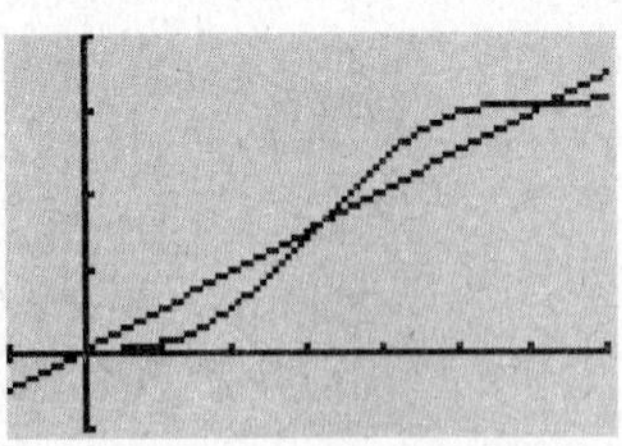

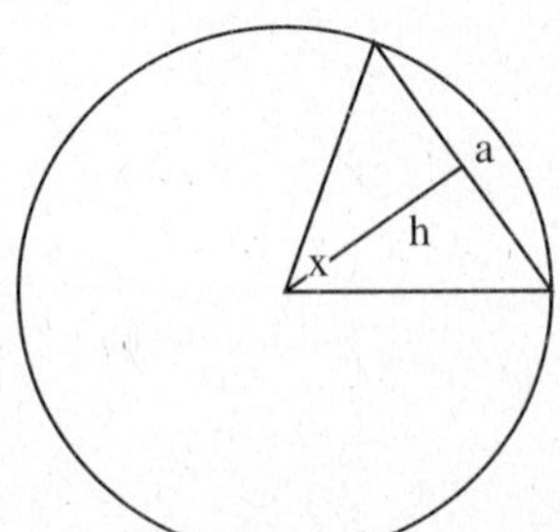

S. 194 **10** a) Die Länge des Tanks sei a. Dann gilt: $V = A \cdot a$. Mit $\pi r^2 \cdot a = 2000$ und $A = \frac{1}{8}(2\alpha - \sin(2\alpha))$ folgt $V(\alpha) = \frac{1}{\pi}(2\alpha - \sin(2\alpha))$.

b) $\frac{1}{\pi}(2\alpha - \sin(2\alpha)) = 200$ (Liter); $\frac{1}{\pi}(2\alpha - \sin(2\alpha)) = 0{,}2$ (m^3);
$2\alpha - \sin(2\alpha) - 0{,}2 \cdot \pi = 0$; $\alpha \approx 0{,}8133$; $h \approx 0{,}16$

c)

Inhalt (*l*)	α	h (m)
400	1,0566	0,25
600	1,2454	0,34
800	1,4124	0,42
1000	1,5708	0,50
1200	1,7292	0,58
1400	1,8962	0,66
1600	2,0850	0,75
1800	2,3282	0,84
2000	3,1416	1,00

6 *Untersuchung trigonometrischer Funktionen*

S. 195 **1** a) Vermutung: $p \approx 25 \approx 8\pi$

b) Beispiel 1: $x \mapsto \sin(x) + \sin(2x)$. $a = 1$; $b = 2$; $p_1 = 2\pi$; $p_2 = \pi$; $p = 2\pi$

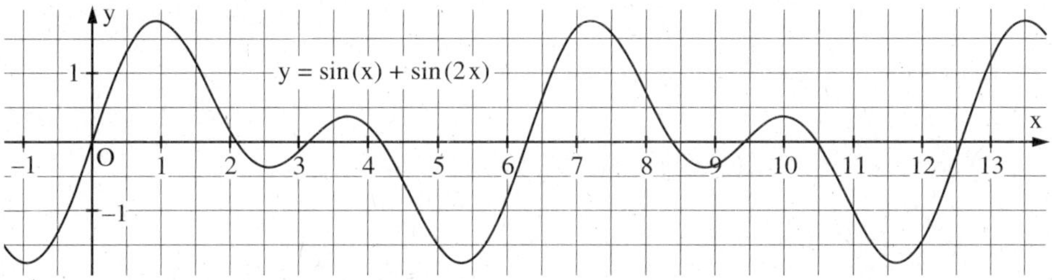

Beispiel 2: $x \mapsto \sin(2x) + \sin(3x)$. $a = 2$; $b = 3$; $p_1 = \pi$; $p_2 = \frac{2}{3}\pi$; $p = 2\pi$

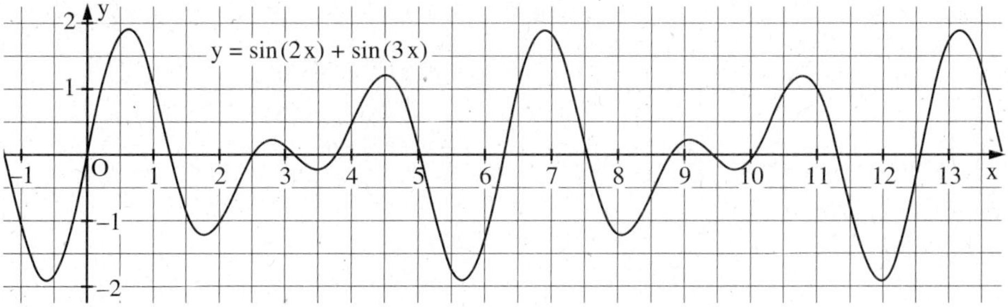

S. 195 **1** Beispiel 3: $x \mapsto \sin\left(\frac{1}{2}x\right) + \sin(3x)$. $a = \frac{1}{2}$; $b = 3$; $p_1 = 4\pi$; $p_2 = \frac{2}{3}\pi$; $p = 4\pi$

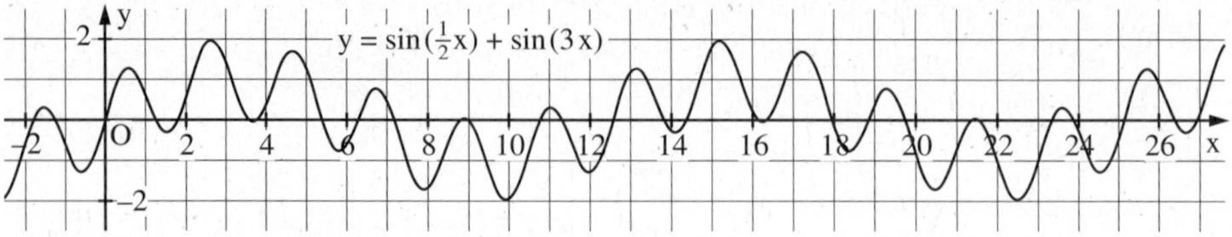

c) $p_1 = \frac{2\pi}{a}$; $p_2 = \frac{2\pi}{b}$; $p_1 : p_2 = \frac{2\pi}{a} : \frac{2\pi}{b} = b : a$.
Die Funktionswerte von f wiederholen sich, wenn es natürliche Zahlen n und m gibt, sodass $n \cdot p_1 = m \cdot p_2$ bzw. $\frac{p_1}{p_2} = \frac{m}{n}$ gibt. Wegen $\frac{p_1}{p_2} = \frac{m}{n} = \frac{b}{a}$ muss die Gleichung $a \cdot p_1 = b \cdot p_2$ untersucht werden.

S. 197 **2** a) Vermutung: $p = 2\pi$
$f(x + 2\pi) = \sin(x + 2\pi) \cdot \sin(2(x + 2\pi)) = \sin(x + 2\pi) \cdot \sin(2x + 4\pi)$
$= \sin(x) \cdot \sin(2x) = f(x)$
b) Vermutung: $p = \pi$
$f(x + \pi) = (\sin(x + \pi))^2 = (-\sin(x))^2 = (\sin(x))^2 = f(x)$
c) Vermutung: $p = \pi$
$f(x + 2\pi) = \sin^2(x + \pi) + \sin(2(x + \pi)) = \sin^2(x) + \sin(2x + 2\pi)$
$= \sin^2(x) + \sin(2x) = f(x)$

3 $f(x) = \sin(2x) - \cos(x)$
a) Vermutung: $p = 2\pi$
Nachweis: $f(x + 2\pi) = \sin(2 \cdot (x + 2\pi))$
$- \cos(x + 2\pi) = \sin(2x + 4\pi) - \cos(x)$
$= \sin(2x) - \cos(x) = f(x)$.
b) Schnittpunkte mit der x-Achse:
$N_1\left(\frac{\pi}{6}\middle|0\right)$; $N_2\left(\frac{\pi}{2}\middle|0\right)$; $N_3\left(\frac{5}{6}\pi\middle|0\right)$; $N_4\left(\frac{3}{2}\pi\middle|0\right)$

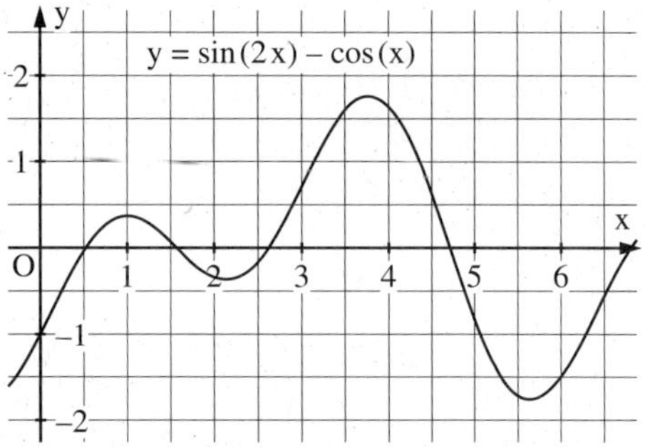

c) $f'(x) = 2\cos(2x) + \sin(x)$;
$f''(x) = -4\sin(2x) + \cos(x)$;
$f'(x) = 0$: $2 \cdot \cos(2x) + \sin(x) = 0$;
$2 \cdot (1 - 2\sin^2(x)) + \sin(x) = -4\sin^2(x) + \sin(x) + 2 = 0$.
Daraus folgt $\sin(x) = \frac{1}{8} - \frac{1}{8}\sqrt{33}$ oder $\sin(x) = \frac{1}{8} + \frac{1}{8}\sqrt{33}$.
Daraus erhält man: $H_1(1{,}003|0{,}369)$; $H_2(3{,}776|1{,}760)$; $T_1(2{,}139|-0{,}369)$; $T_2(5{,}648|-1{,}760)$.
d) $W_1(0{,}125|-0{,}744)$; $W_2(1{,}570|0)$; $W_3(3{,}016|0{,}744)$; $W_4(4{,}712|0)$

4 a) $f(x) = \sin^3(x)$
1. Periode $p = 2\pi$, da $f(x + 2\pi) = (\sin(x + 2\pi))^3 = (\sin(x))^3 = f(x)$ ist.
2. Nullstellen: $x_0 = 0$; $x_1 = \pi$ und $x_2 = 2\pi$
3. Extrempunkte: $H(1{,}571|1)$ und $T(4{,}712|-1)$
4. Wendepunkte: $W_1(0|0)$; $W_2(0{,}955|0{,}544)$; $W_3(2{,}186|0{,}544)$; $W_4(\pi|0)$; $W_5(4{,}097|-0{,}544)$; $W_6(5{,}328|-0{,}544)$; $W_7(2\pi|0)$
Graph siehe nächste Seite

S. 197 **4** b) $f(x) = \sin(x) + \cos(2x)$

1. Periode: $p = 2\pi$, da $f(x + 2\pi)$ $= (\sin(x + 2\pi)) + \cos(2(x + 2\pi))$ $= \sin(x) + \cos(2x) = f(x)$ ist.

2. Nullstellen:
Aus $\sin(x) + \cos(2x) = \sin(x) + \cos^2(x) - \sin^2(x) = \sin(x) + 1 - 2\sin^2(x) = 0$ ergibt sich: $\sin(x) = 1$ und $\sin(x) = -\frac{1}{2}$;
also $x_0 = \frac{\pi}{2}$; $x_1 = \frac{7}{6}\pi$ und $x_2 = \frac{11}{6}\pi$.

3. Extrempunkte: $T_1\left(\frac{\pi}{2}\middle|0\right)$; $T_2\left(\frac{3}{2}\pi\middle|-2\right)$;
$H_1(0{,}25|1{,}12)$ und $H_2(2{,}89|1{,}12)$

4. Wendepunkte: $W_1(0{,}88|0{,}58)$; $W_2(2{,}26|0{,}58)$; $W_3(3{,}85|-0{,}49)$; $W_4(5{,}58|-0{,}49)$

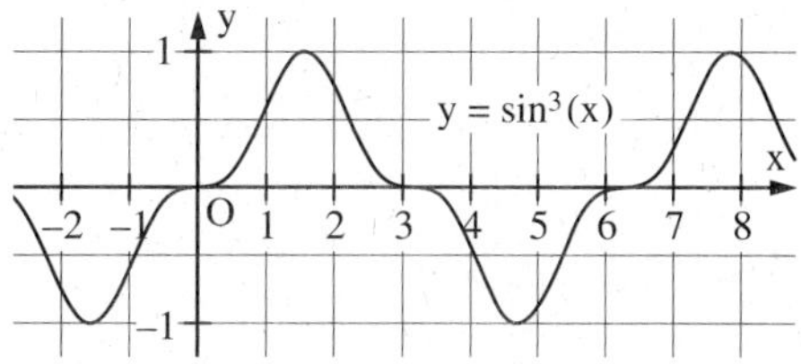

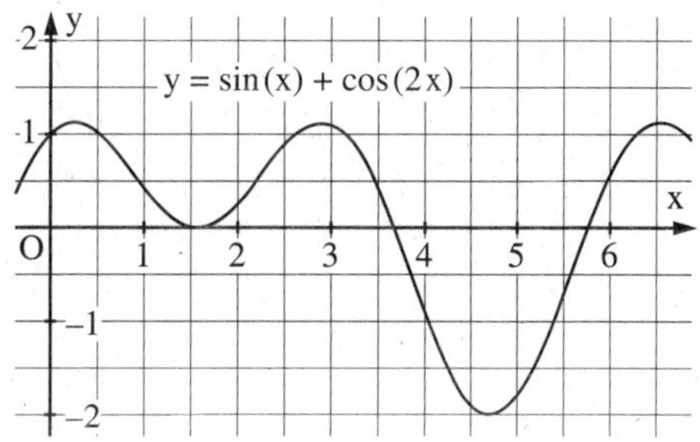

c) $f(x) = \sin(x) - \sin(2x)$

1. Periode: $p = 2\pi$, da $f(x + 2\pi)$ $= \sin(x + 2\pi) - \sin(2(x + 2\pi))$ $= \sin(x) - \sin(2x) = f(x)$ ist.

2. Nullstellen:
Aus $\sin(x) - \sin(2x) = \sin(x) - 2\cdot\sin(x)\cdot\cos(x)$ $= \sin(x)\cdot(1 - 2\cdot\cos(x)) = 0$
ergibt sich: $\sin(x) = 0$ und $\cos(x) = \frac{1}{2}$;
also $x_0 = 0$; $x_1 = \pi$; $x_2 = \frac{1}{3}\pi$ und $x_3 = \frac{5}{3}\pi$.

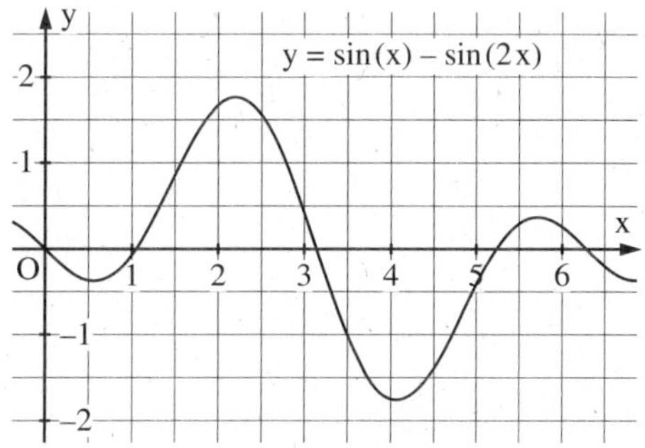

3. Extrempunkte: $T_1(0{,}57|-0{,}37)$;
$T_2(4{,}08|-1{,}76)$; $H_1(2{,}21|1{,}76)$ und $H_2(5{,}72|0{,}37)$

4. Wendepunkte: $W_1(0|0)$; $W_2(\pi|0)$; $W_3(1{,}45|0{,}74)$; $W_4(4{,}84|-0{,}74)$

5 a) $f'(x) = 1 + \cos(x)$; $f''(x) = -\sin(x)$; $f'''(x) = -\cos(x)$
Es gibt keine Extremstellen, an den Stellen $x_k = \pi + 2\pi\cdot k$; $k \in \mathbb{Z}$ hat K einen Sattelpunkt. Graph siehe nächste Seite Fig. 1.
Für die Stellen größter Steigung gilt: $f''(x) = 0$ und $f'''(x) < 0$: $-\sin(x) = 0$ ergibt $x_0 = 0$ und $x_1 = \pi$. Wegen $f'''(0) = -1$ liegt in $x_0 = 0$ ein Maximum der Steigung vor: $f'(0) = 2$. Wegen $f'''(\pi) = 1$ liegt in $x_0 = \pi$ ein Minimum der Steigung vor: $f'(\pi) = 0$.
b) $f'(x) = 1 - \cos(x)$; $f''(x) = \sin(x)$; $f'''(x) = \cos(x)$
Es gibt keine Extremstellen, an den Stellen $x_k = 2\pi\cdot k$; $k \in \mathbb{Z}$ hat K einen Sattelpunkt.
Graph siehe nächste Seite Fig. 2.
$f'(x) = 0$ und $f''(x) \neq 0$: $1 - \cos(x) = 0$ ergibt $x_0 = 0$. Wegen $f''(0) = 0$ und $f'''(0) \neq 1$ liegt in $x_0 = 0$ kein Extrempunkt vor, sondern ein Sattelpunkt. Dies gilt auch an allen Stellen $x_k = 2\pi\cdot k$; $k \in \mathbb{Z}$.

S. 197 **5**

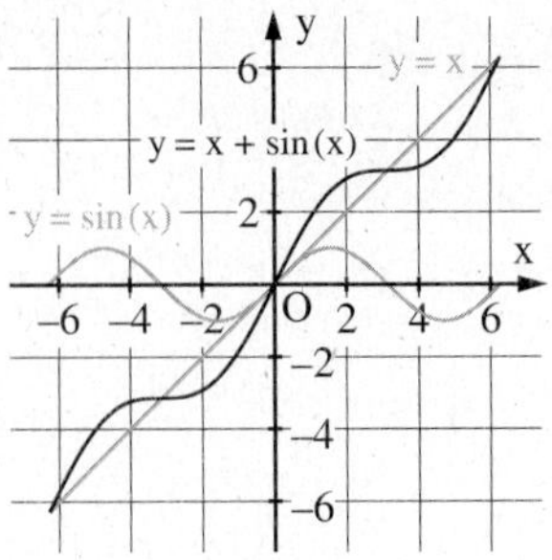

Fig. 1

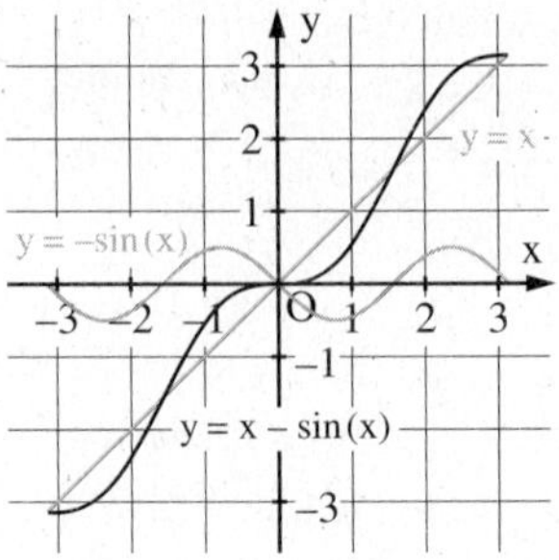

Fig. 2

6 $f(x) = 1 + \cos(2x) + 2\cdot\cos(x) = 2\cdot\cos^2(x) + 2\cdot\cos(x)$
$f(-x) = 2\cdot\cos^2(-x) + 2\cdot\cos(-x) = 2\cdot\cos^2(x) + 2\cdot\cos(x)$
Also ist $f(x) = f(-x)$. Damit ist der Graph von f symmetrisch zur y-Achse.

7 $a = \frac{1}{2}$; $b = 1$. Graph rechts

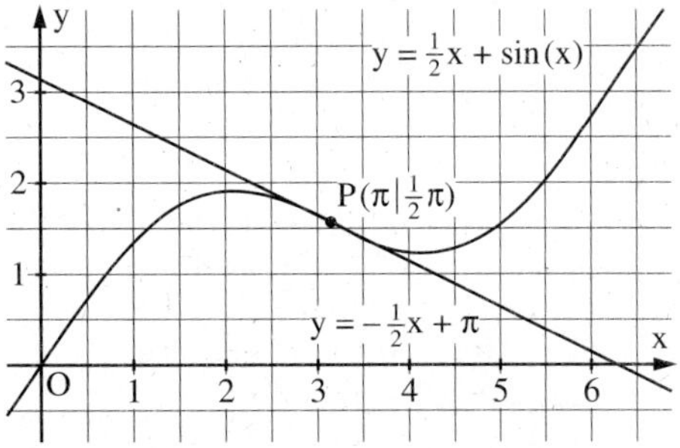

8 a) Graph rechts.
b) $W\left(\frac{\pi}{2}\middle|t\right)$; $y = -tx + \frac{\pi}{2}t + t$
c) $A = \int_0^{\frac{\pi}{2}} \left[\left(-tx + \frac{\pi}{2}t + t\right) - (t + t\cdot\cos(x))\right]dx$
$= \left[-\frac{t}{2}x^2 + \frac{\pi}{2}tx - t\cdot\sin(x)\right]_0^{\frac{\pi}{2}} = \frac{t}{8}\pi^2 - t$

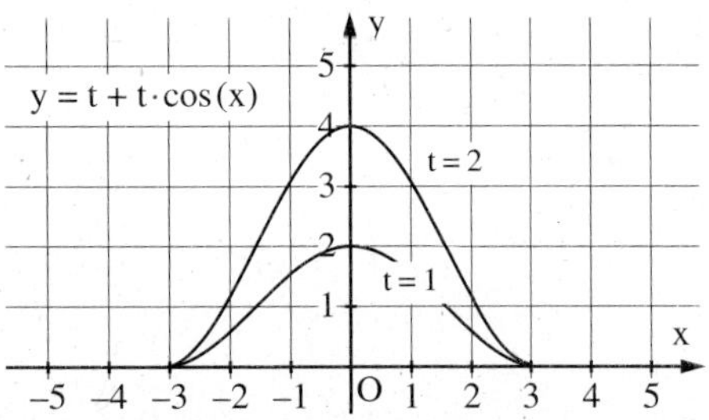

d) $U(u) = 2u + 4 + 4\cdot\cos(u)$
$U'(u) = 2 - 4\cdot\sin(u)$
$U''(u) = -4\cdot\cos(u)$
Der Umfang des Rechtecks wird extremal für $u = \frac{\pi}{6}$; Maximum.

9 a) Bei gleicher Grundseite AB ist für $\alpha = 90°$ die Höhe von maximaler Länge;
$A_{max} = \frac{1}{2}s^2$.
b) $F(x) = \frac{1}{2}s\cdot s\cdot\sin(x) = \frac{1}{2}s^2\cdot\sin(x)$; $0 < x \leqq \frac{\pi}{2}$
$F(x) = \frac{1}{2}s\cdot s\cdot\sin(\pi - x) = -\frac{1}{2}s^2\cdot\sin(x)$; $\frac{\pi}{2} < x < \pi$
An der Stelle $x_0 = \frac{1}{2}\pi$ hat f ein globales Maximum; $A_{max} = \frac{1}{2}s^2$.

S. 197 **10** a) $a_1 \cdot \sin(x) + a_2 \cdot \cos(x) = a \cdot \sin(x + x_0)$ soll gelten für alle $x \in \mathbb{R}$.
$a \cdot \sin(x) \cdot \cos(x_0) + a \cdot \cos(x) \cdot \sin(x_0) = a_1 \cdot \sin(x) + a_2 \cdot \cos(x)$.
Vergleich der Koeffizienten ergibt: $a_1 = a \cdot \cos(x_0)$ und $a_2 = a \cdot \sin(x_0)$;
daraus folgt: $a_1^2 + a_2^2 = a^2 \cdot (\cos^2(x) + \sin^2(x)) = a^2$.
Man erhält aus $a_1 = a \cdot \cos(x_0)$ und $a_2 = a \cdot \sin(x_0)$ durch Quotientenbildung:
$\frac{a_2}{a_1} = \frac{\sin(x_0)}{\cos(x_0)} = \tan(x_0)$.
b) $a = \sqrt{3^2 + 4^2} = 5$ und $\tan(x_0) = \frac{4}{3}$; also $x_0 \approx 0{,}9273$.
Damit gilt: $f(x) = 3 \cdot \sin(x) + 4 \cdot \cos(x) = 5 \cdot \sin(x + 0{,}9273)$.

7 *Anwendungen und Funktionsanpassung bei trigonometrischen Funktionen*

S. 198 **1** a) Periode $p = 66$ Minuten
b) Der nebenstehende Graph zeigt einen möglichen Temperaturverlauf im Kühlschrank.

Randbemerkung: Mit einer gewöhnlichen Sinusfunktion gelingt eine Modellierung nicht.

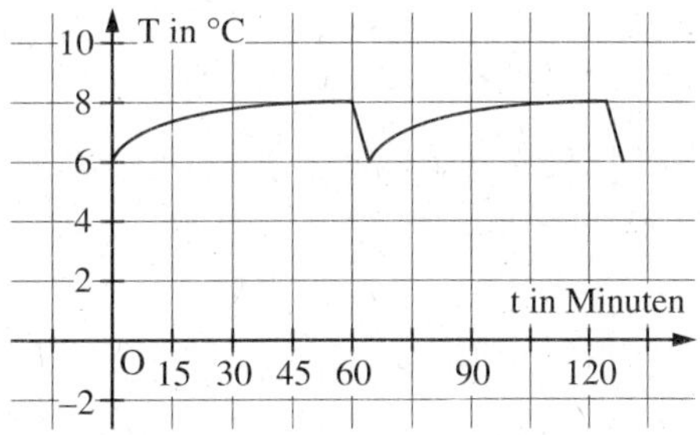

S. 199 **2** a) $s(t) = 10 \cdot \sin\left(\frac{2\pi}{1{,}5} \cdot t\right) = 10 \cdot \sin\left(\frac{4\pi}{3} \cdot t\right)$
b) $s'(t) = \frac{40 \cdot \pi}{3} \cdot \cos\left(\frac{4\pi}{3} \cdot t\right)$; $s''(t) = -\frac{160 \cdot \pi^2}{9} \cdot \sin\left(\frac{4\pi}{3} \cdot t\right)$; $s'''(t) = -\frac{640 \cdot \pi^3}{27} \cdot \cos\left(\frac{4\pi}{3} \cdot t\right)$
$s''(t)$ ist die Beschleunigung einer Bewegung. Daher folgt aus
$s'''(t) = -\frac{160 \cdot \pi^2}{9} \cdot \sin\left(\frac{4\pi}{3} \cdot t\right) = 0$: $\frac{4\pi}{3} \cdot t = \frac{\pi}{2}$ und $\frac{4\pi}{3} \cdot t = \frac{3\pi}{2}$; also $t_1 = \frac{3}{8} = 0{,}375$ und $t_2 = \frac{9}{8} = 1{,}125$. Da $s(t_1) = -10$ und $s(t_2) = 10$ ist, ist in den Zeitpunkten, in denen die Auslenkung maximal ist, die Beschleunigung am größten. Die Beschleunigung beträgt nach 0,375 s etwa $-175\,\frac{cm}{s^2}$; nach 1,125 s etwa $175\,\frac{cm}{s^2}$.

3 a) Mit dem GTR erkennt man, dass ein angenähert sinusförmiger Verlauf vorliegt.
Es ist $a = \frac{66 - 18}{2} = 24$; $y_0 = \frac{66 + 18}{2} = 42$;
$p = 12 = \frac{2\pi}{b}$; also $b = \frac{\pi}{6}$.
Damit $s(t) = 24 \cdot \sin\left(\frac{\pi}{6} \cdot t\right) + 42$.

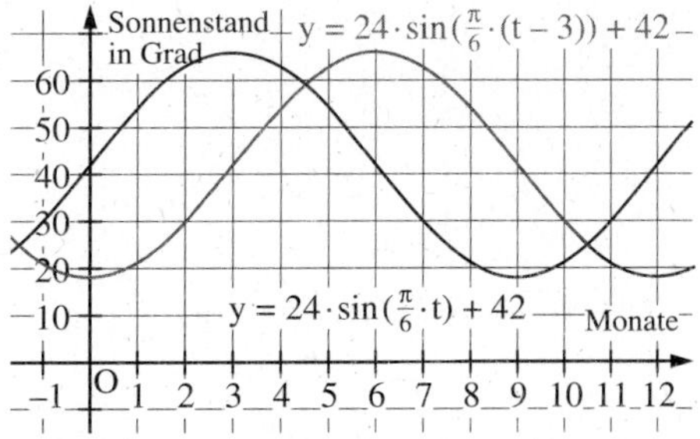

S. 199 ***3*** Es ist noch eine geeignete Verschiebung durchzuführen: Da die Funktion s ihr Maximum bei $t = 3$ besitzt, also $s(3) = 66$ im Juni (Monat 6) angenommen wird, ist eine Verschiebung um 3 Einheiten nach rechts sinnvoll. Damit wird durch
$s(t) = 24 \cdot \sin\left(\frac{\pi}{6} \cdot (t-3)\right) + 42$ der Sonnenhöchststand modelliert.

b) $s'(t) = 4\pi \cdot \cos\left(\frac{\pi}{6} \cdot (t-3)\right)$; $s''(t) = -\frac{2}{3}\pi^2 \cdot \sin\left(\frac{\pi}{6} \cdot (t-3)\right)$;

$s'(t) = 4\pi \cdot \cos\left(\frac{\pi}{6} \cdot (t-3)\right) = 0$ ergibt $\frac{\pi}{6} \cdot (t-3) = \frac{\pi}{2}$ bzw. $\frac{\pi}{6} \cdot (t-3) = \frac{3\pi}{2}$.

Für $t_1 = 6$, d. h. im Juni, ist wegen $s''(6) = -\frac{2}{3}\pi^2 < 0$ Sonnenhöchststand: $s(6) = 66$.

Für $t_2 = 12$ ist wegen $s''(12) = \frac{2}{3}\pi^2 > 0$ Sonnentiefststand: $s(12) = 18$.

Gute Übereinstimmung mit der Realität.

S. 200 ***4*** a) Nach der Darstellung mit dem GTR ergibt sich ein sinusförmiger Verlauf. Auf der x-Achse ist die Einheit 1, auf der Temperaturachse 3. Man erhält für die Tiefsttemperaturen $T(x) = 0{,}737 \cdot \sin(0{,}535 \cdot x - 2{,}271) + 6{,}064$; für die Höchsttemperaturen $H(x) = 0{,}747 \cdot \sin(0{,}504 \cdot x - 1{,}921) + 14{,}225$.

b) Das Maximum der Funktion d mit $d(x) = H(x) - T(x)$ ist zu bestimmen. Dazu bildet man mit dem GTR in Y_3 die Funktionen $Y_2 - Y_1$, zeichnet ihren Graphen und bestimmt das Maximum. Man erhält für $x_0 \approx 6$ das Maximum mit etwa 11,5; d. h., Ende Juni bzw. Anfang Juli ist der Temperaturunterschied am größten mit 11,5 °C. Das stimmt auch näherungsweise mit der Tabelle überein; dort ist der Unterschied für den ganzen Monat 10,8 °C.

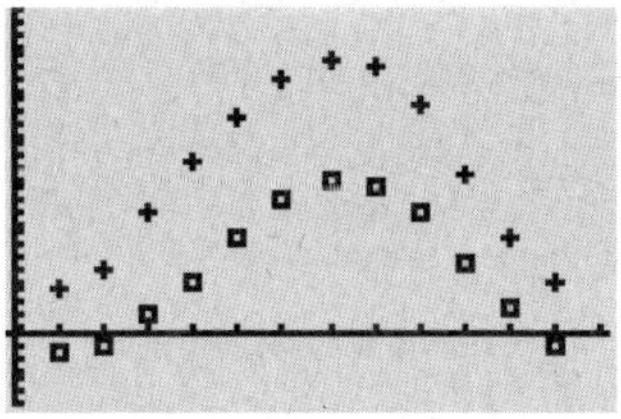

Fig. 1

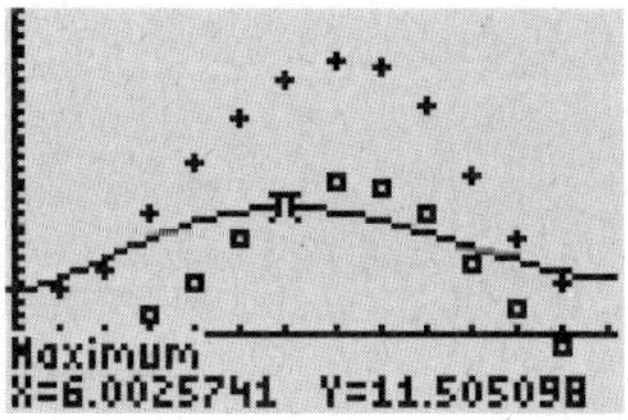

Fig. 2

5 Kritik an der Modellannahme:
In der Regel ist die tiefste Temperatur direkt vor Sonnenaufgang zu beobachten und nicht um 2.00 Uhr.

a) $a = 7$; $e = -\frac{2}{3}\pi$; $d = 23$

b) Um 8.00 Uhr und um 20.00 Uhr

S. 200 **6** α ist so zu wählen, dass die Querschnittsfläche (gleichschenkliges Dreieck und Rechteck) möglichst groß wird.
x sei das Bogenmaß von α. Es gilt:

$$A(x) = 3 \cdot \sin\left(\tfrac{1}{2}x\right) \cdot 3 \cdot \cos\left(\tfrac{1}{2}x\right) + 3 \cdot 2\left(3 \cdot \sin\left(\tfrac{1}{2}x\right)\right)$$

$$= 9 \cdot \sin\left(\tfrac{1}{2}x\right) \cdot \cos\left(\tfrac{1}{2}x\right) + 18 \cdot \sin\left(\tfrac{1}{2}x\right);\ x \in [0;\ \pi]$$

$$A'(x) = \tfrac{9}{2} \cdot \cos^2\left(\tfrac{1}{2}x\right) - \tfrac{9}{2} \cdot \sin^2\left(\tfrac{1}{2}x\right) + 9 \cdot \cos\left(\tfrac{1}{2}x\right);\ x \in [0;\ \pi]$$

$$A''(x) = -9 \cdot \sin\left(\tfrac{1}{2}x\right)\cos\left(\tfrac{1}{2}x\right) - \tfrac{9}{2} \cdot \sin\left(\tfrac{1}{2}x\right);\ x \in [0;\ \pi]$$

Einzige Nullstelle von A′ ist $x_0 \approx 2{,}392$, hier liegt ein (globales) Maximum vor ($A''(x_0) < 0$). Das Fassungsvermögen der Rinne ist für $\alpha_0 \approx 137°$ maximal.

7 a) Der Parameter a bestimmt den Schnittpunkt des Graphen der Funktion d mit $d(t) = a \cdot e^{-kt}$ mit der y-Achse: $S(0|a)$. Je größer a, umso größer ist die anfängliche Amplitude. Die Dämpfung wird von k bestimmt: Je größer das positive k ist, umso rascher nehmen die Amplituden ab.
In $s(t) = a \cdot e^{-kt} \cdot \sin(\omega \cdot t)$ bestimmt ω die Zeitdauer der Schwingung: je größer ω, umso kürzer ist die Zeitdauer für eine volle Schwingung.
b) Im vorliegenden Fall ist $a = 5$, da der Graph von d mit $d(t) = a \cdot e^{-kt}$ durch $P(0|5)$ verläuft. Da der Graph von d mit $d(t) = a \cdot e^{-kt}$ durch $P(8|1)$ verläuft, ist $5 \cdot e^{k \cdot 8} = 1$; also $k = \frac{\ln(5)}{8} \approx 0{,}2$. Da zwei volle Schwingungen im Intervall $[0;\ 2\pi]$ erfolgen, ist $\omega = 2$. Damit gehört der dargestellte Graph zu $s(t) = 5 \cdot e^{-0{,}2 \cdot t} \cdot \sin(2 \cdot t)$.

8 $h(t) = e^{kt} \cdot \sin(bt) + d$. Wegen $h(0) = 1$ ist $d = 1$.
Die Periode ist $p = 0{,}5$. Damit ergibt sich aus $p = \frac{2\pi}{b}$: $b = 4\pi$.
Um die „Dämpfung" k zu bestimmen wählt man auf dem Graphen von $h(t) = e^{kt} \cdot \sin(4\pi t) + 1$ den Punkt $P(2{,}785|0{,}75)$ und erhält aus einer Punktprobe:
$0{,}75 = e^{k \cdot 2{,}875} \cdot \sin(4\pi \cdot 2{,}875) + 1$: $k \approx -0{,}482$; also etwa $k = -0{,}5$.
Gesuchte Funktion: $h(t) = e^{-0{,}5t} \cdot \sin(4\pi t) + 1$.

9 a) generelle Zunahme: Treibhauseffekt; jahreszeitliche Schwankung: in Pflanzen gebundenes CO_2 im Sommer, verstärkte Heizung im Winter (N-Halbkugel).
b) $k_0 = 316$; $k_1 = 0{,}654$; $k_2 = 0{,}0216$; $a = 2{,}5$; $b = 2\pi$

8 *Vermischte Aufgaben*

Gebrochenrationale Funktionen

S. 201 **1** a) $f(x) = \frac{e^x}{x}$; $f'(x) = \frac{x \cdot e^x - 1 \cdot e^x}{x^2} = e^x \cdot \frac{x-1}{x^2}$ (Quotientenregel)

$f(x) = x^{-1} \cdot e^x$; $f'(x) = -x^{-2} \cdot e^x + x^{-1} \cdot e^x = e^x \cdot \frac{x-1}{x^2}$ (Produktregel)

b) $f(x) = \frac{x^2+x}{e^x}$; $f'(x) = \frac{e^x \cdot (2x+1) - e^x \cdot (x^2+x)}{e^{2x}} = \frac{-x^2+x+1}{e^x}$ (Quotientenregel)

$f(x) = (x^2+x) \cdot e^{-x}$; $f'(x) = (2x+1) \cdot e^{-x} - (x^2+x) \cdot e^{-x} = e^{-x} \cdot (-x^2+x+1)$ (Produktregel)

c) $f(x) = \frac{x+e^x}{x} = (x+e^x) \cdot x^{-1}$; $f'(x) = (1+e^x) \cdot x^{-1} - (x+e^x) \cdot x^{-2} = \frac{x + x \cdot e^x - x - e^x}{x^2}$

$= \frac{e^x \cdot (x-1)}{x^2}$ (Produktregel)

$f(x) = 1 + x^{-1} \cdot e^x$; $f'(x) = -x^{-2} \cdot e^x + x^{-1} \cdot e^x = e^x \cdot \frac{x-1}{x^2}$ (Summen- und Produktregel)

d) $f(x) = \frac{e^x + x^2}{e^{2x}}$; $f'(x) = \frac{e^{2x} \cdot (e^x + 2x) - 2e^{2x} \cdot (e^x + x^2)}{e^{4x}} = \frac{-e^x - 2x^2 + 2x}{e^{2x}}$ (Quotientenregel)

$f(x) = e^{-x} + x^2 \cdot e^{-2x}$; $f'(x) = -e^{-x} + 2x \cdot e^{-2x} - 2x^2 \cdot e^{-2x} = e^{-2x} \cdot (-e^x - 2x^2 + 2x)$ (Summen- und Produktregel)

e) $f(x) = e^{2x} + \frac{e^x}{x^2}$; $f'(x) = 2e^{2x} + \frac{x^2 \cdot e^x - 2x \cdot e^x}{x^4} = 2e^{2x} + \frac{e^x \cdot (x-2)}{x^3}$ (Quotientenregel)

$f(x) = e^{2x} + x^{-2} \cdot e^x$; $f'(x) = 2e^{2x} - 2x^{-3} \cdot e^x + x^{-2} \cdot e^x = 2e^{2x} + \frac{e^x \cdot (x-2)}{x^3}$ (Produktregel)

f) $f(x) = \frac{x^2 + x \cdot e^x}{x^2} = \frac{x+e^x}{x}$ wie Aufgabe c)

g) $f(x) = \frac{e^{2x} + e^x + x}{x \cdot e^x}$; $f'(x) = \frac{x \cdot e^x \cdot (2e^{2x} + e^x + 1) - (e^x + x \cdot e^x) \cdot (e^{2x} + e^x + x)}{x^2 \cdot e^{2x}} = \frac{x \cdot e^{2x} - (e^{2x} + e^x + x^2)}{x^2 \cdot e^x}$ (Quotientenregel)

$f(x) = x^{-1} \cdot e^x + x^{-1} + e^{-x}$; $f'(x) = -x^{-2} \cdot e^x + x^{-1} \cdot e^x - x^{-2} - e^{-x} = e^x \cdot \frac{x-1}{x^2} - \frac{1}{x^2} - e^{-x}$

$= \frac{e^{2x}(x-1) - e^x - x^2}{x^2 \cdot e^x}$ (Summen-, Produkt- und Quotientenregel)

h) $f(x) = \frac{1 - x - e^{-x}}{e^{2x}}$; $f'(x) = \frac{e^{2x} \cdot (-1 + e^{-x}) - 2e^{2x} \cdot (1 - x - e^{-x})}{e^{4x}} = \frac{-3 + 2x + 3e^{-x}}{e^{2x}}$ (Quotientenregel)

$f(x) = e^{-2x} - x \cdot e^{-2x} - e^{-3x}$; $f'(x) = -2e^{-2x} - e^{-2x} + 2x \cdot e^{-2x} + 3 \cdot e^{-3x}$

$= e^{-2x} \cdot (3e^{-x} + 2x - 3)$ (Summen-, Produktregel)

2 a) $f(x) = \frac{x^3+1}{x^3}$; $D_f = \mathbb{R} \setminus \{0\}$;

keine Symmetrie;

Schnittpunkt mit der x-Achse: $X(-1|0)$;

kein Schnittpunkt mit der y-Achse;

Asymptoten: $x = 0$ und $y = 1$

Graph rechts

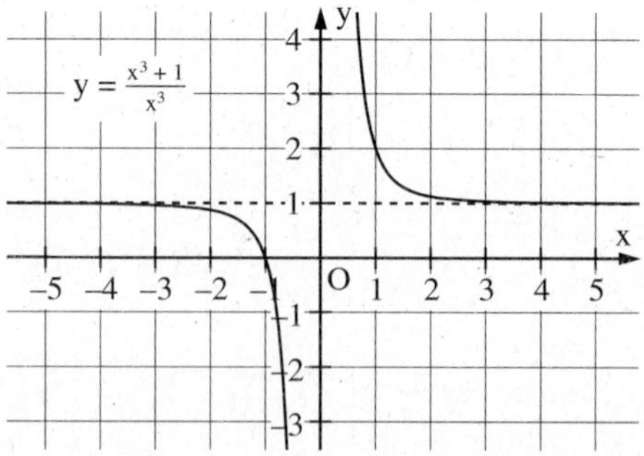

S. 201 **2** b) $f(x) = \frac{4(x^2-1)}{x^2-9}$; $D_f = \mathbb{R} \setminus \{-3; 3\}$;
Symmetrie zur y-Achse;
Schnittpunkte mit der x-Achse: $X_1(-1|0)$ und $X_2(1|0)$;
Schnittpunkt mit der y-Achse: $Y\left(0\middle|\frac{4}{9}\right)$
Asymptoten: $x = 3$; $x = -3$ und $y = 4$
Graph rechts

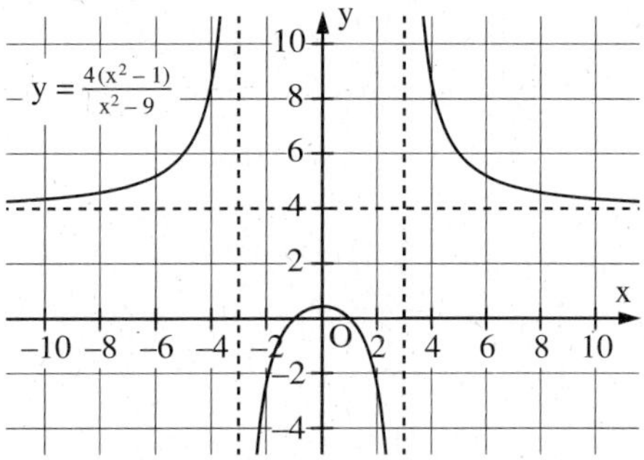

c) $f(x) = \frac{x+1}{x^2-1} = \frac{1}{x-1}$; $D_f = \mathbb{R} \setminus \{-1; 1\}$;
keine Symmetrie;
kein Schnittpunkt mit der x-Achse;
Schnittpunkt mit der y-Achse: $Y(0|-1)$;
hebbare Lücke an der Stelle $x_0 = -1$;
Asymptoten: $x = 1$ und $y = 0$
Graph rechts

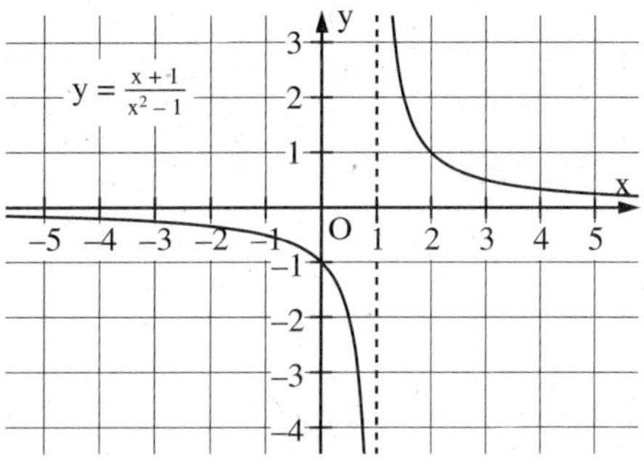

d) $f(x) = \frac{x-1}{x^3-4x}$; $D_f = \mathbb{R} \setminus \{-2; 0; 2\}$;
keine Symmetrie;
Schnittpunkt mit der x-Achse: $X(1|0)$;
kein Schnittpunkt mit der y-Achse;
Asymptoten: $x = -2$; $x = 0$; $x = 2$ und $y = 0$
Graph rechts

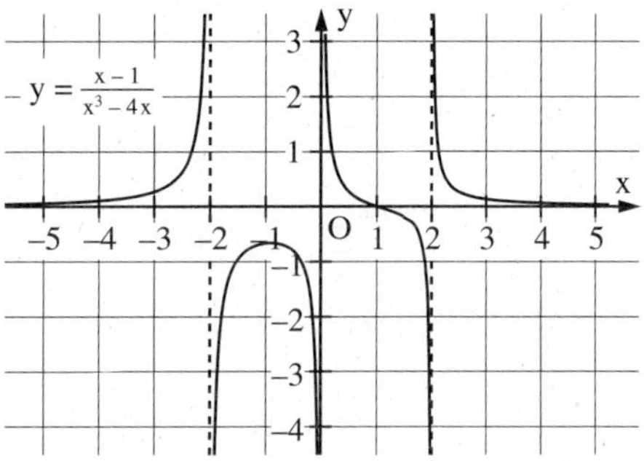

3 a) $f(x) = x^{-n}$; $f'(x) = -n \cdot x^{-n-1}$
Tangente in $P(x_1|x_1^{-n})$:
$y = -n \cdot x_1^{-n-1} \cdot (x - x_1) + x_1^{-n}$ oder
$y = -n \cdot x_1^{-n-1} \cdot x + (n+1) \cdot x_1^{-n}$
Schnittpunkt mit der x-Achse: $S\left(\frac{n+1}{n} \cdot x_1 \middle| 0\right)$

b) $\frac{x_2}{x_1} = \frac{\frac{n+1}{n} \cdot x_1}{x_1} = \frac{n+1}{n}$. Für $n = 2$ gilt:
$\frac{x_2}{x_1} = \frac{\frac{n+1}{n} \cdot x_1}{x_1} = \frac{3}{2}$ oder $x_2 = \frac{3}{2} \cdot x_1$. Ist ein Punkt $P(x_1|x_1^{-2})$ gegeben, so zeichnet man $P^*(x_1|0)$, konstruiert den Punkt $S(1{,}5 \cdot x_1|0)$ und verbindet P mit S. Dies liefert die Tangente.

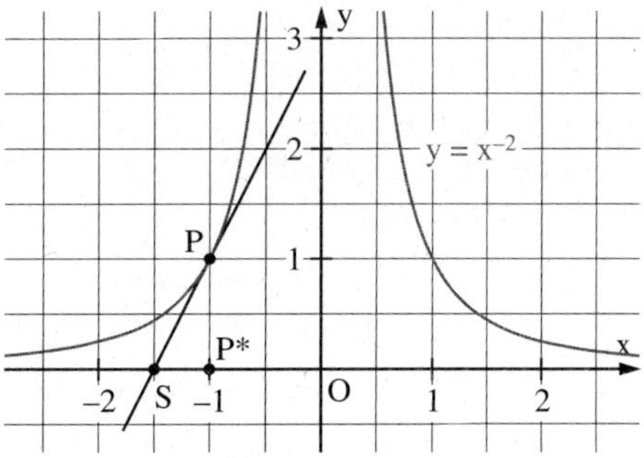

S. 201 **4** a) $f(x) = \frac{x^2-1}{2x}$; $D_f = \mathbb{R} \setminus \{0\}$;
Graph punktsymmetrisch zum Nullpunkt; $x_0 = 0$ ist Polstelle mit VZW; Schnittpunkte mit der x-Achse: $X_1(-1|0)$; $X_2(1|0)$; Asymptoten: $x = 0$ und $y = \frac{1}{2}x$
$f(x) = \frac{x^2-1}{2x} = \frac{x}{2} - \frac{1}{2}x^{-1}$;
$f'(x) = \frac{1}{2} + \frac{1}{2}x^{-2} = \frac{x^2-1}{2x}$; $f''(x) = \frac{1}{x^3}$.
Keine Extremwerte

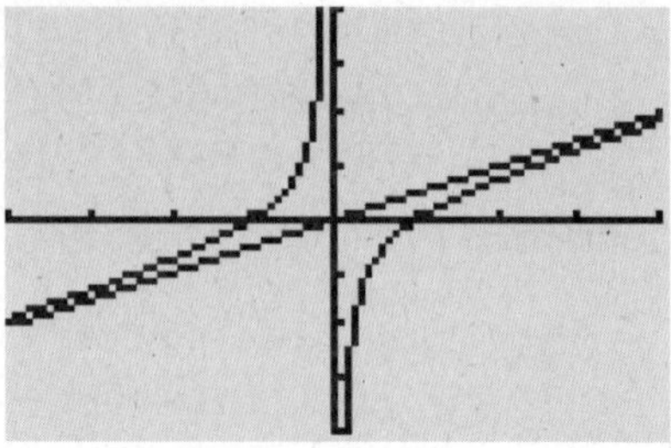

b) $f(x) = \frac{2-x}{x^2}$; $D_f = \mathbb{R} \setminus \{0\}$;
Graph nicht symmetrisch; $x_0 = 0$ ist Polstelle ohne VZW; Schnittpunkt mit der x-Achse: $X(2|0)$; Asymptoten: $x = 0$ und $y = 0$
$f(x) = \frac{2-x}{x^2} = 2 \cdot x^{-2} - x^{-1}$;
$f'(x) = -4 \cdot x^{-3} + x^{-2} = \frac{-4+x}{x^3}$;
$f''(x) = 12 \cdot x^{-4} - 2 \cdot x^{-3} = \frac{12}{x^4} - \frac{2}{x^3} = \frac{12-2x}{x^4}$.
$f'(x) = 0$ für $x_1 = 4$; wegen $f''(4) > 0$ ist $T\left(4\middle|-\frac{1}{8}\right)$ einziger Extrempunkt.
Wendepunkt $W\left(6\middle|-\frac{1}{9}\right)$

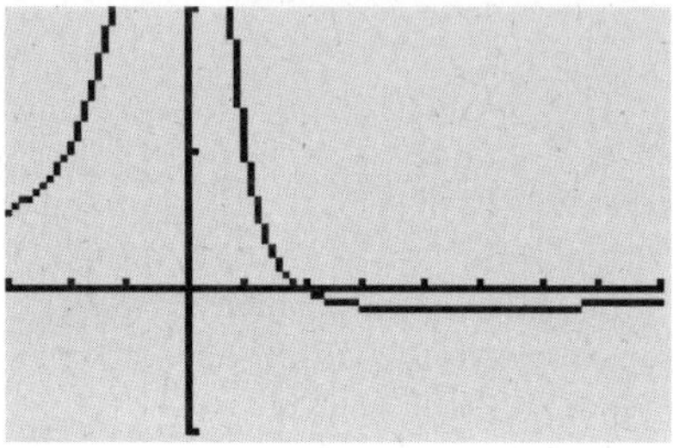

c) $f(x) = \frac{x^2}{4} - \frac{2}{x}$; $D_f = \mathbb{R} \setminus \{0\}$;
Graph nicht symmetrisch; $x_0 = 0$ ist Polstelle mit VZW; Schnittpunkt mit der x-Achse: $X(2|0)$; Asymptote: $x = 0$;
Näherungskurve für große $|x|$: $y = \frac{1}{4}x^2$
$f'(x) = \frac{1}{2}x + 2 \cdot x^{-2} = \frac{x^3+4}{2x^2}$;
$f''(x) = \frac{1}{2} - 4 \cdot x^{-3} = \frac{x^3-8}{2x^3}$
$f'(x) = 0$ für $x_1 = -\sqrt[3]{4} \approx -1{,}5874$; wegen $f''(-\sqrt[3]{4}) > 0$ ist $T\left(-\sqrt[3]{4}\middle|\frac{3 \cdot \sqrt[3]{2}}{2}\right)$ einziger Extrempunkt. Wendepunkt $W(2|0)$.

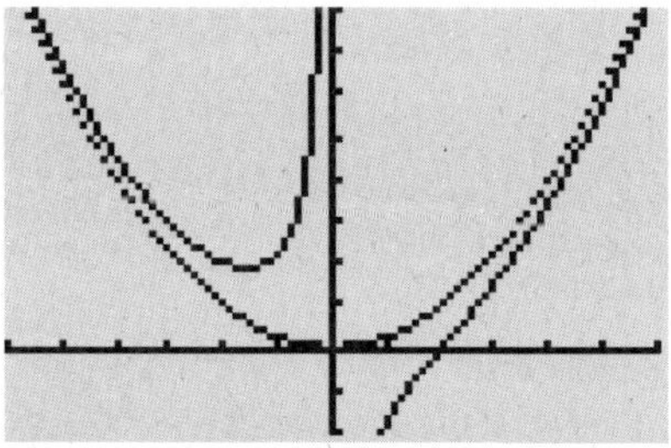

d) $f(x) = 3 + \frac{6}{x} - \frac{4}{x^2}$; $D_f = \mathbb{R} \setminus \{0\}$;
Graph nicht symmetrisch; $x_0 = 0$ ist Polstelle ohne VZW; Schnittpunkte mit der x-Achse: $X_1\left(-1-\frac{\sqrt{21}}{3}\middle|0\right)$ und $X_1\left(-1+\frac{\sqrt{21}}{3}\middle|0\right)$;
Asymptoten: $x = 0$ und $y = 3$.
$f'(x) = -6x^{-2} + 8x^{-3} = \frac{-6x+8}{x^3}$;
$f''(x) = 12x^{-3} - 24x^{-4} = \frac{12x-24}{x^4}$
$f'(x) = 0$ für $x_1 = \frac{4}{3}$; wegen $f''\left(\frac{4}{3}\right) < 0$ ist
$H\left(\frac{4}{3}\middle|\frac{21}{4}\right)$ einziger Extrempunkt. Wendepunkt $W(2|5)$.

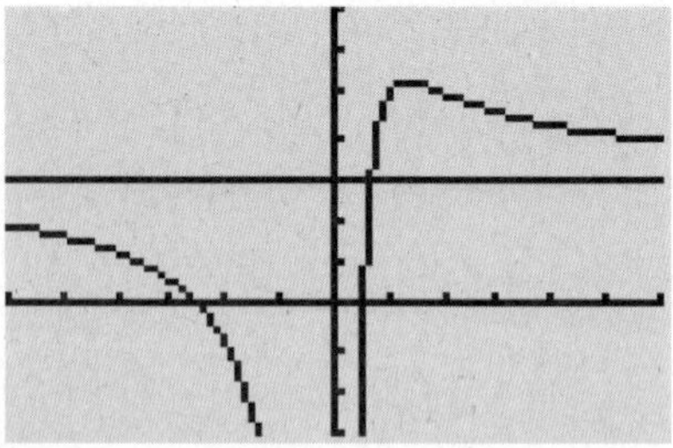

S. 201 **5** a) $N_1(-3\sqrt{2}\,|\,0)$; $N_2(3\sqrt{2}\,|\,0)$;

$f(x) = x + 5 + \frac{7}{x-5}$; $f'(x) = 1 - \frac{7}{(x-5)^2}$;

$f''(x) = \frac{14}{(x-5)^3}$

$H(5 - \sqrt{7}\,|\,10 - 2\sqrt{7}) \approx H(2{,}35\,|\,4{,}71)$;

$T(5 + \sqrt{7}\,|\,10 + 2\sqrt{7}) \approx T(7{,}65\,|\,15{,}29)$;

Asymptoten: $x = 5$; $y = x + 5$; vgl. Figur

b) $f(x) = x^3 - 6x^2 + 18$;

$x_1 \approx -1{,}545$; $x_2 \approx 2{,}167$; $x_3 \approx 5{,}378$

c) $y = \frac{9}{2}$; $y = \frac{31}{2}$

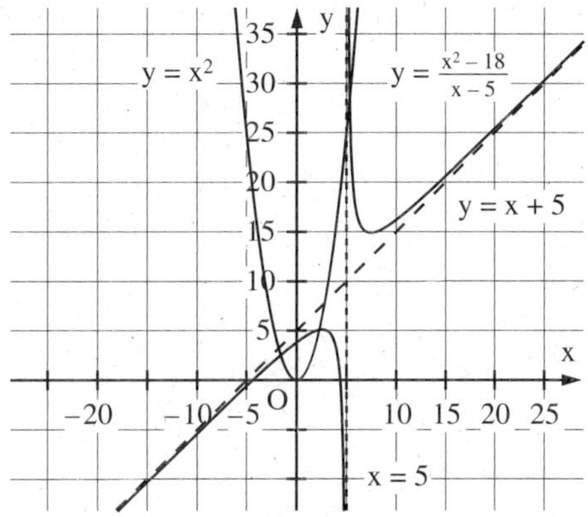

6 a) $f(x) = \frac{x^2 - 4x + 1}{x^2 + 1}$; $D_f = \mathbb{R}$; Graph rechts

b) $\frac{x^2 - 4x + 1}{x^2 + 1} = -x + 1$ ergibt $x^3 - 3x = 0$;

$x_0 = -\sqrt{3}$; $x_1 = 0$; $x_2 = \sqrt{3}$

Schnittpunkte $S_0(-\sqrt{3}\,|\,1 + \sqrt{3})$; $S_1(0\,|\,1)$;

$S_0(\sqrt{3}\,|\,-1 + \sqrt{3})$

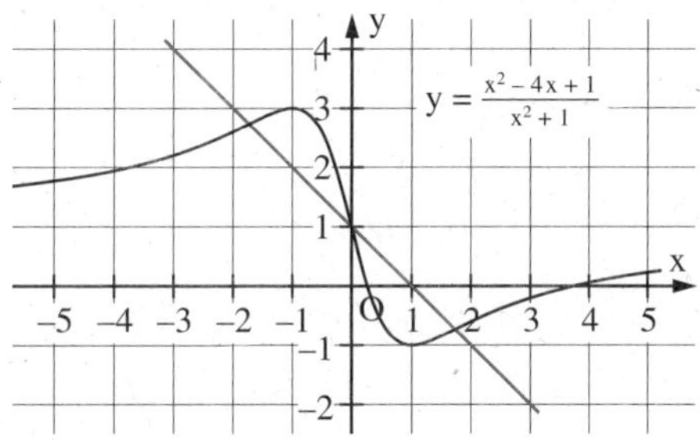

c) $\frac{A}{2} = \int_0^{\sqrt{3}} \left(-x + 1 - \frac{x^2 - 4x + 1}{x^2 + 1}\right) dx$

$= \int_0^{\sqrt{3}} \frac{-x^3 + x^2 - x + 1 - x^2 + 4x - 1}{x^2 + 1}\, dx = \int_0^{\sqrt{3}} \frac{-x^3 + 3x}{x^2 + 1}\, dx$

$= \int_0^{\sqrt{3}} \left(\frac{4x}{x^2 + 1} - x\right) dx = \left[2 \cdot \ln(x^2 + 1) - \frac{1}{2}x^2\right]_0^{\sqrt{3}} = 2 \cdot \ln(4) - 1{,}5 \approx 1{,}2726.$

Damit ist $A = 4 \cdot \ln(4) - 3 \approx 2{,}5452$.

Man kann den Inhalt auch mit dem GTR näherungsweise bestimmen.

7 a) $V = \frac{1}{3}\pi x^2 \cdot (a + y)$; $y : \frac{a}{2}\sqrt{2} = (a + y) : x$; $y = \frac{\frac{1}{2}\sqrt{2} \cdot a^2}{x - \frac{a}{2}\sqrt{2}} = \frac{a^2}{\sqrt{2}\,x - a}$;

$V = \frac{1}{3}\pi x^2 \left(\frac{a^2}{\sqrt{2}\,x - a} + a\right) = \frac{1}{3}\pi x^2 \cdot \frac{\sqrt{2} \cdot a x}{\sqrt{2} \cdot x - a} = \frac{\sqrt{2}}{3} \cdot a \cdot \pi \cdot \frac{x^3}{\sqrt{2}\,x - a}$

b) $V'(x) = \frac{\sqrt{2}}{3} \cdot a \cdot \pi \cdot \frac{2\sqrt{2}\,x^3 - 3ax^2}{(\sqrt{2}\,x - a)^2}$; aus $V'(x) = 0$ folgt $x_1 = \frac{3}{4}a\sqrt{2}$;

mit VWK folgt, dass ein Minimum vorliegt.

S. 202 **8** a) Asymptote g: $y = \frac{1}{2}x$. Für $b > 2$ hat die Fläche zwischen dem Graphen von f und der Geraden g über [2; b] den Inhalt $A(b) = \int_2^b \left(f(x) - \frac{1}{2}x\right) dx = 1 - \frac{2}{b}$. Für $b \to \infty$ strebt $A(b) \to 1$. Die nach rechts unbeschränkte Fläche hat den Inhalt $A = 1$.

b) Asymptote g: $y = \frac{1}{3}x$. Für $a < -1$ hat die Fläche zwischen dem Graphen von f und der Geraden g über [a; –1] den Inhalt $A(a) = \int_a^{-1} \left(\frac{1}{3}x - f(x)\right) dx = \frac{1}{3} + \frac{1}{3a}$. Für $a \to -\infty$ strebt $A(a) \to \frac{1}{3}$. Die nach rechts unbeschränkte Fläche hat den Inhalt $A = \frac{1}{3}$.

S. 202 ***8*** zu a):

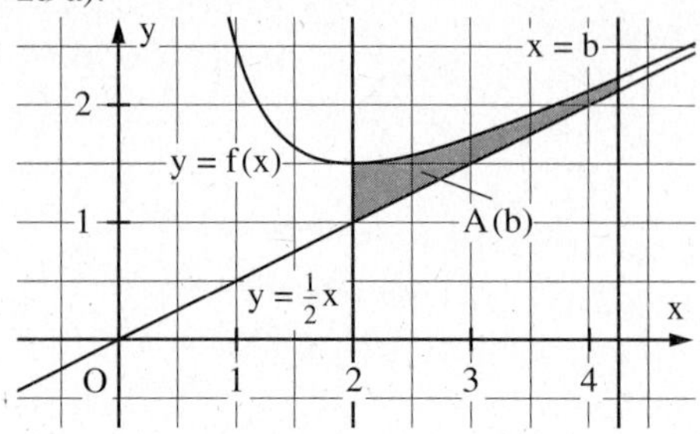

zu b):

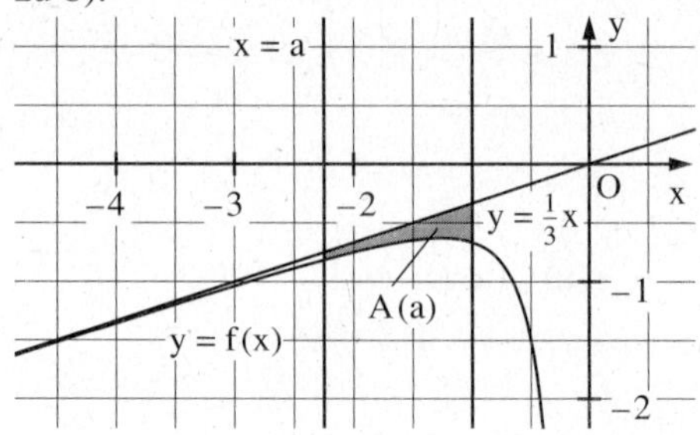

9 a) $x = -\sqrt{t};\ x = \sqrt{t};\ y = 0$

b) $f_t'(x) = \frac{-32x}{(x^2-t)^2};\ H_t\left(0\middle|-\frac{16}{t}\right)$

c) Vgl. Figur

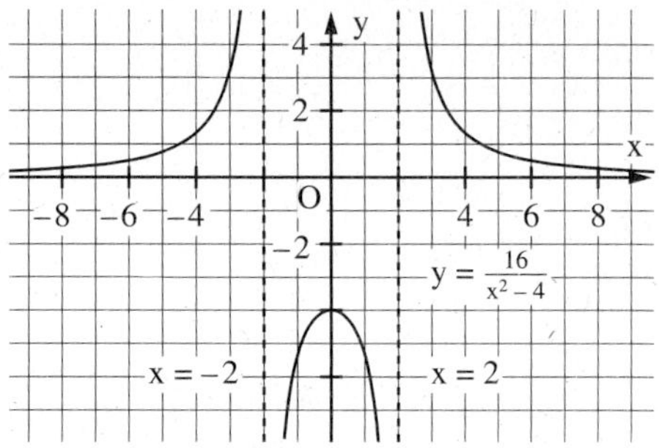

d) $f_{t_1}(x) = f_{t_2}(x)$ gilt nur für $t_1 = t_2$, dies ist aber ausgeschlossen.

e) Sei $(x_0|y_0)$ der gesuchte Punkt. Dann ist $(-x_0|y_0)$ der andere wegen der Achsensymmetrie. Steigung der Tangente in $(x_0|y_0)$: $-\frac{32x_0}{(x_0^2-t)^2}$; der Normale: $\frac{(x_0^2-t)^2}{32x_0}$.

Gleichung der Normale in $(x_0|y_0)$: $y = \frac{(x_0^2-t)^2}{32x_0}\cdot x$. Daraus folgt: $y_0 = \frac{(x_0^2-t)^2}{32x_0}\cdot x_0$

$\Rightarrow \frac{16}{x_0^2-t} = \frac{(x_0^2-t)^2}{32}$. Damit ist $x_0 = \pm\sqrt{t+8}$. Daraus folgt: $P_t(\sqrt{8+t}\,|\,2)$; $Q_t(-\sqrt{8+t}\,|\,2)$. P_t und Q_t liegen auf der Geraden mit der Gleichung $y = 2$.

10 a) $f_t(x) = 4x^2 + t - \frac{t^3}{x};\ f_t'(x) = 8x + \frac{t^3}{x^2};\ f_t''(x) = 8 - \frac{2t^3}{x^3}$

$T\left(-\frac{t}{2}\middle|3t^2+t\right)$; wegen $t \in \mathbb{R}$ weder globales Maximum noch globales Minimum.

b) Minimum von y_T für $t = -\frac{1}{6}$; damit $T\left(\frac{1}{12}\middle|-\frac{1}{12}\right)$.

c) $x = -\frac{t}{2};\ y = 3t^2 + t;\ y = 12x^2 - 2x$

d) $W_t\left(\frac{1}{2}t\cdot\sqrt[3]{2}\,\middle|\,t\right);\ y = \sqrt[3]{4}\cdot x$; Ursprungsgerade

Trigonometrische Funktionen

11 a) $f(x) = 5\cdot\sin(2x)$; Periode ist π; Schnittpunkte mit der x-Achse $X_1(0|0)$; $X_2\left(\frac{\pi}{2}\middle|0\right)$; Extrempunkte $H\left(\frac{\pi}{4}\middle|5\right)$; $T\left(\frac{3}{4}\pi\middle|-5\right)$; Wendepunkte $W_1(0|0)$ und $W_2\left(\frac{\pi}{2}\middle|0\right)$

b) $f(x) = 3\cdot\sin\left(\frac{1}{24}\pi x\right)$; Periode $p = 48$; Schnittpunkte mit der x-Achse: $X_1(0|0)$ und $X_2(24|0)$; Extrempunkte $H(12|3)$; $T(36|-3)$; Wendepunkte $W_1(0|0)$ und $W_2(24|0)$

c) $f(x) = -2\cdot\sin\left(x - \frac{1}{4}\pi\right) + 1$; Periode ist 2π; Schnittpunkte mit der x-Achse: $X_1(1{,}3090|0)$; $X_2(3{,}4034|0)$; Extrempunkte $T\left(\frac{3}{4}\pi\middle|-1\right) \approx T(2{,}3562|-1)$; $H\left(\frac{7}{4}\pi\middle|3\right) \approx H(5{,}4978|3)$; Wendepunkte $W_1\left(\frac{1}{4}\pi\middle|1\right) \approx W_1(0{,}7854|1)$ und $W_2\left(\frac{5}{4}\pi\middle|1\right) \approx W_2(3{,}9270|1)$.

S. 202 **12** a) $a = 1;\ b = \frac{\pi}{2};\ x_0 = -1;\ y_0 = 2;\ f(x) = \sin\left(\frac{\pi}{2}(x+1)\right) + 2$

b) $a = 2;\ b = \frac{\pi}{2};\ x_0 = 0;\ y_0 = 0;\ f(x) = 2 \cdot \sin\left(\frac{\pi}{2}x\right)$

c) $a = 1;\ b = \pi;\ x_0 = 0;\ y_0 = 1;\ f(x) = \sin(\pi \cdot x) + 1$

13 $f(x) = \sin(x) + 2 \cdot \cos(x)$

a) Periode ist $p = 2\pi$, da
$f(x + 2\pi) = \sin(x + 2\pi) + 2 \cdot \cos(x + 2\pi)$
$= \sin(x) + 2 \cdot \cos(x) = f(x)$ ist.

b) Schnittpunkte mit der x-Achse im Periodenintervall $[0;\ 2\pi[$:
$\sin(x) + 2 \cdot \cos(x) = 0$; also $\tan(x) = -2$;
also $N_1(2{,}0344|0)$; $N_2(5{,}1760|0)$;
Schnittpunkt mit der y-Achse: $Y(0|2)$

c) $f'(x) = \cos(x) - 2 \cdot \sin(x)$;
$f''(x) = -\sin(x) - 2 \cdot \cos(x)$;
$H(0{,}4636|2{,}2361)$; $T(3{,}6052|-2{,}2361)$

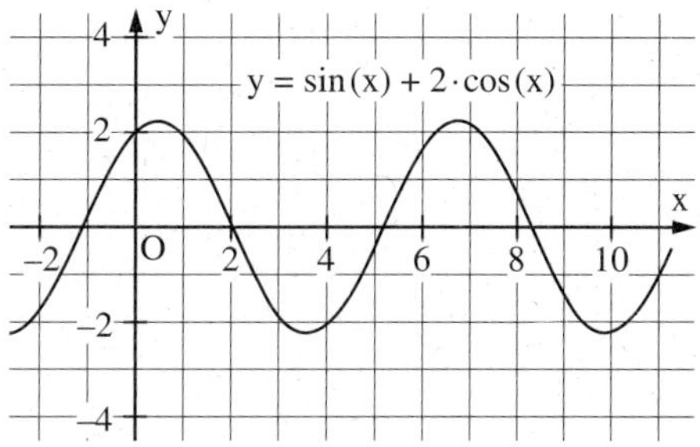

14 a) $f(x) = \sin^2(3x)$; $g(x) = \sin(3x)$;
Periode $p = \frac{2\pi}{3}$
$\sin(3x) \cdot (\sin(3x) - 1) = 0$; also
$\sin(3x) = 0$ und $\sin(3x) = 1$.
$3x = 0$; $3x = \pi$ und $3x = \frac{\pi}{2}$; also
$S_1(0|0)$; $S_2\left(\frac{\pi}{3}\middle|0\right)$; $S_3\left(\frac{\pi}{6}\middle|1\right)$

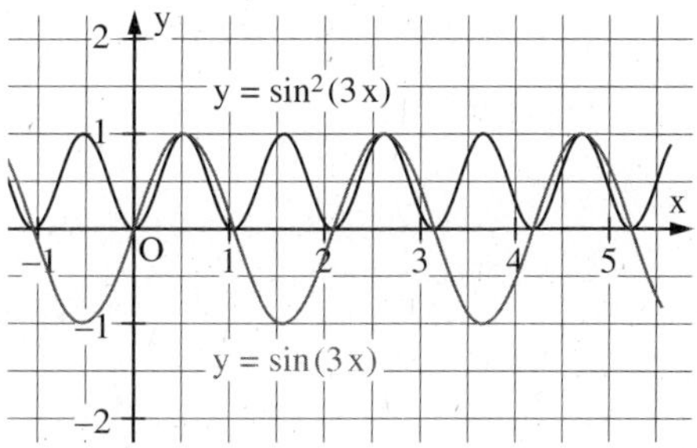

b) $f(x) = 1 + \sin(x)$; $g(x) = 2 - 2 \cdot \sin^2(x)$
$2 \cdot \sin^2(x) + \sin(x) - 1 = 0$ ergibt
$\sin(x) = 0{,}5$ und $\sin(x) = -1$.
$x_1 = \frac{\pi}{6}$; $x_2 = \frac{5\pi}{6}$; $x_3 = \frac{3\pi}{2}$. Damit
$S_1\left(\frac{\pi}{6}\middle|1{,}5\right)$; $S_2\left(\frac{5\pi}{6}\middle|1{,}5\right)$; $S_3\left(\frac{3\pi}{2}\middle|0\right)$

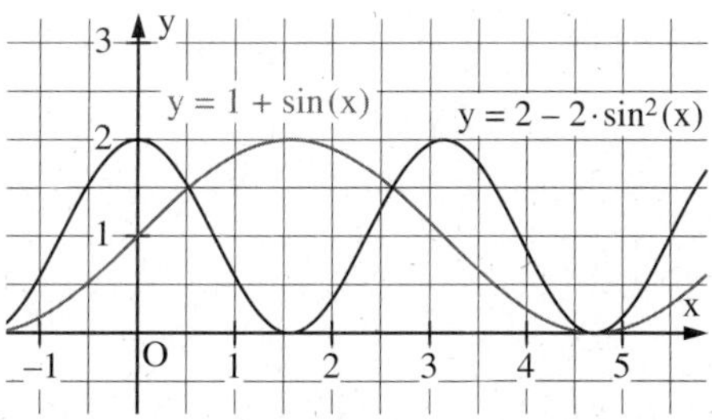

S. 203 **15** a) Graph rechts

b) $H(2|3)$

c) $\int_0^2 \left[3 \cdot \sin\left(\frac{\pi}{4}x\right) - \frac{3}{2}x\right] dx$
$= \left[-3 \cdot \frac{4}{\pi} \cdot \cos\left(\frac{\pi}{4}x\right) - \frac{3}{4}x^2\right]_0^2 = \frac{12}{\pi} - 3 \approx 0{,}82$

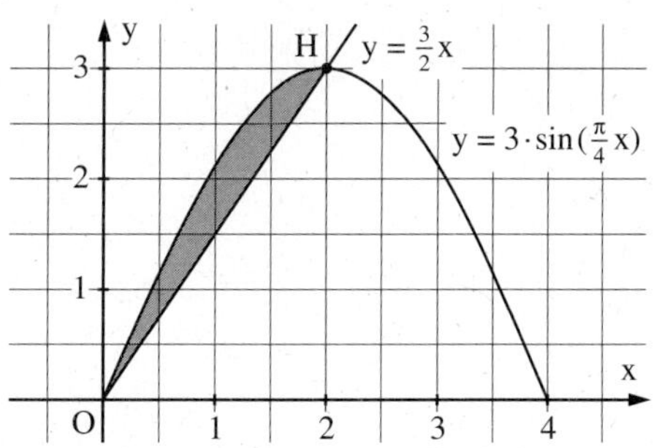

S. 203 **16** a) Graph rechts

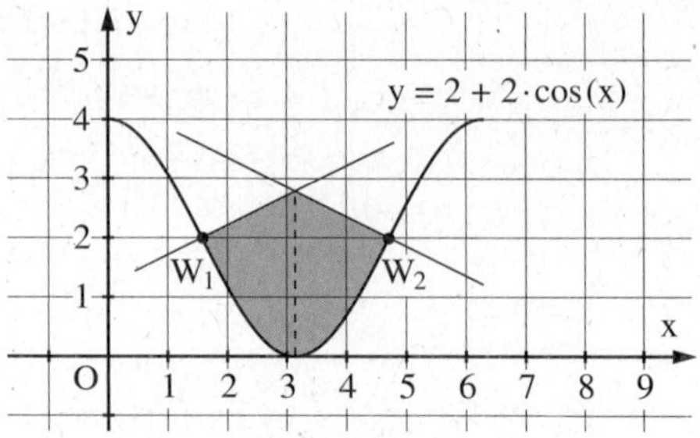

b) $W_1\left(\frac{\pi}{2}\middle|2\right)$; $W_2\left(\frac{3}{2}\pi\middle|2\right)$

Gleichung der Normalen in W_1:

$y = \frac{1}{2}x + 2 - \frac{\pi}{4}$

Gleichung der Normalen in W_2:

$y = -\frac{1}{2}x + 2 + \frac{3}{4}\pi$

Die zwei Normalen schneiden sich an der Stelle $x = \pi$. Also gilt:

c) $A = 2 \cdot \int_{\frac{\pi}{2}}^{\pi}\left(\frac{1}{2}x - \frac{\pi}{4} - 2\cdot\cos(x)\right)dx = 2\cdot\left[\frac{1}{4}x^2 - \frac{\pi}{4}\cdot x - 2\cdot\sin(x)\right]_{\frac{\pi}{2}}^{\pi} = 2\left(2 + \frac{\pi^2}{16}\right) \approx 5{,}2.$

17 a) $f'(x) = \cos(x)$; $f'(0) = 1$; $f'(\pi) = -1$. Gesuchte Parabel: $g(x) = ax^2 + bx + c$;
$g'(x) = 2ax + b$. Aus $g'(0) = 1$ und $g'(\pi) = -1$ folgt: $a = \frac{1}{\pi}$; $b = 1$.
Daraus folgt: $y = -\frac{1}{\pi}x^2 + x$.

b) $A = \int_0^{\pi}\left(\sin(x) + \frac{1}{\pi}x^2 - x\right)dx = \left[-\cos(x) + \frac{1}{3\pi}x^3 - \frac{1}{2}x^2\right]_0^{\pi} = 2 - \frac{1}{6}\pi^2 \approx 0{,}355$

18 a) 6.00 Uhr: 5,10 m; 14.00 Uhr: 2,40 m; 20.00 Uhr: 6,32 m

b) Niedrigwasser von 2,30 m um 2.14 Uhr und um 14.37 Uhr; höchster Wasserstand von 6,50 m um 8.26 Uhr und um 20.49 Uhr.

c) Größte Abnahme des Wasserstands um 11.32 Uhr und um 23.55 Uhr. Hier kann am meisten Energie erzeugt werden.

19 a) Periodenlänge $p = \frac{2\pi}{t}$

b) Hier betrachtet: $D = [0; \pi)$

Nullstellen $x_1 = \frac{\pi}{4}$; $x_2 = \frac{3}{4}\pi$

Ableitungen:

$f_2'(x) = -6\sin(2x)$

$f_2''(x) = -12\cos(2x)$

$f_2'''(x) = 24\sin(2x)$

Extremstellen:

$x_3 = 0$; $x_4 = \frac{\pi}{2}$; $H(0|3)$; $T\left(\frac{\pi}{2}\middle|-3\right)$

Wendestellen:

$x_5 = x_1$; $x_6 = x_2$; $W_1\left(\frac{\pi}{4}\middle|0\right)$; $W_2\left(\frac{3}{4}\pi\middle|0\right)$

c) $A(t) = \frac{1}{2}t + \frac{1}{t}$

Minimaler Flächeninhalt für $t = \sqrt{2}$.

Graph:

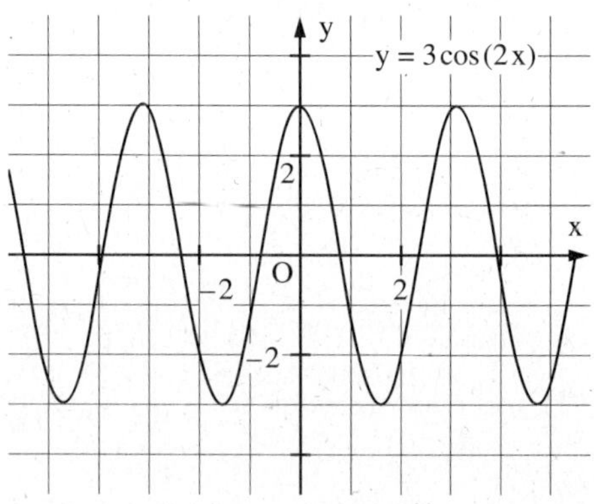

S. 203 **20** a) Fig. 1 zeigt den Graphen der Funktion $x \mapsto x^2 + \cos(x)$. Ein Graph wie in Fig. 2 wäre falsch.

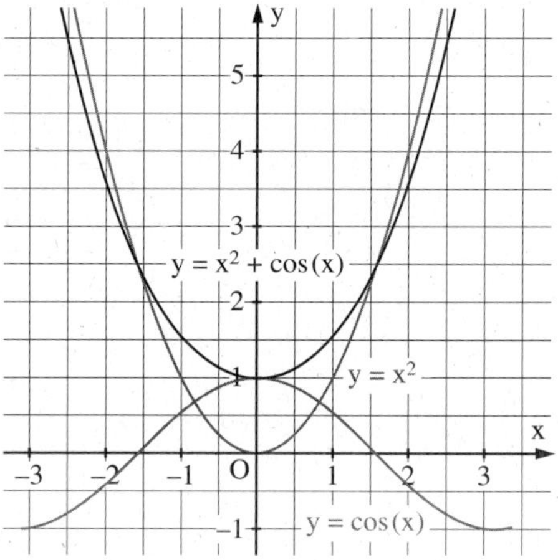

Fig. 1

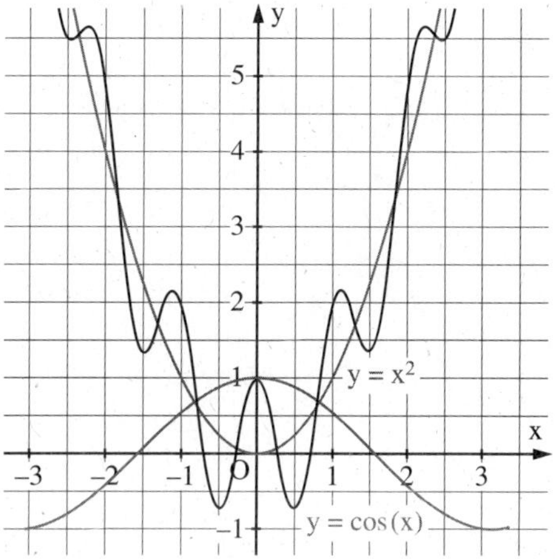

Fig. 2

b) Vermutung: Es gibt keine Wendepunkte für $-1 \leqq k \leqq +1$.
Genauere Untersuchung:
$g(x) = x^2 + \cos(kx)$; $g'(x) = 2x - k \cdot \sin(kx)$; $g''(x) = 2 - k^2 \cdot \cos(kx)$
$k^2 \cdot \cos(kx) = 2$; $\cos(kx) = \frac{2}{k^2}$
Es gibt also keine Wendepunkte für $\frac{2}{k^2} > 1$, d.h. für $-\sqrt{2} < k < +\sqrt{2}$.

21 Ruhezustand-Periode: 1 (s); nach jeweils 1 s erfolgt der nächste Herzschlag.
Pulsfrequenz: 60 $\left(\frac{1}{\text{min}}\right)$
Waldlauf-Periode: 0,4 (s); nach jeweils 0,4 s erfolgt der nächste Herzschlag.
Pulsfrequenz: 150 $\left(\frac{1}{\text{min}}\right)$

22 α ist so zu wählen, dass die Querschnittsfläche möglichst groß ist.
$\alpha^* = \alpha - 90°$; $0 \leqq \alpha^* \leqq 90°$; a ist die Brett-Breite; x sei das Bogenmaß von α^*.

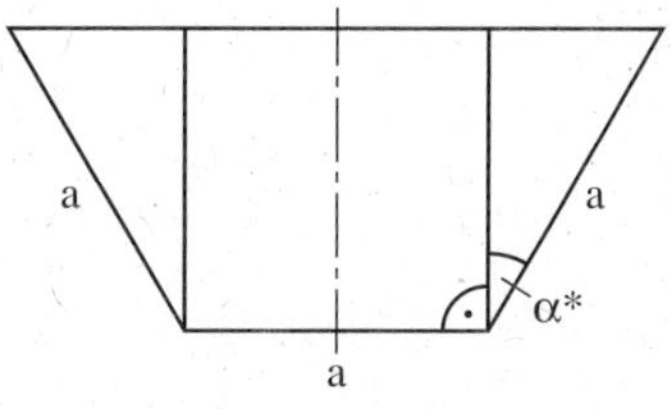

$A(x) = a \cdot a \cdot \cos(x) + a \cdot \cos(x) \cdot a \cdot \sin(x)$
$= a^2 \cdot \cos(x)(1 + \sin(x))$; $0 \leqq x \leqq \frac{1}{2}\pi$
$A'(x) = a^2(-2\sin^2(x) - \sin(x) + 1)$.
Einzige Nullstelle von A′ ist $x_0 = \frac{1}{6}\pi$, hier liegt ein (globales) Maximum vor (VZW-Kriterium).
Bei $\alpha = 120°$ ist das Fassungsvermögen der Rinne möglichst groß.

VII Lineare Gleichungssysteme

1 Lineare Gleichungssysteme mit dem GTR

S. 208 **1** a) Einsetzen der Koordinaten in die Parabelgleichung liefert:

$$\begin{aligned} a + b + c &= 1 \\ 9a + 3b + c &= 5 \\ 36a + 6b + c &= 3{,}5 \end{aligned}$$

b) Lösungsmenge: $L = \{(-0{,}5;\ 4;\ -2{,}5)\}$

S. 209 **2** a) $L = \{(1;\ 3;\ -1;\ 5)\}$

b) $L = \{(-2;\ 4;\ 0{,}5;\ 2{,}5)\}$

c) $\left\{\left(-\frac{28}{37};\ \frac{17}{37};\ 1;\ -\frac{78}{37}\right)\right\}$ (das Ergebnis von rref mit frac umwandeln!)

3 Mit $z = 100a + 10b + c$ erhält man die Gleichungen $3a = a + b + c$; $a + c = b$ und $b + c = 8$. Daraus erhält man das Gleichungssystem

$$\begin{aligned} 2a - b - c &= 0 \\ a - b + c &= 0 \\ b + c &= 8 \end{aligned}$$

Daraus erhält man die Lösung $z = 462$.

4 Mit dem Ansatz $f(x) = ax^3 + bx^2 + cx + d$ erhält man durch Einsetzen der Koordinaten das LGS:

$$\begin{aligned} -a + b - c + d &= 1 \\ a + b + c + d &= 1 \\ 8a + 4b + 2c + d &= -2 \\ 27a + 9b + 3c + d &= 5 \end{aligned}$$

mit der Lösungsmenge $L = \{(1;\ -2;\ -2;\ 2)\}$.
Der Funktionsterm ist $f(x) = x^3 - 2x^2 - 2x + 2$.

5 Mit $f(x) = ax^4 + bx^3 + cx^2 + dx + e$; $f'(x) = 4ax^3 + 3bx^2 + 2cx + d$ und $f''(x) = 12ax^2 + 6bx + 2c$ erhält man aus den Bedingungen $f(-4) = 6$; $f'(-4) = 0$; $f(4) = 2$; $f'(4) = 0$ und $f''(4) = 0$ das LGS

$$\begin{aligned} 256a - 64b + 16c - 4d + e &= 6 \\ -256a + 48b - 8c + d &= 0 \\ 256a + 64b + 16c + 4d + e &= 2 \\ 256a + 48b + 8c + d &= 0 \\ 192a + 24b + 2c &= 0 \end{aligned}$$

mit der Lösungsmenge $L = \left\{\left(\frac{-3}{1024};\ \frac{1}{64};\ \frac{3}{32};\ \frac{-3}{4};\ \frac{13}{4}\right)\right\}$.

Der Funktionsterm ist somit: $f(x) = \frac{-3}{1024}x^4 + \frac{1}{64}x^3 + \frac{3}{32}x^2 - \frac{3}{4}x + \frac{13}{4}$.

2 *Das GAUSS-Verfahren zur Lösung von LGS*

S. 210 **1** Man kann den Wert für eine Variable sofort bestimmen. Setzt man ihn ein, so geht das auch für die nächste Variable. Das System in a) ist übersichtlicher.

a) $(6; -3; 1)$ b) $\left(3; \frac{3}{2}; \frac{1}{3}\right)$

S. 212 **2** a) $(3; -1; 2)$ b) $\left(-\frac{7}{3}; \frac{3}{4}; -2\right)$ c) $\left(0; -4; \frac{7}{2}\right)$

3 a) $\left(-\frac{1}{2}; -\frac{47}{3}; -6\right)$ b) $\left(-1; 2; \frac{8}{3}\right)$ c) $\left(2; -8; -\frac{49}{3}\right)$

4 a) $(2; 1; 3)$ b) $(1; 0; 1)$ c) $(0; 1; 2)$

5 a) $(1; 1; 1)$ b) $(0; 1; 2)$ c) $\left(-\frac{8}{7}; \frac{2}{7}; \frac{11}{7}\right)$

6 a) $(-5; -1; -1)$ b) $\left(\frac{3}{7}; -\frac{6}{7}; -\frac{23}{7}\right)$ c) $(2; 3; 3)$

7 a) $\left(\frac{1}{2}; \frac{1}{8}; \frac{3}{2}; \frac{1}{4}\right)$ b) $\left(\frac{2}{5}; -\frac{9}{10}; \frac{1}{2}; \frac{7}{10}\right)$

8 a) $(1; 0; 1; 1)$ b) $(2; 1; 1; 2)$ c) $\left(1; \frac{3}{2}; \frac{2}{5}; -2\right)$

9 a) LGS:

$$\begin{aligned} a + \tfrac{1}{2}b \phantom{+ \tfrac{1}{3}c} &= 100 \\ b + \tfrac{1}{3}c &= 100 \\ \tfrac{1}{4}a + c &= 100 \end{aligned}$$

$L = \{(64; 72; 84)\}$

b) LGS:

$$\begin{aligned} 2w + 3s + 7b &= 140 \\ -w + s &= 2 \\ -s + b &= 3 \end{aligned}$$

$L = \left\{\left(\frac{33}{4}; \frac{41}{4}; \frac{53}{4}\right)\right\}$

S. 213 **10** Der allgemeine Funktionsterm ist $f(x) = ax^3 + bx^2 + cx + d$.

a) LGS:

$$\begin{aligned} -a + b - c + d &= 0 \\ d &= 1 \\ a + b + c + d &= 4 \\ 8a + 4b + 2c + d &= 15 \end{aligned}$$

$f(x) = x^3 + x^2 + x + 1$

b) LGS:

$$\begin{aligned} -64a + 16b - 4c + d &= 29 \\ -8a + 4b - 2c + d &= 59 \\ 8a + 4b + 2c + d &= -1 \\ 64a + 16b + 4c + d &= 149 \end{aligned}$$

$f(x) = \frac{5}{2}x^3 + 5x^2 - 25x + 9$

S. 213 **10** c) LGS:

$$\begin{aligned} a + b + c + d &= 2 \\ 8a + 4b + 2c + d &= 6 \\ 27a + 9b + 3c + d &= 6 \\ 64a + 16b + 4c + d &= -4 \end{aligned} \qquad f(x) = -x^3 + 4x^2 - x$$

d) LGS:

$$\begin{aligned} d &= -1 \\ 8a + 4b + 2c + d &= 3 \\ 27a + 9b + 3c + d &= 15 \\ 64a + 16b + 4c + d &= 50 \end{aligned} \qquad f(x) = \tfrac{49}{24}x^3 - \tfrac{55}{8}x^2 + \tfrac{91}{12}x - 1$$

11 a) Die Bedingungen sind: $f(3) = -81$; $f'(3) = 0$; $f(0) = 0$ und $f''(0) = 0$. Daraus erhält man folgendes LGS:

$$\begin{aligned} 27a + 9b + 3c + d &= -81 \\ 27a + 6b + c &= 0 \\ d &= 0 \\ b &= 0 \end{aligned}$$

Daraus folgt: $f(x) = \frac{3}{2}x^3 - \frac{81}{2}x$.

b) Die Bedingungen sind: $f(-1) = 11$; $f'(-1) = 0$; $f(-2) = -11$ und $f''(-2) = 0$. Daraus erhält man folgendes LGS:

$$\begin{aligned} -a + b - c + d &= 11 \\ 3a - 2b + c &= 0 \\ -8a + 4b - 2c + d &= -11 \\ -12a + 2b &= 0 \end{aligned}$$

Daraus folgt: $f(x) = -11x^3 - 66x^2 - 99x - 33$.

c) Die Bedingungen sind: $f(2) = 23$; $f'(2) = 0$; $f(4) = 19$ und $f'(4) = 0$. Daraus erhält man folgendes LGS:

$$\begin{aligned} 8a + 4b + 2c + d &= 23 \\ 12a + 4b + c &= 0 \\ 64a + 16b + 4c + d &= 19 \\ 48a + 8b + c &= 0 \end{aligned}$$

Daraus folgt: $f(x) = x^3 - 9x^2 + 24x + 3$.

12 Mit $f(x) = ax^4 + bx^3 + cx^2 + dx + e$; $f'(x) = 4ax^3 + 3bx^2 + 2cx + d$ und $f''(x) = 12ax^2 + 6bx + 2c$ sowie den Bedingungen $f(-1) = 0$; $f(0) = 0$; $f(2) = 0$; $f'(0) = 2$; $f'(2) = 0$ erhält man das folgende LGS:

$$\begin{aligned} a - b + c - d + e &= 0 \\ e &= 0 \\ 16a + 8b + 4c + 2d + e &= 0 \\ d &= 2 \\ 32a + 12b + 4c + d &= 0 \end{aligned}$$

Daraus folgt: $f(x) = \frac{1}{2}x^4 - \frac{3}{2}x^3 + 2x$.

(Vorsicht: Verwendet man statt der aus der Tangente abzulesenden Bedingung $f'(0) = 2$ die ebenfalls geltende Bedingung $f''(0) = 0$, so wird das LGS linear abhängig und man erhält keine eindeutige Lösung!)

S. 213 **13** Die Lösungsmengen hängen vom Parameter r ab. Für jedes $r \in \mathbb{R}$ gibt es eine eindeutige Lösung.

a) $L = \{(2r; r; 4r)\}$

b) $L = \left\{\left(2r + \frac{3}{2}; -r - 1; -2r - 2\right)\right\}$

c) $L = \left\{\left(2 - \frac{1}{4}r; -2 + \frac{3}{2}r; -2 + \frac{7}{4}r\right)\right\}$

14 a) $L = \{(2; -1; 5; -2)\}$

b) $L = \{(-1; 0; 2; 0)\}$

c) $L = \{(0; 0; 0; 0)\}$

15 Die Bedingungen $f(-1) = 0$; $f'(2) = 0$; $f''(2) = 0$; $f(1) = 1$; $f(3) = -2$ führen zu dem folgenden LGS:

$$\begin{aligned} a - b + c - d + e &= 0 \\ 32a + 12b + 4c + d &= 0 \\ 48a + 12b + 2c &= 0 \\ a + b + c + d + e &= 1 \\ 81a + 27b + 9c + 3d + e &= -2 \end{aligned}$$

Daraus folgt: $f(x) = -\frac{1}{2}x^4 + \frac{5}{2}x^3 - 3x^2 - 2x + 4$.

16 Mit a = „Alter des Kapitäns“; p = „Anzahl der Passagiere“; s = „Anzahl des Servicepersonals“ und k = „Anzahl der Kabinen“ lässt sich folgendes LGS aufstellen:

$$\begin{aligned} p - 2k &= 0 \\ p + s - 3k &= -30 \\ 5a - p - s - k &= 0 \\ a - p + s + k &= 20 \end{aligned}$$

Daraus folgt: Der Kapitän ist 50 Jahre alt. Es sind 140 Passagiere an Bord. Das Servicepersonal hat 40 Personen. Das Schiff hat 70 Kabinen.

17 Sei mit a der Bruchteil des Beckens bezeichnet, den die erste Leitung in einer Stunde füllt, mit b und c die entsprechenden Bruchteile für die zweite und dritte Leitung. Da die erste und zweite Leitung zusammen $\frac{3}{4}$h benötigen, gilt: $\frac{3}{4}(a + b) = 1$. Entsprechend erhält man $a + c = 1$ und $\frac{3}{2}(b + c) = 1$. Das zugehörige LGS hat die Lösung $L = \left\{\left(\frac{5}{6}; \frac{1}{2}; \frac{1}{6}\right)\right\}$. Die Einzelfüllzeiten ergeben sich dann als Kehrwerte dieser Zahlen: Leitung 1 benötigt 1h 12min, Leitung 2 braucht 2h und Leitung 3 benötigt 6h. Die Füllzeit für alle Leitungen zusammen ist der Kehrwert der Summe der Elemente von L und beträgt daher 40min.

3 Lösungsmengen linearer Gleichungssysteme

S. 214 ***1*** a) $L = \{(4 - r; -1 + r; r) \mid r \in \mathbb{R}\}$ (unendlich viele Lösungen)
b) $L = \{\,\}$

S. 216 ***2*** a) $L = \{\,\}$
b) $L = \left\{\left(1 - 3r; \frac{1}{2} + 2r; r\right) \mid r \in \mathbb{R}\right\}$
c) $L = \{(42; 11; 4)\}$
d) $L = \{(-2r; r; -2) \mid r \in \mathbb{R}\}$

3 a) $L = \{(r; 3 - 2r; r) \mid r \in \mathbb{R}\}$
b) $L = \{\,\}$
c) $L = \{(r; -2r; 0) \mid r \in \mathbb{R}\}$

4 a) $L = \{(1; -1; 3)\}$
b) $L = \left\{\left(5 - 2r; r; -2 + \frac{4}{3}r\right) \mid r \in \mathbb{R}\right\}$
c) $L = \{(2 + r; 1 + 2r; r) \mid r \in \mathbb{R}\}$

5 a) $L = \{\,\}$ b) $L = \{(3; 5; 7)\}$ c) $L = \{\,\}$

S. 217 ***6*** a) $L = \{(2r; r)\}$ b) $L = \{(r; -r)\}$ c) $L = \left\{\left(1 + \frac{1}{2}r; 0\right)\right\}$ d) $L = \{(2r; 0)\}$
e) $L = \{(2 - r; -1 + r)\}$
f) $L = \{(6 + 4r; -22 - 12r)\}$

7 a) $L = \{(r; 0; 0)\}$
b) $L = \{(r + 1; r + 1; r - 1)\}$
c) $L = \left\{\left(-\frac{19}{14} - \frac{9}{28}r; -\frac{1}{7} + \frac{1}{14}r; \frac{5}{2} + \frac{3}{4}r\right)\right\}$

8 a) LGS:
$9a - 3b + c = 3$
$c = 0$ $\quad L = \{(a; 3a - 1; 0) \mid a \in \mathbb{R}\}$; also $y = ax^2 + (3a - 1)x$
Die Gleichungen der Parabeln erhält man aus der Lage der Scheitel entweder durch eine weitere Gleichung oder indem man a direkt abliest (Differenz des y-Werts des Scheitels zu dem des Punktes mit einem um 1 größeren x-Wert).
rot: $S(0|0)$; $y = \frac{1}{3}x^2$; blau: $S(-2|4)$; $y = -x^2 - 4x$; schwarz: $S(-1|-1)$; $y = x^2 + 2x$
b) LGS:
$16a - 4b + c = 1$
$4a + 2b + c = 1$ $\quad L = \{(a; 2a; -8a + 1) \mid a \in \mathbb{R}\}$; also $y = ax^2 + 2ax - 8a + 1$
rot: $S(-1|-2)$; $y = \frac{1}{3}x^2 + \frac{2}{3}x - \frac{5}{3}$; blau: $S(-1|3)$; $y = -\frac{2}{9}x^2 - \frac{4}{9}x + \frac{25}{9}$;
schwarz: $S(-1|-1)$; $y = \frac{2}{9}x^2 + \frac{4}{9}x - \frac{7}{9}$
c) LGS:
$9a - 3b + c = 3$
$9a + 3b + c = 0$ $\quad L = \left\{\left(a; -\frac{1}{2}; -9a + \frac{3}{2}\right) \mid a \in \mathbb{R}\right\}$; also $y = ax^2 - \frac{1}{2}x - 9a + \frac{3}{2}$
rot: $S(-1|4)$; $y = -\frac{1}{4}x^2 - \frac{1}{2}x + \frac{15}{4}$; blau: $S(1|-1)$; $y = \frac{1}{4}x^2 - \frac{1}{2}x - \frac{3}{4}$;
schwarz: $R(1|2)$; $y = -\frac{1}{8}x^2 - \frac{1}{2}x + \frac{21}{8}$

S. 217 **8** d) LGS:

$16a - 4b + c = 0$

$c = 4$

$L = \{(a; 4a + 1; 4) \mid a \in \mathbb{R}\}$; also $y = ax^2 + (4a + 1)x + 4$

rot: $S(-1|4{,}5)$; $y = -\frac{1}{2}x^2 - x + 4$; blau: $N(-3|0)$; $y = \frac{1}{3}x^2 + \frac{7}{3}x + 4$;

schwarz: $N(4|0)$; $y = -\frac{1}{4}x^2 + 4$

9 LGS:

$a + b + c + d = 9900$

$\frac{8}{7}a - b = 0$

$a + b - c = -300$

$a + b + c - d = -300$

$L = \{(1050; 1200; 2550; 5100)\}$

10 a) $L = \{(1; -1; 0; 2)\}$

b) $L = \{\,\}$

c) $L = \{(5r + 2s + 1; r - 2s + 3; r; s) \mid r, s \in \mathbb{R}\}$

4 *Anwendungen linearer Gleichungssysteme*

S. 219 **1** Sorte I: 4 kg; Sorte II: 3 kg; Sorte III: 3 kg

S. 220 **2** a) $4Fe + 3O_2 \longrightarrow 2Fe_2O_3$ b) $C_6H_{12}O_6 + 6O_2 \longrightarrow 6CO_2 + 6H_2O$

c) $4FeS_2 + 11O_2 \longrightarrow 2Fe_2O_3 + 8SO_2$ d) $4C_3H_5N_3O_9 \longrightarrow 12CO_2 + 10H_2O + 6N_2 + O_2$

3 Er benötigt ungefähr 188 g Kabeljau, 1911 g Kartoffeln und 86 g Butter.

4 a) LGS:

$30a + 50b + 20c = 47$

$30a + 30b + 70c = 35$

$40a + 20b + 10c = 18$

hat die Lösungsmenge $L = \left\{\left(-\frac{3}{80}; \frac{73}{80}; \frac{1}{8}\right)\right\}$.

Da negative Mischungsbeiträge nicht erlaubt sind, kann die Mischung nicht hergestellt werden.

b) LGS:

$30a + 50b + 20c = 40$

$30a + 30b + 70c = 40$

$a + b + c = 1$

hat die Lösungsmenge $L = \left\{\left(\frac{1}{8}; \frac{5}{8}; \frac{1}{4}\right)\right\}$.

Mischt man in dem entsprechenden Verhältnis, so erhält man die gewünschten Anteile.

S. 220 **5** a) Das LGS

$0{,}5a + 0{,}4b + 0{,}4c = 0{,}5$

$a + b + c = 1$

hat die Lösungsmenge $L = \{(-2c + 1;\ c;\ c) \mid c \in \mathbb{R}\}$. Da negative Anteile nicht erlaubt sind, folgt $c \leqq 0{,}5$; also kann höchstens $500\,\text{cm}^3$ von C verwendet werden.

b) Das LGS von a) wird um die Gleichung $0{,}05a + 0{,}1b + 0{,}3c = 0{,}2$ erweitert. Die Lösung liefert eine Mischung von je $500\,\text{cm}^3$ der Sorten B und C.

6 Das LGS

$40a + 50b + 60c + 70d = 55$

$26a + 22b + 25c + 18d = 23$

$34a + 28b + 15c + 12d = 22$

hat die Lösungsmenge $L = \left\{\left(-\frac{1}{14} + \frac{10}{7}d;\ \frac{9}{14} - \frac{13}{7}d;\ \frac{3}{7} - \frac{4}{7}d;\ d\right) \middle|\ d \in \mathbb{R}\right\}$. Da alle Anteile positiv sein müssen, erhält man für den Anteil d der Sorte IV: $\frac{1}{20} \leqq d \leqq \frac{9}{26}$.

7 a) Mit x_1 für (–; –), x_2 für (S; –), x_3 für (–; K) und x_4 für (S; K) erhält man das LGS

$x_1 + x_2 + x_3 + x_4 = 100\,000$

$x_2 + x_4 = 65\,100$

$x_3 + x_4 = 12\,600$

mit $L = \{(22\,300 + r;\ 65\,100 - r;\ 12\,600 - r;\ r) \mid r \in \mathbb{R}\}$.

Diese Lösung ist nicht eindeutig.

b) 22 300, da r nicht negativ ist.

c) Aus $12\,600 - r = 0$ folgt $r = 12\,600$, und damit wählten 34 900 keine Sonderausstattung.

S. 221 **8** Mit $f(x) = ax^4 + bx^3 + cx^2 + dx + e$ erhält man aus den gegebenen Punkten das folgende LGS

$16a - 8b + 4c - 2d + e = -1$

$e = 2$

$a + b + c + d + e = -1$

$16a + 8b + 4c + 2d + e = -1$

$81a + 27b + 9c + 3d + e = 2$

Daraus folgt

$f(x) = -\frac{3}{20}x^4 + \frac{9}{10}x^3 - \frac{3}{20}x^2 - \frac{18}{5}x + 2.$

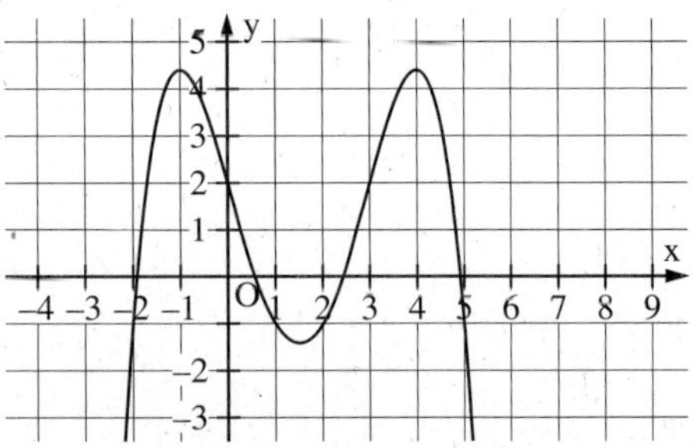

9 Mit $f(x) = ax^4 + bx^3 + cx^2 + dx + e$ und $f(-2) = 1$; $f(0) = 3$; $f(2) = -1$; $f(3) = 2$ und $f'(0) = 0$ erhält man das LGS

$16a - 8b + 4c - 2d + e = 1$

$e = 3$

$16a + 8b + 4c + 2d + e = -1$

$81a + 27b + 9c + 3d + e = 2$

$d = 0$

mit $L = \left\{\left(\frac{73}{360};\ -\frac{1}{8};\ -\frac{281}{180};\ 0;\ 3\right)\right\}$; also: $f(x) = \frac{73}{360}x^4 - \frac{1}{8}x^3 - \frac{281}{180}x^2 + 3.$

S. 221 **10** Mit $f(x) = ax^4 + bx^3 + cx^2 + dx + e$ und $f'(x) = 4ax^3 + 3bx^2 + 2cx + d$ erhält man aus $f(-1) = 0$; $f'(-2) = -1$; $f'(0) = 3$; $f'(1) = 1$ und $f'(3) = 2$ das folgende LGS:

$$\begin{array}{rl} a - b + c - d + e &= 0 \\ -32a + 12b - 4c + d &= -1 \\ d &= 3 \\ 4a + 3b + 2c + d &= 1 \\ 108a + 27b + 6c + d &= 2 \end{array}$$

mit $L = \left\{\left(\frac{13}{120}; -\frac{3}{10}; -\frac{23}{30}; 3; \frac{403}{120}\right)\right\}$; also $f(x) = \frac{13}{120}x^4 - \frac{3}{10}x^3 - \frac{23}{30}x^2 + 3x + \frac{403}{120}$.

11 Aus $f(-1) = 0$; $f(5) = 0$; $f''(1) = 0$; $f'(1) = 0$ und $f(3) = 5$ erhält man das LGS

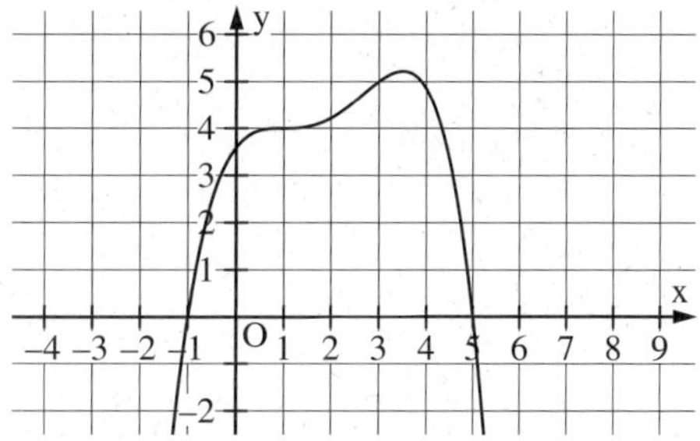

$$\begin{array}{rl} a - b + c - d + e &= 0 \\ 625a + 125b + 25c + 5d + e &= 0 \\ 12a + 6b + 2c &= 0 \\ 4a + 3b + 2c + d &= 0 \\ 81a + 27b + 9c + 3d + e &= 5 \end{array}$$

mit $L = \left\{\left(-\frac{3}{32}; \frac{11}{16}; -\frac{3}{2}; \frac{21}{16}; \frac{115}{32}\right)\right\}$; also $f(x) = -\frac{3}{32}x^4 + \frac{11}{16}x^3 - \frac{3}{2}x^2 + \frac{21}{16}x + \frac{115}{32}$.

Das absolute Maximum liegt bei $\left(\frac{7}{2}\middle|\frac{2673}{512}\right) \approx (3{,}5|5{,}22)$.

12

$$\begin{array}{rl} a - b + c - d + e &= 0 \\ 625a + 125b + 25c + 5d + e &= 0 \\ \frac{343}{2}a + \frac{147}{4}b + 7c + d &= 0 \\ 12a + 6b + 2c &= 0 \\ 4a + 3b + 2c + d &= 0 \end{array}$$

mit $L = \left\{\left(a; -\frac{22}{3}a; 16a; -14a; -\frac{115}{3}a\right) \middle| a \in \mathbb{R}\right\}$.

Die Angaben zur Funktion legen außer den Nullstellen keinen Punkt des Graphen fest. Weil alle Angaben auch für ein beliebig parallel zur y-Achse gestreckter Graph gelten, ist die Lösung nicht eindeutig. Die möglichen Lösungen unterscheiden sich durch einen Faktor, dies bedeutet, dass sie durch Streckung parallel zur y-Achse auseinander hervorgehen.

13 Aus den Angaben erhält man das LGS

$$\begin{array}{rl} x_1 + x_2 &= 500 \\ x_1 + x_4 &= 600 \\ x_3 + x_4 &= 300 \\ x_2 + x_3 &= 200. \end{array}$$

Dieses LGS ist nicht eindeutig lösbar. $L = \{(600 - r; r - 100; 300 - r; r) \mid r \in \mathbb{R}\}$.

a) Die Sperrung von AD führt zu $r = 0$ und damit zu $x_2 = -100$, was aber unmöglich ist.

b) Da $r \leqq 300$ gilt, weil sonst x_3 negativ wird, ist die minimale Verkehrsdichte auf AB 300.

c) Da $r \geqq 100$ gelten muss, damit x_2 nicht negativ wird, ist die Verkehrsdichte auf CD maximal 200.

VIII Vektoren und Geraden

1 Der Begriff des Vektors in der Geometrie

S. 228 **1** a) Die Pfeile sind zueinander parallel, gleich lang und gleich gerichtet.
b) Die momentane Geschwindigkeit des Flugzeuges. Es muss nur einer der Pfeile gezeichnet werden.
c) Die momentane Flugrichtung (= Richtung der Geschwindigkeit). Um die „Größe" (= Betrag) der Geschwindigkeit anzugeben, fehlt die Beziehung zwischen der Pfeillänge und dem Betrag der Geschwindigkeit.

S. 229 **2** 12-mal 2 Pfeile, also 24 Pfeile 6 verschiedene Vektoren

3 Tetraeder: 12 Vektoren Oktaeder: 14 Vektoren

4 Die Pfeile von $\vec{a}$ und $\vec{b}$ müssen zueinander senkrecht sein.
(Die Pfeile von $\vec{a}$ und $\vec{b}$ müssen zueinander senkrecht sein und die Pfeile von $\vec{b}$ müssen $\frac{1}{2}\sqrt{3}$-mal so lang wie die Pfeile von $\vec{a}$ sein.)

5 Da ein Vektor und sein Gegenvektor einen Punkt gleich weit und in entgegengesetzte Richtungen verschieben, bilden die Punkte A_1, A_2, A_3 und A_4 ein Viereck, in dem sich die Diagonalen halbieren. Dieses Viereck ist ein Parallelogramm.

6 Wählt man A so, dass A Diagonalenschnittpunkt wird, so gilt:
a) $\overrightarrow{AB} = -\overrightarrow{AD}$ und $\overrightarrow{AC} = -\overrightarrow{AE}$ und die Pfeile von $\overrightarrow{AB}$ und $\overrightarrow{AC}$ sind gleich lang.
b) $\overrightarrow{AB} = -\overrightarrow{AD}$ und $\overrightarrow{AC} = -\overrightarrow{AE}$ und die Pfeile von $\overrightarrow{AB}$ und $\overrightarrow{AC}$ sind zueinander senkrecht und gleich lang.
c) Die Pfeile von $\overrightarrow{AB}$ und $\overrightarrow{AD}$ haben entgegengesetzte Richtungen und $\overrightarrow{AC} = -\overrightarrow{AE}$ und die Pfeile von $\overrightarrow{AB}$ und $\overrightarrow{AC}$ sind zueinander senkrecht.
d) $\overrightarrow{AB} = -\overrightarrow{AD}$ und $\overrightarrow{AC} = -\overrightarrow{AE}$ und die Pfeile von $\overrightarrow{AB}$ und $\overrightarrow{AC}$ sind zueinander senkrecht.
e) Die Pfeile von $\overrightarrow{AB}$ und $\overrightarrow{AD}$ haben entgegengesetzte Richtungen und
die Pfeile von $\overrightarrow{AC}$ und $\overrightarrow{AE}$ haben entgegengesetzte Richtungen und
die Pfeile von $\overrightarrow{AB}$ und $\overrightarrow{AE}$ sind gleich lang und
die Pfeile von $\overrightarrow{AC}$ und $\overrightarrow{AD}$ sind gleich lang.

7 Die Pfeile des Vektors sind senkrecht zu den beiden Achsen; sie haben die Richtung „von der ersten zur zweiten Achse" und ihre Länge ist doppelt so groß wie der Abstand der beiden Achsen.

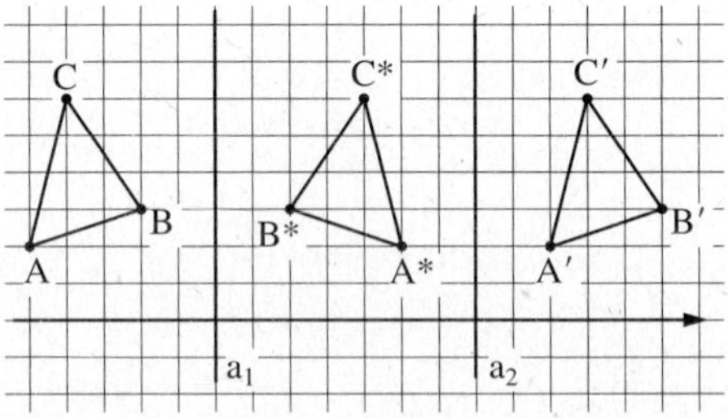

S. 229 **8** Der Flächeninhalt des Dreiecks AB_4C_4 (AB_nC_n) ist 256-mal (4^n-mal) so groß wie der Flächeninhalt des Dreiecks ABC.

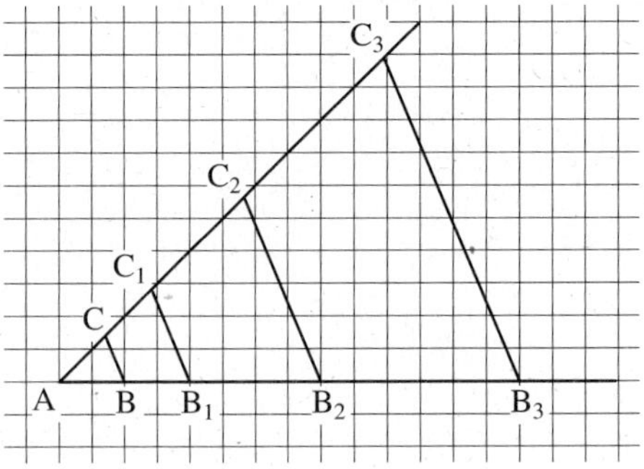

2 *Rechnen mit Vektoren*

S. 230 **1**

2 Der Vektor $2\vec{a}$ repräsentiert eine Geschwindigkeit von $120\,\frac{km}{h}$ in Richtung Nord-Westen.
Der Vektor $-\vec{a}$ repräsentiert eine Geschwindigkeit von $60\,\frac{km}{h}$ in Richtung Süd-Osten.

S. 232 **3**

a) $3\vec{a} + 2\vec{b}$	b) $-3\vec{x} - 3\vec{y}$	c) $-\vec{u} + \vec{v}$
d) $\vec{a} + \vec{b}$	e) $6\vec{a} + 12\vec{b}$	f) $-3\vec{a} + 3\vec{b}$
g) $9\vec{a} + 6\vec{b}$	h) $10\vec{a} - 2\vec{b}$	i) $2\vec{u} - 10\vec{v}$

4 a)

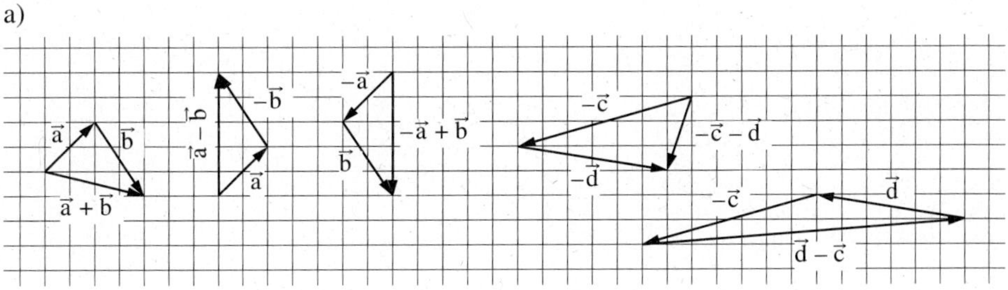

S. 232 **4** b)

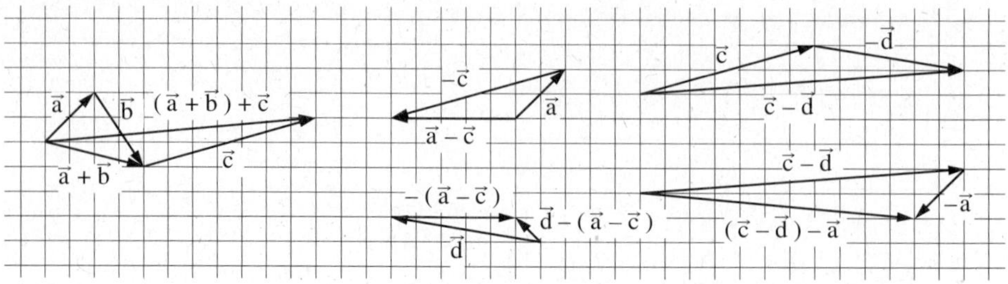

c)

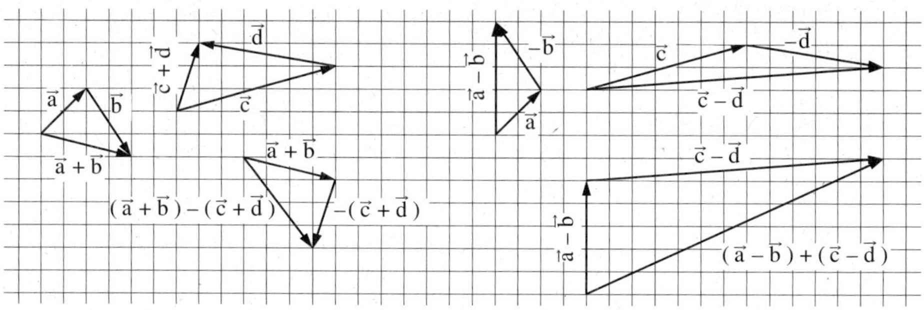

5 $\vec a = \vec y + \vec z$ $\quad \vec b = \vec a - \vec x = -(\vec y + \vec z) - \vec x = -\vec x - \vec y + \vec y$ $\quad \vec c = \vec x + \vec y$

6 $\overrightarrow{AG} = \vec b - \vec c$, $\overrightarrow{CE} = \vec b + \vec c$, $\overrightarrow{FH} = -\vec a - \vec c$, $\overrightarrow{BF} = \vec b + \vec c$, $\overrightarrow{DG} = \vec a + \vec b - \vec c$

7 $\overrightarrow{CS} = \overrightarrow{DA} - \overrightarrow{AB} + \overrightarrow{AS}$

S. 233 **8**

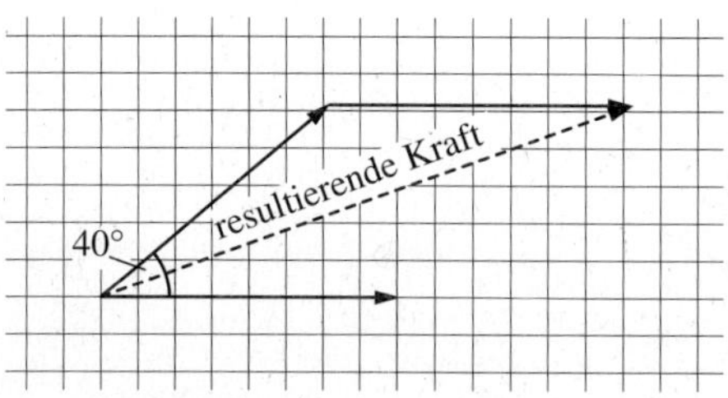

9

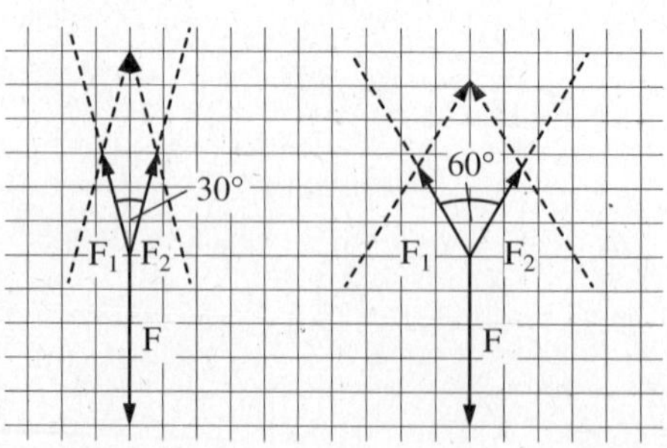

a) $\alpha = 30°$
b) $\alpha = 60°$

S. 233 **10** $\alpha = 90°$

11 $\overrightarrow{OM} = \vec{m} = \frac{1}{2}(\vec{a} + \vec{b})$

12 $\overrightarrow{MA} = -\frac{1}{2}\vec{a} - \frac{1}{2}\vec{b}$; $\overrightarrow{MB} = \frac{1}{2}\vec{a} - \frac{1}{2}\vec{b}$; $\overrightarrow{MC} = \frac{1}{2}\vec{a} + \frac{1}{2}\vec{b}$; $\overrightarrow{MD} = -\frac{1}{2}\vec{a} + \frac{1}{2}\vec{b}$

13 $\overrightarrow{AM_a} = \frac{1}{2}\vec{u} + \frac{1}{2}\vec{v}$; $\overrightarrow{BM_b} = -\vec{u} + \frac{1}{2}\vec{v}$; $\overrightarrow{CM_c} = \frac{1}{2}\vec{u} - \vec{v}$

14 $\overrightarrow{BC} = \vec{c} - \vec{b}$; $\overrightarrow{BD} = \vec{d} - \vec{b}$; $\overrightarrow{CD} = \vec{d} - \vec{c}$

15 $\overrightarrow{SD} = \overrightarrow{SA} - \overrightarrow{SB} + \overrightarrow{SC}$, $\overrightarrow{AB} = \overrightarrow{SB} - \overrightarrow{SA}$, $\overrightarrow{DA} = \overrightarrow{SB} - \overrightarrow{SC}$, $\overrightarrow{CD} = \overrightarrow{SA} - \overrightarrow{SB}$, $\overrightarrow{BC} = \overrightarrow{SC} - \overrightarrow{SB}$

16 $\overrightarrow{AM_1} = \frac{1}{2}\vec{a} + \frac{1}{2}\vec{c}$; $\overrightarrow{AM_2} = \vec{a} + \frac{1}{2}\vec{b} + \frac{1}{2}\vec{c}$; $\overrightarrow{AM_3} = \frac{1}{2}\vec{a} + \vec{b} + \frac{1}{2}\vec{c}$

3 *Punkte und Vektoren im Koordinatensystem*

S. 234 **1** a) z. B. verbale Beschreibung: „Von der Ecke A aus geht man . . . und erreicht so die Ecke B“ oder ein 3-dimensionales Koordinatensystem mit „beliebigem Ursprung und beliebiger Längeneinheit“ oder ein 3-dimensionales Koordinatensystem mit Ursprung in einer Würfelecke und Kantenlänge eines Würfels als Längeneinheit.
b) Die dritte Variante von a) erlaubt in relativ einfacher Weise die Koordinaten der Würfelecken anzugeben.

S. 237 **2**

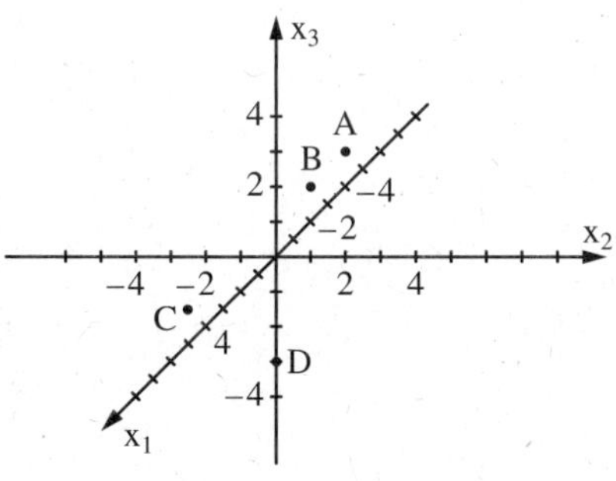

3 a) In der x_2x_3-Ebene (x_1x_3-Ebene; x_1x_2-Ebene) b) Auf der x_1-Achse

4 P(2|3|0), Q(4|4|0), R(0|3|1), S(0|−2|−1), T(2|0|2), U(3|0|−1)

S. 237 **5** a) Kantenmittelpunkte

x_1	x_2	x_3
0	0	0,5
0	0,5	0
0,5	0	0
0	1	0,5
1	0	0,5
0	0,5	1
1	0,5	0
0,5	0	1
0,5	1	0
1	1	0,5
1	0,5	1
0,5	1	1

b) Diagonalenmittelpunkte

x_1	x_2	x_3
0	0,5	0,5
0,5	0	0,5
0,5	0,5	0
1	0,5	0,5
0,5	1	0,5
0,5	0,5	1

6 a) $\overrightarrow{AB} = \begin{pmatrix} 2 \\ 4 \\ 0 \end{pmatrix}$, $\overrightarrow{BA} = \begin{pmatrix} -2 \\ -4 \\ 0 \end{pmatrix}$ b) $\overrightarrow{AB} = \begin{pmatrix} -1 \\ 1 \\ 3 \end{pmatrix}$, $\overrightarrow{BA} = \begin{pmatrix} 1 \\ -1 \\ -3 \end{pmatrix}$

c) $\overrightarrow{AB} = \begin{pmatrix} 3 \\ -4 \\ 1 \end{pmatrix}$, $\overrightarrow{BA} = \begin{pmatrix} -3 \\ 4 \\ -1 \end{pmatrix}$ d) $\overrightarrow{AB} = \begin{pmatrix} 1 \\ -3 \\ -2 \end{pmatrix}$, $\overrightarrow{BA} = \begin{pmatrix} -1 \\ 3 \\ 2 \end{pmatrix}$

e) $\overrightarrow{AB} = \begin{pmatrix} 6 \\ 6 \\ -1 \end{pmatrix}$, $\overrightarrow{BA} = \begin{pmatrix} -6 \\ -6 \\ 1 \end{pmatrix}$ f) $\overrightarrow{AB} = \begin{pmatrix} 1,5 \\ -4,3 \\ 5 \end{pmatrix}$, $\overrightarrow{BA} = \begin{pmatrix} -1,5 \\ 4,3 \\ -5 \end{pmatrix}$

7

	$\overrightarrow{AB}$	$\overrightarrow{DC}$	$\overrightarrow{AD}$	$\overrightarrow{BC}$	Parallelogramm?
a)	$\begin{pmatrix} 7 \\ 3 \\ 2 \end{pmatrix}$	$\begin{pmatrix} 7 \\ 3 \\ 2 \end{pmatrix}$	$\begin{pmatrix} 4 \\ 1 \\ 0 \end{pmatrix}$	$\begin{pmatrix} 4 \\ 1 \\ 0 \end{pmatrix}$	ja
b)	$\begin{pmatrix} 2 \\ 4 \\ 1 \end{pmatrix}$	$\begin{pmatrix} 2 \\ 4 \\ 1 \end{pmatrix}$	$\begin{pmatrix} 7 \\ 3 \\ 5 \end{pmatrix}$	$\begin{pmatrix} 7 \\ 3 \\ 5 \end{pmatrix}$	ja
c)	$\begin{pmatrix} 4 \\ 7 \\ -6 \end{pmatrix}$	$\begin{pmatrix} -7 \\ -1 \\ -7 \end{pmatrix}$	$\begin{pmatrix} 6 \\ 2 \\ 1 \end{pmatrix}$	$\begin{pmatrix} -5 \\ -6 \\ 0 \end{pmatrix}$	nein

8 a) D(18|–14|56) b) D(–109|201|17)

S. 238 **9** $\overrightarrow{FG} = \begin{pmatrix} 0 \\ 1 \\ 0 \end{pmatrix}$, $\overrightarrow{DB} = \begin{pmatrix} 1 \\ 0 \\ -1 \end{pmatrix}$, $\overrightarrow{CA} = \begin{pmatrix} 1 \\ -1 \\ 0 \end{pmatrix}$, $\overrightarrow{EB} = \begin{pmatrix} 1 \\ 1 \\ -1 \end{pmatrix}$, $\overrightarrow{AD} = \begin{pmatrix} -1 \\ 1 \\ 1 \end{pmatrix}$, $\overrightarrow{CF} = \begin{pmatrix} 1 \\ -1 \\ 1 \end{pmatrix}$, $\overrightarrow{OG} = \begin{pmatrix} 1 \\ 1 \\ 1 \end{pmatrix}$

10 $M_1(2|4|-1)$, $M_2(2|6|0,5)$, $M_3(1|4|0,5)$, $M_4(2|2|0,5)$

$\overrightarrow{M_1M_2} = \begin{pmatrix} 0 \\ 2 \\ 1,5 \end{pmatrix}$, $\overrightarrow{M_2M_3} = \begin{pmatrix} -1 \\ -2 \\ 0 \end{pmatrix}$, $\overrightarrow{M_3M_4} = \begin{pmatrix} 1 \\ -2 \\ 0 \end{pmatrix}$, $\overrightarrow{M_4M_1} = \begin{pmatrix} 0 \\ 2 \\ -1,5 \end{pmatrix}$

S. 238 **11** a) $\begin{pmatrix} 7 \\ -2 \\ 1 \end{pmatrix}$ b) $\begin{pmatrix} -2 \\ 16 \\ -2 \end{pmatrix}$ c) $\begin{pmatrix} -13 \\ 11 \\ 2 \end{pmatrix}$ d) $\begin{pmatrix} -57 \\ 63 \\ -30 \end{pmatrix}$

12 a) $\vec{x} = \vec{a} + \vec{b} + \vec{c}$ b) $\vec{x} = 1{,}5\vec{a} + 0{,}5\vec{b} + \vec{c}$
c) $\vec{x} = \vec{b} + 2\vec{c}$ d) $\vec{x} = 4\vec{a} - \vec{b} - \vec{c}$

13 a) $|\overrightarrow{AB}| = |\overrightarrow{BC}| = \sqrt{65}$; $M(-3{,}5|-1{,}5)$; $F = 32{,}5$
b) $|\overrightarrow{AB}| = |\overrightarrow{AC}| = \sqrt{50}$; $M(4|7|0)$; $F = 15$
c) $|\overrightarrow{AC}| = |\overrightarrow{BC}| = 6$; $M(2|2|2)$; $F = 18$
d) $|\overrightarrow{AB}| = |\overrightarrow{AC}| = \sqrt{13}$; $M(4{,}5|-1{,}5|0)$; $F = \frac{1}{2}\sqrt{133}$

14 a) $s_a = 9$; $s_b = 3\sqrt{22}$; $s_c = 3\sqrt{3}$ b) $s_a = 9$; $s_b = 6\sqrt{11}$; $s_c = 15$

15 a) $A'(1|10|-4)$ b) $A'(2|-12|-2)$ c) $A'(-1|4|0)$

16 a) $|\overrightarrow{PQ}| = \sqrt{5 + (5 - p_3)^2} = 3$; $p_3 = 3$ oder $p_3 = 7$
b) $|\overrightarrow{PQ}| = \sqrt{20 + (3 - p_3)^2} = 6$; $p_3 = -1$ oder $p_3 = 7$
c) $|\overrightarrow{PQ}| = \sqrt{17 + (2 + p_3)^2} = 5$; $p_3 = -2\sqrt{2} - 2$ oder $p_3 = 2\sqrt{2} - 2$

17 a) $P(-2|-4|4)$; $Q(4|8|-8)$ b) $P\left(\frac{132}{13}\middle|\frac{33}{13}\middle|\frac{44}{13}\right)$; $Q\left(\frac{180}{13}\middle|\frac{45}{13}\middle|\frac{60}{13}\right)$

18 a) $\overrightarrow{OC} = \overrightarrow{OB} + 3\cdot\frac{1}{9}\cdot\begin{pmatrix} 4 \\ 7 \\ -4 \end{pmatrix}$; $C\left(\frac{22}{3}\middle|\frac{19}{3}\middle|\frac{20}{3}\right)$ b) $\overrightarrow{OC} = \overrightarrow{OB} + 3\cdot\frac{1}{18}\cdot\begin{pmatrix} 8 \\ 8 \\ 14 \end{pmatrix}$; $C\left(\frac{34}{3}\middle|\frac{19}{3}\middle|\frac{52}{3}\right)$

4 *Lineare Abhängigkeit und Unabhängigkeit von Vektoren*

S. 239 **1** a) ja; die Pfeile sind zueinander parallel
b) nein; die Pfeile besitzen verschiedene Richtungen
c) nein; ausprobieren oder mithilfe eines LGS begründen
d) nein; mithilfe eines LGS begründen

Rand: Bei zufälliger Wahl dreier Vektoren im Raum ist es eher unwahrscheinlich, dass diese in einer Ebene liegen.
a) Wegen $r\cdot 0 + s\cdot 0 + t\cdot 0 = 0$ gibt es von $r = 0$; $s = 0$; $t = 0$ verschiedene Lösungen.
b) Es gibt Lösungen mit $s \neq 0$.
c) Drei Vektoren in der Ebene sind linear abhängig.

S. 241 **2** a) linear abhängig b) linear unabhängig
c) linear unabhängig d) linear unabhängig

S. 241 **3** a) linear unabhängig b) linear abhängig
c) linear unabhängig d) linear unabhängig

4 a) $a = \frac{25}{6}$ b) $a = 0$ c) $a = -\frac{1}{2}$ d) $a = 1$ oder $a = \frac{5}{3}$

5 a) Aus $\begin{pmatrix}1\\3\\4\end{pmatrix} = \begin{pmatrix}1\\0\\0\end{pmatrix} + 3\begin{pmatrix}0\\1\\0\end{pmatrix} + 4\begin{pmatrix}0\\0\\1\end{pmatrix}$ ergeben sich die Darstellungen:

$$\begin{pmatrix}1\\0\\0\end{pmatrix} = \begin{pmatrix}1\\3\\4\end{pmatrix} - 3\begin{pmatrix}0\\1\\0\end{pmatrix} - 4\begin{pmatrix}0\\0\\1\end{pmatrix};\ \begin{pmatrix}0\\1\\0\end{pmatrix} = \frac{1}{3}\begin{pmatrix}1\\3\\4\end{pmatrix} - \frac{1}{3}\begin{pmatrix}1\\0\\0\end{pmatrix} - \frac{4}{3}\begin{pmatrix}0\\0\\1\end{pmatrix};\ \begin{pmatrix}0\\0\\1\end{pmatrix} = \frac{1}{4}\begin{pmatrix}1\\3\\4\end{pmatrix} - \frac{1}{4}\begin{pmatrix}1\\0\\0\end{pmatrix} - \frac{3}{4}\begin{pmatrix}0\\1\\0\end{pmatrix}$$

b) Aus $\begin{pmatrix}1\\1\\1\end{pmatrix} = \frac{1}{2}\begin{pmatrix}1\\1\\0\end{pmatrix} + \frac{1}{2}\begin{pmatrix}0\\1\\1\end{pmatrix} + \frac{1}{2}\begin{pmatrix}1\\0\\1\end{pmatrix}$ ergeben sich die Darstellungen

$$\begin{pmatrix}1\\1\\0\end{pmatrix} = 2\begin{pmatrix}1\\1\\1\end{pmatrix} - \begin{pmatrix}0\\1\\1\end{pmatrix} - \begin{pmatrix}1\\0\\1\end{pmatrix};\ \begin{pmatrix}0\\1\\1\end{pmatrix} = 2\begin{pmatrix}1\\1\\1\end{pmatrix} - \begin{pmatrix}1\\1\\0\end{pmatrix} - \begin{pmatrix}1\\0\\1\end{pmatrix};\ \begin{pmatrix}1\\0\\1\end{pmatrix} = 2\begin{pmatrix}1\\1\\1\end{pmatrix} - \begin{pmatrix}1\\1\\0\end{pmatrix} - \begin{pmatrix}0\\1\\1\end{pmatrix}$$

c) Aus $\begin{pmatrix}5\\-1\\2\end{pmatrix} = 2\begin{pmatrix}1\\-1\\1\end{pmatrix} + \begin{pmatrix}2\\1\\-1\end{pmatrix} + \begin{pmatrix}1\\0\\1\end{pmatrix}$ ergeben sich die Darstellungen

$$\begin{pmatrix}1\\-1\\1\end{pmatrix} = \frac{1}{2}\begin{pmatrix}5\\-1\\2\end{pmatrix} - \frac{1}{2}\begin{pmatrix}2\\1\\-1\end{pmatrix} - \frac{1}{2}\begin{pmatrix}1\\0\\1\end{pmatrix};\ \begin{pmatrix}2\\1\\-1\end{pmatrix} = \begin{pmatrix}5\\-1\\2\end{pmatrix} - 2\begin{pmatrix}1\\-1\\1\end{pmatrix} - \begin{pmatrix}1\\0\\1\end{pmatrix};\ \begin{pmatrix}1\\0\\1\end{pmatrix} = \begin{pmatrix}5\\-1\\2\end{pmatrix} - 2\begin{pmatrix}1\\-1\\1\end{pmatrix} - \begin{pmatrix}2\\1\\-1\end{pmatrix}$$

6 a) ja b) nein

7 a) Da es von $\vec{e_1}$ keinen Pfeil gibt, der mit Pfeilen von $\vec{e_2}$ und $\vec{e_3}$ in einer gemeinsamen Ebene liegt, kann $\vec{e_1}$ nicht als Linearkombination von $\vec{e_2}$ und $\vec{e_3}$ dargestellt werden. Entsprechendes gilt für $\vec{e_2}$ und $\vec{e_3}$. Also sind diese Vektoren linear unabhängig.
b) $\overrightarrow{OP} = \vec{e_1} + \vec{e_2} + \vec{e_3}$; $\overrightarrow{E_1Q} = -\vec{e_1} + \vec{e_2} + \vec{e_3}$; $\overrightarrow{E_2R} = \vec{e_1} - \vec{e_2} + \vec{e_3}$; $\overrightarrow{E_3S} = \vec{e_1} + \vec{e_2} - \vec{e_3}$.
c) Aus $r\overrightarrow{OP} + s\overrightarrow{E_1Q} + t\overrightarrow{E_2R} = r(\vec{e_1} + \vec{e_2} + \vec{e_3}) + s(-\vec{e_1} + \vec{e_2} + \vec{e_3}) + t(\vec{e_1} - \vec{e_2} + \vec{e_3})$
$= (r - s + t)\vec{e_1} + (r + s - t)\vec{e_2} + (r + s + t)\vec{e_3} = \vec{o}$
folgt aufgrund der linearen Unabhängigkeit von $\vec{e_1}, \vec{e_2}, \vec{e_3}$:
$\begin{cases} r - s + t = 0 \\ r + s - t = 0 \\ r + s + t = 0 \end{cases}$. Dieses Gleichungssystem hat nur die Lösung $r = s = t = 0$.
Entsprechend ergibt sich die lineare Unabhängigkeit in den drei verbleibenden Fällen.
d) $\overrightarrow{OP} = r\overrightarrow{E_1Q} + s\overrightarrow{E_2R} + t\overrightarrow{E_3S}$
$\vec{e_1} + \vec{e_2} + \vec{e_3} = r(-\vec{e_1} + \vec{e_2} + \vec{e_3}) + s(\vec{e_1} - \vec{e_2} + \vec{e_3}) + t(\vec{e_1} + \vec{e_2} - \vec{e_3})$
$(1 + r - s - t)\vec{e_1} + (1 - r + s - t)\vec{e_2} + (1 - r - s + t)\vec{e_3} = \vec{o}$
$\begin{cases} -r + s + t = 1 \\ r - s + t = 1 \\ r + s - t = 1 \end{cases}$ liefert $r = s = t = 1$.
Aus $\overrightarrow{OP} = \overrightarrow{E_1Q} + \overrightarrow{E_2R} + \overrightarrow{E_3S}$ ergeben sich die übrigen Darstellungen.

S. 241 **8** a) $x \cdot \vec{r} + y \cdot \vec{s} + z \cdot \vec{t} = 0$

$x\left(\frac{1}{2}\overrightarrow{AB} + \frac{1}{2}\overrightarrow{BC} + \frac{1}{2}\overrightarrow{CG}\right) + y\left(\frac{1}{2}\overrightarrow{AD} + 2\overrightarrow{BF}\right) + z(2\overrightarrow{HF} - \overrightarrow{FG}) = \vec{o}$

$x\left(\frac{1}{2}\overrightarrow{AB} + \frac{1}{2}\overrightarrow{BC} + \frac{1}{2}\overrightarrow{CG}\right) + y\left(\frac{1}{2}\overrightarrow{BC} + 2\overrightarrow{CG}\right) + z(2(\overrightarrow{AB} - \overrightarrow{BC}) - \overrightarrow{BC}) = \vec{o}$

$\left(\frac{x}{2} + 2z\right)\overrightarrow{AB} + \left(\frac{x}{2} + \frac{y}{2} - 3z\right)\overrightarrow{BC} + \left(\frac{x}{2} + 2y\right)\overrightarrow{CG} = \vec{o}$

Da $\overrightarrow{AB}$, $\overrightarrow{BC}$, $\overrightarrow{CG}$ linear unabhängig sind, folgt: $\frac{x}{2} + 2z = 0$; $\frac{x}{2} + \frac{y}{2} - 3z = 0$; $\frac{x}{2} + 2y = 0$.

Hieraus folgt: $x = y = z = 0$; also sind die Vektoren $\vec{x}$, $\vec{y}$, $\vec{z}$ linear unabhängig.

b) Die Zeichnung verdeutlicht: Es gibt keine Pfeile von $\vec{r}$, $\vec{s}$ und $\vec{t}$, die in einer Ebene liegen.

5 *Teilverhältnisse*

S. 242 **1** a) 1

b) $TB = \frac{4}{5} \cdot AT$

S. 243 **2** a) $t = 1:2$ b) $t = 1$ c) $t = 2:7$ d) $t = 3:2$

3 a) $t = 1$ b) $t = 2:1$

4 $t = \frac{t_1 - a_1}{b_1 - t_1} = \frac{t_2 - a_2}{b_2 - t_2} = \frac{t_3 - a_3}{b_3 - t_3}$

a) $\frac{1}{3}$ b) $\frac{1}{9}$ c) 1 d) $\frac{2}{5}$

(Fehler in der 1. Auflage des Schülerbuches in d). Richtig ist: $T(0|11|10)$.)

5 a) $T(2|-1|3)$ b) $T(2|4|5)$ c) $T\left(2\middle|\frac{5}{2}\middle|-\frac{1}{2}\right)$

d) $T\left(\frac{13}{6}\middle|\frac{1}{2}\middle|-\frac{5}{6}\right)$ e) $T\left(\frac{23}{7}\middle|\frac{41}{7}\middle|3\right)$ f) $T\left(2\middle|\frac{1}{11}\middle|-\frac{41}{11}\right)$

6 a) $T(3|y|z)$; aus $\begin{pmatrix} 1 \\ y-2 \\ z-2 \end{pmatrix} = t \cdot \begin{pmatrix} 7 \\ -5-y \\ 4-z \end{pmatrix}$ folgt $t = \frac{1}{7}$; $y = \frac{9}{8}$; $z = \frac{9}{4}$

b) $T(x|1|z)$; aus $\begin{pmatrix} x-2 \\ -1 \\ z-2 \end{pmatrix} = t \cdot \begin{pmatrix} 10-x \\ -6 \\ z-4 \end{pmatrix}$ folgt $t = \frac{1}{6}$; $x = \frac{22}{7}$; $z = \frac{8}{5}$

c) $T(x|y|3)$; aus $\begin{pmatrix} x-2 \\ y-2 \\ 1 \end{pmatrix} = t \cdot \begin{pmatrix} 10-x \\ -5-y \\ 1 \end{pmatrix}$ folgt $t = 1$; $x = 6$; $y = -\frac{3}{2}$

7 a) $\overrightarrow{AD} = \frac{2}{7}\vec{a} + \frac{5}{7}\vec{b}$ b) $\overrightarrow{DE} = \vec{a} - \frac{1}{2}\vec{b}$

6 *Beweise mithilfe von Vektoren*

S. 245 **1** Beweisidee: Sind $\vec{a}, \vec{b}, \vec{p}$ die Ortsvektoren der Punkte A, B, P, so gilt
$\overrightarrow{PA} = \vec{a} - \vec{p}$, $\overrightarrow{PB} = \vec{b} - \vec{p}$, also $\overrightarrow{PA} + \overrightarrow{PB} = \vec{a} + \vec{b} - 2\vec{p}$.
$\overrightarrow{PM} = \vec{a} + 0{,}5(\vec{b} - \vec{a}) - \vec{p} = 0{,}5\vec{a} + 0{,}5\vec{b} - \vec{p}$, also gilt: $\overrightarrow{PA} + \overrightarrow{PB} = 2\overrightarrow{PM}$.

2 Beweisidee: Sind A, B, C, D die Ecken des Vierecks, $\overrightarrow{AC} = \vec{a}$ und $\overrightarrow{DB} = \vec{b}$, dann gilt: $0{,}5\vec{a} + 0{,}5\vec{b} = \overrightarrow{AB}$ und $0{,}5\vec{a} + 0{,}5\vec{b} = \overrightarrow{DC}$, d.h. $\overrightarrow{AB} = \overrightarrow{DC}$, also ist das Viereck ein Parallelogramm.

3 Beweisidee:
Mit $\overrightarrow{AB} = \vec{x}$, $\overrightarrow{AC} = \vec{y}$ ist $\overrightarrow{BC} = \vec{y} - \vec{x}$ und es gilt:
$\overrightarrow{MN} = -\vec{y} + \vec{x} + 0{,}5(\vec{y} - \vec{x}) = 0{,}5\vec{x} = 0{,}5\,\overrightarrow{AB}$.

S. 246 **4** a) Da die Vektoren $\overrightarrow{AB}$ und $\overrightarrow{AC}$ linear unabhängig sind, muss
$\frac{1}{2}x + y - 1 = 0$ und $\frac{1}{2}x - \frac{1}{2}y = 0$
gelten. Dieses lineare Gleichungssystem hat die Lösung $x = y = \frac{2}{3}$. Also ist
$\overrightarrow{AS} = \frac{2}{3}\overrightarrow{AM_a}$, $\overrightarrow{BS} = \frac{2}{3}\overrightarrow{BM_b}$ und damit
$\overrightarrow{AS} = 2\overrightarrow{SM_a}$ und $\overrightarrow{BS} = 2\overrightarrow{SM_b}$.

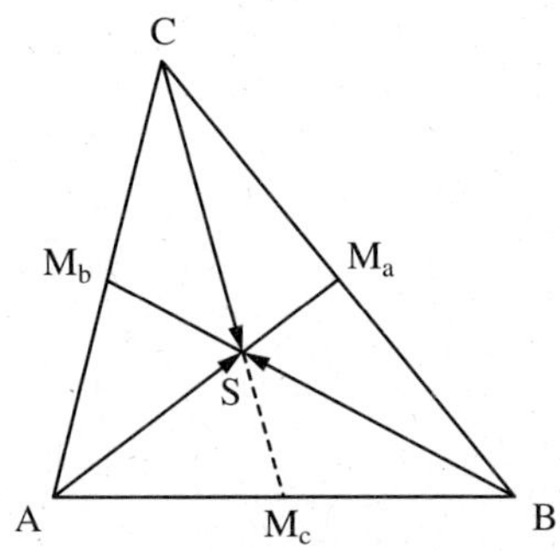

Die Strecke $\overline{CM_c}$ geht ebenfalls durch S und wird von S auch im Verhältnis 2 : 1 geteilt:
$$\overrightarrow{CS} = \overrightarrow{AS} - \overrightarrow{AC} = \frac{2}{3}\overrightarrow{AM_a} - \overrightarrow{AC} = \frac{2}{3}\left(\overrightarrow{AB} + \frac{1}{2}(\overrightarrow{AC} - \overrightarrow{AB})\right) - \overrightarrow{AC}$$
$$= \frac{1}{3}\overrightarrow{AB} - \frac{2}{3}\overrightarrow{AC} = \frac{2}{3}\left(\frac{1}{2}\overrightarrow{AB} - \overrightarrow{AC}\right) = \frac{2}{3}\overrightarrow{CM_c}.$$ Also ist $\overrightarrow{CS} = 2\overrightarrow{CM_c}$.

Daher liegt S auf der Strecke $\overline{CM_c}$ und teilt diese im Verhältnis 2 : 1.
b) $\vec{s} = \vec{a} + \frac{2}{3}\left(\vec{b} - \vec{a} + \frac{1}{2}(\vec{c} - \vec{b})\right) = \frac{1}{3}(\vec{a} + \vec{b} + \vec{c})$

5 $\overrightarrow{AB} = \vec{a}$; $\overrightarrow{AC} = \vec{b}$; $\overrightarrow{CD} + \overrightarrow{DE} + \overrightarrow{EC} = \vec{o}$; $\overrightarrow{CD} = -\frac{1}{2}\vec{b} + \frac{1}{4}\vec{a}$
$\overrightarrow{DE} = r \cdot \overrightarrow{AE} = r(\vec{a} + s \cdot \overrightarrow{BC}) = r(\vec{a} + s(-\vec{a} + \vec{b}))$; $\overrightarrow{EC} = (1 - s) \cdot \overrightarrow{BC}$
Eingesetzt ergibt sich:
$\vec{a}\left(r + s - r \cdot s - \frac{3}{4}\right) + \vec{b}\left(-s + r \cdot s + \frac{1}{2}\right) = \vec{o}$.
Aus dem Gleichungssystem
$r + s - r \cdot s - \frac{3}{4} = 0$
$-s + r \cdot s + \frac{1}{2} = 0$
folgt $r = \frac{1}{4}$; $s = \frac{2}{3}$.
D teilt AE im Verhältnis 3 : 1; E teilt BC im Verhältnis 2 : 1.

S. 246 **6** Wir betrachten die Gleichung $\overrightarrow{AS} + \overrightarrow{SQ} + \overrightarrow{QD} + \overrightarrow{DA} = \vec{o}$.
Es gilt
$\overrightarrow{AS} = u\,\overrightarrow{AP} = u\left(\overrightarrow{AB} + \frac{1}{2}\overrightarrow{AD}\right)$, $\overrightarrow{SQ} = v\,\overrightarrow{BQ} = v\left(\overrightarrow{AD} - \frac{1}{2}\overrightarrow{AB}\right)$, $\overrightarrow{QD} = -\frac{1}{2}\overrightarrow{AB}$, $DA = -\overrightarrow{AD}$,
also $\left(u - \frac{v}{2} - \frac{1}{2}\right)\overrightarrow{AB} + \left(\frac{u}{2} + v - 1\right)\overrightarrow{AD} = \vec{o}$.
Aus $u - \frac{v}{2} - \frac{1}{2} = 0$ und $\frac{u}{2} + v - 1 = 0$ folgt $u = \frac{4}{5}$ und $v = \frac{3}{5}$.
Dies liefert $\overline{AS} : \overline{SP} = 4:1$ und $\overline{BS} : \overline{SQ} = 2:3$.

7 $\overrightarrow{AB} = \vec{a}$; $\overrightarrow{BC} = \vec{b}$; $\overrightarrow{BF} = \vec{c}$
$\overrightarrow{AB} + \overrightarrow{BT} + \overrightarrow{TS} + \overrightarrow{SA} = \vec{o}$
$\overrightarrow{BT} = r \cdot \vec{b} + s \cdot \vec{c}$; $\overrightarrow{GA} = -\vec{b} - \vec{c} - \vec{a}$; $\overrightarrow{TH} = -\overrightarrow{BT} - \vec{a} + \vec{c} + \vec{b}$
$\vec{a} + \overrightarrow{BT} + t \cdot (-\overrightarrow{BT} - \vec{a} + \vec{c} + \vec{b}) + \frac{4}{5}(-\vec{a} - \vec{b} - \vec{c}) = \vec{o}$
$\vec{a}\left(1 - t - \frac{4}{5}\right) + \vec{b}\left(r(1-t) + t - \frac{4}{5}\right) + \vec{c}\left(s(1-t) + t - \frac{4}{5}\right) = \vec{o}$
Aus dem Gleichungssystem
$1 - t - \frac{4}{5} = 0$
$r - rt + t - \frac{4}{5} = 0$
$s - st + t - \frac{4}{5} = 0$
folgt $t = \frac{1}{5}$; $r = \frac{3}{4}$; $s = \frac{3}{4}$.
S teilt die Strecke HT im Verhältnis 4:1.

8 Beweisidee: Sind
– A, B, C, D die Ecken des Parallelogramms,
– M die Mitte der Seite $\overline{AB}$, N die Mitte der Seite $\overline{BC}$,
– $\overrightarrow{AB} = \vec{a}$ sowie $\overrightarrow{AD} = \vec{b}$,
dann gilt: $\overrightarrow{AC} = \vec{a} + \vec{b}$; $\overrightarrow{DM} = 0{,}5\,\vec{a} - \vec{b}$. Hieraus folgt
$\vec{b} + m(0{,}5\,\vec{a} - \vec{b}) + n(-\vec{a} - \vec{b}) = \vec{o}$ und somit $\vec{a}\,(0{,}5m - n) + \vec{b}\,(1 - m - n) = \vec{o}$.
Weil $\vec{a}$, $\vec{b}$ linear unabhängig sind, gilt: $0{,}5m - n = 0$ und $1 - m - n = 0$. Daraus folgt: $m = \frac{2}{3}$ und $n = \frac{1}{3}$; also teilt die Strecke $\overline{DM}$ die Diagonale im Verhältnis 1:2.
Ebenso zeigt man, dass die Strecke $\overline{DN}$ die Diagonale $\overline{AC}$ im Verhältnis 2:1 teilt. Somit wird die Diagonale $\overline{AC}$ entsprechend der Behauptung gedrittelt. Der Nachweis für die Diagonale $\overline{BD}$ erfolgt analog.

9 Beweisidee: Sind
– A, B, C, D die Ecken des Vierecks „im Raum“,
– M_1 die Mitte der Seite $\overline{AB}$, M_2 die Mitte der Seite $\overline{BC}$, M_3 die Mitte der Seite $\overline{CD}$, M_4 die Mitte der Seite $\overline{AD}$,
– $\vec{a}, \vec{b}, \vec{c}, \vec{d}$ die Ortsvektoren der Punkte A, B, C, D, so gilt:
$\overrightarrow{M_1M_2} = 0{,}5(\vec{b} - \vec{a}) + 0{,}5(\vec{c} - \vec{b}) = 0{,}5(\vec{c} - \vec{a})$ und
$\overrightarrow{M_4M_3} = 0{,}5(\vec{d} - \vec{a}) + 0{,}5(\vec{c} - \vec{d}) = 0{,}5(\vec{c} - \vec{a})$.

S. 246 **10** Beweisidee: Sind $\vec{a}, \vec{b}, \vec{c}, \vec{d}$ die Ortsvektoren zu den Punkten A, B, C, D, so gilt:
$\overrightarrow{OS_a} = \frac{1}{3}(\vec{b} + \vec{c} + \vec{d})$; $\overrightarrow{AS_a} = \frac{1}{3}(\vec{b} + \vec{c} + \vec{d}) - \vec{a}$; $\overrightarrow{BS_a} = \frac{1}{3}(\vec{a} + \vec{c} + \vec{d}) - \vec{b}$.
Geschlossene Vektorkette: $\vec{a} + x \cdot \left[\frac{1}{3} \cdot (\vec{b} + \vec{c} + \vec{d}) - \vec{a})\right] - y \cdot \left[\frac{1}{3} \cdot (\vec{a} + \vec{c} + \vec{d}) - \vec{b}\right] - \vec{b} = \vec{o}$
Hieraus folgt: $x = y = \frac{3}{4}$, das heißt, das Teilverhältnis ist 3 : 1.

7 *Vektorielle Darstellung von Geraden*

S. 247 **1** a) Die Lage der unteren Stange und die Lage der oberen Stange
b) Entlang der oberen Stange
c) Die Antwort zu dieser Frage soll auf die vektorielle Geradengleichung führen.

S. 248 **2**

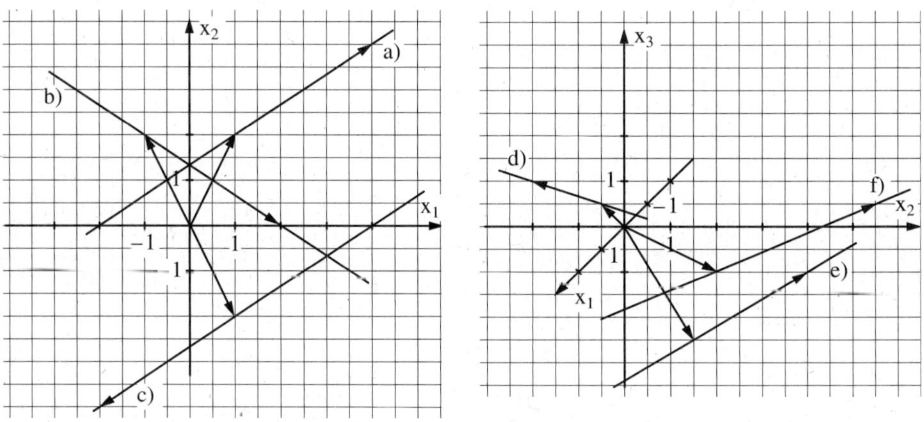

3 a) Gerade durch A und B: $\vec{x} = \begin{pmatrix} 2 \\ 7 \end{pmatrix} + t\begin{pmatrix} 1 \\ 3 \end{pmatrix}$ Gerade durch A und C: $\vec{x} = \begin{pmatrix} 2 \\ 7 \end{pmatrix} + t\begin{pmatrix} 2 \\ 1 \end{pmatrix}$

Gerade durch B und C: $\vec{x} = \begin{pmatrix} 1 \\ 4 \end{pmatrix} + t\begin{pmatrix} -3 \\ 1 \end{pmatrix}$

b) Gerade durch A und B: $\vec{x} = \begin{pmatrix} 0 \\ 5 \\ -4 \end{pmatrix} + t\begin{pmatrix} 6 \\ -2 \\ 5 \end{pmatrix}$ Gerade durch A und C: $\vec{x} = \begin{pmatrix} 0 \\ 5 \\ -4 \end{pmatrix} + t\begin{pmatrix} 9 \\ -14 \\ 4 \end{pmatrix}$

Gerade durch B und C: $\vec{x} = \begin{pmatrix} 6 \\ 3 \\ 1 \end{pmatrix} + t\begin{pmatrix} 2 \\ -12 \\ -1 \end{pmatrix}$

c) Gerade durch A und B: $\vec{x} = \begin{pmatrix} 8 \\ -1 \\ 1 \end{pmatrix} + t\begin{pmatrix} -4 \\ 6 \\ -3 \end{pmatrix}$ Gerade durch A und C: $\vec{x} = \begin{pmatrix} 8 \\ -1 \\ 1 \end{pmatrix} + t\begin{pmatrix} 7 \\ -2 \\ 0 \end{pmatrix}$

Gerade durch B und C: $\vec{x} = \begin{pmatrix} 4 \\ 5 \\ -2 \end{pmatrix} + t\begin{pmatrix} 3 \\ 4 \\ -3 \end{pmatrix}$

S. 248 **3** d) Gerade durch A und B: $\vec{x} = \begin{pmatrix} 8 \\ 7 \\ 6 \end{pmatrix} + t\begin{pmatrix} 10 \\ 12 \\ 7 \end{pmatrix}$ Gerade durch A und C: $\vec{x} = \begin{pmatrix} 8 \\ 7 \\ 6 \end{pmatrix} + t\begin{pmatrix} 8 \\ 11 \\ 9 \end{pmatrix}$

Gerade durch B und C: $\vec{x} = \begin{pmatrix} -2 \\ -5 \\ -1 \end{pmatrix} + t\begin{pmatrix} 2 \\ 1 \\ -2 \end{pmatrix}$

e) Gerade durch A und B: $\vec{x} = \begin{pmatrix} 1 \\ 2 \\ 4 \end{pmatrix} + t\begin{pmatrix} 1 \\ -7 \\ -4 \end{pmatrix}$ Gerade durch A und C: $\vec{x} = \begin{pmatrix} 1 \\ 2 \\ 4 \end{pmatrix} + t\begin{pmatrix} 2 \\ -1 \\ -3 \end{pmatrix}$

Gerade durch B und C: $\vec{x} = \begin{pmatrix} 2 \\ -5 \\ 0 \end{pmatrix} + t\begin{pmatrix} 1 \\ 6 \\ 1 \end{pmatrix}$

f) Gerade durch A und B: $\vec{x} = \begin{pmatrix} -3 \\ 3 \\ 4 \end{pmatrix} + t\begin{pmatrix} 6 \\ -1 \\ -2 \end{pmatrix}$ Gerade durch A und C: $\vec{x} = \begin{pmatrix} -3 \\ 3 \\ 4 \end{pmatrix} + t\begin{pmatrix} 9 \\ 1 \\ -8 \end{pmatrix}$

Gerade durch B und C: $\vec{x} = \begin{pmatrix} 3 \\ 2 \\ 2 \end{pmatrix} + t\begin{pmatrix} 3 \\ 2 \\ -6 \end{pmatrix}$

4 a) g: $\vec{x} = \begin{pmatrix} 7 \\ -3 \\ -5 \end{pmatrix} + t\begin{pmatrix} 5 \\ -3 \\ -8 \end{pmatrix}$; g: $\vec{x} = \begin{pmatrix} 2 \\ 0 \\ 3 \end{pmatrix} + t\begin{pmatrix} -5 \\ 3 \\ 8 \end{pmatrix}$

b) g: $\vec{x} = t\begin{pmatrix} -6 \\ 13 \\ 25 \end{pmatrix}$; g: $\vec{x} = t\begin{pmatrix} 6 \\ -13 \\ -25 \end{pmatrix}$

c) g: $\vec{x} = \begin{pmatrix} 12 \\ -19 \\ 9 \end{pmatrix} + t\begin{pmatrix} 5 \\ -16 \\ 11 \end{pmatrix}$; g: $\vec{x} = \begin{pmatrix} 7 \\ -3 \\ -2 \end{pmatrix} + t\begin{pmatrix} -5 \\ 16 \\ -11 \end{pmatrix}$

d) g: $\vec{x} = \begin{pmatrix} 0 \\ 7 \\ 0 \end{pmatrix} + t\begin{pmatrix} 1 \\ 1 \\ 1 \end{pmatrix}$; g: $\vec{x} = \begin{pmatrix} -7 \\ 0 \\ -7 \end{pmatrix} + t\begin{pmatrix} -1 \\ -1 \\ -1 \end{pmatrix}$

e) g: $\vec{x} = \begin{pmatrix} 2 \\ 0 \\ 1 \end{pmatrix} + t\begin{pmatrix} -1 \\ 9 \\ -4 \end{pmatrix}$; g: $\vec{x} = \begin{pmatrix} 1 \\ 9 \\ -3 \end{pmatrix} + t\begin{pmatrix} 1 \\ -9 \\ 4 \end{pmatrix}$

f) g: $\vec{x} = \begin{pmatrix} 7 \\ 3 \\ 5 \end{pmatrix} + t\begin{pmatrix} -16 \\ 3 \\ 6 \end{pmatrix}$; g: $\vec{x} = \begin{pmatrix} -9 \\ 6 \\ 11 \end{pmatrix} + t\begin{pmatrix} 16 \\ -3 \\ -6 \end{pmatrix}$

5 a) nein b) ja $(t = 1)$ c) ja $(t = -1)$ d) nein

S. 249 **6** a) Eine der Winkelhalbierenden zwischen der x_1-Achse und der x_3-Achse
b) Eine der Winkelhalbierenden zwischen der x_2-Achse und der x_3-Achse
c) Gerade, deren orthogonale Projektionen auf die Ebenen der Koordinatenachsen jeweils eine der entsprechenden Winkelhalbierenden ergibt.

7 A(0|0|0), B(1|0|0), C(1|1|0), D(0|1|0), E(0|0|1), F(1|0|1), G(1|1|1), H(0|1|1)

S. 249 **7** a) $\vec{x} = t\begin{pmatrix}1\\1\\0\end{pmatrix}$ b) $\vec{x} = \begin{pmatrix}1\\0\\0\end{pmatrix} + t\begin{pmatrix}-1\\1\\0\end{pmatrix}$ c) $\vec{x} = \begin{pmatrix}0\\0\\1\end{pmatrix} + t\begin{pmatrix}1\\1\\0\end{pmatrix}$

d) $\vec{x} = \begin{pmatrix}1\\0\\1\end{pmatrix} + t\begin{pmatrix}-1\\1\\0\end{pmatrix}$ e) $\vec{x} = t\begin{pmatrix}1\\1\\1\end{pmatrix}$ f) $\vec{x} = \begin{pmatrix}1\\0\\0\end{pmatrix} + t\begin{pmatrix}-1\\1\\1\end{pmatrix}$

8 Z. B.: Koordinatenursprung „vordere rechte" Ecke; Gerade: $\vec{x} = t\begin{pmatrix}4\\5\\2{,}5\end{pmatrix}$

9 a) g: $\vec{x} = \begin{pmatrix}-4\\1\\0\end{pmatrix} + t\begin{pmatrix}3\\4\\0\end{pmatrix}$; h: $\vec{x} = \begin{pmatrix}-4\\1\\3\end{pmatrix} + t\begin{pmatrix}3\\2\\-3\end{pmatrix}$; i: $\vec{x} = \begin{pmatrix}-4\\5\\3\end{pmatrix} + t\begin{pmatrix}0\\4\\-3\end{pmatrix}$; j: $\vec{x} = \begin{pmatrix}-1\\1\\0\end{pmatrix} + t\begin{pmatrix}0\\4\\3\end{pmatrix}$

b) g: $\vec{x} = \begin{pmatrix}-2\\5\\3\end{pmatrix} + t\begin{pmatrix}2\\-2\\1\end{pmatrix}$; h: $\vec{x} = \begin{pmatrix}-2\\5\\3\end{pmatrix} + t\begin{pmatrix}-1\\1\\0\end{pmatrix}$; i: $\vec{x} = \begin{pmatrix}-6\\5\\3\end{pmatrix} + t\begin{pmatrix}2\\2\\-1\end{pmatrix}$; j: $\vec{x} = \begin{pmatrix}-6\\5\\3\end{pmatrix} + t\begin{pmatrix}2\\2\\-3\end{pmatrix}$

10 a) $\vec{x} = \begin{pmatrix}0\\1\end{pmatrix} + t\begin{pmatrix}1\\-2\end{pmatrix}$ b) $\vec{x} = \begin{pmatrix}3\\0\end{pmatrix} + t\begin{pmatrix}1\\1\end{pmatrix}$ c) $\vec{x} = \begin{pmatrix}0\\3\end{pmatrix} + t\begin{pmatrix}1\\0\end{pmatrix}$ d) $\vec{x} = \begin{pmatrix}1\\1\end{pmatrix} + t\begin{pmatrix}5\\-2\end{pmatrix}$

e) $\vec{x} = \begin{pmatrix}4\\1\end{pmatrix} + t\begin{pmatrix}3\\5\end{pmatrix}$ f) $\vec{x} = \begin{pmatrix}5\\0\end{pmatrix} + t\begin{pmatrix}0\\1\end{pmatrix}$ g) $\vec{x} = t\begin{pmatrix}1\\-1\end{pmatrix}$ h) $\vec{x} = t\begin{pmatrix}0\\1\end{pmatrix}$

i) $\vec{x} = \begin{pmatrix}0\\-3\end{pmatrix} + t\begin{pmatrix}1\\-1\end{pmatrix}$

11 a) $\frac{1}{3}x_1 - x_2 = -\frac{5}{3}$ b) $5x_1 + x_2 = 15$ c) $\frac{9}{7}x_1 - x_2 = -\frac{8}{7}$

12 Die Steigung ergibt sich aus den Koordinaten des Richtungsvektors: $4:1 = 4$.
Der x_2-Achsenabschnitt b ergibt sich aus: $\begin{pmatrix}3\\2\end{pmatrix} + t\begin{pmatrix}4\\1\end{pmatrix} = \begin{pmatrix}0\\b\end{pmatrix}$, also $b = 1{,}25$.

8 *Gegenseitige Lage von Geraden*

S. 250 **1** a) g und h sind identisch $\Rightarrow$ $\vec{a}, \vec{b}$ und $\vec{c}$ sind paarweise linear abhängig.
g und h sind zueinander parallel und verschieden $\Rightarrow$ $\vec{a}, \vec{b}$ sind linear abhängig und $\vec{a}, \vec{c}$ sowie $\vec{b}, \vec{c}$ sind jeweils linear unabhängig.
b) Nein, falls die Geraden in einer Ebene liegen. Ja, falls die Geraden nicht zueinander parallel sind und sie sich im Raum nicht schneiden (d. h. zueinander windschief sind).

S. 252 **2** a) $S\left(-\frac{1}{3}\middle|-\frac{2}{3}\right)$ b) $S(0|5)$

S. 253 **3** a) g, h parallel und verschieden b) $g = h$
c) g, h schneiden sich in $S(0|3)$ d) $g = h$
e) g, h schneiden sich in $S\left(\frac{3}{4}\middle|-\frac{1}{4}\right)$ f) g, h schneiden sich in $S\left(\frac{1}{8}\middle|\frac{3}{8}\right)$

S. 253 **4** a) $r = 3,\ s = -2,\ A(2|1);\ r = 4,\ t = 0,\ B(5|-1);\ s = -1,\ t = 1,\ C(3|4)$

b) $r = -1,\ s = \frac{1}{2},\ A(2|-3|1);\ r = 3,\ t = -1,\ B(-6|5|5);\ s = -1,\ t = 0,\ C(5|3|-8)$

5 a) g und h sind parallel und verschieden.
b) g und h sind windschief.
c) g und h schneiden sich in $S(2|1|3)$.
d) g und h schneiden sich in $S(-5|-15|1)$.

6 a) $h\colon \vec{x} = \begin{pmatrix} 1 \\ 0 \\ 0 \end{pmatrix} + t \cdot \begin{pmatrix} -7 \\ 3 \\ 1 \end{pmatrix};\ i\colon \vec{x} = t \cdot \begin{pmatrix} 7 \\ 3 \\ 1 \end{pmatrix};\ j\colon \vec{x} = \begin{pmatrix} 0 \\ 0 \\ 1 \end{pmatrix} + t \cdot \begin{pmatrix} -7 \\ 3 \\ 1 \end{pmatrix}$

b) $h\colon \vec{x} = \begin{pmatrix} 2 \\ 2 \\ 1 \end{pmatrix} + t \cdot \begin{pmatrix} -1 \\ 2 \\ 0 \end{pmatrix};\ i\colon \vec{x} = t \cdot \begin{pmatrix} 1 \\ 2 \\ 0 \end{pmatrix};\ j\colon \vec{x} = \begin{pmatrix} 1 \\ 0 \\ 0 \end{pmatrix} + t \cdot \begin{pmatrix} -1 \\ 2 \\ 0 \end{pmatrix}$

c) $h\colon \vec{x} = \begin{pmatrix} 2 \\ 3 \\ 6 \end{pmatrix} + t \cdot \begin{pmatrix} -1 \\ 0 \\ 5 \end{pmatrix};\ i\colon \vec{x} = t \cdot \begin{pmatrix} 1 \\ 0 \\ 5 \end{pmatrix};\ j\colon \vec{x} = \begin{pmatrix} 0 \\ 1 \\ 0 \end{pmatrix} + t \cdot \begin{pmatrix} -1 \\ 0 \\ 5 \end{pmatrix}$

7 Die Seite $\overline{AC}$ ist parallel zur Geraden g, liegt aber nicht auf g.

8 a) Die Geraden $g\colon \vec{x} = \begin{pmatrix} 2 \\ 2 \\ 0 \end{pmatrix} + r \begin{pmatrix} -2 \\ 2 \\ 2 \end{pmatrix}$ und $h\colon \vec{x} = \begin{pmatrix} 0 \\ 1 \\ 2 \end{pmatrix} + s \begin{pmatrix} 1 \\ 3 \\ -2 \end{pmatrix}$ sind windschief.

b) Die Geraden $g\colon \vec{x} = \begin{pmatrix} 0 \\ 0 \\ 2 \end{pmatrix} + r \begin{pmatrix} 1{,}5 \\ 4 \\ -2 \end{pmatrix}$ und $h\colon \vec{x} = \begin{pmatrix} 3 \\ 0 \\ 0 \end{pmatrix} + s \begin{pmatrix} -3 \\ 4 \\ 1 \end{pmatrix}$ schneiden sich in $S\left(1 \left| \frac{8}{3} \right| \frac{2}{3}\right)$.

9 Die Geraden $g\colon \vec{x} = \begin{pmatrix} 4 \\ 4 \\ 1 \end{pmatrix} + s \begin{pmatrix} -4 \\ 4 \\ 1 \end{pmatrix}$ und $h\colon \vec{x} = \begin{pmatrix} 2 \\ 4 \\ 2 \end{pmatrix} + t \begin{pmatrix} 0 \\ 4 \\ -1 \end{pmatrix}$ schneiden sich in $S(2|6|1{,}5)$.

S. 254 **10** a) Für $t = -1$ schneiden sich g_{-1} und h_{-1} in $S(-1|9|2)$ $(r = 2;\ s = -3)$.
Für $t \neq -1$ sind g_t und h_t windschief.

b) Beachten Sie: Für $t = -2$ sind g_{-2} und h_{-2} parallel.
Für $t = \frac{5}{2}$ schneiden sich $g_{\frac{5}{2}}$ und $h_{\frac{5}{2}}$ in $S\left(\frac{5}{3} \left| \frac{20}{3} \right| \frac{16}{3}\right)$ $\left(r = -\frac{4}{9};\ s = \frac{1}{3}\right)$.
Für $t \neq -2$ und $t \neq \frac{5}{2}$ sind g_t und h_t windschief.

11 b) g und h sind parallel und verschieden;
g und i sind windschief;
g und j sind windschief;
h; i; j schneiden sich in $S(-4|4|6)$.

12 a) Die Vektoren $\overrightarrow{OQ} - \overrightarrow{OR}$ und $\overrightarrow{OQ} + \overrightarrow{OR}$ sind linear unabhängig, weil $\overrightarrow{OQ}$ und $\overrightarrow{OR}$ linear unabhängig sein sollen. Die Gleichung

$$(\overrightarrow{OP} + \overrightarrow{OQ}) + r(\overrightarrow{OQ} - \overrightarrow{OR}) = s(\overrightarrow{OQ} + \overrightarrow{OR})$$

lässt sich umformen zu

$$\overrightarrow{OP} + (1 + r - s)\overrightarrow{OQ} + (-r - s)\overrightarrow{OR} = \vec{o}.$$

Diese Gleichung hat keine Lösung, da $\overrightarrow{OP}$, $\overrightarrow{OQ}$, $\overrightarrow{OR}$ linear unabhängig sein sollen.

S. 254 **12** b) Die Vektoren $\overrightarrow{OQ} - \overrightarrow{OR}$ und $\overrightarrow{OP} + \overrightarrow{OR}$ sind linear unabhängig, denn aus

$$u(\overrightarrow{OQ} - \overrightarrow{OR}) + v(\overrightarrow{OP} + \overrightarrow{OR}) = \vec{o}$$

folgt

$$v\,\overrightarrow{OP} + u\,\overrightarrow{OQ} + (-u + v)\overrightarrow{OR} = \vec{o},$$

also $u = v = 0$. Die Gleichung

$$(\overrightarrow{OP} + \overrightarrow{OQ}) + r(\overrightarrow{OQ} - \overrightarrow{OR}) = s(\overrightarrow{OP} + \overrightarrow{OR})$$

lässt sich umformen zu

$$(1 - s)\overrightarrow{OP} + (1 + r)\overrightarrow{OQ} + (-r - s)\overrightarrow{OR} = \vec{o}$$

mit den Lösungen $r = -1$, $s = 1$. Die Geraden g und h schneiden sich also im Punkt S mit $\overrightarrow{OS} = \overrightarrow{OP} + \overrightarrow{OR}$.

13 a) Figur rechts

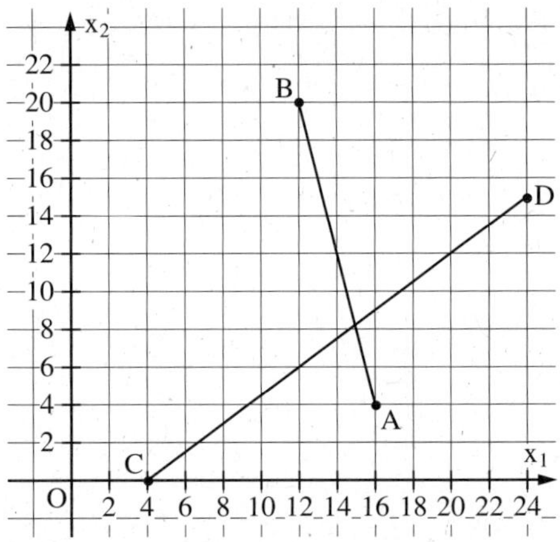

b) Es sei E der Ort der Fähre F_1 eine halbe Stunde nach Verlassen des Ortes A.

$$\overrightarrow{OE} = \overrightarrow{OA} + \frac{1}{2}\cdot\frac{\sqrt{272}}{\frac{2}{3}}\cdot\frac{1}{\sqrt{272}}\cdot\begin{pmatrix}-4\\16\end{pmatrix} = \begin{pmatrix}13\\16\end{pmatrix};$$

E(13|16)

c) $\overrightarrow{OP} = \begin{pmatrix}16 - 6t\\4 + 24t\end{pmatrix}$; $\overrightarrow{OQ} = \begin{pmatrix}4 + 20t\\15t\end{pmatrix}$;

$\overrightarrow{PQ} = \begin{pmatrix}-12 + 26t\\-4 - 9t\end{pmatrix}$

$|\overrightarrow{PQ}| = \sqrt{(-12 + 26t)^2 + (-4 - 9t)^2}$;

$d(t) = (26t - 12)^2 + (9t + 4)^2$

Untersuchung auf Minimum ergibt

$t = \frac{552}{1514} \approx 0{,}36$.

Ungefähr 0,36 Stunden, d. h. 21,6 Minuten nach Abfahrt kommen sich die Fähren am nächsten; sie sind dann rund 7,7 km voneinander entfernt.

14 a) $|\overrightarrow{AC}| = \sqrt{165} \approx 12{,}85$

b) $\overrightarrow{OP} = \overrightarrow{OA} + t\cdot\frac{\sqrt{14}}{1}\cdot\frac{1}{\sqrt{14}}\cdot\begin{pmatrix}2\\3\\1\end{pmatrix} = \begin{pmatrix}2 + 2t\\5 + 3t\\t\end{pmatrix}$; $\overrightarrow{OQ} = \overrightarrow{OC} + t\cdot 90\cdot\frac{1}{3}\cdot\begin{pmatrix}-1\\-2\\2\end{pmatrix} = \begin{pmatrix}10 - 30t\\15 - 60t\\1 + 60t\end{pmatrix}$;

$\overrightarrow{PQ} = \begin{pmatrix}8 - 32t\\10 - 63t\\1 + 59t\end{pmatrix}$; $|\overrightarrow{PQ}| = \sqrt{(8 - 32t)^2 + (10 - 63t)^2 + (1 + 59t)^2}$

Untersuchung auf Minimum ergibt $t = \frac{1890}{16948} \approx 0{,}11$.

Ungefähr 6,7 Minuten nach dem Start kommen sich der Ballon und das Kleinflugzeug am nächsten; sie sind dann rund 9,27 km voneinander entfernt.

9 *Vermischte Aufgaben*

S. 255 Rand oben: A und B sowie C und D haben jeweils gleiche x_1-Koordinaten.
Rand unten: Für $x = 4$ kann $\vec{c}$ nicht als Linearkombination von $\vec{a}$ und $\vec{b}$ dargestellt werden.

1 a)

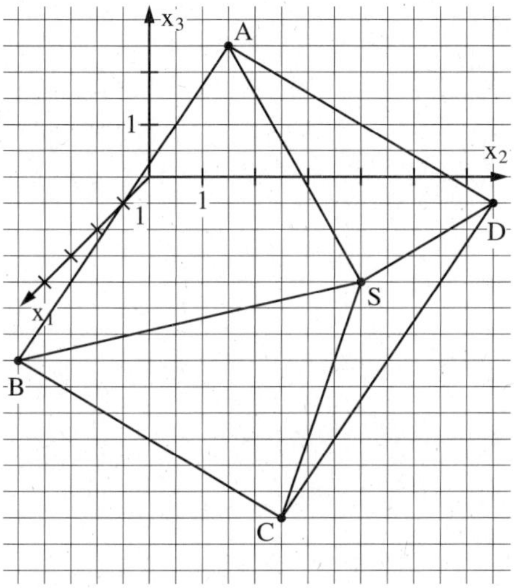

b)

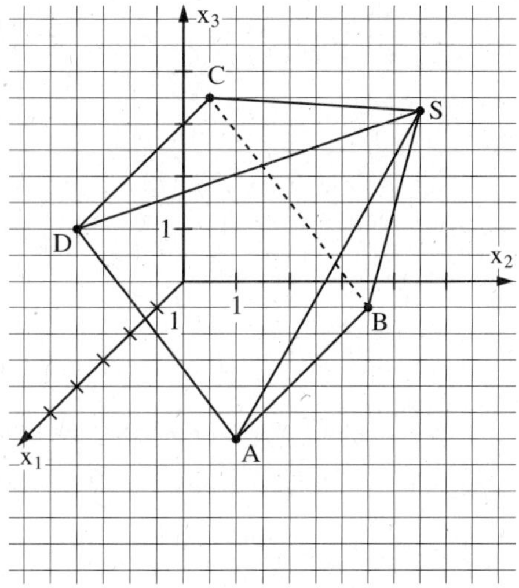

2 a) D(2|5|3), E(1|5|7), F(−7|5|3) oder
D(2|−5|3), E(1|−5|7), F(−7|−5|3)
b) D(2|0|8), E(6|2|8), F(3|3|8) oder
D(2|0|−2), E(6|2|−2), F(3|3|−2)

3 a) Figur rechts

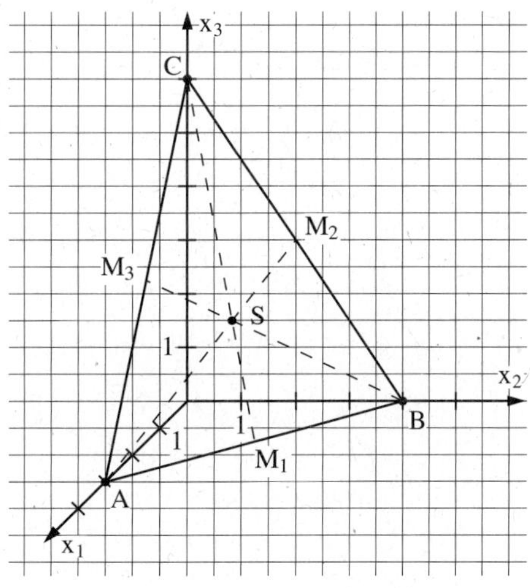

b) $\overrightarrow{OS} = \frac{1}{3}(\overrightarrow{OA} + \overrightarrow{OB} + \overrightarrow{OC})$

$= \frac{1}{3}\left[\begin{pmatrix}3\\0\\0\end{pmatrix} + \begin{pmatrix}0\\4\\0\end{pmatrix} + \begin{pmatrix}0\\0\\6\end{pmatrix}\right] = \frac{1}{3}\begin{pmatrix}3\\4\\6\end{pmatrix};\ S\left(1\,\middle|\,\frac{4}{3}\,\middle|\,2\right)$

c) $V = \frac{1}{3} \cdot \frac{1}{2} \cdot 3 \cdot 4 \cdot 6 = 12$

4 a) $\vec{d} = -\frac{40}{13}\vec{a} + \frac{24}{13}\vec{b} + \frac{19}{13}\vec{c}$
b) $\vec{d} = \frac{2}{61}\vec{a} - \frac{23}{61}\vec{b} + \frac{60}{61}\vec{c}$

5 a) linear unabhängig
b) linear unabhängig
c) linear abhängig
d) linear unabhängig

S. 255 **6** a) linear abhängig b) linear unabhängig
c) linear unabhängig d) linear abhängig

7 a) $r = 1;\ s = -1;\ t = 0$ b) $r = -16;\ s = -2;\ t = 20$

8 a)
$$\begin{aligned} rt + 2s &= 0 \\ rt - s &= 0 \\ r + s(t+1) &= 0 \end{aligned}$$
Aus den ersten beiden Gleichungen folgt $s = 0$.
Mit $s = 0$ folgt $r = 0$ für alle $t \in \mathbb{R}$.

b) Die Vektoren $\vec{a_2} = \begin{pmatrix} 2 \\ 2 \\ 1 \end{pmatrix};\ b_2 = \begin{pmatrix} 2 \\ 1 \\ 3 \end{pmatrix};\ \vec{c} = \begin{pmatrix} 1 \\ 1 \\ 0 \end{pmatrix}$ sind linear unabhängig.

c) $\vec{d} = \vec{a_2} - \vec{b}_2 + 3\vec{c}$ d) $t_1 = -4;\ t_2 = -\frac{2}{3}$

S. 256 **9** $\vec{a} = \frac{1}{2}\vec{u} - \frac{1}{2}\vec{v};\ \vec{b} = \frac{1}{2}\vec{u} + \frac{1}{2}\vec{v};\ \vec{c} = \frac{1}{2}\vec{u} + \frac{1}{2}\vec{w}$

10 $\vec{u} = \frac{1}{3}(-\vec{a} + 2\vec{b} - \vec{c});\ \vec{v} = \frac{1}{3}(\vec{a} + \vec{c});\ \vec{w} = \frac{1}{3}(-\vec{a} + \vec{c})$

11 Die Punkte sind $P(1|2|3)$, $Q(1|3|2)$, $R(2|1|3)$, $S(3|1|2)$, $T(2|3|1)$, $U(3|2|1)$. Man zeigt nun, dass die Vektoren $\overrightarrow{PQ}$, $\overrightarrow{PR}$ und $\overrightarrow{PS}$ abhängig sind, die Vektoren $\overrightarrow{PQ}$, $\overrightarrow{PR}$ und $\overrightarrow{PT}$ abhängig sind und die Vektoren $\overrightarrow{PQ}$, $\overrightarrow{PR}$ und $\overrightarrow{PU}$ abhängig sind.

12 Beweisidee: Ist $\vec{a} = \overrightarrow{AD}$ und $\vec{b} = \overrightarrow{AB}$, dann gilt: $\overrightarrow{AT} = \vec{b} + \frac{1}{3}\vec{a}$ und $\overrightarrow{BD} = \vec{a} - \vec{b}$.
Geschlossene Vektorkette: $\overrightarrow{BS} + \overrightarrow{ST} + \overrightarrow{TB} = \vec{o} \Rightarrow r(\vec{a} - \vec{b}) + s\left(\vec{b} + \frac{1}{3}\vec{a}\right) - \frac{1}{3}\vec{a} = \vec{o}$
$\Rightarrow \left(r + \frac{1}{3}s - \frac{1}{3}\right)\vec{a} + (-r + s)\vec{b} = \vec{o}$
$\Rightarrow$ (wg. der linearen Unabhängigkeit von $\vec{a}$ und $\vec{b}$) $r = \frac{1}{4};\ s = \frac{1}{4} \Rightarrow$ Behauptung.

13 Beweisidee: Ist $\vec{a} = \overrightarrow{AD}$ und $\vec{b} = \overrightarrow{AB}$, dann gilt: $\overrightarrow{AT} = \vec{b} + \frac{m}{m+n}\vec{a}$ und $\overrightarrow{BD} = \vec{a} - \vec{b}$.
Geschlossene Vektorkette: $\overrightarrow{BS} + \overrightarrow{ST} + \overrightarrow{TB} = \vec{o}$
$\Rightarrow r(\vec{a} - \vec{b}) + s\left(\vec{b} + \frac{m}{m+n}\vec{a}\right) - \frac{m}{m+n}\vec{a} = \vec{o}$
$\Rightarrow \left(r + s\frac{m}{m+n} - \frac{m}{m+n}\right)\vec{a} + (-r + s)\vec{b} = \vec{o}$
$\Rightarrow$ (wg. der linearen Unabhängigkeit von $\vec{a}$ und $\vec{b}$) $r = \frac{m}{2m+n};\ s = \frac{m}{2m+n}$
$\Rightarrow x = y = \frac{m}{m+n}$

14 In der Gleichung $\overrightarrow{EB} + \overrightarrow{BF} + \overrightarrow{FS} + \overrightarrow{SE} = \vec{o}$ setze man
$\overrightarrow{EB} = \frac{1}{3}\overrightarrow{AB},\ \overrightarrow{BF} = u(\overrightarrow{AC} - \overrightarrow{AB}),\ \overrightarrow{FS} = -v(\overrightarrow{AB} + u(\overrightarrow{AC} - \overrightarrow{AB}))$
und $\overrightarrow{SE} = \frac{1}{4}\left(\frac{2}{3}\overrightarrow{AB} - \overrightarrow{AC}\right)$. Aufgrund der linearen Unabhängigkeit von $\overrightarrow{AB}$ und $\overrightarrow{AC}$ ergeben sich die Gleichungen $u(1 - v) = \frac{1}{4}$ und $u(1 - v) + v = \frac{1}{2}$ und daraus
$u = \frac{1}{3}$ und $v = \frac{1}{4}$.

a) Teilverhältnis: 1 : 2 b) Teilverhältnis: 3 : 1

S. 257 **15** a) Definiert man ein Koordinatensystem so, dass der Ursprung mit der hinteren linken Würfelecke zusammenfällt und wählt man als Längeneinheit die Länge einer Würfelkante, dann sind folgende Geraden zu betrachten:

g: $\vec{x} = t \cdot \begin{pmatrix} 1 \\ 1 \\ 1 \end{pmatrix}$ und h: $\vec{x} = \begin{pmatrix} 1 \\ 0{,}5 \\ 0 \end{pmatrix} + t \cdot \begin{pmatrix} -1 \\ 0 \\ 1 \end{pmatrix}$; g und h schneiden sich im Punkt S (0,5 | 0,5 | 0,5).

b) Die Geraden g: $\vec{x} = \begin{pmatrix} -3 \\ 0 \\ 0 \end{pmatrix} + s \begin{pmatrix} 0 \\ 6 \\ 5 \end{pmatrix}$ und h: $\vec{x} = \begin{pmatrix} -6 \\ 4 \\ 0 \end{pmatrix} + t \begin{pmatrix} 4{,}5 \\ -3{,}5 \\ 2{,}5 \end{pmatrix}$ sind windschief.

c) g, h schneiden sich in $S\left(\frac{2}{3}\middle|\frac{7}{3}\middle|\frac{2}{3}\right)$; h, i schneiden sich in E;
g, i schneiden sich in $T\left(1\middle|3\middle|\frac{1}{2}\right)$; h, k schneiden sich in B;
g, k sind windschief. i, k sind windschief.

16 a), c), d) Die drei Punkte liegen auf einer Geraden.
b) Die drei Punkte liegen nicht auf einer Geraden.

17 a) Die Geraden g und h sind zueinander windschief.
b) Die Geraden g und h schneiden sich im Punkt S (6 | 1 | 3).
c) Die Geraden g und h sind zueinander parallel und verschieden.
d) Die Geraden g und h schneiden sich im Punkt S (7 | –1 | 7).

18 a) D (–3 | –3 | 0)
b) Die Geraden durch A und B sowie S und C sind zueinander windschief.
c) Figur rechts

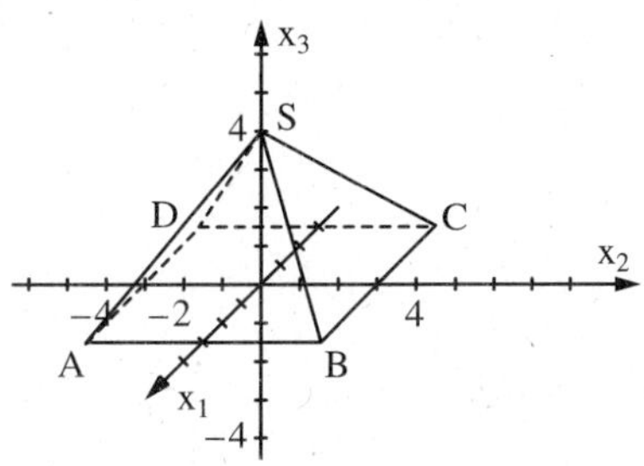

19 a) E (3 | 2 | 5); F (7 | 5 | 5); H (0 | 6 | 5)
b) T (5 | 3,5 | 0) teilt die Strecke AB im Verhältnis 1 : 1.
c) Figur rechts
d) $V = \frac{1}{3}\pi \cdot 2{,}5^2 \cdot 5 = \frac{125}{12} \cdot \pi$

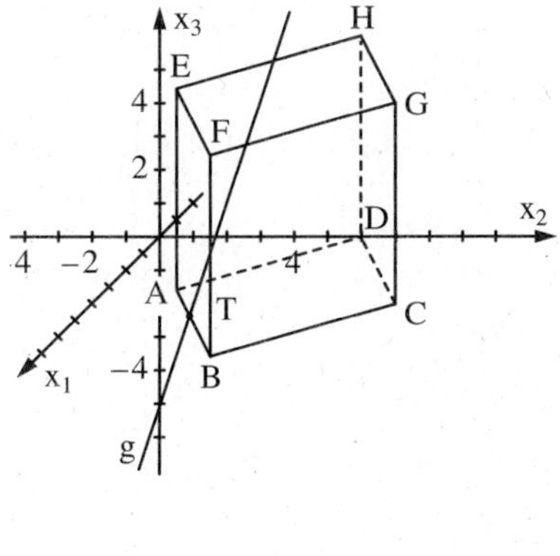

IX Skalarprodukt von Vektoren, Abstände und Winkel

1 Skalarprodukt von Vektoren, Größe von Winkeln

S. 262 **1** Der Kosinus des Winkels ist gleich $1:|\vec{b}|$; $1:|\vec{c}|$ bzw. $1:|\vec{d}|$; d.h. der Kosinus des Winkels ist umgekehrt proportional zur Länge der Vektoren.

2 Aus z.B. $c^2 = a^2 + b^2 - 2ab \cdot \cos(\gamma)$ folgt $\cos(\gamma) = \frac{a^2 + b^2 - c^2}{2ab}$.

S. 265 **3** a) $\approx 8{,}0$ b) $\approx -27{,}5$ c) 9

4 a) -3 b) 3 c) -6 d) 8

5 Ist a die Seitenlänge, so ist $\overrightarrow{AB} \cdot \overrightarrow{AC} = \frac{1}{2}a^2$.

6 a) ($|\vec{g}| = 4\,\text{cm}$) $\vec{a} \cdot \vec{b} = -2$; $\vec{a} \cdot \vec{g} = 4$; $\vec{b} \cdot \vec{g} = 4$; $\vec{f} \cdot \vec{g} = 8$
b) $\vec{c} \cdot \vec{d} = 2$; $\vec{a} \cdot \vec{f} = 2$; $\vec{e} \cdot \vec{a} = -4$; $\vec{c} \cdot \vec{f} = 4$

7 $a_3 \cdot b_3 = 1$

8 a) Wenn $\vec{a}$ und $\vec{b}$ die gleiche Richtung haben.
b) Wenn $\vec{a}$ und $\vec{b}$ entgegengesetzte Richtungen haben.

9 a) $\approx 65{,}6°$ b) $\approx 57{,}1°$ c) $90°$

10 a) $\alpha \approx 78{,}7°$; $\beta \approx 42{,}3°$; $\gamma \approx 59{,}0°$; $\overline{BC} = \sqrt{17}$; $\overline{AC} = 2\sqrt{2}$; $\overline{AB} = \sqrt{13}$
b) $\alpha \approx 109{,}7°$; $\beta \approx 29{,}7°$; $\gamma \approx 40{,}6°$; $\overline{BC} = 7\sqrt{5}$; $\overline{AC} = 2\sqrt{17}$; $\overline{AB} = 3\sqrt{13}$

11 a) $\overline{AB} = \overline{BC} = 2\sqrt{5}$; $\overline{AC} = 4\sqrt{2}$; $\alpha = \gamma \approx 50{,}8°$; $\beta \approx 78{,}5°$
b) $\overline{DE} = \overline{EF} = 2\sqrt{5}$; $\overline{DF} = 2\sqrt{2}$; $\delta = \zeta \approx 71{,}6°$; $\varepsilon \approx 36{,}9°$

12 $\overline{OP} = 13$; $\overline{PQ} = 15$; $\overline{QR} = \sqrt{521} \approx 22{,}8$; $\overline{RO} = 3$
$\sphericalangle POR \approx 48{,}2°$; $\sphericalangle OPQ \approx 131{,}8°$;
$\sphericalangle RQP \approx 154{,}9°$; $\sphericalangle ORQ \approx 25{,}1°$

13 a) Figur rechts.
b) $\sphericalangle BAD \approx 81{,}4°$
$\sphericalangle CBA \approx 81{,}4°$
$\sphericalangle DCB \approx 62{,}4°$
$\sphericalangle ADC \approx 126{,}0°$
Die Summe der Winkel ist kleiner als 360°. Dies ist möglich, da die Punkte nicht in einer Ebene liegen.

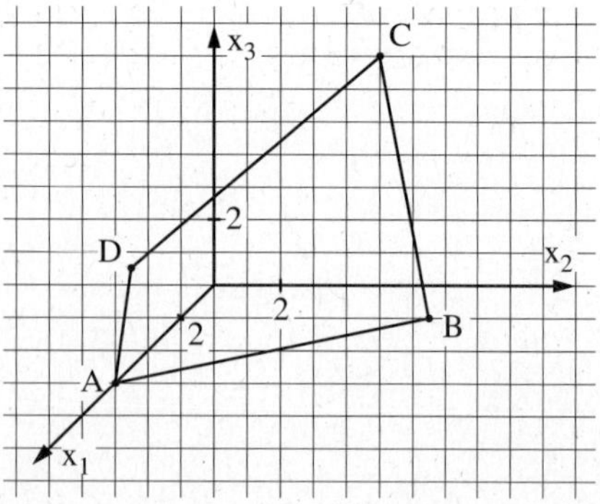

S. 266 **14** a) $\alpha \approx 35{,}3°$ b) $\beta \approx 70{,}5°$

15 $\sphericalangle AMB \approx 107{,}83°$; $\sphericalangle BMC \approx 60{,}67°$

16 a) $\overrightarrow{AC} \cdot \overrightarrow{BC} = 0$ b) $\overrightarrow{AB} \cdot \overrightarrow{AC} = 0$ c) $\overrightarrow{AB} \cdot \overrightarrow{AD} = \overrightarrow{AB} \cdot \overrightarrow{BC} = \overrightarrow{BC} \cdot \overrightarrow{CD} = 0$
d) $\overrightarrow{AC} \cdot \overrightarrow{BD} = 0$ und $\overrightarrow{AB}^2 = \overrightarrow{BC}^2 = \overrightarrow{CD}^2 = \overrightarrow{DA}^2$ und $\overrightarrow{AC}^2 = \overrightarrow{BD}^2$.

17 $\overrightarrow{AC} = \begin{pmatrix} 5 \\ 5 \end{pmatrix}$; $\overrightarrow{BD} = \begin{pmatrix} 3 \\ -3 \end{pmatrix}$; ja, denn $\overrightarrow{AC} \cdot \overrightarrow{BD} = 0$

18 a) b) c) d)

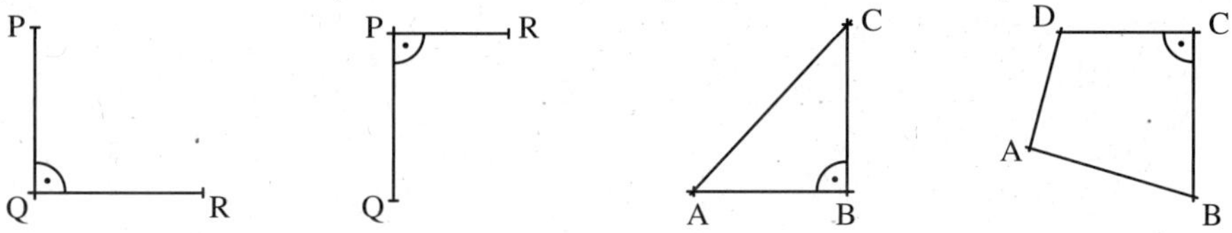

19 Es ist $|\overrightarrow{AB}| = |\overrightarrow{AD}| = 9$ und $\overrightarrow{AB} \cdot \overrightarrow{AD} = 0$; also gibt es ein solches Quadrat.
C(9|6|8)

20 a) Es ist $|\overrightarrow{OP}| = |\overrightarrow{OQ}| = 11$; also ist das Dreieck gleichschenklig.
Scheitelwinkel $\approx 30{,}74°$; Basiswinkel $\approx 74{,}63°$
b) z. B. R(0|3|0)
c) $\overrightarrow{OR} = \begin{pmatrix} 0 \\ 3 \\ 0 \end{pmatrix}$; $\overrightarrow{PQ} = \begin{pmatrix} 5 \\ 0 \\ -3 \end{pmatrix}$; $\overrightarrow{OR} \cdot \overrightarrow{PQ} = 0$

21 $\vec{a} \perp \vec{c}$; $\vec{a} \perp \vec{d}$; $\vec{b} \perp \vec{d}$; $\vec{b} \perp \vec{e}$; $\vec{c} \perp \vec{d}$

22 a) 6 b) 5 c) 1,5

23 a) $\vec{b}$; $\vec{c}$; $\vec{b} + \vec{c}$; $\vec{b} - \vec{c}$ b) Nur $\vec{c}$

24 a) Die Vektoren haben alle die gleiche Richtung oder die dazu entgegengesetzte Richtung.
b) Die Vektoren liegen alle in einer Ebene (wenn man sie als Ortsvektoren darstellt), die orthogonal zu $\vec{a}$ und damit auch zu $\vec{b}$ ist.

S. 267 **25** a) Z. B. $\begin{pmatrix} 6 \\ 3 \\ -4 \end{pmatrix}$ b) Z. B. $\begin{pmatrix} 7 \\ 1 \\ 17 \end{pmatrix}$ c) Z. B. $\begin{pmatrix} 5 \\ 5 \\ -3 \end{pmatrix}$

26 a) $r = 2$ b) $h = |\vec{a} - 2\vec{b}| = \sqrt{221} \approx 14{,}9$

27 (Zwischenergebnis: $r = \frac{1}{3}$; $\begin{pmatrix} 7 \\ 1 \\ 17 \end{pmatrix} - \frac{1}{3}\begin{pmatrix} 9 \\ -12 \\ 3 \end{pmatrix}$ ist orthogonal zu $\overrightarrow{AB}$) Fußpunkt: F(−1|4|3)

S. 267 **28** a) $(r = -2)\ 2 \cdot \sqrt{10} \approx 6{,}3$
b) $(r = \frac{6}{7})\ \frac{6}{7} \cdot \sqrt{14} \approx 3{,}2$
c) $(r = \frac{2}{7})\ \frac{2}{7} \cdot \sqrt{49} = 2$

29 a) Eine Ebene orthogonal zu g
b) Ein Kegelmantel. Dabei beträgt der Winkel zwischen Kegelachse (= Kegelhöhe) und Mantellinie 60°.

30 $m \cdot n = -1$
Der Satz aus der Analysis lautet: Haben zwei zueinander orthogonale Geraden die Steigungen m_1 und m_2, so ist $m_1 \cdot m_2 = -1$.

31 a) $\vec{a} \cdot \vec{b} = |\vec{a}| \cdot |\vec{b}| \cdot \cos(\varphi) = |\vec{b}| \cdot |\vec{a}| \cdot \cos(\varphi) = \vec{b} \cdot \vec{a}$
b) Sind $\vec{a} = \begin{pmatrix} a_1 \\ a_2 \\ a_3 \end{pmatrix}$; $\vec{b} = \begin{pmatrix} b_1 \\ b_2 \\ b_3 \end{pmatrix}$; $\vec{c} = \begin{pmatrix} c_1 \\ c_2 \\ c_3 \end{pmatrix}$; so gilt

$$\begin{aligned}\vec{a} \cdot \vec{c} + \vec{b} \cdot \vec{c} &= a_1 c_1 + a_2 c_2 + a_3 c_3 + b_1 c_1 + b_2 c_2 + b_3 c_3 \\ &= (a_1 + b_1)c_1 + (a_2 + b_2)c_2 + (a_3 + b_3)c_3 = (\vec{a} + \vec{b}) \cdot \vec{c}\end{aligned}$$

32 z.B. $\vec{a} = \begin{pmatrix} 1 \\ 0 \\ 0 \end{pmatrix}$; $\vec{b} = \begin{pmatrix} 0 \\ 1 \\ 0 \end{pmatrix}$; $\vec{c} = \begin{pmatrix} 1 \\ 1 \\ 0 \end{pmatrix}$

33 a) $\vec{a} \cdot (r \cdot \vec{b}) = (r \cdot \vec{b}) \cdot \vec{a} = r \cdot (\vec{b} \cdot \vec{a}) = r \cdot (\vec{a} \cdot \vec{b})$
b) $(\vec{a} - \vec{b}) \cdot \vec{c} = (\vec{a} + (-1) \cdot \vec{b}) \cdot \vec{c} = \vec{a} \cdot \vec{c} + (-1) \cdot \vec{b} \cdot \vec{c} = \vec{a} \cdot \vec{c} - \vec{b} \cdot \vec{c}$

34 a) $6\vec{a}^2 + 11\vec{a} \cdot \vec{b} - 35\vec{b}^2$ b) $\vec{e} \cdot \vec{f}$
c) $3\vec{u}^2 - 3\vec{u} \cdot \vec{v} - 4\vec{v}^2$ d) $9\vec{h}^2$

35 a) 1 b) 0 c) 13

36 $\vec{a} \perp \vec{b}$

2 *Ebenengleichungen*

S. 268 **1** a) Stange 1 legt einen Punkt fest, auf dem die Platte aufliegt.
b) Stange 2 und Stange 3 fixieren die Lage der Platte, so dass sie nicht „wackeln" kann. Zusammen legen die drei Stangen die Lage der Platte (einer Ebene) „im Raum" fest.
c) Nein

S. 272 **2** a) $\vec{x} = \begin{pmatrix} 2 \\ 0 \\ 3 \end{pmatrix} + r\begin{pmatrix} -1 \\ -1 \\ 2 \end{pmatrix} + s\begin{pmatrix} 1 \\ -2 \\ -3 \end{pmatrix}$; $\vec{x} = \begin{pmatrix} 1 \\ -1 \\ 5 \end{pmatrix} + r\begin{pmatrix} -2 \\ 1 \\ 5 \end{pmatrix} + s\begin{pmatrix} -1 \\ 2 \\ 3 \end{pmatrix}$

b) $\vec{x} = r\begin{pmatrix} 2 \\ 1 \\ 5 \end{pmatrix} + s\begin{pmatrix} -3 \\ 1 \\ -3 \end{pmatrix}$; $\vec{x} = \begin{pmatrix} 2 \\ 1 \\ 5 \end{pmatrix} + r\begin{pmatrix} 5 \\ 0 \\ 8 \end{pmatrix} + s\begin{pmatrix} 2 \\ 1 \\ 5 \end{pmatrix}$

c) $\vec{x} = \begin{pmatrix} 1 \\ 1 \\ 1 \end{pmatrix} + r\begin{pmatrix} 1 \\ 1 \\ 1 \end{pmatrix} + s\begin{pmatrix} -3 \\ 2 \\ 4 \end{pmatrix}$; $\vec{x} = r\begin{pmatrix} 1 \\ 1 \\ 1 \end{pmatrix} + s\begin{pmatrix} 4 \\ -1 \\ -3 \end{pmatrix}$

d) $\vec{x} = \begin{pmatrix} 2 \\ 5 \\ 7 \end{pmatrix} + r\begin{pmatrix} 5 \\ 0 \\ -5 \end{pmatrix} + s\begin{pmatrix} 1 \\ 3 \\ 4 \end{pmatrix}$; $\vec{x} = \begin{pmatrix} 1 \\ 2 \\ 3 \end{pmatrix} + r\begin{pmatrix} 1 \\ 0 \\ -1 \end{pmatrix} + s\begin{pmatrix} 6 \\ 3 \\ -1 \end{pmatrix}$

3 a) A und C liegen in E. B liegt nicht in E.
b) (1) $p = 0$ $(r = 1;\ s = -1)$
(2) $p = 3\frac{5}{9}$ $\left(r = 1\frac{1}{9};\ s = -\frac{5}{9}\right)$
(3) $p = 5$ $(r = -2;\ s = 2)$
(4) $p = -2\frac{1}{5}$; $\left(r = \frac{1}{4};\ s = -1\frac{1}{6}\right)$

4 a) Drei Punkte, die nicht auf einer Geraden liegen, legen eindeutig eine Ebene fest. Bei zwei sich schneidenden Geraden wählt man den Schnittpunkt und je einen Punkt auf einer Geraden. Diese Punkte legen eine einzige Ebene fest, in der die beiden Geraden liegen.
b) Die Ebenen haben einen gemeinsamen Stützvektor $\vec{p}$, also auch einen gemeinsamen Punkt P.
Ebenengleichung: $\vec{x} = \vec{p} + r \cdot \vec{u_1} + s \cdot \vec{u_2}$.

5 a) E: $\vec{x} = \begin{pmatrix} 3 \\ 4 \\ 3 \end{pmatrix} + r\begin{pmatrix} 2 \\ 3 \\ 1 \end{pmatrix} + s\begin{pmatrix} 1 \\ 0 \\ 1 \end{pmatrix}$

b) E: $\vec{x} = \begin{pmatrix} 0 \\ -2 \\ 0 \end{pmatrix} + r\begin{pmatrix} 1 \\ 1 \\ 1 \end{pmatrix} + s\begin{pmatrix} 1 \\ 2 \\ 3 \end{pmatrix}$

c) E: $\vec{x} = \begin{pmatrix} 7 \\ 10 \\ 9 \end{pmatrix} + r\begin{pmatrix} 2 \\ 5 \\ 1 \end{pmatrix} + s\begin{pmatrix} 1 \\ 0 \\ 1 \end{pmatrix}$

d) g_1, g_2 schneiden sich nicht.

6 a) $12x_1 + 11x_2 + 5x_3 = 17$
b) $7x_1 + 15x_2 + 9x_3 = 70$
c) $15x_1 + 6x_2 + 10x_3 = 30$
d) $12x_1 + 3x_2 - 4x_3 = 12$

7 Es ist zu prüfen, ob $\overrightarrow{AB}, \overrightarrow{AC}, \overrightarrow{AD}$ linear abhängig sind.
a) nein b) ja c) ja d) nein

8 Der Punkt darf nicht auf der Geraden liegen. Begründung: Drei Punkte, die nicht auf einer Geraden liegen, legen eine Ebene fest.

S. 272 **9**

a) $E: \vec{x} = \begin{pmatrix} 1 \\ 0 \\ 1 \end{pmatrix} + r\begin{pmatrix} 2 \\ 1 \\ 3 \end{pmatrix} + s\begin{pmatrix} 4 \\ -5 \\ 2 \end{pmatrix}$ b) $E: \vec{x} = \begin{pmatrix} 2 \\ 0 \\ 1 \end{pmatrix} + r\begin{pmatrix} 3 \\ 1 \\ 5 \end{pmatrix} + s\begin{pmatrix} 0 \\ 7 \\ 10 \end{pmatrix}$

c) $E: \vec{x} = \begin{pmatrix} 1 \\ 2 \\ 5 \end{pmatrix} + r\begin{pmatrix} -1 \\ 2 \\ 7 \end{pmatrix} + s\begin{pmatrix} 1 \\ 3 \\ -8 \end{pmatrix}$ d) $E: \vec{x} = \begin{pmatrix} 1 \\ 0 \\ 3 \end{pmatrix} + r\begin{pmatrix} 2 \\ 1 \\ 0 \end{pmatrix} + s\begin{pmatrix} 5 \\ 3 \\ -4 \end{pmatrix}$

S. 273 **10**

a) $\left[\vec{x} - \begin{pmatrix} 7 \\ 3 \\ -1 \end{pmatrix}\right] \cdot \begin{pmatrix} 1 \\ -1 \\ 2 \end{pmatrix} = 0;\ x_1 - x_2 + 2x_3 = 2$

b) $\left[\vec{x} - \begin{pmatrix} 7 \\ 3 \\ -1 \end{pmatrix}\right] \cdot \begin{pmatrix} 1 \\ 0 \\ 1 \end{pmatrix} = 0;\ x_1 + x_3 = 6$

c) $\left[\vec{x} - \begin{pmatrix} 7 \\ 3 \\ -1 \end{pmatrix}\right] \cdot \begin{pmatrix} 1 \\ 2 \\ 3 \end{pmatrix} = 0;\ x_1 - x_2 - x_3 = 5$

d) $\left[\vec{x} - \begin{pmatrix} 7 \\ 3 \\ -1 \end{pmatrix}\right] \cdot \begin{pmatrix} 1 \\ -1 \\ -1 \end{pmatrix} = 0;\ x_1 - x_2 - x_3 = 5$

11 z.B.

a) $3x_1 - 2x_2 + 7x_3 = 0$ b) $8x_2 + 3x_3 = 2$ c) $7x_1 - 7x_2 + 3x_3 = 0$

12 a) nein b) ja c) ja d) nein

13 z.B.

a) $E: \left[\vec{x} - \begin{pmatrix} 5 \\ 0 \\ 0 \end{pmatrix}\right] \cdot \begin{pmatrix} 2 \\ 3 \\ 5 \end{pmatrix} = 0$ b) $E: \left[\vec{x} - \begin{pmatrix} 1 \\ 0 \\ 0 \end{pmatrix}\right] \cdot \begin{pmatrix} 1 \\ -1 \\ 1 \end{pmatrix} = 0$

c) $E: \left[\vec{x} - \begin{pmatrix} 2 \\ 3 \\ 0 \end{pmatrix}\right] \cdot \begin{pmatrix} 4 \\ 3 \\ 0 \end{pmatrix} = 0$ d) $E: \left[\vec{x} - \begin{pmatrix} 0 \\ -1 \\ -3 \end{pmatrix}\right] \cdot \begin{pmatrix} 0 \\ 4 \\ -5 \end{pmatrix} = 0$

e) $E: \left[\vec{x} - \begin{pmatrix} 100 \\ 0 \\ 0 \end{pmatrix}\right] \cdot \begin{pmatrix} 1 \\ 1 \\ 1 \end{pmatrix} = 0$ f) $E: \left[\vec{x} - \begin{pmatrix} 0 \\ -5 \\ 0 \end{pmatrix}\right] \cdot \begin{pmatrix} 0 \\ 1 \\ 0 \end{pmatrix} = 0$

14

z.B.

a) $E: \left[\vec{x} - \begin{pmatrix} 2 \\ 1 \\ 2 \end{pmatrix}\right] \cdot \begin{pmatrix} 9 \\ -3 \\ 7 \end{pmatrix} = 0;\ 9x_1 - 3x_2 + 7x_3 = 29$

b) $E: \left[\vec{x} - \begin{pmatrix} 6 \\ 9 \\ 1 \end{pmatrix}\right] \cdot \begin{pmatrix} 4 \\ -4 \\ 3 \end{pmatrix} = 0;\ 4x_1 - 4x_2 + 3x_3 = -9$

c) $E: \vec{x} \cdot \begin{pmatrix} 3 \\ -8 \\ 1 \end{pmatrix} = 0;\ 3x_1 - 8x_2 + x_3 = 0$

S. 273 **15** a) $\vec{n} = \begin{pmatrix} 9 \\ -3 \\ 15 \end{pmatrix}$; $\left[\vec{x} - \begin{pmatrix} 9 \\ -3 \\ 15 \end{pmatrix}\right] \cdot \begin{pmatrix} 9 \\ -3 \\ 15 \end{pmatrix} = 0$ b) $\vec{n} = \begin{pmatrix} 0{,}5 \\ -1{,}5 \\ -1 \end{pmatrix}$; $\left[\vec{x} - \begin{pmatrix} 0{,}5 \\ -1{,}5 \\ -1 \end{pmatrix}\right] \cdot \begin{pmatrix} 0{,}5 \\ -1{,}5 \\ -1 \end{pmatrix} = 0$

16 a) Z. B.:
$\vec{x} = r\begin{pmatrix} 8 \\ 0 \\ 0 \end{pmatrix} + s\begin{pmatrix} 4 \\ 4 \\ 10 \end{pmatrix}$ oder $5x_2 - 2x_3 = 0$

b) P liegt auf der Höhe der Seitenfläche OAS, da $p_1 = 4$.
Mithilfe des Strahlensatzes erhält man p_2: $4 = 4:10$; also $p_2 = 1{,}6$.
Punktprobe (am besten mit der Koordinatengleichung): $5 \cdot 1{,}6 - 2 \cdot 4 = 0$

17 z. B.

a) E: $\left[\vec{x} - \begin{pmatrix} 2 \\ 2 \\ 2 \end{pmatrix}\right] \cdot \begin{pmatrix} 1 \\ 1 \\ -1 \end{pmatrix} = 0$

b) Schnittpunkt mit $\overline{AD}$: (2|0|0); $\overline{AE}$: (4|0|2); $\overline{CD}$: (0|2|0); $\overline{CG}$: (0|4|2);
$\overline{EF}$: (4|2|4); $\overline{FG}$: (2|4|4)

c) z. B. E: $\left[\vec{x} - \begin{pmatrix} 2 \\ 2 \\ 2 \end{pmatrix}\right] \cdot \begin{pmatrix} -1 \\ 1 \\ 1 \end{pmatrix} = 0$ $\left(E: \left[\vec{x} - \begin{pmatrix} 2 \\ 2 \\ 2 \end{pmatrix}\right] \cdot \begin{pmatrix} 1 \\ -1 \\ 1 \end{pmatrix} = 0\right)$

3 *Zeichnerische Darstellung von Ebenen*

S. 274 **1** a) 2 Punkte legen eine Gerade fest; drei Punkte (die nicht auf einer Geraden liegen) eine Ebene.
b) A (2,5|0|0); B (0|3|0); C (0|0|1,5)
c) Man kann nichts entnehmen.

S. 275 **2** a)

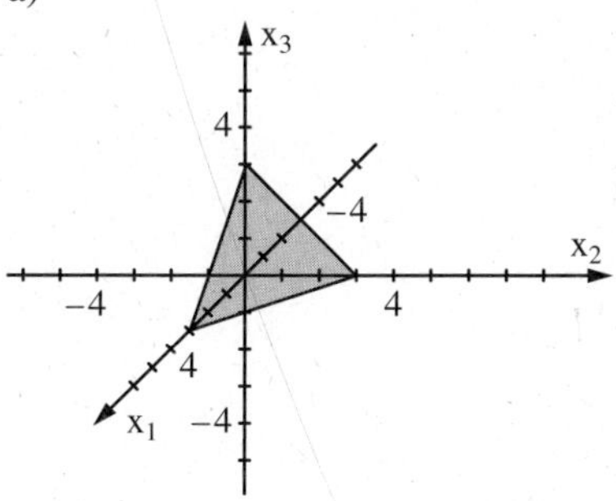

b)

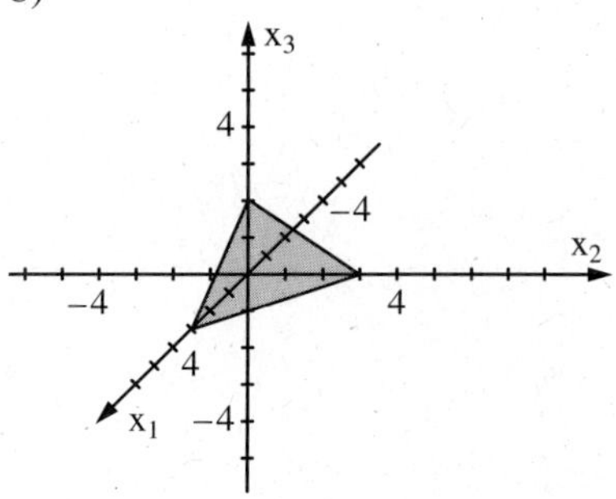

S. 275 **2** c)

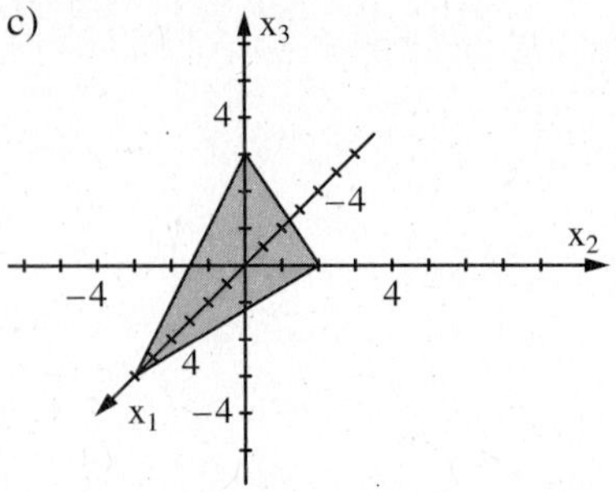

d)

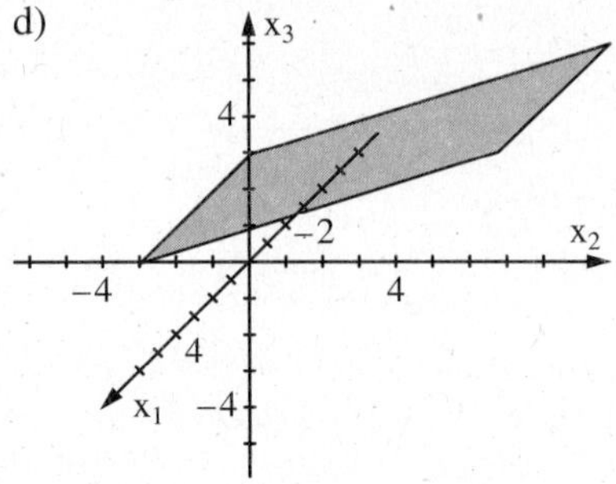

e)

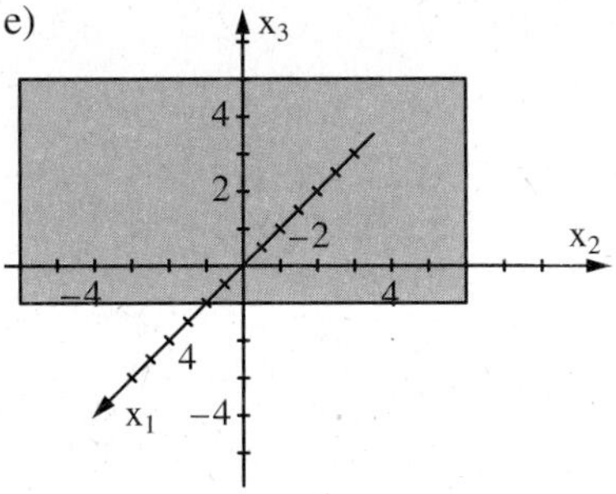

f)

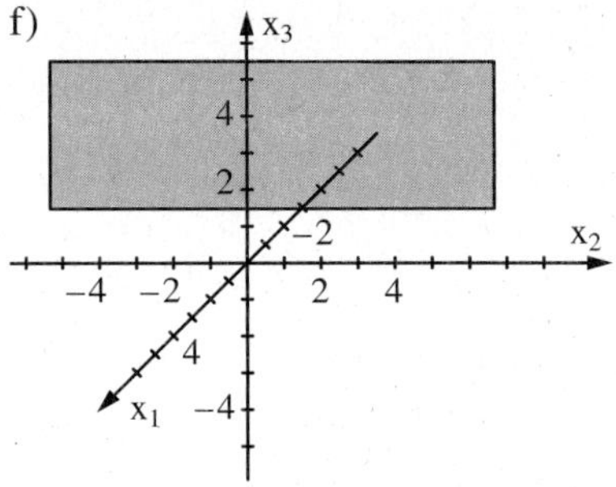

3 a) $x_1 = 0$ b) $x_2 = 0$

4 a) E ist die x_2x_3-Ebene b) E ist die x_1x_3-Ebene c) E ist die x_1x_2-Ebene
d) Die Ebene E ist parallel zur x_2x_3-Ebene, und der Punkt $P(5|0|0)$ liegt in E.
e) Die Ebene E ist parallel zur x_1x_3-Ebene, und der Punkt $P(0|-3|0)$ liegt in E.
f) Die Ebene E ist parallel zur x_1x_2-Ebene, und der Punkt $P(0|0|4)$ liegt in E.

5 a) $15x_1 + 6x_2 + 10x_3 = 30$ b) $12x_1 + 3x_2 - 4x_3 = 12$

6 a) $x_2 = 3$ b) $5x_1 + x_2 = 5$

7 a) Aus der Gleichung ist ersichtlich, dass die Ebene parallel zur x_3-Achse (x_2-Achse) ist.
b)

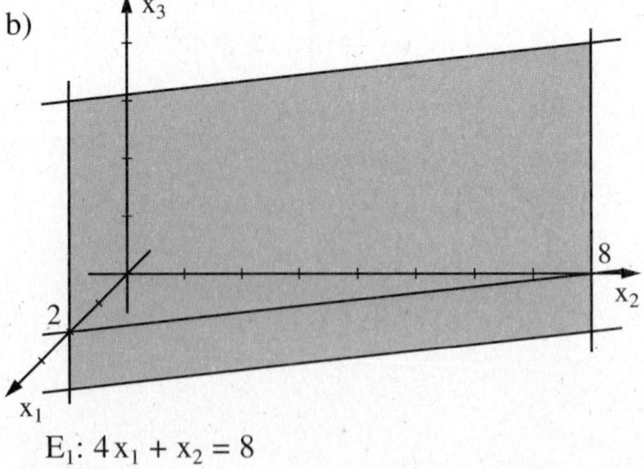

E_1: $4x_1 + x_2 = 8$

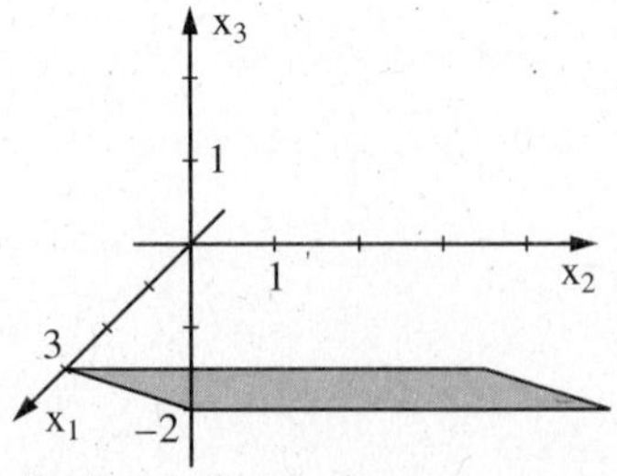

E_2: $2x_1 - 3x_3 = 6$

S. 275 ***8*** a) Aus $x_1 = x_2 = 0$ folgt $x_3 = 0$.
Aus $x_2 = x_3 = 0$ folgt $x_1 = 0$.
Aus $x_1 = x_3 = 0$ folgt $x_2 = 0$.
$\Rightarrow$ Alle Spurgeraden gehen durch $O(0|0|0)$.
b) s_{12}: $3x_1 + 4x_2 = 0$
s_{23}: $2x_2 + 3x_3 = 0$
s_{13}: $x_1 + 2x_3 = 0$

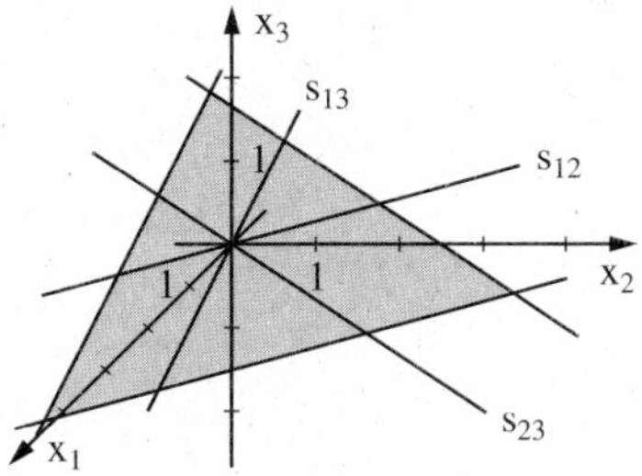

4 *Gegenseitige Lage von Geraden und Ebenen*

S. 276 ***1*** a) $g: \vec{x} = \begin{pmatrix} -2 \\ 0 \\ 0 \end{pmatrix} + t \cdot \begin{pmatrix} 1 \\ 0 \\ 1 \end{pmatrix}$ b) $E: \vec{x} = \begin{pmatrix} 1 \\ 0 \\ 0 \end{pmatrix} + r \cdot \begin{pmatrix} 0 \\ 0 \\ 1 \end{pmatrix} + s \cdot \begin{pmatrix} 1 \\ 4 \\ 0 \end{pmatrix}$ c) $S(1|0|3)$

2 a) $D(3|4|-1)$ b) $D\left(\frac{47}{11}\middle|\frac{72}{11}\middle|\frac{31}{11}\right)$ c) $g \parallel E$ d) $D\left(\frac{32}{13}\middle|\frac{38}{13}\middle|\frac{34}{13}\right)$
e) $g \parallel E$ f) $g \subseteq E$ g) $g \subseteq E$ h) $g \parallel E$ i) $D\left(-\frac{1}{6}\middle|-\frac{14}{6}\middle|-\frac{63}{6}\right)$

S. 277 ***3*** a) $D(-6|1|-10)$ b) $D\left(\frac{15}{4}\middle|\frac{33}{4}\middle|\frac{91}{4}\right)$ c) $D\left(\frac{32}{7}\middle|-\frac{10}{7}\middle|-\frac{3}{14}\right)$

4 a) $D_{12}(4|2|0)$, $D_{13}(6|0|-1)$, $D_{23}(0|6|2)$
b) D_{12} existiert nicht, $D_{13}\left(\frac{4}{3}\middle|0\middle|2\right)$, $D_{23}(0|-4|2)$
c) $D_{12}(0|-7|0)$, $D_{13}(7|0|7)$, $D_{23}(0|-7|0)$
d) D_{12} und D_{13} existieren nicht, $D_{23}(0|1|9)$

5 $E_1\left(-2\frac{2}{3}\middle|2\frac{2}{3}\middle|5\frac{1}{3}\right)$, $E_2\left(-5\frac{1}{3}\middle|5\frac{1}{3}\middle|2\frac{2}{3}\right)$

6 Fig. 2: Wenn g und E sich schneiden, dann liegt der Richtungsvektor von g nicht in E. Dann müssen $\vec{u}$, $\vec{v}$ und $\vec{w}$ linear unabhängig sein.
Fig. 3: Da g parallel zu E ist, aber nicht in E liegt, ist zwar der Richtungsvektor von g als Linearkombination der Spannvektoren darstellbar, aber die Differenz $\vec{p} - \vec{q}$ der Stützvektoren darf nicht in E liegen.
Fig. 4: Wenn g in E liegt, liegt auch die Differenz $\vec{p} - \vec{q}$ der Stützvektoren in E, also sind $\vec{p} - \vec{q}$; $\vec{v}$ und $\vec{w}$ linear abhängig.

7 a) $g: \vec{x} = \begin{pmatrix} 3 \\ 4 \\ 7 \end{pmatrix} + t \cdot \begin{pmatrix} -1 \\ 0 \\ 1 \end{pmatrix}$ b) $g: \vec{x} = t \cdot \begin{pmatrix} 1 \\ 0 \\ 1 \end{pmatrix}$ c) $g: \vec{x} = \begin{pmatrix} 3 \\ 4 \\ 7 \end{pmatrix} + t \cdot \begin{pmatrix} 1 \\ 0 \\ 1 \end{pmatrix}$

8 a) g schneidet E in $D(5|9|10)$ b) g liegt in E

S. 278 ***9*** Haben der Richtungsvektor $\vec{u}$ der Geraden g und der Normalenvektor $\vec{n}$ einer Ebene E gleiche oder entgegengesetzte Richtungen, so ist $\vec{n}$ zugleich ein Richtungsvektor von g. Damit ist g wie $\vec{n}$ zur Ebene E orthogonal.

S. 278 **10** a) Nur $h \perp E$ b) keine c) Nur $g \perp E$
d) Nur $h \perp E$ e) keine f) keine

11 a) $\vec{x} = \begin{pmatrix} 2 \\ 3 \\ -1 \end{pmatrix} + r \cdot \begin{pmatrix} 5 \\ -1 \\ -3 \end{pmatrix}$ b) $\vec{x} = \begin{pmatrix} 2 \\ 3 \\ -1 \end{pmatrix} + r \cdot \begin{pmatrix} 1 \\ 2 \\ 6 \end{pmatrix}$ c) $\vec{x} = \begin{pmatrix} 2 \\ 3 \\ -1 \end{pmatrix} + r \cdot \begin{pmatrix} 0 \\ 4 \\ 5 \end{pmatrix}$

12 a) h: $\vec{x} = \begin{pmatrix} 10 \\ 10 \\ 15 \end{pmatrix} + r \cdot \begin{pmatrix} 1 \\ 1 \\ 1 \end{pmatrix}$

b) Der Höhenfußpunkt ist der Schnittpunkt von g und E: $F(1|1|6)$.

13 a) g: $\vec{x} = \begin{pmatrix} 4 \\ -1 \\ 3 \end{pmatrix} + t \begin{pmatrix} 3 \\ -2 \\ 1 \end{pmatrix}$ b) $S(1|1|2)$ c) $P'(-2|3|1)$

5 *Gegenseitige Lage von Ebenen, Orthogonalität*

S. 279 **1** a) Keine oder unendlich viele gemeinsame Punkte. Genau ein gemeinsamer Punkt ist bei zwei Ebenen nicht möglich.
b) Jeder Punkt auf der Geraden durch A und B, z. B. $P(3|3|-0{,}5)$; $Q(9|6|7)$; $R(-3|0|-8)$.

S. 280 **2** a) $\vec{x} = \begin{pmatrix} 0 \\ -7 \\ 0 \end{pmatrix} + t \begin{pmatrix} -1 \\ 13 \\ 7 \end{pmatrix}$ b) $\vec{x} = \begin{pmatrix} 3 \\ -4 \\ 0 \end{pmatrix} + t \begin{pmatrix} 1 \\ 1 \\ 1 \end{pmatrix}$ c) $\vec{x} = \begin{pmatrix} 8 \\ -7 \\ 0 \end{pmatrix} + t \begin{pmatrix} -5 \\ 4 \\ 1 \end{pmatrix}$

3 a) $\vec{x} = \frac{1}{5} \begin{pmatrix} 17 \\ 4 \\ 25 \end{pmatrix} + t \begin{pmatrix} 1 \\ -1 \\ 3 \end{pmatrix}$ b) $\vec{x} = \begin{pmatrix} -11 \\ 1 \\ 47 \end{pmatrix} + t \begin{pmatrix} -2 \\ -1 \\ 12 \end{pmatrix}$ c) $\vec{x} = \frac{1}{4} \begin{pmatrix} 30 \\ -5 \\ 20 \end{pmatrix} + t \begin{pmatrix} 26 \\ -15 \\ 12 \end{pmatrix}$

4 a) s_{12}: $\vec{x} = \begin{pmatrix} 0 \\ -20 \\ 0 \end{pmatrix} + t \begin{pmatrix} 3 \\ 2 \\ 0 \end{pmatrix}$; s_{13}: $\vec{x} = \begin{pmatrix} 30 \\ 0 \\ 0 \end{pmatrix} + t \begin{pmatrix} 5 \\ 0 \\ -2 \end{pmatrix}$; s_{23}: $\vec{x} = \begin{pmatrix} 0 \\ 0 \\ 12 \end{pmatrix} + t \begin{pmatrix} 0 \\ 5 \\ 3 \end{pmatrix}$

b) s_{12}: $\vec{x} = \begin{pmatrix} 12 \\ 0 \\ 0 \end{pmatrix} + t \begin{pmatrix} 1 \\ -1 \\ 0 \end{pmatrix}$; s_{13}: $\vec{x} = \begin{pmatrix} 12 \\ 0 \\ 0 \end{pmatrix} + t \begin{pmatrix} 1 \\ 0 \\ -1 \end{pmatrix}$; s_{23}: $\vec{x} = \begin{pmatrix} 0 \\ 0 \\ 12 \end{pmatrix} + t \begin{pmatrix} 0 \\ 1 \\ -1 \end{pmatrix}$

c) s_{12}: $\vec{x} = \begin{pmatrix} 2 \\ 0 \\ 0 \end{pmatrix} + t \begin{pmatrix} 5 \\ 4 \\ 0 \end{pmatrix}$; s_{13}: $\vec{x} = \begin{pmatrix} 2 \\ 0 \\ 0 \end{pmatrix} + t \begin{pmatrix} 1 \\ 0 \\ -4 \end{pmatrix}$; s_{23}: $\vec{x} = \begin{pmatrix} 0 \\ 0 \\ 8 \end{pmatrix} + t \begin{pmatrix} 0 \\ 1 \\ 5 \end{pmatrix}$

S. 281 **5** a) g: $\vec{x} = \begin{pmatrix} 2 \\ 4 \\ 3 \end{pmatrix} + t \begin{pmatrix} 2 \\ -1 \\ 0 \end{pmatrix}$ b) g: $\vec{x} = \begin{pmatrix} 3 \\ 5 \\ 7 \end{pmatrix} + t \begin{pmatrix} -1 \\ -2 \\ 2 \end{pmatrix}$

S. 281 **6** a) s_{12}: $\vec{x} = \begin{pmatrix} 4 \\ 5 \\ 0 \end{pmatrix} + t\begin{pmatrix} -1 \\ 2 \\ 0 \end{pmatrix}$; s_{13}: $\vec{x} = \begin{pmatrix} 9 \\ 0 \\ 5 \end{pmatrix} + t\begin{pmatrix} 1 \\ 0 \\ 2 \end{pmatrix}$; s_{23}: $\vec{x} = \begin{pmatrix} 0 \\ 9 \\ -4 \end{pmatrix} + t\begin{pmatrix} 0 \\ 1 \\ 1 \end{pmatrix}$

b) s_{12}: $\vec{x} = \begin{pmatrix} -24 \\ -8 \\ 0 \end{pmatrix} + t\begin{pmatrix} 4 \\ -1 \\ 0 \end{pmatrix}$; s_{13}: $\vec{x} = \begin{pmatrix} 8 \\ 0 \\ -8 \end{pmatrix} + t\begin{pmatrix} 8 \\ 0 \\ -1 \end{pmatrix}$; s_{23}: $\vec{x} = \begin{pmatrix} 0 \\ -2 \\ -6 \end{pmatrix} + t\begin{pmatrix} 0 \\ -2 \\ 1 \end{pmatrix}$

7 a) g: $\vec{x} = \frac{1}{2}\begin{pmatrix} 5 \\ 10 \\ 5 \end{pmatrix} + t\begin{pmatrix} -1 \\ 0 \\ 1 \end{pmatrix}$ b) g: $\vec{x} = \begin{pmatrix} 5 \\ -3 \\ 7 \end{pmatrix} + t\begin{pmatrix} -1 \\ -6 \\ 4 \end{pmatrix}$

8 a) Nur $E_2 \parallel E_4$; sonst schneiden sich je zwei dieser Ebenen.
b) z. B. $2x_1 - x_2 + 3x_3 = 22$ $(3x_1 + 5x_2 + 3x_3 = 42)$

9 Die Normalenvektoren müssen linear abhängig sein, d. h. der Normalenvektor von E_2 darf kein Vielfaches von $\begin{pmatrix} 2 \\ -1 \\ 3 \end{pmatrix}$ sein.

10 E: $\vec{x} = \vec{p} + r\vec{u} + s\vec{v}$

11 a) Jede lineare Gleichung mit den Variablen x_1, x_2, x_3 beschreibt eine Ebene. Auch wenn Koeffizienten gleich 0 sein sollten, erhält man eine Gleichung für eine Ebene, wenn auch in spezieller Lage, aber keine Geradengleichung.
b) Die Ebenen sind nicht zueinander parallel, da ihre Normalenvektoren verschiedene Richtung haben, d. h. linear unabhängig sind.
$\vec{x} = \begin{pmatrix} -1 \\ 2 \\ 0 \end{pmatrix} + t\begin{pmatrix} -1 \\ 3 \\ 1 \end{pmatrix}$

S. 282 **12** Fig. 1: Wenn E und E* sich schneiden, muss mindestens ein Spannvektor von E* „außerhalb" von E liegen, d. h. $\vec{u}$, $\vec{v}$ und ein Richtungsvektor von E* müssen linear unabhängig sein.
Fig. 2: Sind E und E* zueinander parallel, so müssen die Stützvektoren von E* sich als Linearkombination der Stützvektoren von E darstellen lassen, d. h.
$\vec{u}$, $\vec{v}$, $\overrightarrow{u^*}$ und $\vec{u}$, $\vec{v}$, $\overrightarrow{v^*}$ müssen linear abhängig sein.
Sind darüber hinaus die Ebenen E und E* verschieden, so liegt die Differenz der Stützvektoren „außerhalb" der Ebenen, insbesondere nicht in E. Damit müssen $\vec{p} - \overrightarrow{p^*}$, $\vec{u}$, $\vec{v}$ linear unabhängig sein.
Fig. 3: Wie bei Fig. 2 müssen $\vec{u}$, $\vec{v}$, $\overrightarrow{u^*}$ und $\vec{u}$, $\vec{v}$, $\overrightarrow{v^*}$ linear abhängig sein. Da E und E* zusammenfallen, liegt $\vec{p} - \overrightarrow{p^*}$ in E, also müssen $\vec{p} - \overrightarrow{p^*}$, $\vec{u}$, $\vec{v}$ linear unabhängig sein.

13 a) E_1 ist parallel zu E_2 und von E_2 verschieden.
b) $E_1 = E_2$
c) E_1 schneidet E_2 in g: $\vec{x} = \begin{pmatrix} -4 \\ -3 \\ 5 \end{pmatrix} + t\begin{pmatrix} -8 \\ -1 \\ 4 \end{pmatrix}$.

S. 282 **14** Z. B.:

1. Fall: $E_1\colon \vec{x} = r\begin{pmatrix}1\\0\\0\end{pmatrix} + s\begin{pmatrix}0\\1\\0\end{pmatrix}$; $E_2\colon \vec{x} = \begin{pmatrix}0\\0\\1\end{pmatrix} + r\begin{pmatrix}1\\0\\0\end{pmatrix} + s\begin{pmatrix}0\\1\\0\end{pmatrix}$; $E_3\colon \vec{x} = \begin{pmatrix}0\\0\\2\end{pmatrix} + r\begin{pmatrix}1\\0\\0\end{pmatrix} + s\begin{pmatrix}0\\1\\0\end{pmatrix}$

2. Fall: $E_1\colon \vec{x} = r\begin{pmatrix}1\\0\\0\end{pmatrix} + s\begin{pmatrix}0\\1\\0\end{pmatrix}$; $E_2\colon \vec{x} = r\begin{pmatrix}1\\0\\0\end{pmatrix} + s\begin{pmatrix}0\\0\\1\end{pmatrix}$; $E_3\colon \vec{x} = \begin{pmatrix}0\\0\\1\end{pmatrix} + r\begin{pmatrix}1\\0\\0\end{pmatrix} + s\begin{pmatrix}0\\1\\0\end{pmatrix}$

3. Fall: $E_1\colon \vec{x} = r\begin{pmatrix}1\\0\\0\end{pmatrix} + s\begin{pmatrix}0\\1\\0\end{pmatrix}$; $E_2\colon \vec{x} = r\begin{pmatrix}1\\0\\0\end{pmatrix} + s\begin{pmatrix}0\\0\\1\end{pmatrix}$; $E_3\colon \vec{x} = \begin{pmatrix}1\\1\\1\end{pmatrix} + r\begin{pmatrix}1\\0\\0\end{pmatrix} + s\begin{pmatrix}0\\1\\-1\end{pmatrix}$

4. Fall: $E_1\colon \vec{x} = r\begin{pmatrix}1\\0\\0\end{pmatrix} + s\begin{pmatrix}0\\1\\0\end{pmatrix}$; $E_2\colon \vec{x} = r\begin{pmatrix}1\\0\\0\end{pmatrix} + s\begin{pmatrix}0\\0\\1\end{pmatrix}$; $E_3\colon \vec{x} = r\begin{pmatrix}0\\1\\0\end{pmatrix} + s\begin{pmatrix}0\\0\\1\end{pmatrix}$

5. Fall: $E_1\colon \vec{x} = r\begin{pmatrix}1\\0\\0\end{pmatrix} + s\begin{pmatrix}0\\1\\0\end{pmatrix}$; $E_2\colon \vec{x} = r\begin{pmatrix}1\\0\\0\end{pmatrix} + s\begin{pmatrix}0\\0\\1\end{pmatrix}$; $E_3\colon \vec{x} = r\begin{pmatrix}1\\0\\0\end{pmatrix} + s\begin{pmatrix}0\\1\\1\end{pmatrix}$

15 a) Es gibt genau einen gemeinsamen Punkt: S(–3|2|–1).

b) Die gemeinsamen Punkte bilden eine Gerade $g\colon \vec{x} = \begin{pmatrix}-4\\-3\\0\end{pmatrix} + t\begin{pmatrix}0\\1\\3\end{pmatrix}$.

c) Es gibt genau einen gemeinsamen Punkt: S(–2|1|7).

S. 283 **16** a) 3 Fälle sind möglich:
1. eine unendliche Menge; 2. eine einelementige Menge oder 3. die leere Menge.
b) Fall 1: Die Ebenen fallen zusammen oder haben genau eine gemeinsame Gerade.
Fall 2: Es gibt genau einen gemeinsamen Punkt.
Fall 3: Alle übrigen Lagen

17 a) ja b) nein c) ja

18 a) $a = -1$ b) $a = -5$ c) $a = 2$

19 Z. B.

a) $E\colon \left[\vec{x} - \begin{pmatrix}2\\-1\\7\end{pmatrix}\right] \cdot \begin{pmatrix}0\\-1\\2\end{pmatrix} = 0$ b) $E\colon \left[\vec{x} - \begin{pmatrix}1\\3\\4\end{pmatrix}\right] \cdot \begin{pmatrix}2\\8\\1\end{pmatrix} = 0$

20 z. B.

a) $-2x_2 + 4x_3 = 3$ b) $-2x_1 + 4x_3 = 3$ c) $s\colon \vec{x} = \begin{pmatrix}-1{,}5\\-1{,}5\\0\end{pmatrix} + t\begin{pmatrix}2\\2\\1\end{pmatrix}$

21 z. B.

a) $F\colon \left[\vec{x} - \begin{pmatrix}3\\-1\\4\end{pmatrix}\right] \cdot \begin{pmatrix}7\\1\\0\end{pmatrix} = 0$ b) $F\colon \left[\vec{x} - \begin{pmatrix}3\\-1\\4\end{pmatrix}\right] \cdot \begin{pmatrix}-0{,}5\\2\\1\end{pmatrix} = 0$

S. 283 **22** Als Vektor $\vec{u}$ kann man einen Normalenvektor der von $\begin{pmatrix} 1 \\ -5 \\ 9 \end{pmatrix}$ und $\begin{pmatrix} 3 \\ 0 \\ 2 \end{pmatrix}$ aufgespannten Ebene wählen, sofern dieser, wie in diesem Fall, kein Vielfaches von $\begin{pmatrix} 2 \\ 3 \\ 1 \end{pmatrix}$ ist: $\vec{u} = \begin{pmatrix} -2 \\ 5 \\ 3 \end{pmatrix}$.

23 Z.B. $\begin{pmatrix} h \\ 0 \\ a \end{pmatrix}$ und $\begin{pmatrix} h \\ a \\ 0 \end{pmatrix}$

Solche Zahlen ($\neq 0$) gibt es nicht, denn

$\begin{pmatrix} h \\ 0 \\ a \end{pmatrix} \cdot \begin{pmatrix} h \\ a \\ 0 \end{pmatrix} = h^2 \neq 0.$

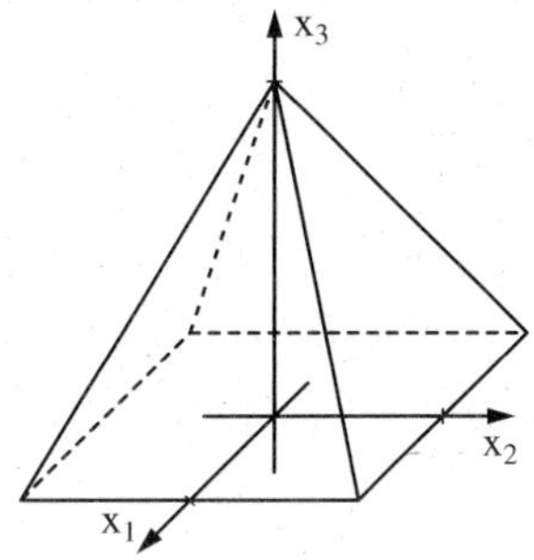

6 *Schnittwinkel*

S. 284 **1** $\alpha \approx 70{,}5°$

2 a) $\alpha = 90° - \sphericalangle GAE$ b) $\alpha \approx 35{,}3°$

3 a) — b) $\vec{n}_{\text{Grundfläche}} = \begin{pmatrix} 0 \\ 0 \\ 1 \end{pmatrix}$; $\vec{n}_{\text{Ebene}} = \begin{pmatrix} -1 \\ -1 \\ 1 \end{pmatrix}$; $\varphi \approx 54{,}7°$. Die Winkel sind gleich.

S. 286 **4** a) $S(3|1|6)$; 17,5° b) $S(10|8|15)$; 30,2° c) $S(5|16|10)$; 59,7° d) $S(4|5|6)$; 65,2°

5 a) 78,7° b) 40,6° c) 29,9° d) 18,4°

6 a) 106,3° b) 73,7° c) 75,6° d) 67,4° e) 53,1° f) 44,3°

S. 287 **7** a) 46,8° b) 90° c) 0°

8 a) $S(4|3|-1)$; 56,1° b) $S(4|12|-13)$; 10,2°
c) $S(0|6|-6)$; 28,1° d) $S(3|-6|-1)$; 90°
e) $S(6|0|8)$; 24,5° f) $S\left(-\frac{1}{2}\middle|-\frac{7}{8}\middle|\frac{5}{8}\right)$; 29,8°

9 a) $\sphericalangle(\overline{AD}, ABC) \approx 60{,}8°$; $\sphericalangle(\overline{BD}, ABC) \approx 44{,}1°$; $\sphericalangle(\overline{CD}, ABC) \approx 76{,}0°$
b) $\sphericalangle(\overline{AC}, ABD) \approx 43{,}3°$; $\sphericalangle(\overline{BC}, ABD) \approx 25{,}7°$; $\sphericalangle(\overline{CD}, ABD) \approx 28{,}1°$

10 $\cos(\alpha) = \frac{1}{3}\sqrt{3}$, also $\alpha \approx 54{,}7°$

11 a) g liegt in E. b) g ist parallel zu E, liegt aber nicht in E.
c) 16,6°, g ist nicht parallel zu E. d) 7,2°, g ist nicht parallel zu E.

S. 287 **12** Nein, eine Ebene und eine dazu orthogonale Gerade haben einen gemeinsamen Punkt, den Durchstoßpunkt.

13 Seil in A 50,1°; Seil in B 41,8°

S. 288 **14** a) 14,7° b) 55,5° c) 70,8°

15 a) $\overrightarrow{n_1} = \begin{pmatrix} 6 \\ -7 \\ 2 \end{pmatrix}$; $\overrightarrow{n_2} = \begin{pmatrix} 2 \\ 4 \\ -5 \end{pmatrix}$; 65,7° b) $\overrightarrow{n_1} = \begin{pmatrix} 1 \\ -5 \\ 4 \end{pmatrix}$; $\overrightarrow{n_2} = \begin{pmatrix} -1 \\ 1 \\ 1 \end{pmatrix}$; 79,7°

16 $\sphericalangle$(ABC, ABD) ≈ 76,0°; $\sphericalangle$(ABC, ACD) ≈ 80,0°; $\sphericalangle$(ABC, BCD) ≈ 77,4°
$\sphericalangle$(ABD, ACD) ≈ 50,7°; $\sphericalangle$(ABD, BCD) ≈ 37,5°; $\sphericalangle$(ACD, BCD) ≈ 70,0°

17 a) $\alpha_1 \approx 24{,}1°$; $\alpha_2 \approx 79{,}5°$; $\alpha_3 \approx 68{,}6°$; $\beta_1 \approx 21{,}4°$; $\beta_2 \approx 10{,}5°$; $\beta_3 \approx 65{,}9°$
b) $\alpha_1 \approx 68{,}2°$; $\alpha_2 \approx 56{,}1°$; $\alpha_3 \approx 42{,}0°$; $\beta_1 \approx 48{,}0°$; $\beta_2 \approx 33{,}9°$; $\beta_3 \approx 21{,}8°$
c) $\alpha_1 = 90°$; $\alpha_2 \approx 79{,}5°$; $\alpha_3 \approx 68{,}2°$; $\beta_1 \approx 21{,}8°$; $\beta_2 \approx 68{,}2°$; $\beta_3 = 0°$

18 Man erhält $a_1 = a_2 = a_3$ und $b = 0$; also E: $x_1 + x_2 + x_3 = 0$.
Winkel: ≈ 54,7°

19 Nein, in der Formel von Satz 3 treten nur Beträge auf.

20 a) Aus Symmetriegründen (Drehsymmetrie) sind die Kanten des Oktaeders alle gleich lang.
b) 109,5°; 70,5°

21 a) Aus Symmetriegründen (Drehsymmetrie) sind die Kanten des Kuboktaeders alle gleich lang.
b) (1) 125,3° (2) 109,5°

7 *Abstand eines Punktes von einer Ebene*

S. 289 **1** a) Die Strecke $\overline{ST}$
b) Als Abstand der Spitze S von der Ebene E, es ist die Länge von $\overline{ST}$.

S. 290 **2** a) Lotfußpunkt $F(3|-4|3)$; Abstand 5 b) Lotfußpunkt $F(1|1{,}5|2)$; Abstand 3,5

3 a) Der Richtungsvektor $\begin{pmatrix} 5 \\ -3 \\ -2 \end{pmatrix}$ der Geraden ist orthogonal zum Normalenvektor der Ebene.
b) $\frac{3}{7}\sqrt{14}$

S. 290 **4** Die Ebene ABC liegt parallel zur x_1x_3-Ebene. Damit ist der Abstand $15 - 2 = 13$.

5 a) $\overline{AB} = \overline{BC} = \overline{CA} = 2\sqrt{2}$; $A = 2\sqrt{3}$ b) $F\left(\frac{8}{3}\middle|\frac{8}{3}\middle|\frac{8}{3}\right)$; $\frac{8}{3}\sqrt{3}$
c) $V = \frac{16}{3}$

6 a) $\vec{x} = \begin{pmatrix} 3 \\ -2 \\ 2 \end{pmatrix} + t \cdot \begin{pmatrix} 10 \\ 2 \\ -11 \end{pmatrix}$ b) $P_1(5|-1{,}6|-0{,}2)$ und $P_2(1|-2{,}4|4{,}2)$

7 Der Normalenvektor $\begin{pmatrix} 4 \\ -1 \\ 8 \end{pmatrix}$ hat den Betrag 9, also gilt für die gesuchten Punkte $P(0|0|p_3)$. Der Punkt mit dem Ortsvektor $\vec{x} = \begin{pmatrix} 0 \\ 0 \\ p_3 \end{pmatrix} \pm \begin{pmatrix} 4 \\ -1 \\ 8 \end{pmatrix}$ muss in E liegen.

Einsetzen in die Ebenengleichung ergibt $p_3 = 11$ bzw. $p_3 = 9\frac{1}{4}$.

Die gesuchten Punkte der x_3-Achse sind somit $P_1(0|0|11)$ und $P_2\left(0\middle|0\middle|9\frac{1}{4}\right)$.

8 a) Fußpunkt $F(0|-3|1)$
b) $B(2|-7|5)$. Bei der Bestimmung des Fußpunktes wurde die Gleichung der zu E orthogonalen Geraden g durch A bestimmt: $\vec{x} = \begin{pmatrix} -2 \\ 1 \\ -3 \end{pmatrix} + t \cdot \begin{pmatrix} 1 \\ -2 \\ 2 \end{pmatrix}$.

Für $t = 2$ ergab sich der Ortsvektor von F, mit $t = 4$ erhält man den Ortsvektor von B.

8 *Die HESSE'sche Normalenform*

S. 291 **1** $\vec{n_0} \cdot \overrightarrow{PA} = 1 \cdot |\overrightarrow{PA}| \cdot \cos(\alpha)$; $\vec{n_0} \cdot \overrightarrow{PB} = 1 \cdot |\overrightarrow{PB}| \cdot \cos(\beta)$; $\vec{n_0} \cdot \overrightarrow{PC} = 1 \cdot |\overrightarrow{PC}| \cdot \cos(\gamma)$
Es ergibt sich jeweils der Abstand des Punktes von der Ebene.

S. 292 **2** a) $d_A = 2$; $d_B = 0$; $d_C = \frac{1}{3}$ b) $d_A = 2$; $d_B = 5$; $d_C = 1$
c) $d_A = 3$; $d_B = 4$; $d_C = \frac{16}{3}$ d) $d_A = 0$; $d_B = 10$; $d_C = \frac{4}{3}$

3 a) Ebenengleichung: $3x_1 + 4x_3 = 22$; $d_A = 5{,}8$; $d_B = 21{,}2$; $d_C = 11{,}4$
b) Ebenengleichung: $2x_1 - 2x_2 + x_3 = 4$; $d_A = \frac{8}{3}$; $d_B = 7$; $d_C = 2$

4 a) Die Normalenvektoren sind linear abhängig. Abstand: 3
b) Die Normalenvektoren sind linear abhängig. Abstand: 2

S. 293 **5** a) Es ist $\overline{AB} = \overline{BC} = \overline{CD} = \overline{DA} = 10$ und $\overrightarrow{AB} \cdot \overrightarrow{AD} = \begin{pmatrix} 0 \\ 8 \\ 6 \end{pmatrix} \cdot \begin{pmatrix} -10 \\ 0 \\ 0 \end{pmatrix} = 0$.
b) $(h = 20)$ $V = \frac{1}{3} \cdot 100 \cdot 20 = \frac{2000}{3}$

S. 293 **6** Spurpunkte: $S_1(4|0|0)$; $S_2(0|6|0)$; $S_3(0|0|3)$.
Die HESSE'sche Normalenform wird nicht benötigt, denn aus den Koordinaten der Spurpunkte ergibt sich sofort: $V = \frac{1}{3}\cdot\left(\frac{1}{2}\cdot 4\cdot 6\right)\cdot 3 = 12$.

7 a) 3 b) $\frac{3}{7}\begin{pmatrix}2\\6\\3\end{pmatrix}$ bzw. $\begin{pmatrix}\frac{6}{7}\\\frac{18}{7}\\\frac{9}{7}\end{pmatrix}$ c) Bildpunkt $O'\left(\frac{12}{7}\middle|\frac{36}{7}\middle|\frac{18}{7}\right)$

8 a) (Ebenengleichung: $x_2 + 6x_3 = 48$) Ja, denn $d \approx 1{,}64\,\text{m} > 1{,}50\,\text{m}$. b) $\frac{5}{3}$m

9 a) $M(2|3{,}5|2)$ b) $r = \sqrt{65}$ c) 13,5 d) $V = 292{,}5\pi \approx 919$

10 Abstand zur x_1x_2-Ebene: $|p_3|$; zur x_1x_3-Ebene: $|p_2|$; zur x_2x_3-Ebene: $|p_1|$;
Normalenvektoren: x_1x_2-Ebene: $\begin{pmatrix}0\\0\\1\end{pmatrix}$; x_1x_3-Ebene: $\begin{pmatrix}0\\1\\0\end{pmatrix}$; x_2x_3-Ebene: $\begin{pmatrix}1\\0\\0\end{pmatrix}$
Ebenengleichungen in HESSE'scher Normalenform: $x_3 = 0$; $x_2 = 0$ bzw. $x_1 = 0$.

9 *Abstand eines Punktes von einer Geraden*

S. 294 **1** ca. 5,2 m

2 Es gibt beliebig viele solche Geraden; sie liegen in der Ebene, die R enthält und orthogonal zu g ist.

S. 295 **3** a) 7 b) 11 c) 15 d) 17

4 a) 27 b) 45 c) $\frac{21}{2}\sqrt{17}$ d) $\frac{1}{2}$

5 Grundfläche: $\overline{AB} = c = 18$, $h_c = 9$, $A = 81$ Pyramide: $h = 9$; $V = 243$

6 a) 7 b) 21

7 Die Gerade k hat die gleiche Richtung wie g und h. Man muss sich nur überlegen, welchen Vektor man als Stützvektor verwendet.
a) k: $\vec{x} = \begin{pmatrix}1\\3\\4\end{pmatrix} + t\begin{pmatrix}-4\\3\\-2\end{pmatrix}$ b) k: $\vec{x} = \begin{pmatrix}0\\3\\5\end{pmatrix} + t\begin{pmatrix}-1\\1\\2\end{pmatrix}$

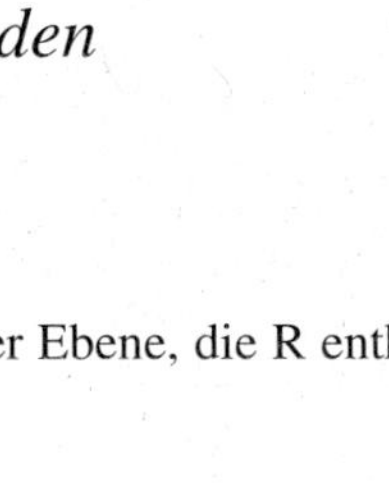

8 a) $F(-7|3|6)$; ($\overline{AF} = 13$; $\overline{RF} = 10$); $A = 65$ b) $V = \frac{1300}{3}\pi \approx 1361$

9 $\approx 0{,}57$ km

10 Abstand windschiefer Geraden

S. 296 **1** Die Strecke muss orthogonal zur Straße und zum Gleis liegen.

2 a) g und h liegen windschief zueinander. $\overline{GH}$ ist zu beiden Geraden orthogonal.
$\overline{GH} = 5$
b) Die Abstände sind jeweils 5.

S. 297 **3** a) 11 b) 17 c) $\sqrt{10}$ d) 9

4 a) Da die Geraden parallel zur x_1x_2-Ebene liegen, reicht es, die Differenz der x_3-Koordinaten der Stützpunkte zu bilden.
b) 20 (4)

5 a) 9
b) (Gleichung der Ebene durch die Punkte B, C und D: $10x_1 - 5x_2 + 19x_3 = 0$) $3\sqrt{6}$
c) $\frac{3}{2}\sqrt{6}$

6 $\frac{1}{6}\sqrt{6}\,a$

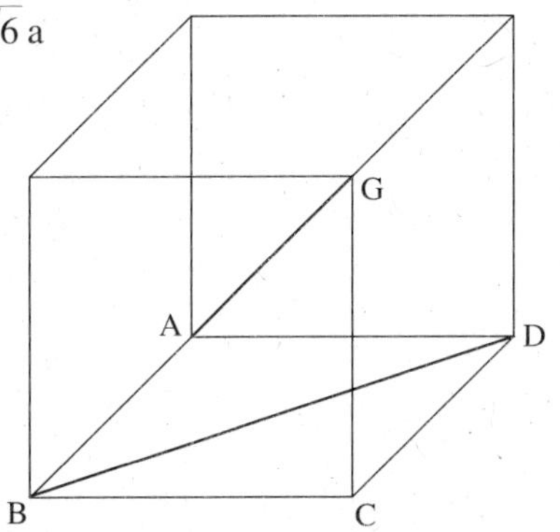

7 (Flugbahnen: $\vec{x} = \begin{pmatrix} 3 \\ 12 \\ 4 \end{pmatrix}$; $\vec{x} = \begin{pmatrix} 0 \\ 10 \\ 5 \end{pmatrix} + t\begin{pmatrix} 0 \\ -8 \\ 0 \end{pmatrix}$)
Abstand der Flugbahnen: 3
(Quadrat des Abstandes Fliege–Wespe als Funktion der Zeit:
$f(t) = 425t^2 - 440t + 125$)
Minimaler Abstand Fliege–Wespe: ≈ 3,33

11 Beweise mithilfe des Skalarproduktes

S. 299 **1** a), b) Mit den Bezeichnungen von Fig. 5:
$\vec{a}^2 = \vec{b}^2 \Leftrightarrow \vec{a}^2 - \vec{b}^2 = 0 \Leftrightarrow (\vec{a} + \vec{b}) \cdot (\vec{a} - \vec{b}) = 0$

2 $(\vec{a} + \vec{b})^2 = (\vec{a} - \vec{b})^2 \quad \Rightarrow (\vec{a} + \vec{b})^2 - (\vec{a} - \vec{b})^2 = 0 \Rightarrow 4\vec{a} \cdot \vec{b} = 0$

3 Ist $\vec{a}^2 = \vec{b}^2$, so ist
$\vec{s} \cdot \vec{c} = \left(\vec{b} + \frac{1}{2}\vec{c}\right) \cdot \vec{c} = \left(\vec{b} + \frac{1}{2}(\vec{a} - \vec{b})\right) \cdot (\vec{a} - \vec{b})$
$= \frac{1}{2}(\vec{a} + \vec{b}) \cdot (\vec{a} - \vec{b}) = \frac{1}{2}(\vec{a}^2 - \vec{b}^2) = 0$

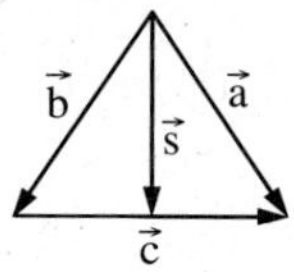

4 $\overrightarrow{AG} = \vec{a} + \vec{b} + \vec{c}$; $\overrightarrow{BH} = -\vec{a} + \vec{b} + \vec{c}$
$\overrightarrow{AG} \cdot \overrightarrow{BH} = (\vec{a} + \vec{b} + \vec{c}) \cdot (-\vec{a} + \vec{b} + \vec{c}) = -\vec{a}^2 + \vec{b}^2 + \vec{c}^2 = \vec{c}^2 \neq 0$
Die Diagonalen sind nicht zueinander parallel.

5 $\vec{a} \cdot \vec{c} = \vec{a} \cdot (-\vec{b} + \vec{f}) = -\vec{a} \cdot \vec{b} + \vec{a} \cdot \vec{f} = -|\vec{a}| \cdot |\vec{b}| \cdot \cos(\varphi_{ab}) + |\vec{a}| \cdot |\vec{f}| \cdot \cos(\varphi_{af}) = 0$,
da alle Kanten gleich lang und alle Winkel gleich groß sind.

12 Vermischte Aufgaben

S. 300 **1** a) $a = \frac{1}{2}\sqrt{205}$; $b = \sqrt{59}$; $c = \frac{3}{2}\sqrt{21}$; $\alpha \approx 58{,}6°$; $\beta \approx 66{,}3°$; $\gamma \approx 55{,}1°$
b) $a = \frac{1}{2}\sqrt{61}$; $b = \frac{17}{2}$; $c = \sqrt{53}$; $\alpha \approx 27{,}3°$; $\beta \approx 94{,}0°$; $\gamma \approx 58{,}7°$

zu a)

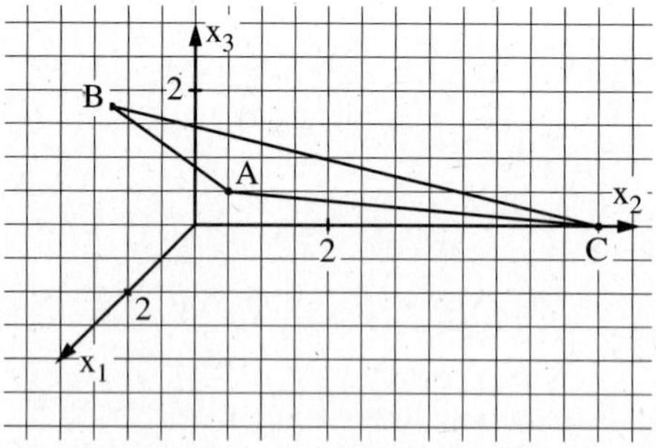

zu b)

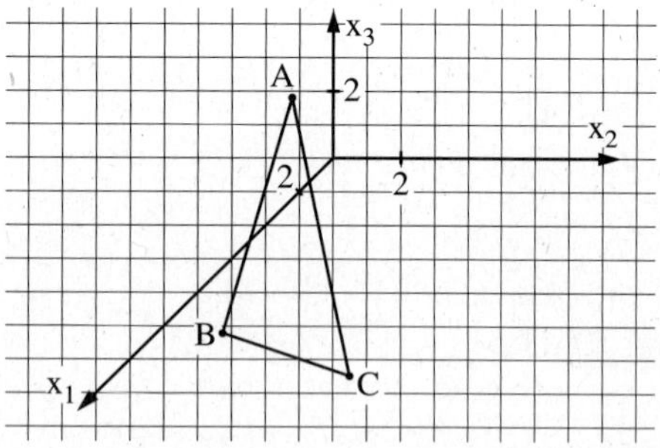

S. 300 **2** $\overline{AC} = \overline{AG} = \overline{CG} = 6\sqrt{2}$; $\alpha = \beta = \gamma = 60°$

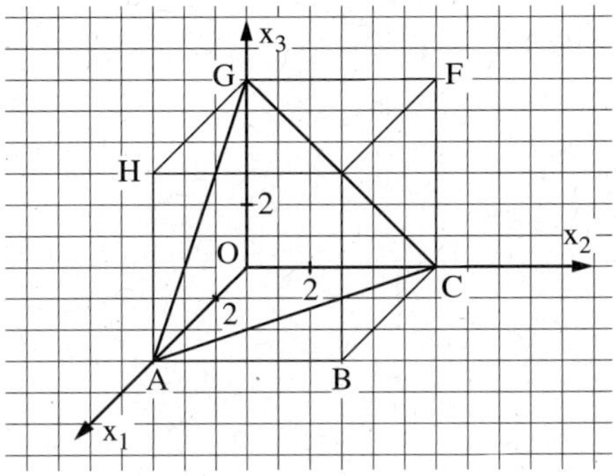

3 Alle Vielfachen von $\begin{pmatrix} -4 \\ 2-\sqrt{14} \\ 8 \end{pmatrix}$ bzw. von $\begin{pmatrix} -4 \\ 2+\sqrt{14} \\ 8 \end{pmatrix}$.

4 a) Die vier Punkte liegen nicht in einer Ebene.
b) und c): Die vier Punkte liegen in einer Ebene.

5 a) $\vec{x} = \begin{pmatrix} 1 \\ -3 \\ 0 \end{pmatrix} + t\begin{pmatrix} -5 \\ 0 \\ 2 \end{pmatrix}$ b) $\vec{x} = \begin{pmatrix} -\frac{7}{3} \\ \frac{7}{3} \\ 0 \end{pmatrix} + t\begin{pmatrix} 10 \\ -4 \\ 3 \end{pmatrix}$ c) $\vec{x} = \begin{pmatrix} -1 \\ 3 \\ 0 \end{pmatrix} + t\begin{pmatrix} 2 \\ -2 \\ 1 \end{pmatrix}$

6 a) s_{12}: $2x_1 + 3x_2 = 10$
s_{13}: $2x_1 + 5x_3 = 10$
s_{23}: $3x_2 + 5x_3 = 10$

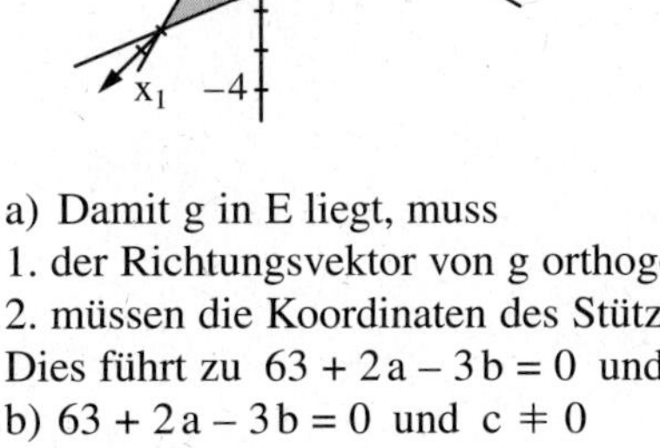

b) s_{12}: $-x_1 + 3x_2 = 7$
s_{13}: $-x_1 + 5x_3 = 7$
s_{23}: $3x_2 + 5x_3 = 7$

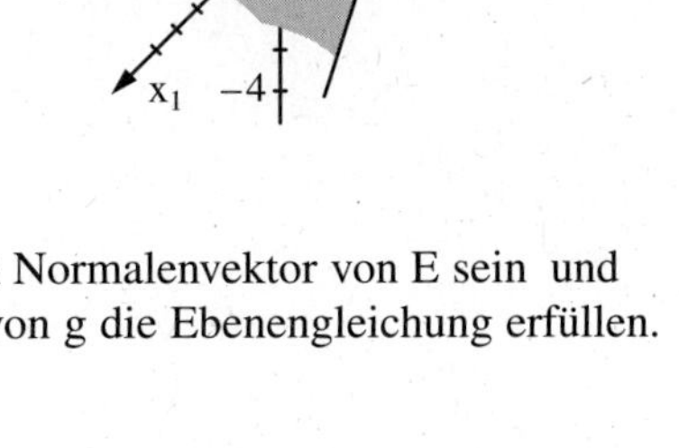

7 a) Damit g in E liegt, muss
1. der Richtungsvektor von g orthogonal zum Normalenvektor von E sein und
2. müssen die Koordinaten des Stützvektors von g die Ebenengleichung erfüllen.
Dies führt zu $63 + 2a - 3b = 0$ und $c = 0$.
b) $63 + 2a - 3b = 0$ und $c \neq 0$
c) $63 + 2a - 3b \neq 0$ und c beliebig

S. 300 **8** a) $d(P, E) = 5$; $d(Q, E) = 0$; $d(R, E) = \frac{2}{11}$

b) $d(P, E) = \frac{8}{11}\sqrt{11}$; $d(Q, E) = \frac{5}{11}\sqrt{11}$; $d(R, E) = \frac{2}{11}\sqrt{11}$

9 a) $\begin{pmatrix} 5 \\ -4 \\ 2 \end{pmatrix} \cdot \begin{pmatrix} 8 \\ 8 \\ -4 \end{pmatrix} = 0$, also $g \parallel E$; $d(g, E) = \frac{1}{4}$

b) $-\frac{1}{3} \cdot \begin{pmatrix} 3 \\ -2 \\ -1 \end{pmatrix} + \frac{4}{3} \cdot \begin{pmatrix} 0 \\ 1 \\ -1 \end{pmatrix} = \begin{pmatrix} -1 \\ 2 \\ -1 \end{pmatrix}$, also $g \parallel E$; $d(g, E) = 0$

S. 301 **10** a) $g: \vec{x} = \begin{pmatrix} -3 \\ 4 \\ 0 \end{pmatrix} + t\begin{pmatrix} 3 \\ -2 \\ 1 \end{pmatrix}$; $Q(3|0|2)$; $P'(9|-4|4)$

b) $g: \vec{x} = \begin{pmatrix} 11 \\ 9 \\ -3 \end{pmatrix} + t\begin{pmatrix} 1 \\ -5 \\ 2 \end{pmatrix}$; $Q(9|-1|1)$; $P'(7|-11|5)$

11 a) $E: \left[\vec{x} - \begin{pmatrix} 3 \\ 1{,}5 \\ -2 \end{pmatrix}\right] \cdot \begin{pmatrix} 6 \\ 3 \\ -4 \end{pmatrix} = 0$ b) $E: \left[\vec{x} - \begin{pmatrix} 5 \\ 1 \\ 0 \end{pmatrix}\right] \cdot \begin{pmatrix} 4 \\ 4 \\ -14 \end{pmatrix} = 0$

12 a) z.B. $\left[\vec{x} - \begin{pmatrix} -2 \\ 2 \\ 3 \end{pmatrix}\right] \cdot \begin{pmatrix} -4 \\ 1 \\ 0 \end{pmatrix} = 0$ oder $-4x_1 + x_2 = 10$

b) $Q'(8|-9|5)$

13 a) F wird durch den Richtungsvektor von g und den Normalenvektor von E aufgespannt.

$F: \vec{x} = \begin{pmatrix} 3 \\ 1 \\ 2 \end{pmatrix} + r\begin{pmatrix} 2 \\ 0 \\ -1 \end{pmatrix} + s\begin{pmatrix} 1 \\ -1 \\ 6 \end{pmatrix}$; $x_1 + 13x_2 + 2x_3 = 20$

b) $S(9|1|-1)$ c) $h: \vec{x} = \begin{pmatrix} 9 \\ 1 \\ -1 \end{pmatrix} + t\begin{pmatrix} 1 \\ 13 \\ 2 \end{pmatrix}$

14 Schnittgerade: $g: \vec{x} = \begin{pmatrix} 2 \\ -3 \\ 0 \end{pmatrix} + t\begin{pmatrix} -7 \\ 8 \\ 11 \end{pmatrix}$

a) $F: \left[\vec{x} - \begin{pmatrix} 2 \\ -3 \\ 0 \end{pmatrix}\right] \cdot \begin{pmatrix} 3 \\ 4 \\ 1 \end{pmatrix} = 0$ b) $F: \left[\vec{x} - \begin{pmatrix} 2 \\ -3 \\ 0 \end{pmatrix}\right] \cdot \begin{pmatrix} 25 \\ -62 \\ 61 \end{pmatrix} = 0$ c) $F: \vec{x} = \begin{pmatrix} 2 \\ -3 \\ 0 \end{pmatrix} + r\begin{pmatrix} -7 \\ 8 \\ 11 \end{pmatrix} + s\begin{pmatrix} 3 \\ 0 \\ 4 \end{pmatrix}$

15 a) $h: \vec{x} = \begin{pmatrix} 7 \\ 4 \\ 10 \end{pmatrix} + t\begin{pmatrix} 8 \\ -1 \\ 29 \end{pmatrix}$ b) $F\left(\frac{13}{3}\middle|\frac{13}{3}\middle|\frac{1}{3}\right)$ c) $\frac{1}{3}\sqrt{906}$

S. 301 **16** a) Wegen $\overrightarrow{AB} + \overrightarrow{AC} = \overrightarrow{AD}$ liegen A, B, C, D in einer Ebene.
Da $\overrightarrow{AB} \cdot \overrightarrow{AC} = 0$, sind A, B, C, D die Ecken eines Rechtecks, das wegen $|\overrightarrow{AB}| \neq |\overrightarrow{AC}|$ kein Quadrat ist.
b) z.B. $5x_1 + 2x_2 - 39x_3 = 0$
c) z.B. $\vec{x} = \begin{pmatrix} 18{,}5 \\ 2{,}5 \\ 2{,}5 \end{pmatrix} + t \cdot \begin{pmatrix} 5 \\ 2 \\ -39 \end{pmatrix}$ d) $S(12{,}25|0|51{,}25)$

17 $\frac{2}{3}$km

S. 302 **18** a) $S(2|2{,}5|1{,}5)$
b) Eine Gleichung der Schnittgeraden $\vec{x} = \begin{pmatrix} -4 \\ 10 \\ 0 \end{pmatrix} + t \cdot \begin{pmatrix} 4 \\ -5 \\ 1 \end{pmatrix}$.
c) Schnittpunkte: $S_1(3|0|3)$; $S_2(0|3|3)$

19 a) E: $x_1 + 6x_2 + 4x_3 = 32$
b) $\sphericalangle(E, x_1x_2\text{-Ebene}) \approx 56{,}7°$; $\sphericalangle(E, x_1x_3\text{-Ebene}) \approx 34{,}5°$; $\sphericalangle(E, x_2x_3\text{-Ebene}) \approx 82{,}1°$
c) $\sphericalangle(E, x_1\text{-Achse}) \approx 7{,}9°$; $\sphericalangle(E, x_2\text{-Achse}) \approx 55{,}5°$; $\sphericalangle(E, x_3\text{-Achse}) \approx 33{,}3°$
d) $D\left(0\middle|\frac{8}{3}\middle|4\right)$; $\sphericalangle CBA \approx 78{,}4°$; $\sphericalangle DCB \approx 101{,}6°$; $\sphericalangle ADC \approx 95{,}2°$; $\sphericalangle BAD \approx 84{,}8°$
e) $A_{ABD} = \sqrt{53}$; $A_{CDB} = \frac{2}{3}\sqrt{53}$; $A_{ABCD} = \frac{5}{3}\sqrt{53}$

20 a) $\sphericalangle(g_0, h_0) \approx 129{,}2°$; $\sphericalangle(g_1, h_1) \approx 121{,}2°$
b) $a = 8$

21 a) Wegen $|\overrightarrow{AB}| = |\overrightarrow{BC}|$ und $\overrightarrow{AB} \cdot \overrightarrow{BC} = 0$ ist das Dreieck ABC gleichschenklig und rechtwinklig.
b) $D(5|1|5)$
c) $S_1(2{,}5|7{,}3|6{,}6)$ und $S_2(2{,}5|-2{,}3|-0{,}6)$
d) $\approx 67{,}4°$ bzw. $\approx 81{,}5°$
e) siehe Figur rechts

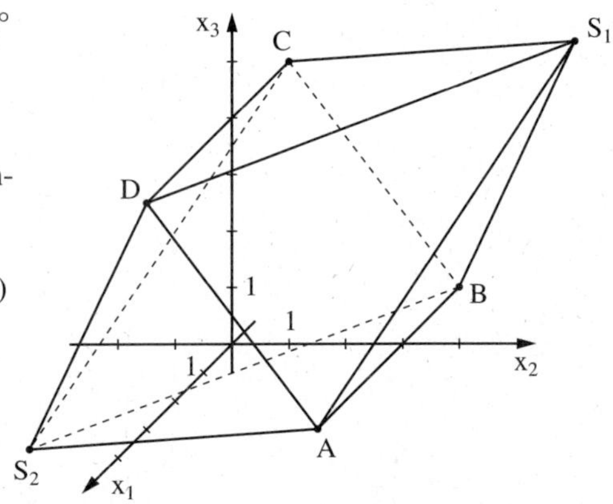

22 a)

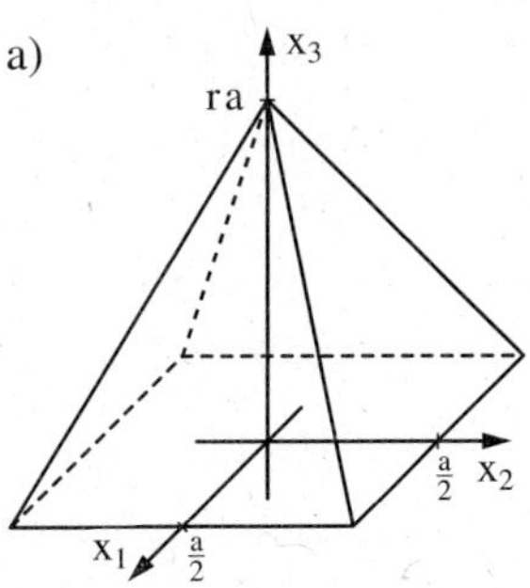

z.B. E_1: $2rx_1 + x_3 = ra$
E_2: $-2rx_1 + x_3 = ra$
E_3: $2rx_2 + x_3 = ra$
E_4: $-2rx_2 + x_3 = ra$
b) $r = \frac{1}{2}$
c) Weil für alle r gilt: $\begin{pmatrix} 2r \\ 0 \\ 1 \end{pmatrix} \cdot \begin{pmatrix} 0 \\ 2r \\ 1 \end{pmatrix} \neq 0$.

S. 303 **23** $\overrightarrow{BC}$ ist orthogonal zu $\overrightarrow{AB}$ und zu $\overrightarrow{SA}$ und damit auch zu $\overrightarrow{SB} = \overrightarrow{SA} + \overrightarrow{AB}$. Also ist das Dreieck SBC rechtwinklig.

24 Geradengleichung: z. B. $\vec{x} = \begin{pmatrix} 80 \\ 80 \\ 80 \end{pmatrix} + t \begin{pmatrix} 4 \\ 4 \\ 5 \end{pmatrix}$. Befestigungspunkt der Stütze: $(0|0|-20)$.

25 Wählt man als Koordinateneinheit 1 m, so hat die „Brettebene" die Gleichung
$\left[\vec{x} - \begin{pmatrix} 1 \\ 0 \\ 1 \end{pmatrix}\right] \cdot \frac{1}{13} \begin{pmatrix} 0 \\ 5 \\ 12 \end{pmatrix} = 0$. Setzt man $M(m_1|r|r)$ mit z. B. $m_1 = \frac{1}{2}$, so erhält man zwei Lösungen: $r_1 = 3$; $r_2 = 0{,}4$. Aus $r_2 = 0{,}4$ folgt:
Der Durchmesser des Balls darf höchstens 0,8 m betragen.

26 a) Der Stumpf einer geraden quadratischen Pyramide
b) (Der Fußpunkt z. B. des Lotes von H auf die x_1-Achse ist $F(3|0|0)$)
$h = 5$, $A = 4 \cdot \frac{1}{2}(4 + 10) \cdot 5 = 140$
c) $\approx 111{,}1°$ ($\approx 126{,}9°$)
d) $F'(3|13|0)$; $G'(-1|13|0)$. Da $\overrightarrow{BC} = \frac{2}{5}\overrightarrow{F'G'}$, ist das Viereck BCG′F′ ein Trapez.
e) Ein Sechseck (mit den Ecken A, B, F′, G′, H′, D mit $H'(-1|9|0)$)
Seitenlängen: $\overline{AB} = 10$; $\overline{BF'} = \sqrt{58}$; $\overline{F'G'} = 4 = \overline{G'H'}$; $\overline{H'D} = \sqrt{82}$; $\overline{DA} = 10$
Winkel: $\sphericalangle BAD = 90°$; $\sphericalangle F'BA \approx 113{,}2°$; $\sphericalangle G'F'B \approx 156{,}8°$; $\sphericalangle H'G'F' = 90°$;
$\sphericalangle DH'G' \approx 173{,}7°$; $\sphericalangle ADH' \approx 96{,}3°$
f) $\approx 29{,}0°$